Das Wunder der Anwendung

Einführung
in die

Analysis

und ihre

Anwendung in Naturwissenschaft und Technik

von H.-U. Heß

Bibliografische Information der Deutschen Nationalbibliothek

Die Deutsche Nationalbibliothek verzeichnet diese Publikation in der
Deutschen Nationalbibliografie; detaillierte bibliografische Daten sind
im Internet über http://dnb.d-nb.de abrufbar.

ISBN 978-3-8325-2659-7

Logos Verlag Berlin GmbH
Comeniushof, Gubener Str. 47,
10243 Berlin
Tel.: +49 (0)30 42 85 10 90
Fax: +49 (0)30 42 85 10 92
INTERNET: http://www.logos-verlag.de

Für Hildegard

Inhalt

1. Einleitung

Der Inhalt dieses Buchs kreist thematisch um den zentralen Begriff des Grenzwerts und seine vielfältigen Anwendungen in Naturwissenschaft und Technik. Jeder, der in diesen Grenzwertbegriff nach der heute in der Mathematik üblichen Methode einführen will, muss Bezug nehmen auf Eigenschaften des reellen Zahlkörpers und dementsprechend dann eigentlich auch erklären, was reelle Zahlen sind. Dies wird aber oft umgangen durch den Hinweis auf die angebliche Anschaulichkeit derselben, so als wären sie quasi naturgegebene Objekte. Aber Gespräche mit jungen Leuten, deren Umgang mit Zahlen fast ausschließlich durch den Computergebrauch geprägt ist, sowie zunehmende Klagen von Kollegen über ein mangelndes Zahlgefühl der Studenten deuten meiner Ansicht nach darauf hin, dass der Appell an die Anschauung bestenfalls ein schlechtes Gewissen erzeugen kann. Deswegen sollte man, denke ich, den künstlichen und idealisierenden Charakter der reellen Zahlen mehr betonen und gleichzeitig ihre massive Anwendbarkeit hervorheben. Aus diesem Grunde lasse ich in meiner Einführung in die Analysis keine Gelegenheit aus, um darauf hinzuweisen, dass reelle Zahlen nur bedingt anschaulich sind, dass es zum Grenzwertbegriff in der Computerarithmetik keine Entsprechung gibt und dass trotzdem - oder vielleicht gerade deswegen – die auf den reellen Zahlen aufbauende Mathematik in höchstem Maße anwendbar ist. Dieser verblüffende, scheinbare Gegensatz zwischen Idealisierung und Anwendbarkeit veranlasste schon 1960 den bekannten Physiker E.P.Wigner zu einer Veröffentlichung mit dem Titel „The unreasonable effectiveness of mathematics in the natural sciences". Das Thema ist also lange bekannt, es wird nur nicht allzu viel darüber gesprochen. Mir dagegen ist es zum Leitmotiv geworden, sodass in Anlehnung an Wigner „die unbegreifliche Effektivität der Mathematik" auch ein passender Titel für das vorliegende Buch wäre.

Unabhängig von diesem Leitmotiv verfolgt meine Darstellung noch ein weiteres Ziel: Für die wichtigsten Begriffsbildungen soll der jeweilige historische Hintergrund, das Wozu und Warum zumindest skizziert werden, ohne in wissenschaftsgeschichtlichen Details unterzugehen. Ganz in Übereinstimmung mit diesem Programm steht der nun folgende Rückblick auf die zwei Jahrhunderte vor Newton. Beginnen wir dabei um etwa 1400: In dieser Zeit bilden sich in Italien eine Reihe von Stadtstaaten heraus, die Zentren wirtschaftlicher Blüte und kultureller Aktivität werden. Dies ist unter anderem dem Umstand zuzuschreiben, dass die damals Herrschenden teils aus Repräsentationsbedürfnis, teils aus Eigeninteresse bemüht sind, Persönlichkeiten an ihre Höfe zu rufen, die handwerkliche Kenntnisse mit technischem Einfallsreichtum und künstlerischer Fähigkeit verbinden. Diese später Künstleringenieure genannten Leute, von denen Leonardo da Vinci der bekannteste ist, beschäftigen sich mit Waffentechnik – Schießpulver ist in Europa seit etwa 1300 bekannt -, Befestigungswesen,

Architektur, Wasserbau und Gießtechnik. Es ist eine Zeit des Aufbruchs und der Hinwendung zur fass- und gestaltbaren Welt. So erstaunt es gar nicht, dass gerade in den folgenden zwei Jahrhunderten die großen Entdeckungsseereisen von Columbus, Magellan usw. von sich Reden machen. Aber auch im kirchlichen Bereich ist ein Aufbruch in neue Gefilde zu beobachten: In Europa breiten sich reformatorische Bewegungen aus, von denen Luthers Reformation um 1500 wohl die bedeutendste ist. Sie verdankt übrigens einen Gutteil ihres Erfolges der gerade (wieder-) erfundenen Buchdruckerkunst.

Weltbilder kommen ins Wanken: Im 16ten Jahrhundert verwirft Kopernikus das alte Weltbild mit der Erde als Mittelpunkt ersetzt es durch ein neues, in welchem sich die Erde in ständiger Bewegung befindet. Diese revolutionäre Idee findet nachhaltige Unterstützung bei einem anderen Unruhestifter, namens Galileo Galilei aus Italien, der seinerseits auch für einen Umbruch und Neuanfang sorgt, und zwar in der Physik. Vielen gilt er heute als der Begründer der modernen Physik. Er revolutioniert sie durch die Aufgabe, Naturvorgänge nicht qualitativ, sondern quantitativ zu beschreiben. Seiner Meinung nach ist das Buch der Natur in mathematischer Sprache geschrieben; er macht das enge Bündnis von Mathematik und Naturwissenschaft zum Programm. Noch aber hat die Mathematik kein geeignetes Werkzeug anzubieten, um die an sie herangetragenen Wünsche zu erfüllen: Für die Hochseeschifffahrt sollen zuverlässige Methoden der Bestimmung von Längen- und Breitengraden zur Verfügung gestellt werden, Ingenieure wollen Geschossbahnen und Reichweiten von Kanonen bestimmen. Der Bau der ersten Mikroskope und Teleskope wird bald die Frage nach dem gezielten Linsenentwurf aufwerfen, die ihrerseits das Interesse für das so genannte Tangentenproblem - das ist die Frage, wie man an eine gekrümmte Kurve eine Tangente konstruiert -, weiter verstärkt. Und nun tritt auch noch die Physik mit dem Anspruch auf, ihre Naturgesetze in mathematischer Sprache zu formulieren. Ein Großteil dieser Probleme findet im 17ten Jahrhundert plötzlich eine Lösung, als Newton – und unabhängig davon – Leibniz die Differenzialrechnung erfinden. Wie mit einem Paukenschlag treten die in diesem neuen Werkzeug der Differenzialrechnung steckenden Möglichkeiten zu Tage: Isaac Newton ist nämlich in der Lage, die Keplerschen Gesetze aus dem Gravitationsgesetz abzuleiten und zwar mit Methoden, in denen ansatzweise schon die heutige Differenzialrechnung zu erkennen ist. Aufbauend auf Tycho Brahes genauen Beobachtungen hatte Kepler unter anderem folgende Regeln herausgefunden:

1. Planeten bewegen sich auf Ellipsen , in deren einem Brennpunkt die Sonne steht.

2. Die Verbindungslinie Sonne – Planet überstreicht in gleichen Zeiten gleiche Flächen.

Newton leitet nun – wie gesagt- diese Keplerschen Gesetze aus dem Gravi-

tationsgesetz $F = g \cdot \dfrac{m_1 \cdot m_2}{r^2}$ ab.

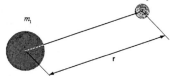

Als im so genannten ‚annus admirabilis', dem Jahr 1666 mit der Veröffentlichung von Newton's Prinzipia das Zeitalter einer neuen Mechanik eingeläutet
wird, da steht sicherlich noch die eine oder andere begriffliche Klärung hinsichtlich der dabei eingesetzten Mathematik aus. Aber ein Blick in moderne Lehr-
bücher zeigt, dass man heute in der Physik zumindest für die klassische Mechanik das mathematische Werkzeug der Infinitesimalrechnung und damit der
Grenzwertbildung akzeptiert und damit letzten Endes auch den reellen Zahlkörper als mathematisches Modell z.B. für die Zeitachse.
Viele betrachten dies als eine Selbstverständlichkeit, weil sie den reellen Zahlkörper für etwas hoch Anschauliches halten. Für mich dagegen stellt – wie vorher schon angedeutet – der reelle Zahlkörper in seiner ungeheuren Komplexität
ein für das menschliche Denken typisches, künstliches und idealisierendes Kon-
strukt dar. Umso frappierender wirkt dann zum Beispiel der in den letzten zwei
Jahrhunderten demonstrierte, außerordentliche Erfolg der klassischen Mechanik,
der in Gemeinschaft mit der Infinitesimalrechnung errungen wurde und für mich
zu den herausragendsten Leistungen der Geistesgeschichte zählt.
Deswegen sind es gerade Beispiele aus der Mechanik, auf die in diesem Buch,
genauer in Kapitel VI, besondere Sorgfalt verwendet wird. Um den Kontrast zur
Mathematik der reellen Zahlen deutlich hervorzuheben, ist im Anhang zu Kapitel V für den interessierten Leser eine Methode zur Konstruktion des reellen
Zahlkörpers skizziert. Unter den hierfür zur Verfügung stehenden Kon-
struktionsmethoden entschied ich mich für eine auf W.Rautenberg zurückgehende Variante, die den Vorteil hat, sehr nahe an der Computerarithmetik orien-
tiert zu sein. Bevor wir nun im nächsten Kapitel zu den Details übergehen, soll
diese Einleitung mit einer vereinfachten Geschichtstabelle über die 2 Jahrhunderte vor der Erfindung der Differenzialrechnung abgerundet werden.

Seit 1400 (Renaissance)
Entwicklung der Stadtstaaten in Italien; mit den bedeutenden Künstler –
Ingenieuren wie z.B. Leonardo da Vinci

1450
(Wieder-)Entdeckung der Buchdruckerkunst

1495
Columbus entdeckt Amerika

Um 1500
Maggelan unternimmt erste Weltumseglung

Reformationsbewegungen in Europa:
Luther, Calvin usw.

Anfang 16ten Jahrhundert

Kopernikus verwirft das geozentrische Weltbild. Fortsetzung durch Kepler:
Kepler´sche Gesetze
  1. Die Planeten umkreisen die Sonne auf Ellipsen
  2. Die Verbindungslinie Sonne – Planet überstreicht in gleichen Zeiten
     gleiche Flächen

Galileo Galilei fordert Mathematisierung der Physik (um 1600) und leitet die
moderne Physik ein.

17tes Jahrhundert
Netwon und Leibniz entwickeln die Differenzialrechnung und Newton leitet die
Keplerschen Gesetze aus den Gravitationsgesetzen ab.

II. Grundlagen der Analysis

Sicherlich zu den elementarsten Grundlagen der Analysis gehören die reellen Zahlen, sodass sich im Rahmen einer Einführung in dieses Gebiet als erstes die ganz natürliche Frage stellt: **Was sind und was sollen die Zahlen?**
Wie in den folgenden Kapiteln deutlich werden wird, ist es gerade die reichhaltige Struktur des reellen Zahlkörpers, welche den Grenzwertbegriff in seiner heutigen Form erst ermöglicht und so entscheidend zum Aufstieg der Analysis und ihrer Anwendungen in den letzten Jahrhunderten beigetragen hat.
Besonders mit Hinblick auf die erwähnten Anwendungen der Analysis in Naturwissenschaft und Technik lässt sich der zweite Teil der Ausgangsfrage nach Sinn und Zweck der Zahlen heute allein schon mit dem Hinweis auf deren Nützlichkeit beantworten. Dabei wollen wir ihre Bedeutung für Kunst und Philosophie an dieser Stelle großzügig unter den Teppich kehren. Viel schwieriger lässt sich dagegen beantworten, was Zahlen sind. Hinter dieser Fragestellung steckt letzten Endes das Interesse an einer auf elementarsten Gedanken basierenden Definition der reellen Zahlen. Viele wird solch ein Wunsch eher befremden. Glauben doch die meisten, Zahlen auch ohne Definition zu kennen. Die Naivität eines solchen Standpunkts wird jedem bewusst, der sich die Geschichte der Zahlen einmal vor Augen hält. Es ist eine über Jahrhunderte andauernde Entwicklung, die hier nur in extrem vereinfachter Form dargestellt werden soll.

1. Entwicklungsgeschichte der reellen Zahlen

Aus der Abstraktion des Zählvorgangs entstand so um 3000 vor Christus herum zunächst der Begriff der natürlichen Zahlen 1,2,3, ..., u.a. bei Sumerern und Ägyptern. Irgendwann, z.B. als man Objekte in 3 gleiche Teile zerlegte, musste man dann feststellen, dass die Gleichung $3 \cdot x = 1$ mit den damals zur Verfügung stehenden natürlichen Zahlen nicht lösbar war. Andererseits gab es (geometrische) Objekte, die sich so verhielten wie die gesuchte Zahl x. Man beobachtete z.B. die folgende konstruktive Dreiteilung einer Stecke der Länge 1.

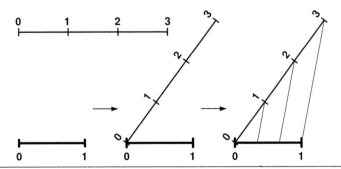

Auf einer 3 – mal so langen Stecke, die mit der vorgegebenen nur den Anfangs-punkt gemeinsam hat, liegt in natürlicher Weise eine Dreiteilung vor. Indem man nun durch die Endpunkte beider Stecken eine Gerade legt und entsprechende Parallelen durch jeden der Teilungspunkte (der Strecke mit Länge 3) zieht, erhält man eine Zerlegung der ursprünglichen Strecke in 3 gleiche Teile. Im Laufe der Jahrhunderte gewöhnte man sich daran, das Zahlenpaar $1:3$ als eigenständige Zahl zu betrachten, welche die Gleichung $3 \cdot x = 1$ löst. Statt $1:3$ schreibt man auch $\frac{1}{3}$. Ganz entsprechend betrachten wir heute Paare $\frac{n}{m}$ von natürlichen Zahlen n und m als eigenständige Zahlen $\frac{n}{m}$, so genannte rationale Zahlen, mit der Eigenschaft, dass $m \cdot \frac{n}{m} = n$. Irgendwann einmal entstand dann auch der Wunsch, Gleichungen der Form $\frac{3}{4} + x = \frac{3}{4}$ oder $7 + x = 4$ zu lösen. Da dies mit den bis dahin vorhandenen Zahlen nicht möglich war, führte man die so genannten ganzen Zahlen -5, -4, -3, -4, -2, -1, 0, 1, 2, 3, 4, 5 und die negativen rationalen Zahlen wie $-\frac{3}{4}$ und $-\frac{6}{7}$ ein. Allerdings bedurfte es vieler Jahrhunderte der Eingewöhnung. Noch im 16ten und 17ten Jahrhundert lehnte die Mehr-heit der Mathematiker die negativen Zahlen ab; Pascal z.B. soll sie für „voll-kommenen Unsinn" gehalten haben. Der Wunsch, gewisse Gleichungen lösen zu können, war also eine massive Triebfeder der Entwicklung neuer Zahlen. Das trifft auch für die Einführung der irrationalen Zahlen zu:

Für die Lösung der Gleichung $x^2 = 2$ hatte man in der Diagonalen eines Quadrates der Länge 1 ein geometrisches Objekt, was die Existenz einer Lösung $x = \sqrt{2}$ nahe legte. Nur leider gibt es keine rationale Zahl, welche die Gleichung $x^2 = 2$ löst. Wir können uns den Sachverhalt klar machen, indem wir annehmen, dass $\frac{n^2}{m^2} = \left(\frac{n}{m}\right)^2 = 2$ und dass n und m natürliche Zahlen ohne gemeinsamen Faktor sind.

Daraus folgt dann wegen $n^2 = 2m^2$, dass n^2 und damit auch n eine gerade Zahl ist, dass also eine Gleichung der Form $n^2 = (2k)^2 = 4k^2 = 2m^2$ gilt, woraus dann auch noch die Geradheit von m^2 und damit von m folgen. Entgegen unserer Voraussetzung besäßen also n und m den gemeinsamen Faktor 2. Demzufolge kann $\sqrt{2}$ keine rationale Zahl sein, was schon vor über 2000 Jahren bekannt war. So neigte man verständlicher Weise über viele Jahrhunderte hinweg dazu, Zahlen als geometrische Größen zu interpretieren, z.B. als Längen oder Flächen. Noch Newton verstand unter einer reellen Zahl das Verhältnis zweier Größen gleicher Art, von denen eine als Einheit betrachtet wurde. Selbst noch im 19ten Jahrhundert wurden

Irrationalzahlen als Größenverhältnisse von Strecken erklärt. Wie sollten nun aber die offensichtlich erforderlichen, so genannten irrationalen Zahlen auf der Basis der vertrauten rationalen Zahlen konstruiert werden? Diese Frage wurde besonders Mitte des 19ten Jahrhunderts immer drängender, da die damals führenden Mathematiker mehr und mehr die Auffassung vertraten, dass sich eine Beweisführung nicht zu sehr von der Anschauung leiten lassen dürfe, und dass dementsprechend eine Präzisierung der Begriffsbildungen angestrebt werden müsse. So berichtete z.B. der deutsche Mathematiker Richard Dedekind noch im Jahre 1858, gerade beim Unterrichten der Elemente der Differenzial-rechnung das Fehlen einer wissenschaftlichen Begründung der Arithmetik schmerzhaft empfunden zu haben. Einen Stein des Anstoßes bildete für ihn zum Beispiel das so genannte Supremums-Prinzip, dem zufolge „eine jede Größe, welche beständig, aber nicht über alle Grenzen wächst, sich gewiss einem Grenzwert nähern muss". Dies einfach als geometrisch evident zu bezeichnen, könne keinen Anspruch auf Wissenschaftlichkeit erheben. 1872 war es dann soweit, dass die ersten mathematisch genauen Definitionen des Begriffs der irrationalen Zahlen vorlagen: Die eine stammte von Dedekind selbst und eine zweite von Georg Cantor, dem Begründer der Mengenlehre. Auf diese Weise war nun die mathematisch saubere Erweiterung des Körpers der rationalen Zah-len zu dem der reellen Zahlen gelungen, sodass nur noch die Grundlegung der natürlichen Zahlen fehlte, die ja ihrerseits das Fundament der rationalen und damit auch der reellen Zahlen bildeten. Genau diesem Problem war Dedekind's 1887 erschienene Arbeit mit dem Titel „Was sind und was sollen die Zahlen?" gewidmet. In ihr führte er den Begriff der natürlichen Zahl zurück auf einfachste und abstrakte Begriffe wie denen der Menge und der Abbildung, die heutzutage aus der Sprache der Mathematik nicht mehr wegzudenken sind. So versteht man dann auch, dass der Zahlbegriff in der modernen Mathematik als etwas von jeglicher physikalischen Realität losgelöstes gesehen wird und auf der so ge-nannten Mengenlehre gegründet ist.

Wie diese Grundlegung erfolgt, wird für den interessierten Leser im Anhang zu Kapitel V in groben Zügen beschrieben. Um allerdings Analysis zu praktizieren, reicht es vollkommen aus, sich auf die für Zahlen und Mengen bei jedermann vorhandene Intuition zu verlassen und einige wenige grundlegende Aussagen wie zum Beispiel das Supremums-Prinzip als wahre Aussagen zu akzeptieren.

Aus diesen so genannten Axiomen lassen sich dann alle weiteren Resultate über reelle Zahlen ableiten.

Im folgenden Abschnitt 2 sind einige Standard-Regeln und -Resultate aufge-listet, die aus solchen Axiomen hergeleitet werden können und im Rahmen der vorliegenden Darstellung nicht weiter hinterfragt werden.

2. Der Körper $\mathbb{R}$ der reellen Zahlen

Der Körper $\mathbb{R}$ der reellen Zahlen stellt zusammen mit der Mengenlehre das Fundament dar, auf dem in den folgenden Kapiteln die elementare Analysis präsentiert werden soll. Die Eigenschaften des reellen Zahlkörpers bilden die Grundlage für den Beweis vieler Resultate der klassischen Analysis. So fußt z.B. die Aussage $\lim_{n\to\infty}\frac{1}{n}=0$ letztendlich auf der Existenz beliebig großer Zahlen n.

Ob diese und andere Eigenschaften als anschaulich zu betrachten sind oder nicht, ist Ansichtssache. Man könnte darauf verweisen, dass z.B. die Rechenwerke unserer Computer nicht in der Lage sind, beliebig große Zahlen zu produzieren. Andererseits könnte man ins Feld führen, dass die auf den Eigenschaften der reellen Zahlen beruhende Mathematik die klassische Physik wie auch weite Bereiche der modernen Technik in einem bisher nie da gewesenen Ausmaß durchdrungen hat. Wie dem auch sei: Man kann die Analysis, so wie sie ist, nur dann akzeptieren, wenn man von bestimmten Eigenschaften der reellen Zahlen ausgeht. Deswegen ist es nicht so wichtig, sich für oder gegen deren Anschaulichkeit zu entscheiden. Vielmehr sollte man sich im Umgang mit den Rechenregeln und Grundeigenschaften von $\mathbb{R}$ im Laufe der Zeit eine eigene Anschauung von diesem Zahlkörper erarbeiten. Deswegen werden im folgenden Abschnitt 2.1. einige Regeln und Resultate aufgelistet, die hier nicht weiter hinterfragt werden und auf die in späteren Kapiteln immer wieder Bezug genommen werden wird. Um nur ein Beispiel zu nennen: das Supremums-Prinzip gehört zu dieser Liste. Wie im vorigen Abschnitt erläutert, wurde es von Dedekind nicht einfach als anschaulich akzeptiert und deswegen aus anderen elementaren Grundsätzen hergeleitet. Wir nehmen dies zwar gerne zur Kenntnis, werden aber ab jetzt jenes Supremums-Prinzip einfach als eines der für die reellen Zahlen gültigen Axiome verwenden.

2.1. Regeln und Sätze über reelle Zahlen

Es sollen zunächst einige gebräuchliche Notationen eingeführt werden:
Das Symbol $\mathbb{R}$ steht für die Menge aller reellen Zahlen. Wir schreiben
$M\subset\mathbb{R}$ für Teilmengen M von $\mathbb{R}$,
$\mathbb{N}$ für die Menge der natürlichen Zahlen 0, 1, 2, 3, … ,
$\mathbb{Z}$ für die Menge der ganzen Zahlen 0, ±1, ±2, ±3, … und

$\mathbb{Q}$ für die Menge der rationalen Zahlen $\pm\dfrac{p}{n}$ mit $p,n\in\mathbb{N}$ und $n\neq0$.

Selbstverständlich gilt dann, dass $\mathbb{N}\subset\mathbb{Z}\subset\mathbb{Q}\subset\mathbb{R}$.
Die Notationen $n\in M$ und $n\notin M$ werden verwendet, um mitzuteilen, ob n zur Menge M gehört oder nicht.
Für reelle Zahlen a ist ihr Betrag definiert durch die Gleichung

$$|a| := \begin{cases} a & \text{, wenn } a \geq 0 \\ -a & \text{, wenn } a < 0 \end{cases}.$$

Nun zur angekündigten

Liste grundlegender Eigenschaften von $\mathbb{N}$ und $\mathbb{R}$:

(A)

Es gilt das **Prinzip der vollständigen Induktion :**

Ist $M \subset \mathbb{N}$ mit $1 \in M$ und gilt mit $n \in M$ auch $(n+1) \in M$, so ist $M = \mathbb{N}$.

(B)

Zu je zwei reellen Zahlen $x > 0$ und $y > 0$ gibt es ein $n \in \mathbb{N}$ mit $n \cdot x > y$.

Also: Zu jeder reellen Zahl $y > 0$ gibt es eine natürliche Zahl n mit $n > y$.

(C)

Für je zwei reelle Zahlen x, y gelten folgende Regeln:
a) $x < y$ oder $x = y$ oder $x > y$.
b) $x = 0$ oder $y = 0$, wenn $x \cdot y = 0$.
c) $x + y > 0$ und $x \cdot y > 0$, wenn $x > 0$ und $y > 0$.
d) Aus $x < y$ und $y < z$ folgt, dass $x < z$.

(D)

Zu je zwei reellen Zahlen x, y mit $x < y$ gibt es mindestens eine rationale Zahl c mit $x < c < y$.

(E)

Für je zwei reelle Zahlen y, w mit $w \neq 0$ gibt es genau eine reelle Zahl c derart, dass $w \cdot c = y$.

Die für $w \neq 0$ eindeutig bestimmte Lösung x der Gleichung $w \cdot x = y$ heißt **Quotient von y und w** und wird mit $\frac{y}{w}$ bezeichnet. An Stelle von $\frac{1}{w}$ schreibt man auch w^{-1}.

(F)

Rechenregeln für reelle Zahlen:

$$x+y=y+x \quad , \quad x\cdot y=y\cdot x \quad , \quad x+0=x \quad , \quad x\cdot 1=x \qquad (x,y\in\mathbb{R}).$$

$$x+(-x)=0 \quad , \quad x\cdot x^{-1}=1 \qquad\qquad\qquad\qquad (x\in\mathbb{R}\setminus\{0\}).$$

$$x\cdot(y+z)=(x\cdot y)+(x\cdot z) \qquad , \qquad x\cdot(y\cdot z)=(x\cdot y)\cdot z \qquad (x,y,z\in\mathbb{R}).$$

$$\frac{x}{y}+\frac{\tilde{x}}{\tilde{y}} = \frac{x\cdot\tilde{y}+\tilde{x}\cdot y}{y\cdot\tilde{y}} \qquad\qquad \left(x,\tilde{x}\in\mathbb{R},\ y,\tilde{y}\in\mathbb{R}\setminus\{0\}\right).$$

$$\left(\frac{x}{y}\right)^n = \frac{x^n}{y^n} \qquad\qquad\qquad (y\in\mathbb{R}\setminus\{0\},\ n\in\mathbb{N}).$$

$$x<0 \text{ genau dann, wenn } -x>0 \qquad\qquad (x\in\mathbb{R}).$$

Aus $x<y$ und $v>0$ folgt $x\cdot v<y\cdot v$ $\qquad\qquad (x,v\in\mathbb{R}).$

Aus $x<y$ und $v<0$ folgt $x\cdot v>y\cdot v$ $\qquad\qquad (x,v\in\mathbb{R}).$

Aus $x<y$ und $\tilde{x}<\tilde{y}$ folgt $x+\tilde{x}<y+\tilde{y}$ $\qquad (x,\tilde{x},y,\tilde{y}\in\mathbb{R}).$

Aus $0\le x<y$ und $0\le\tilde{x}<\tilde{y}$ folgt $x\cdot\tilde{x}<y\cdot\tilde{y}$ $\qquad (x,\tilde{x},y,\tilde{y}\in\mathbb{R}).$

Um weitere wichtige Eigenschaften formulieren zu können, benötigen wir noch ein paar Vereinbarungen und Notationen:

(G)

Eine Teilmenge M von $\mathbb{R}$ heißt nach oben (nach unten) **beschränkt**, wenn ein $b\in\mathbb{R}$ derart existiert, dass $x\le b$ (bzw. $x\ge b$) für alle $x\in M$ gilt. b heißt dann **obere Schranke** (bzw. **untere Schranke**) von M.

Die kleinste obere Schranke von M heißt **Supremum** von M, in Zeichen: $\sup(M)$.

Die größte untere Schranke von M heißt **Infimum** von M, in Zeichen: $\inf(M)$.

Eine Folge $(a_n)_{n\in\mathbb{N}_0}$ von reellen Zahlen a_n heißt **konvergent gegen** a, und a heißt Limes von $(a_n)_{n\in\mathbb{N}_0}$,

wenn zu jedem reellen $\varepsilon>0$ ein n derart existiert, dass: $|a-a_m|<\varepsilon$ **für alle $m\ge n$.** Man schreibt dann: $\lim\limits_{n\to\infty} a_n=a$.

(H)

Supremumsprinzip: Jede nicht–leere, nach oben (unten) beschränkte Teilmenge M von $\mathbb{R}$ besitzt ein Supremum (bzw. Infimum).

Es folgen zwei wichtige **Konsequenzen dieses Supremumsprinzips** (siehe auch Aufg.7)

Monotonieprinzip: Ist $(a_n)_{n\geq 0}$ eine monoton aufsteigende (fallende) Folge (d.h. $a_{n+1} \geq a_n$ bzw. $a_{n+1} \leq a_n$) reeller Zahlen, und ist die Menge M aller a_n nach oben (bzw. unten) beschränkt, so konvergiert $(a_n)_{n\geq 0}$ (gegen $r := \sup(M) = \sup\{a_n | n \in \mathbb{N}\}$ bzw. $r := \inf(M) = \inf\{a_n | n \in \mathbb{N}\}$).

Cauchy'sches Konvergenzprinzip: Eine Folge $(a_n)_{n\in\mathbb{N}}$ von reellen Zahlen a_n ist genau dann konvergent, **wenn zu jedem reellen $\varepsilon > 0$ ein $n(\varepsilon) \in \mathbb{N}$ derart existiert, dass: $|a_n - a_m| < \varepsilon$ für alle $m, n \geq n(\varepsilon)$.**

2.2. Dekadische und dyadische Zahldarstellung

Um die eigene Anschauung von den reellen Zahlen zu stärken, sollte man – so die Empfehlung in der Einleitung zu Abschnitt 2. – mit den elementaren Tatbeständen aus 2.1. weitergehende Ergebnisse erarbeiten. Um ein solches Resultat handelt es sich z.B. bei der dekadischen Zahldarstellung, die im folgenden erläutert wird.

Der wichtigste elementare Tatbestand, auf den wir hierfür zurückgreifen müssen, ist das Monotonieprinzip aus 2.1.(H).

Die **dekadische Darstellung** $0,q_1 q_2 ... q_n$ mit $q_i \in \{0,1,2,...,9\}$ steht bekanntlich

für den **Dezimalbruch** $\dfrac{q_1}{10^1} + \dfrac{q_2}{10^2} + ... + \dfrac{q_n}{10^n}$.

Es soll nun geklärt werden, ob auch einem unendlichen Dezimalbruch $0,q_1 q_2 ... q_n ...$ eine reelle Zahl zugeordnet werden kann. Betrachten wir also eine beliebige Folge $(q_i)_{i \geq 1}$ aus natürlichen Zahlen mit $0 \leq q_i \leq 9$:   Offensichtlich

bilden die entsprechenden endlichen Dezimalbrüche $a_n := \dfrac{q_1}{10} + \dfrac{q_2}{10^2} + ... + \dfrac{q_n}{10^n}$

eine monoton aufsteigende Folge, die gemäß dem Monotonieprinzip konvergiert, sofern die Menge der a_n beschränkt ist. Die nun zu beantwortende Frage nach der Beschränktheit der a_n reduziert sich wegen

$$(*) \quad a_n = \frac{q_1}{10^1} + \frac{q_2}{10^2} + ... + \frac{q_n}{10^n} \leq \frac{9}{10} + \frac{9}{10^2} + ... + \frac{9}{10^n} = 9 \cdot \sum_{k=1}^{n} \frac{1}{10^k} = 9 \cdot \sum_{k=1}^{n} \left(\frac{1}{10}\right)^k$$

auf die Frage nach der Beschränktheit der Summen $\sum\limits_{k=1}^{n} \left(\dfrac{1}{10}\right)^k$. Glücklicher

Weise gilt für jede so genannte geometrische Summe $\sum\limits_{k=1}^{n} q^k$ die einfache For-

mel $\sum\limits_{k=0}^{n} q^k = \dfrac{1 - q^{n+1}}{1-q}$ $(q \neq 1)$, die in 2.4. hergeleitet werden wird, sodass sich

die oben begonnene Abschätzung (*) fortsetzen lässt zu:

$$a_n = \frac{q_1}{10^1} + \frac{q_2}{10^2} + ... + \frac{q_n}{10^n} \leq 9 \cdot \left(\sum_{k=0}^{n} \left(\frac{1}{10}\right)^k - 1 \right) = 9 \cdot \left(\frac{1 - (\frac{1}{10})^{n+1}}{1 - (\frac{1}{10})} - 1 \right) =$$

$$= 9 \cdot \left(\frac{10 - (\frac{1}{10})^n}{9} - 1 \right) = 9 \cdot \left(\frac{1 - (\frac{1}{10})^n}{9} \right) = 1 - (\frac{1}{10})^n \le 1.$$

Damit ist die Beschränktheit der monotonen Folge $(a_n)_{n \ge 0}$ nachgewiesen und weiter – wegen des Monotonie-Prinzips – auch ihre Konvergenz gegen $\sup\{a_n | n \in \mathbb{N}\} \le 1$.

Dieses Ergebnis lässt sich folgendermaßen zusammenfassen:

Satz:

> Für jede Folge $(q_n)_{n \ge 1}$ von natürlichen Zahlen aus $\{0, 1, 2, ..., 9\}$ liefert die entsprechende Dezimalbruch-Folge $(a_n)_{n \ge 1} := \left(\frac{q_1}{10^1} + \frac{q_2}{10^2} + ... + \frac{q_n}{10^n} \right)_{n \ge 1}$ eine reelle Zahl $r \in [0, 1]$, nämlich $r := \lim\limits_{n \to \infty} a_n$, wofür man auch einfach die unendliche Dezimaldarstellung $r = 0, q_1 q_2 q_3 ...$ oder die Darstellung $r = \sum\limits_{k=1}^{\infty} (\frac{q_k}{10^k})$ verwendet.

Indem man in den Dezimalbrüchen die Zahl 10 durch eine andere natürliche Zahl $g \ge 2$ ersetzt, erhält man die so genannten g-adischen Brüche

$$(0, q_1 q_2 ... q_n)_g = \frac{q_1}{g^1} + \frac{q_2}{g^2} + ... + \frac{q_n}{g^n} \text{ mit } q_1, q_2, ..., q_n \in \{0, 1, 2, ..., g-1\},$$ auf die dann

der gleiche Grundgedanke wie oben angewandt werden kann (siehe Aufg.9), und zwar mit folgendem Ergebnis:

Satz:

> Ist g natürliche Zahl mit $g \ge 2$, und ist $(q_n)_{n \ge 1}$ eine Folge von natürlichen Zahlen aus $\{0, 1, 2, ..., g-1\}$, so liefert die entsprechende Folge $(a_n)_{n \ge 1}$ von g-adischen Brüchen $a_n = \frac{q_1}{g} + \frac{q_2}{g^2} + ... + \frac{q_n}{g^n}$ eine reelle Zahl $r \in [0, 1]$, nämlich $r := \lim\limits_{n \to \infty} a_n$, wofür man auch einfach die unendliche g-adische Darstellung $r = (0, q_1 q_2 q_3 ...)_g$ oder die Darstellung $r = \sum\limits_{k=1}^{\infty} \frac{q_k}{g^k} = \frac{q_1}{g} + \frac{q_2}{g^2} + ... + \frac{q_n}{g^n} + ...$ verwendet.

Im Spezialfall g=2 erhält man die so genannte

dyadische oder binäre Darstellung $r = \sum\limits_{k=1}^{\infty} \dfrac{q_k}{2^k} = \dfrac{q_1}{2^1} + \dfrac{q_2}{2^2} + ... + \dfrac{q_n}{2^n} + ...$ mit

$q_1, q_2, ..., q_n \in \{0,1\}$.

Dass nicht nur spezielle reelle Zahlen, sondern jede durch ihre unendliche g-adi-sche Bruchentwicklung erzeugt werden kann, macht der nächste Abschnitt klar.

2.3. Intervallschachtelung

Jede reelle Zahl r kann in Form eines endlichen oder unendlichen Dezimalbruchs dargestellt werden: $r = q_0, q_1 q_2 q_3 ...$
Dieses Resultat lässt sich durch eine Intervallschachtelung gewinnen.

Definition:

Eine Folge von Intervallen $[a_n, b_n]$ heißt Intervallschachtelung, wenn $a_n \leq a_{n+1}$ und $b_{n+1} \leq b_n$ für jedes $n \in \mathbb{N}$ gilt, und wenn $(b_n - a_n)$ gegen 0 strebt.

Liegt eine Zahl r in allen Intervallen einer Intervallschachtelung $\left([a_n, b_n]\right)_{n \in \mathbb{N}}$, so gilt natürlich, dass $\lim\limits_{n \to \infty} a_n = r$. Umgekehrt gilt die folgende

Erzeugung der dekadischen und dyadischen Darstellung einer vorgegebenen Zahl $r > 0$ mit Hilfe einerIntervallschachtelung :

Man bestimmt zunächst die größte natürliche Zahl q_0 mit $q_0 \leq r$. Dann gilt offensichtlich $a_0 := q_0 \leq r < q_0 + 1 =: b_0$.
Denkt man sich das Intervall $[a_0, b_0]$ in **10 gleiche Teile** zerlegt, so wird klar, dass für genau ein $q_1 \in \{0, ..., 9\}$ die Relation $a_1 := a_0 + \dfrac{q_1}{10} \leq r < \left(a_0 + \dfrac{q_1}{10}\right) + \dfrac{1}{10} =: b_1$ gilt. Wiederholt man die 10-Teilung mit $[a_1, b_1]$, so erhält man genau ein $q_2 \in \{0, ..., 9\}$ mit $a_1 + \dfrac{q_2}{100} \leq r < a_1 + \dfrac{q_2}{100} + \dfrac{1}{100}$. Natürlich führt die **Fortsetzung dieses Prozesses** zu einer Intervallschachtelung $\left([a_n, b_n]\right)_{n \in \mathbb{N}}$ mit

$$\lim_{n\to\infty} a_n = \lim_{n\to\infty} b_n = r \text{ , weshalb dann } r = \lim_{N\to\infty}\left(q_0 + \frac{q_1}{10} + \frac{q_2}{10^2} + ... + \frac{q_N}{10^N}\right) =$$

$$= \lim_{N\to\infty}\left(\sum_{n=0}^{N}\frac{q_n}{10^n}\right) \text{ ; wofür man auch } \sum_{n=0}^{\infty}\frac{q_n}{10^n} \text{ schreibt. Also:}$$

Jede positive reelle Zahl r kann in der Form $r = q_0,q_1q_2q_3... = \sum_{n=0}^{\infty}\frac{q_n}{10^n}$ mit

$q_0 \in \mathbb{N}$ und $q_1,q_2,q_3,... \in \{0,1,2,...,9\}$ dargestellt werden.

Hierzu ein paar

Beispiele:

a)

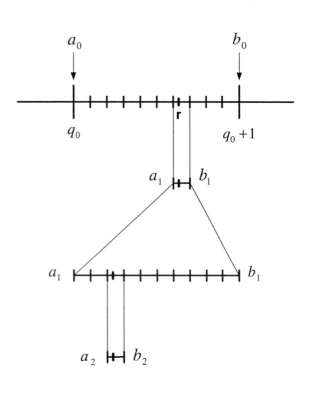

$$\frac{1}{3} = \frac{1}{10}\cdot\left(\frac{10}{3}\right) =$$

$$= \frac{1}{10}\cdot\left(3 + \frac{1}{3}\right) =$$

$$= \frac{1}{10}\cdot\left(3 + \frac{1}{10}\cdot\frac{10}{3}\right) =$$

$$= \frac{1}{10}\cdot\left(3 + \frac{1}{10}\cdot\left(3 + \frac{1}{3}\right)\right) =$$

$$= \frac{1}{10}\cdot\left(3 + \frac{1}{10}\cdot\left(3 + \frac{1}{10}\cdot\frac{10}{3}\right)\right) =$$

$$= \frac{1}{10}\cdot\left(3 + \frac{1}{10}\cdot\left(3 + \frac{1}{10}\cdot\left(3 + \frac{1}{3}\right)\right)\right) =$$

$$= \frac{3}{10} + \frac{3}{100} + \frac{3}{1000} + ... \qquad = \sum_{n=1}^{\infty}\frac{3}{10^n}.$$

b) $\frac{1}{9} = 0,111... = \frac{1}{10} + \frac{1}{10^2} + \frac{1}{10^3} + ... = \lim_{N\to\infty}\left(\sum_{n=1}^{N}\frac{1}{10^n}\right) = \sum_{n=1}^{\infty}\frac{1}{10^n}.$

c) $\frac{1}{99} = 0,0101... = \frac{1}{10^2} + \frac{1}{10^4} + ... = \lim_{N\to\infty}\left(\sum_{n=1}^{N}\frac{q_n}{10^n}\right) = \sum_{n=1}^{\infty}\frac{q_n}{10^n}$

mit $q_n = \begin{cases} 0 \text{ für ungerades n} \\ 1 \text{ für gerades n} \end{cases}$.

d) $\dfrac{5}{7} = 0,\overline{714285} = \sum\limits_{n=1}^{\infty} \dfrac{q_n}{10^n}$

mit $\quad q_1 = 7$, $q_2 = 1$, $q_3 = 4$, $q_4 = 2$, $q_5 = 8$, $q_6 = 5$,

$\qquad q_7 = 7$, $q_8 = 1$, $q_9 = 4$,...usw. periodisch.

Durch eine ganz ähnliche Intervallschachtelung erhält man die

dyadische (oder binäre) Darstellung reeller Zahlen r mit $0 \le r < 1$:

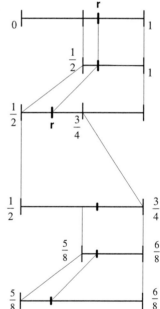

Nach einer Halbierung des Intervalls $[0,1[$

stellt man fest, ob $0 \le r < \dfrac{1}{2}$ oder $\dfrac{1}{2} \le r < 1$.

Dementsprechend
findet man genau ein $d_1 \in \{0,1\}$ mit

$a_1 := \dfrac{d_1}{2} \le r < \dfrac{d_1}{2} + \dfrac{1}{2} =: b_1$.

Nach Halbierung des Intervalls $[a_1, b_1[$ findet

man genau ein $d_2 \in \{0,1\}$ derart,

dass $a_2 := a_1 + \dfrac{d_2}{4} \le r < \left(a_1 + \dfrac{d_2}{4}\right) + \dfrac{d_2}{4} =: b_2$ und

dann ein $d_3 \in \{0,1\}$ mit

$a_3 := a_3 + \dfrac{d_3}{8} \le r < \left(a_2 + \dfrac{d_3}{8}\right) + \dfrac{d_3}{8} =: b_3$.

Setzt man diesen Prozess fort, so kann man r
charakterisieren durch eine unendliche 0-1-Folge,
die so genannte dyadische (oder binäre) Darstellung von r.
Auch hierzu einige

Beispiele:
a)
$\dfrac{1}{3} = \dfrac{1}{2} \cdot \left(\dfrac{2}{3}\right) = \dfrac{1}{2} \cdot \left(0 + \dfrac{2}{3}\right) = \dfrac{1}{2} \cdot \left(0 + \dfrac{1}{2} \cdot \dfrac{4}{3}\right) = \dfrac{1}{2} \cdot \left(0 + \dfrac{1}{2} \cdot \left(1 + \dfrac{1}{3}\right)\right) = \dfrac{1}{2} \cdot \left(0 + \dfrac{1}{2} \cdot \left(1 + \dfrac{1}{2} \cdot \dfrac{2}{3}\right)\right) =$

$= \dfrac{1}{2} \cdot \left(0 + \dfrac{1}{2} \cdot \left(1 + \dfrac{1}{2} \cdot \left(0 + \dfrac{2}{3}\right)\right)\right) = \dfrac{1}{2} \cdot \left(0 + \dfrac{1}{2} \cdot \left(1 + \dfrac{1}{2} \cdot \left(0 + \dfrac{1}{2} \cdot \dfrac{4}{3}\right)\right)\right) =$

$$= \frac{1}{2} \cdot \left(0 + \frac{1}{2} \cdot \left(1 + \frac{1}{2} \cdot \left(0 + \frac{1}{2} \cdot \left(1 + \frac{1}{3} \right) \right) \right) \right) =$$

$$= \frac{0}{2} + \frac{1}{2^2} + \frac{0}{2^3} + \frac{1}{2^4} \cdots \quad = \sum_{n=1}^{\infty} \frac{q_n}{2^n} \quad \text{mit } q_n = \begin{cases} 0 \text{ ,wenn } n \text{ ungerade} \\ 1 \text{ ,wenn } n \text{ gerade.} \end{cases}$$

b) $\dfrac{1}{9} = \dfrac{0}{2} + \dfrac{0}{2^2} + \dfrac{0}{2^3} + \dfrac{0}{2^4} + \dfrac{1}{2^5} + \ldots = \displaystyle\sum_{n=1}^{\infty} \dfrac{q_n}{2^n} \quad$ mit $\; q_1 = q_2 = q_3 = 0 \;$ usw.

c) $\dfrac{5}{7} = \dfrac{0}{2} + \dfrac{1}{2^2} + \dfrac{1}{2^3} + \dfrac{0}{2^4} + \dfrac{1}{2^5} + \dfrac{1}{2^6} + \ldots = \displaystyle\sum_{n=1}^{\infty} \dfrac{q_n}{2^n} \quad$ mit $\; q_1 = 0 \;$, $\; q_2 = 1 \;$ usw.

Anmerkung zur Darstellung von Messergebnissen durch reelle Zahlen

Eigentlich geht das Angebot an reellen Zahlen weit über das hinaus, was man für Messungen braucht. Man wird z.B. niemals eine irrationale Zahl als Messergebnis identifizieren können; denn jede Messung wird nur mit begrenzter Genauigkeit ausgeführt, liefert also bestenfalls ein Intervall $]a - \varepsilon, a + \varepsilon[$. Da die rationalen Zahlen dicht liegen in $\mathbb{R}$, reicht es, den Mittelpunkt a des Intervalls als rationale Zahl anzugeben. Wie zumindest im Idealfall ein rationales Ergebnis, sagen wir $\dfrac{5}{7}$, zustande kommen kann, soll hier an Hand einer Massebestimmung erläutert werden: Man wird in einem ersten Schritt 7 Körper gleicher Masse und mit Gesamtmasse $1kg$ herstellen.

Die Gesamtmasse von 5 dieser 7 Körper hat dann eine Masse von $\dfrac{5}{7} kg$.

Natürlich kann diese Vorgehensweise im Prinzip auf andere Messungen und Einheiten übertragen werden. Von den begrenzten Möglichkeiten einer Messung her gesehen erscheint also der reelle Zahlkörper unnötig aufgeblasen. Gleichwohl muss man feststellen, dass die großen Anwendungserfolge der Mathematik, z.B. in der klassischen Physik auf der im Zahlkörper $\mathbb{R}$ steckenden Idealisierung basieren und ohne diese vermutlich nie zustande gekommen wären. Natürlich geht die Idealisierung des Zahlkörpers $\mathbb{R}$ auch an der Realität heutiger Rechner vorbei. Diese können ja, egal wie teuer sie sind, zur

Zahlendarstellung nur endlich viele Register anbieten, weshalb es bei manchen Rechenoperationen zu Rundungen kommt. Dessen muss sich ein Anwender der Mathematik stets bewusst sein. Man betrachte z.B. das folgende einfache Computerprogramm:

```
Y=1
for i=1:N
Z1=rand; Z2=rand; Y=Y+Z1 ;Y=Y+Z2; Y=Y-Z1; Y=Y-Z2;
end
```

Es setzt für Y den Wert 1 ein und durchläuft dann N-mal eine Schleife, bei der Zufallszahlen zu Y addiert und wieder abgezogen werden. Aus mathematischer Sicht kann immer nur Y=1 herauskommen, doch mein PC liefert nach 500 Schleifen keine 1 mehr. Zu den angesprochenen Rundungen kommt es übrigens nicht nur bei Additionen und Multiplikationen, sondern auch schon bei der Eingabe von Zahlen. Betrachten wir beispielshalber einmal die

Computerdarstellung von $\frac{1}{6}$ im binären Gleitkommaformat:

Man erhält sie, indem man die dyadische Darstellung der vorliegenden Zahl zunächst in die normalisierte Form $(-1)^s \cdot 2^E \cdot (1+f)$ bringt mit Vorzeichenbit $s=0$ oder $s=1$, $0 \le f < 1$ und Exponent E zwischen -1022 und 1023. Im Fall von $\frac{1}{6}$ ist die dyadische Darstellung gegeben durch $\frac{1}{6} = (0,0010101...)_2 =$

$= 2^{-3} \cdot (1 + 2^{-2} + 2^{-4} + ...) = +2^{-3} \cdot (1 + (0,0101...)_2) = (-1)^s \cdot 2^E \cdot (1+f)$ mit Vorzeichenbit $s=0$, Exponent $E=-3$ und $f = \sum_{n=1}^{\infty}(\frac{1}{2^2})^n$. Stehen nun zum Beispiel 64

Bit zur Zahldarstellung zur Verfügung, so belegt man die erste Position mit s, die darauf folgenden 11 Positionen mit der dyadischen Darstellung von $1023 - E$ - um sich die Angabe des Vorzeichens von E zu sparen - und die restlichen 52 Positionen mit den ersten 52 Ziffern von $f = \sum_{n=1}^{\infty}(2^{-2})^n = (0,01010101$

$0101....)_2$. Man erhält also für $\frac{1}{6}$ die folgende Computer-interne Darstellung,

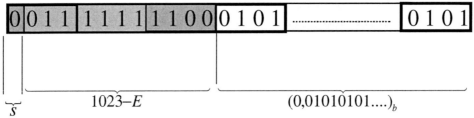

welche durch die Beschränkung auf endlich viele Stellen den wahren Wert um

$$\sum_{n=27}^{\infty} (2^{-2})^n = \frac{1}{3 \cdot 4^{26}} \frac{1}{3 \cdot 4^{26}} \approx 7,4 \cdot 10^{-17}$$ verfehlt. Es ist damit auch klar, dass im allgemeinen der durch die Eingabe verursachte Rundungsfehler beim vorliegen-den Format schlimmstenfalls $\sum_{n=53}^{\infty} (\frac{1}{2^2})^n = \frac{1}{2^{52}} \approx 2,22 \cdot 10^{-16}$ beträgt.

2.4. Sammlung nützlicher Formeln

Für die nachfolgenden Kapitel werden hier einige Formeln bereitgestellt, die sowohl innerhalb der Mathematik als auch in Anwendungsgebieten immer wie-der gebraucht werden. Nebenbei demonstrieren sie, wie abstrakte Resultate auf sehr verschiedene, konkrete Situationen angewandt werden können, wo sie manchmal zu massiver Reduzierung von Rechenzeit beitragen.

2.4.1. Binomische Formel

Zur Einführung in die vorliegende Thematik nehme man an, dass zu einem Alphabet $\{A, B, C, ..., Z\}$ von 26 Buchstaben Codeworte aus jeweils 5 <u>verschiede-nen</u> Buchstaben gebildet werden sollen, wie z.B. (A, B, C, D, E), (B, A, C, D, E), (Z, A, G, D, E) usw.. Dann stellt sich z.B. die Frage, wie viele solcher Code-worte es gibt. Man macht sich sehr schnell klar, dass dieses scheinbar sehr spe-zielle Problem aus dem Bereich der Codierung erfasst wird durch folgende, we-sentlich allgemeinere und übersichtlichere <u>Fragestellung</u>:

Urnenproblem: Aus einer Urne mit n verschiedenen Objekten (wie Kugeln oder Buchstaben) sollen nacheinander k Objekte herausgenommen werden. Wie viele Möglichkeiten gibt es hierfür? Beim ersten Griff gibt es noch n Möglich-keiten, beim zweiten $(n-1)$, und so weiter, bis beim k-ten Griff noch $(n-k+1)$ Möglichkeiten verbleiben. Deshalb gibt es $n \cdot (n-1) \cdot (n-2) \cdot ... \cdot (n-k+1)$ Kombi-nationen der einzelnen Auswahlen. Damit ist dann klar, dass $26 \cdot 25 \cdot 24 \cdot 23 \cdot 22 =$ $= 7893600$ die Antwort ist auf die ursprüngliche Frage nach der Anzahl der Codewörter mit 5 verschiedenen Buchstaben. Für später halten wir fest:

Satz:

Aus einer Menge M mit n verschiedenen Elementen hintereinander k verschie-dene Elemente herauszugreifen, gibt es $n \cdot (n-1) \cdot (n-2) \cdot ... \cdot (n-k+1)$ Möglich-keiten.

Es ist klar, dass im Fall k=n, also wenn man aus einer n-elementigen Menge jeweils n herausgreift, man alle möglichen Umordnungen der n Elemente erhält. Es gibt demzufolge genau $n \cdot (n-1) \cdot (n-2) \cdot ... \cdot 2 \cdot 1$ Möglichkeiten, n verschiedene Objekte umzuordnen. Die Zahl $n \cdot (n-1) \cdot (n-2) \cdot ... \cdot 2 \cdot 1$ heißt n-te Fakultät und wird mit $n!$ bezeichnet. Für den späteren Gebrauch halten wir wieder fest:

Satz:

> Für jede (herausgegriffene) Abfolge von k Elementen einer Menge gibt es $k! := 1 \cdot 2 \cdot 3 \cdot ... \cdot k$ Möglichkeiten der Umordnung.

Für jedes der Codewörter aus dem Anfangsbeispiel gibt es demnach 5! Vertauschungsmöglichkeiten. Nimmt man also an, dass ein Codewort nur durch die Buchstabenkombination und nicht durch die Reihenfolge bestimmt ist, so erhält man nicht mehr $26 \cdot 25 \cdot 24 \cdot 23 \cdot 22$ mögliche Codeworte, sondern nur noch $\dfrac{26 \cdot 25 \cdot 24 \cdot 23 \cdot 22}{5!} = \dfrac{26 \cdot 25 \cdot 24 \cdot 23 \cdot 22}{1 \cdot 2 \cdot 3 \cdot 4 \cdot 5} = 65780$. Natürlich lässt sich dieser Gedankengang auch verallgemeinern zu (Anzahl der k-elementigen Teilmengen von M) $=$

$$= \frac{n \cdot (n-1) \cdot (n-2) \cdot ... \cdot (n-k+1)}{k!}$$; denn für die Bildung einer k-elementigen Teilmengen von M ist die Reihenfolge der Elemente dieser k-elementigen Menge unbedeutend. Da man häufig- und nicht nur im Rahmen der Kombinatorik - auf solche Brüche stößt, erhalten sie einen eigenen Namen.

Definition:

> Sind n und k natürliche Zahlen mit $1 \le k \le n$, so heißt der Bruch
> $$\binom{n}{k} := \frac{n \cdot (n-1) \cdot (n-2) \cdot ... \cdot (n-k+1)}{k!}$$ **Binomialkoeffizient n über k.**
>
> Es ist außerdem $0! = 1$, $\binom{n}{0} := 1$ und $\binom{0}{0} := 1$ gesetzt.

Offensichtlich gilt dann

> $$\binom{n}{1} = n \quad , \quad \binom{n}{n} = 1 \quad , \quad \binom{n}{0} = 1 \quad , \quad \binom{n}{k} = \frac{n!}{k! \, (n-k)!} \quad \text{für} \quad 1 \le k \le n$$

und , wie oben schon gezeigt, der folgende

Satz:

Ist M eine endliche Menge mit n Elementen, so ist $\binom{n}{k}$ gleich der Anzahl der k-elementigen Teilmengen von M.

Dass die Binomialkoeffizienten $\binom{n}{k}$ nicht nur für kombinatorische Probleme von Nutzen sind, zeigt folgender

Binomischer Lehrsatz:

Für alle $a,b \in \mathbb{R}$ und alle $n \in \mathbb{N}$ gilt:

$$(a+b)^n = a^n + \binom{n}{1}a^{n-1}\cdot b + \binom{n}{2}a^{n-2}\cdot b^2 + \ldots + \binom{n}{n-1}a\cdot b^{n-1} + b^n = \sum_{k=0}^{n}\binom{n}{k}\cdot a^{n-k}\cdot b^k.$$

Zur Begründung soll zunächst der Fall n=3 betrachtet werden:

$$(a+b)^3 = (a+b)^2 \cdot (a+b) = \left(a^2 + ba + ab + b^2\right)\cdot(a+b) =$$

$$= a\cdot a\cdot a + a\cdot b\cdot a + b\cdot a\cdot a + b\cdot b\cdot a + a\cdot a\cdot b + a\cdot b\cdot b + b\cdot a\cdot b + b\cdot b\cdot b =$$
$$= a^3 + a^2\cdot b\cdot\left[\text{Anzahl der Möglichkeiten, von 3 Pos. eine (für } b\text{) auszuwählen}\right] +$$
$$+ a\cdot b^2\cdot\left[\text{Anzahl der Möglichkeiten, von 3 Pos. zwei (für } b\text{) auszuwählen}\right] + b^3$$

$$= a^3 + \binom{3}{1}a^2\cdot b + \binom{3}{2}a\cdot b^2 + b^3 \quad . \text{ Die entsprechende Verallgemeinerung für belie-}$$

biges $n \in \mathbb{N}$ liegt dann auf der Hand.

Beispiel I: Formel $\binom{n+1}{k} = \binom{n}{k-1} + \binom{n}{k}$

Sie lässt sich folgendermaßen nachweisen: Setzt man in der binomischen Formel $a=1$ und $b=x$, so erhält man zwei Polynomdarstellungen für $(1+x)^{n+1}$:

Einerseits gilt $\quad (1+x)^{n+1} = \sum_{k=0}^{n+1}\binom{n+1}{k}\cdot 1^{(n+1)-k}\cdot x^k = \sum_{k=0}^{n+1}\binom{n+1}{k}\cdot x^k$

und andererseits $\quad (1+x)^{n+1} = (1+x)^n\cdot(1+x) =$

$$= \sum_{k=0}^{n} \binom{n}{k} \cdot 1^{n-k} \cdot x^k + x \cdot \sum_{k=0}^{n} \binom{n}{k} \cdot 1^{n-k} \cdot x^k = \sum_{k=0}^{n} \binom{n}{k} \cdot x^k + \sum_{k=0}^{n} \binom{n}{k} \cdot x^{k+1}.$$ Koeffizienten-

vergleich der beiden Polynome $\displaystyle\sum_{k=0}^{n+1} \binom{n+1}{k} \cdot x$ und $\displaystyle\sum_{k=0}^{n} \binom{n}{k} \cdot x^k + \sum_{k=0}^{n} \binom{n}{k} \cdot x^{k+1}$

ergibt dann $\dbinom{n+1}{k} = \dbinom{n}{k-1} + \dbinom{n}{k}$.

Dass für je zwei Polynome $p(x) = a_n x^n + \ldots + a_1 x + a_0$ und $q(x) = b_n x^n + \ldots + b_1 x + b_0$ die Koeffizienten a_k und b_k übereinstimmen, sofern $p(x) = q(x)$ für alle $x \in \mathbb{R}$ gilt, wird in Kapitel III klar werden. Für spätere Verwendung wird aber schon hier festgehalten:

Formel

$$\dbinom{n+1}{k} = \dbinom{n}{k-1} + \dbinom{n}{k} \qquad \text{für } k, n \in \mathbb{N} \text{ mit } 1 \le k \le n.$$

Wie man sie nutzen kann, wird sehr schnell klar, wenn man z.B. versucht, für größere n und k die Binomialkoeffizienten gemäß ihrer Definition

$$\binom{n}{k} = \frac{n \cdot (n-1) \cdot (n-2) \cdot \ldots \cdot (n-k+1)}{k!}$$ zu berechnen. Man bekommt es dann mit

riesigen Zahlen zu tun: z.B. mit $10! = 3628800$ und $12! = 479001600$.

Viel besser kommt man dagegen voran, indem man ausgehend von n=0

schrittweise die Rekursivgleichung $\dbinom{n+1}{k} = \dbinom{n}{k-1} + \dbinom{n}{k}$ anwendet, um so der

Reihe nach die Binomialkoeffizienten der $(n+1)$-ten Stufe durch simple Addition aus denen der n-ten Stufe zu gewinnen:

$$\binom{2}{1} = \binom{1}{0} + \binom{1}{1}, \quad \binom{3}{1} = \binom{2}{0} + \binom{2}{1}, \quad \binom{3}{2} = \binom{2}{0} + \binom{2}{1}, \quad \binom{4}{1} = \binom{3}{0} + \binom{3}{1} \quad \text{usw.} .$$

Das so genannte **Pascal`sche Dreieck**

mit den Binomialkoeffizienten $\dbinom{n}{k}$ in

der n-ten Zeile erhält man also gemäß dem nebenstehenden Schema:

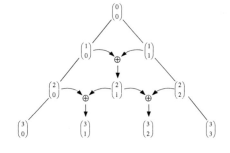

Beispiel II: Produkte von Potenzsummen der Form $\displaystyle\sum_{k=0}^{N} \frac{x^k}{k!}$

Für $x, y \in \mathbb{R}$ und $N \in \mathbb{N}$ gilt:
$$\left(\sum_{k=0}^{N} \frac{x^k}{k!}\right) \cdot \left(\sum_{k=0}^{N} \frac{y^k}{k!}\right) = \sum_{k=0}^{N} \frac{(x+y)^k}{k!} + \underbrace{\sum_{\substack{k+l=N+1 \\ 0 \leq k,l \leq N}}^{2N} \frac{x^k}{k!} \cdot \frac{y^l}{l!}}_{=:\mathrm{Re}\,st_N(x,y)};$$

und $\displaystyle \mathrm{Re}\,st_N(x,y) \leq \sum_{k=N+1}^{2N} \frac{\left(|x|+|y|\right)^k}{k!}$.

Zur Begründung dieses Resultats macht man sich zuerst klar, dass

$\left(\displaystyle\sum_{k=0}^{N} \frac{x^k}{k!}\right) \cdot \left(\displaystyle\sum_{l=0}^{N} \frac{y^l}{l!}\right) = \displaystyle\sum_{k,l=0}^{N} \frac{x^k}{k!} \cdot \frac{y^l}{l!}$. Anschließend denkt man sich die Summan-

den $\dfrac{x^k}{k!} \cdot \dfrac{y^l}{l!}$ alle in einem Quadrat mit $2N$ Zeilen und Spalten (wie unten dar-

gestellt) aufgelistet:

	$\frac{(z_1)^0}{0!}$	$\frac{(z_1)^1}{1!}$	$\frac{(z_1)^2}{2!}$	$\frac{(z_1)^3}{3!}$	...	$\frac{(z_1)^N}{N!}$
$\frac{(z_2)^0}{0!}$	$\frac{(z_2)^0}{0!} \cdot \frac{(z_1)^0}{0!}$	$\frac{(z_2)^0}{0!} \cdot \frac{(z_1)^1}{1!}$	$\frac{(z_2)^0}{0!} \cdot \frac{(z_1)^2}{2!}$	$\frac{(z_2)^0}{0!} \cdot \frac{(z_1)^3}{3!}$		$\frac{(z_2)^0}{0!} \cdot \frac{(z_1)^N}{N!}$
$\frac{(z_2)^1}{1!}$	$\frac{(z_2)^1}{1!} \cdot \frac{(z_1)^0}{0!}$	$\frac{(z_2)^1}{1!} \cdot \frac{(z_1)^1}{1!}$	$\frac{(z_2)^1}{1!} \cdot \frac{(z_1)^2}{2!}$			
$\frac{(z_2)^2}{2!}$	$\frac{(z_2)^2}{2!} \cdot \frac{(z_1)^0}{0!}$	$\frac{(z_2)^2}{2!} \cdot \frac{(z_1)^1}{1!}$				
$\frac{(z_2)^3}{3!}$	$\frac{(z_2)^3}{3!} \cdot \frac{(z_1)^0}{0!}$					
$\vdots$						
$\frac{(z_2)^N}{N!}$	$\frac{(z_2)^N}{N!} \cdot \frac{(z_1)^0}{0!}$					$\frac{(z_2)^N}{N!} \cdot \frac{(z_1)^N}{N!}$

Natürlich können diese Summanden auch diagonal (wie angedeutet) zusammengefasst werden. In der i-ten Diagonale mit $i \leq 2N$ stehen dann offensichtlich
alle Produkte, deren Potenz sich zu i aufsummiert, wie z.B. in der 3ten Diago-

nale: $\dfrac{x^0}{0!} \cdot \dfrac{y^3}{3!}, \ \dfrac{x^1 \cdot y^2}{1!2!}, \ \dfrac{x^2}{2!} \cdot \dfrac{y^1}{1!}, \ \dfrac{x^3}{3!} \cdot \dfrac{y^0}{0!}.$ Indem man nun die Summanden der

i-ten Diagonale zusammenfasst, erhält man, dass i-te Diagonalsumme=

$$= \sum_{k=0}^{i} \frac{x^n}{k!} \cdot \frac{y^{i-k}}{(i-k)!} = \sum_{k=0}^{i} \binom{i}{k} \cdot \frac{1}{i!} \cdot x^k \cdot y^{i-k} = \frac{1}{i!} \cdot \sum_{k=0}^{i} \binom{i}{k} \cdot x^k \cdot y^{i-k} = \frac{(x+y)^i}{i!} \; ; \; \text{wobei}$$

die letzte Gleichung auf die binomische Formel zurückgeht. Also:

$$\left(\sum_{k=0}^{N} \frac{x^k}{k!} \right) \cdot \left(\sum_{l=0}^{N} \frac{y^l}{l!} \right) = \sum_{k,l=0}^{N} \frac{x^k}{k!} \cdot \frac{y^l}{l!} = \quad \text{Summe über die ersten N Diagonalen } +$$

$$+ \underbrace{\sum_{\substack{k+l=N+1 \\ 0 \le k,l \le N}}^{2N} \frac{x^k}{k!} \cdot \frac{y^l}{l!}}_{=:\operatorname{Rest}_N(x,y)} = \sum_{k=0}^{N} \frac{(x+y)^k}{k!} + \underbrace{\sum_{\substack{k+l=N+1 \\ 0 \le k,l \le N}}^{2N} \frac{x^k}{k!} \cdot \frac{y^l}{l!}}_{=:\operatorname{Rest}_N(x,y)} \quad ; \quad \text{wobei}$$

$$\left| \operatorname{Rest}_N(x,y) \right| \le \sum_{\substack{k+l=N+1 \\ 0 \le k,l \le N}}^{2N} \frac{|x|^k}{k!} \cdot \frac{|y|^l}{l!} \le \sum_{\substack{k+l=N+1 \\ 0 \le k,l \le 2N}}^{2N} \frac{|x|^k}{k!} \cdot \frac{|y|^l}{l!} =$$

$$= \text{Summe über } (N+1)\text{-te bis } 2N\text{-te Diagonale} = \sum_{k=N+1}^{2N} \frac{\left(|x| + |y| \right)^k}{k!} \; .$$

Beispiel III: $\left| (x+\Delta)^n - x^n \right| \le |\Delta| \cdot const$; wobei $|\Delta| \le 1$ und *const* eine zu $x \in \mathbb{R}$ und $n \in \mathbb{N}$ gehörende und von Δ unabhängige Konstante ist.

Diese Abschätzung ergibt sich folgendermaßen als Konsequenz der binomischen Formel; denn für $|\Delta| \le 1$ gilt:

$$\left| (x+\Delta)^n - x^n \right| = \left| \sum_{k=0}^{n} \binom{n}{k} \Delta^k \cdot x^{n-k} - x^n \right| = \left| \sum_{k=1}^{n} \binom{n}{k} \cdot \Delta^k \cdot x^{n-k} \right| =$$

$$= \left| \Delta \cdot \sum_{k=1}^{n} \binom{n}{k} \cdot \underbrace{\Delta^{k-1}}_{|\Delta| \le 1} \cdot x^{n-k} \right| \le |\Delta| \cdot \underbrace{\sum_{k=1}^{n} \binom{n}{k} \cdot |x|^{n-k}}_{\le const.} \le |\Delta| \cdot const \quad \text{und wird immer dann}$$

eine Rolle spielen, wenn es darum geht, dass sich die Potenz x^n bei geringer Änderung von x auch nur entsprechend wenig ändert, zum Beispiel bei folgendem wichtigen Resultat:

Für $a > 0$ und $n \in \mathbb{N} \setminus \{0\}$ hat die Gleichung $x^n = a$ genau eine nicht-negative Lösung, die so genannte n-te Wurzel aus a : $\sqrt[n]{a}$

Um zu sehen, dass die Lösungsmenge der Gleichung $x^n = a$ nicht leer ist, betrachtet man zunächst die Lösungsmenge der Ungleichung $x^n \le a$. Diese Menge enthält ja wenigstens die Null und ist auch beschränkt, wie man sich leicht klar macht: Jedes $x \in M := \left\{ x \in \mathbb{R}_+ \big| x^n \le a \right\}$ ist ja entweder kleiner als 1 oder

aber es genügt der Ungleichung $1 \le x \le x^n \le a$. Damit ist dann schon die Existenz von $c := \sup(M)$ - wegen des Supremums-Prinzips – sichergestellt, und tatsächlich gilt dann $c^n = a$, was man zeigt, indem man die gegenteilige Annahme zum Widerspruch führt.

Zuerst soll $c^n > a$ angenommen werden: Gemäß der Abschätzung aus Beispiel III kann für beliebig kleines $\varepsilon > 0$ ein passendes $\Delta > 0$ gefunden werden mit $\left| (c-\Delta)^n - c^n \right| \le \varepsilon$. Es gibt also ein $\Delta > 0$ mit $c^n - (c-\Delta)^n \le \varepsilon := c^n - a$, also mit

$(c-\Delta)^n \ge a \ge x^n$ für alle $x \in M$. Dieses $\Delta > 0$ müsste demnach der Ungleichung

$(c-\Delta) \ge x$ für alle $x \in M$ genügen, was aber der Definition von c als $\sup(M)$ widerspricht.

Nehmen wir nun an, dass $c^n < a$: Wie oben erhält man dann ein geeignetes $\Delta > 0$ mit $c^n < (c+\Delta)^n < a$, weshalb $c + \Delta$ zu M gehören müsste, was wegen $c = \sup(M)$ den Widerspruch $c + \Delta \le c$ implizieren würde.

Sollte es neben c noch eine weitere Wurzel $\tilde{c}$ geben, so müsste $\left(\dfrac{c}{\tilde{c}} \right)^n = \dfrac{c^n}{\tilde{c}^n} =$

$= \dfrac{a}{a} = 1$, also $c = \tilde{c}$ gelten. Mit der eben gesicherten Existenz der n-ten Wurzeln

von $a > 0$ und von a^m ist klar, dass $\left[\left(\sqrt[n]{a} \right)^m \right]^n = \left[\left(\sqrt[n]{a} \right)^n \right]^m = a^m$, also dass

$\sqrt[n]{a^m} = \left(\sqrt[n]{a} \right)^m$; womit man dann gerüstet ist für die

Einführung von Potenzen a^r mit rationalem Exponenten r :

Besteht man darauf, dass die bisherigen Potenz-Rechenregeln auch für rationale Exponenten, wie zum Beispiel $\dfrac{1}{n}$ und $\dfrac{m}{n}$ gelten sollen, dann muss man die

Gültigkeit von $\underbrace{a^{\frac{1}{n}} \cdot a^{\frac{1}{n}} \cdot a^{\frac{1}{n}} \cdot \ldots \cdot a^{\frac{1}{n}}}_{n-mal} = a^{(\frac{1}{n}+\frac{1}{n}+\ldots+\frac{1}{n})} = a^1 = a$, also $a^{\frac{1}{n}} = \sqrt[n]{a}$ fordern

sowie von $\underbrace{a^{\frac{m}{n}} \cdot a^{\frac{m}{n}} \cdot a^{\frac{m}{n}} \cdot \ldots \cdot a^{\frac{m}{n}}}_{n-mal} = a^{(\frac{m}{n}+\frac{m}{n}+\ldots+\frac{m}{n})} = a^{n \cdot \frac{m}{n}} = a^m$, also $a^{\frac{m}{n}} = \sqrt[n]{a^m} = \left(\sqrt[n]{a} \right)^m$.

Deswegen folgende

Definition:

$$a^{\frac{m}{n}} := \sqrt[n]{a^m} = \left(\sqrt[n]{a} \right)^m \quad \text{und} \quad a^{-\frac{m}{n}} := \dfrac{1}{a^{\frac{m}{n}}} = \dfrac{1}{\sqrt[n]{a^m}} \quad \text{für } a > 0, \ m,n \in \mathbb{N} \text{ und } n \ne 0.$$

Für den späteren Gebrauch werden nun ein paar entsprechende Resultate festgehalten, deren Nachweis in die Aufgabe 22 verlegt ist.

Rechenregeln für Potenzen von a^r mit rationalem Exponenten:

Für $a,b > 0$ und $p,q,\tilde{p},\tilde{q},m \in \mathbb{N}\setminus\{0\}$ gilt: $(a\cdot b)^{\frac{1}{q}} = \sqrt[q]{a\cdot b} = \sqrt[q]{a}\cdot\sqrt[q]{b} = a^{\frac{1}{q}}\cdot b^{\frac{1}{q}}$,

$$\left(\frac{1}{a}\right)^{\frac{1}{q}} = \frac{1}{a^{\frac{1}{q}}}, \quad a^{\frac{p}{q}} = \sqrt[q]{a^p} = \left(\sqrt[q]{a}\right)^p = (a^{\frac{1}{q}})^p, \quad (a\cdot b)^{\frac{p}{q}} = a^{\frac{p}{q}}\cdot b^{\frac{p}{q}}, \quad \left(\frac{1}{a}\right)^{\frac{p}{q}} = \frac{1}{a^{\frac{p}{q}}},$$

$$a^{\frac{p}{q}} = a^{\frac{p\cdot m}{q\cdot m}}, \quad a^{\frac{p}{q}+\frac{\tilde{p}}{\tilde{q}}} = a^{\frac{p}{q}}\cdot a^{\frac{\tilde{p}}{\tilde{q}}}, \quad a^{-\frac{p}{q}} = \sqrt[q]{\left(\frac{1}{a}\right)^p} = \frac{1}{a^{\frac{p}{q}}}, \quad \left(a^{\frac{1}{q}}\right)^{\frac{1}{\tilde{q}}} = a^{\frac{1}{q\tilde{q}}}.$$

Ferner gilt für alle $r,s \in \mathbb{Q}$: $\quad (a\cdot b)^r = a^r \cdot b^r \quad , \quad a^{r+s} = a^r \cdot a^s \quad$ und

$\left(a^r\right)^s = a^{r\cdot s}$, $a > b \Leftrightarrow a^{\frac{p}{q}} > b^{\frac{p}{q}} \Leftrightarrow a^{-\frac{p}{q}} < b^{-\frac{p}{q}}$. Aus $\dfrac{p}{q} < \dfrac{\tilde{p}}{\tilde{q}}$ folgt ($a^{\frac{p}{q}} < a^{\frac{\tilde{p}}{\tilde{q}}}$,

wenn $a > 1$) und ($a^{\frac{p}{q}} > a^{\frac{\tilde{p}}{\tilde{q}}}$, wenn $0 < a < 1$).

2.4.2. Summenformeln

Für jedes $n \in \mathbb{N}$ gelten die folgenden Gleichungen:

a) $\displaystyle\sum_{k=1}^{n} k := (1+2+...+n) = \frac{n\cdot(n+1)}{1\cdot 2}$ 　　　　 b) $\displaystyle\sum_{k=1}^{n} \frac{k\cdot(k+1)}{1\cdot 2} = \frac{n(n+1)(n+2)}{1\cdot 2\cdot 3}$

c) $\displaystyle\sum_{k=1}^{n} \frac{k\cdot(k+1)(k+2)}{1\cdot 2\cdot 3} = \frac{n(n+1)(n+2)(n+3)}{1\cdot 2\cdot 3\cdot 4}$

d) $\displaystyle\sum_{k=1}^{n} k^2 = \frac{n^3}{3}+\frac{n^2}{2}+\frac{n}{6}$, 　 $\displaystyle\sum_{k=1}^{n} k^3 = \frac{n^4}{4}+\frac{n^3}{2}+\frac{n^2}{4}$, 　 $\displaystyle\sum_{k=1}^{n} k^4 = \frac{n^5}{5}+\frac{n^4}{2}+\frac{n^3}{3}-\frac{n}{30}$,

e) $\displaystyle\sum_{k=0}^{n} q^k = \frac{q^{n+1}-1}{q-1}$, wenn $q \neq 1$.

Dass man mit Hilfe dieser Formeln z.B. eine beachtliche Reduktion des Rechenaufwands erreicht, versteht sich von selbst. Beweisen lassen sie sich leicht durch vollständige Induktion (siehe Aufg. 16). Nur, wie man auf solche Formeln kommen kann, ist gar nicht so klar und soll im folgenden angedeutet werden. Zum Beispiel geht aus dem unten dargestellten geometrischen Schema hervor, dass $1+2+...+n$ ein quadratischer Ausdruck in n sein muss, etwa die Hälfte von n^2.

Genaueres Hinschauen führt einen dann auf die Formel

$$\sum_{k=1}^{n} k = \frac{n \cdot (n+1)}{1 \cdot 2}.$$

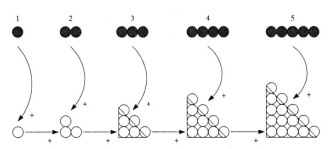

Setzt man das obige Schema fort, indem man aus den Dreiecksflächen Tetraeder aufbaut, so wird klar,

dass $\displaystyle\sum_{k=1}^{n} \frac{k \cdot (k+1)}{1 \cdot 2}$ ein

Ausdruck der der Form $a \cdot n^3 + b \cdot n^2 + c \cdot n + d$ sein muss.
Ein Vergleich mit der vorangegangen Formel legt den Verdacht

$$\sum_{k=1}^{n} = \frac{n(n+1)(n+2)}{1 \cdot 2 \cdot 3} \text{ nahe.}$$

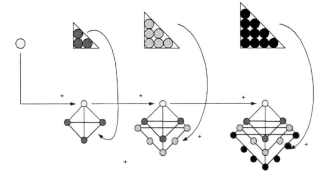

Auf Formel d) führt die in der nebenstehenden Graphik angedeutete geometrische Idee.
Sie legt den Ansatz

$$\sum_{k=1}^{n} k^2 = a \cdot n^3 + b \cdot n^2 + c \cdot n + d$$

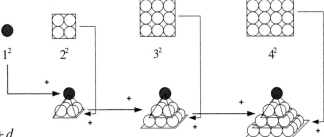

nahe, der, wie in Kap.III, Abschnitt 2.3. mit Newtonscher Interpolation gezeigt,

zum Ergebnis $a = \frac{1}{3}, b = \frac{1}{2}, c = \frac{1}{6}$ und $d = 0$ führt und damit zu

$\sum\limits_{k=1}^{n} k^2 = \dfrac{1}{3}n^3 + \dfrac{1}{2}n^2 + \dfrac{1}{6}n$ .Die gleiche Methode liefert dann auch die restlichen

Resultate aus d).

Auf die Formel für die so genannte geometrische Summe e) kommt man, indem man $\sum q^k$ mit q multipliziert und vom Ergebnis $\sum q^k$ abzieht, also folgendermaßen:

$$q \cdot \sum_{k=0}^{n} q^k \quad = q\left(1+q+...+q^n\right) \;=\; q+...+q^n+q^{n+1}$$

$$\sum_{k=0}^{n} q^k \quad = \qquad\qquad 1+q+...+q^n$$

$$\overline{\left(q-1\right)\cdot\sum_{k=0}^{n} q^k \quad = \qquad\qquad -1+q^{n+1}} \quad,\ \text{also}\ \ \sum_{k=0}^{n} q^k = \dfrac{q^{n+1}-1}{q-1} = \dfrac{1-q^{n+1}}{1-q}.$$

2.4.3. Bernoulli`sche Ungleichung

Ist $x \in \mathbb{R}\setminus\{0\}$ und $x > -1$, so gilt für $n=2$ offensichtlich die Relation $(1+x)^n = 1+2x+x^2 > 1+2x = 1+n\cdot x$, die sich durch vollständige Induktion auf den Fall $n \geq 2$ verallgemeinern lässt (siehe Aufg. 24), also:

Für $n \in \mathbb{N}$ mit $n \geq 2$ und $x \in \mathbb{R}\setminus\{0\}$ mit $x > -1$ gilt die so genannte

Bernoullische Ungleichung $\qquad (1+x)^n > \left(1+n\cdot x\right).$

Sie hilft oft weiter, wenn grobe Abschätzungen benötigt werden, bei denen die binomische Formel zu unübersichtlich wäre.

Beispiele:

a) $\left(1-\dfrac{1}{(n+1)^2}\right)^{n+1} \geq \left(1-(n+1)\cdot\dfrac{1}{(n+1)^2}\right) = \left(1-\dfrac{1}{(n+1)}\right) = \dfrac{n}{(n+1)}.$

b)   Für $a > 1$ wächst a^n über alle Grenzen; d.h. zu jedem $y > 0$ gibt es ein $n \in \mathbb{N}$ derart, dass $a^n > y$. Man sieht das sofort mit Hilfe der Bernoulli'schen Ungleichung; denn $a^n = (1+\underset{>0}{\underline{\Delta}})^n > (1+n\cdot\Delta)$; wobei der Ausdruck $(1+n\cdot\Delta)$ bei wachsendem beliebig groß wird.

2.5. Grenzwerte von Folgen und Reihen

Im Grunde hatte uns Abschnitt 2.2. schon mit ersten Beispielen konvergenter Folgen und Reihen vertraut gemacht; waren doch die dort vorkommenden dekadischen Zahldarstellungen $r = \sum\limits_{k=1}^{\infty} (\dfrac{q_k}{10^k})$ nichts anderes als konvergente Folgen von Summen, für die in dem vorliegenden Abschnitt der Begriff der Reihe eingeführt werden soll. Zunächst sollen aber zur Erleichterung des Umgangs mit konvergenten Folgen ein paar grundlegende Rechenregeln aufgelistet werden, deren Nachweis so einfach ist, dass er bis auf einen exemplarischen Fall in Aufgabe 20 verlegt werden kann.

2.5.1. Konvergenz von Folgen

Rechenregeln zur Grenzwertbildung

Für konvergente Folgen $(c_n)_{n \in \mathbb{N}}$ und $(d_n)_{n \in \mathbb{N}}$ mit den Grenzwerten $c := \lim\limits_{n \to \infty} c_n$ und $d := \lim\limits_{n \to \infty} d_n$ gilt:

$$\lim_{n \to \infty} (c_n \pm d_n) = c \pm d \ , \qquad \lim_{n \to \infty} (c_n \cdot d_n) = c \cdot d$$

$$\lim_{n \to \infty} \frac{c_n}{d_n} = \frac{c}{d} \ , \text{ wenn } d_n \neq 0 \text{ und } d \neq 0 \ (n \in \mathbb{N}).$$

Hier ein **exemplarischer Beweis**: Ausgehend von $\lim\limits_{n \to \infty} (c_n) = c$ und $\lim\limits_{n \to \infty} (d_n) = d$ setzen wir $K := 1 + |c| + |d|$ und wählen ein $\varepsilon > 0$, von dem wir o.B.d.A. (ohne Beschränkung der Allgemeinheit) annehmen dürfen, dass $1 > \varepsilon > 0$. Dann gibt es ein $n(\varepsilon)$ und ein $m(\varepsilon)$ aus $\mathbb{N}$ derart, dass $|c_n - c| < \dfrac{\varepsilon}{K}$ und $|d_n - d| < \dfrac{\varepsilon}{K}$ für alle $n > n(\varepsilon)$ bzw. $m > m(\varepsilon)$. Demzufolge gilt:

$$|c_n \cdot d_m - c \cdot d| = |[(c_n - c) + c] \cdot [(d_n - d) + d] - c \cdot d| =$$
$$= |(c_n - c) \cdot (d_n - d) + (c_n - c) \cdot d + c \cdot (d_n - d)| \leq$$
$$\leq |(c_n - c) \cdot (d_n - d)| + |(c_n - c) \cdot d| + |c \cdot (d_n - d)| \leq$$
$$\leq |(c_n - c)| \cdot |(d_n - d)| + |c_n - c| \cdot |d| + |d_n - d||c| \leq$$

$$\leq \left(\frac{\varepsilon}{K}\right)^2 + |d|\cdot\frac{\varepsilon}{K} + |c|\cdot\frac{\varepsilon}{K} \leq \frac{\varepsilon}{K} + |d|\cdot\frac{\varepsilon}{K} + |c|\cdot\frac{\varepsilon}{K} = \frac{\varepsilon}{K}\cdot\underbrace{(1+|d|+|c|)}_{=K} = \varepsilon$$

für alle $n > \max(n(\varepsilon), m(\varepsilon))$.

Beispiel 1: Es soll festgestellt werden, ob $\left(\dfrac{9n^4 - n^2 + n + 1}{3n^4 + 1}\right)_{n \geq 0}$ konvergiert. Indem

man durch die höchste vorkommende Potenz n^4 teilt, erhält man, dass

$$\left(\frac{9n^4 - n^2 + n + 1}{3n^4 + 1}\right)_{n \geq 0} = \left(\frac{9 - n^{-2} + n^{-3} + n^{-4}}{3 + n^{-3}}\right)_{n \geq 0}.$$ Wegen $\lim_{n \to \infty} n^{-2} = 0$, $\lim_{n \to \infty} n^{-3} = 0$,

$\lim_{n \to \infty} n^{-4} = 0$, $\lim_{n \to \infty} 3 = 3$ und $\lim_{n \to \infty} 9 = 9$ folgt dann mit Hilfe der obigen Rechen-

regeln, dass $\lim_{n \to \infty}(3 + n^{-3}) = \lim_{n \to \infty}(3) + \lim_{n \to \infty}(n^{-3}) = 3 + 0$,

$$\lim_{n \to \infty}(9 - n^{-2} + n^{-3} + n^{-4}) = \lim_{n \to \infty}(9) + \lim_{n \to \infty}(n^{-2}) + \lim_{n \to \infty}(n^{-3}) + \lim_{n \to \infty}(n^{-4}) = 9$$

und schließlich $\lim_{n \to \infty}(\dfrac{9 - n^{-2} + n^{-3} + n^{-4}}{3 + n^{-3}}) = \dfrac{\lim_{n \to \infty}(9 - n^{-2} + n^{-3} + n^{-4})}{\lim_{n \to \infty}(3 + n^{-3})} = \dfrac{9}{3}$.

Beispiel 2: Effektives **Näherungsverfahren zur Wurzelbestimmung**

Wir betrachten hier die für vorgegebenes $a > 0$ und $y_0 > 0$ durch die Gleichung

$y_{n+1} := \dfrac{1}{2}\left(y_n + \dfrac{a}{y_n}\right)$ rekursiv festgelegte Folge $(y_n)_{n \geq 1}$ (d.h. die Werte y_n sind

durch vollständige Induktion definiert). Sie konvergiert, wie in Aufgabe 6 im Wesentlichen mit Hilfe des Supremumsprinzips gezeigt. Auf Grund der obigen Rechenregeln erhält man dann für $y := \lim_{n \to \infty} y_n$ die folgende Relation:

$$y = \lim_{n \to \infty} y_n = \lim_{n \to \infty} y_{n+1} = \lim_{n \to \infty} \frac{1}{2}\left(y_n + \frac{a}{y_n}\right) =$$

$$\frac{1}{2}\left[\lim_{n \to \infty} y_n + \frac{a}{\lim_{n \to \infty} y_n}\right] = \frac{1}{2}\left(y + \frac{a}{y}\right), \quad \text{also} \quad y = \frac{1}{2}\left(y + \frac{a}{y}\right), \text{ woraus } y^2 = a \text{ folgt.}$$

Der Grenzwert dieser Folge stimmt also mit der Quadratwurzel von a überein, deren Existenz ja schon an anderer Stelle (siehe Binomialformel in 2.4.1. Beispiel III) bewiesen wurde – natürlich ebenfalls mit Hilfe des Supremumsprinzips.

Beispiel 3: Einführung der Eulerschen Zahl e

Wir betrachten zunächst verschiedene Alternativen des Wachstums einer

Anfangsgröße K_0, wobei wir der Anschaulichkeit halber annehmen, dass es sich bei K_0 um ein Anfangskapital handelt.

1.Alternative: Nach einem Jahr wird K_0 um K_0 erhöht. Dies ergibt nach einem Jahr das Kapital $K_1 = K_0 + K_0 = (1+1) \cdot K_0$.

2.Alternative: Nach einem halben Jahr wird K_0 um die Hälfte erhöht zu

$K_{1/2} = K_0 + \frac{1}{2} K_0 = (1 + \frac{1}{2}) \cdot K_0$. Nach einem weiteren halben Jahr wird $K_{1/2}$ um die Hälfte erhöht. Dies ergibt nach einem Jahr das Kapital

$K_1 = K_{1/2} + \frac{1}{2} \cdot K_{1/2} = (1 + \frac{1}{2}) \cdot K_{1/2} = (1 + \frac{1}{2}) \cdot (1 + \frac{1}{2}) \cdot K_0 = (1 + \frac{1}{2})^2 \cdot K_0$.

3.Alternative: Nach einem drittel Jahr wird K_0 um ein Drittel erhöht zu

$K_{1/3} = K_0 + \frac{1}{3} K_0 = (1 + \frac{1}{3}) \cdot K_0$. Am Ende des 2ten Drittels des Jahres wird $K_{1/3}$ um ein Drittel erhöht. Dies ergibt

$K_{2/3} = K_{1/3} + \frac{1}{3} \cdot K_{1/3} = (1 + \frac{1}{3}) \cdot K_{1/3} = (1 + \frac{1}{3}) \cdot (1 + \frac{1}{3}) \cdot K_0 = (1 + \frac{1}{3})^2 \cdot K_0$.

Am Ende des Jahres wird $K_{2/3}$ um ein Drittel erhöht mit dem Ergebnis:

$K_1 = K_{2/3} + \frac{1}{3} \cdot K_{2/3} = (1 + \frac{1}{3}) \cdot K_{2/3} = (1 + \frac{1}{3}) \cdot (1 + \frac{1}{3})^2 \cdot K_0 = (1 + \frac{1}{3})^3 \cdot K_0$.

Man erhält also für die verschiedenen Wachstumsalternativen der Reihe nach die Wachstumsfaktoren: $(1 + \frac{1}{1})^1$, $(1 + \frac{1}{2})^2$, $(1 + \frac{1}{3})^3$ und allgemein für die n-te

Alternative $(1 + \frac{1}{n})^n$. Da $(1 + \frac{1}{2})^2 = \frac{9}{4} \geq (1+1)^1$ und $(1 + \frac{1}{3})^3 = \frac{64}{27} \geq \frac{9}{4} = (1 + \frac{1}{2})^2$,

stellt sich nun die Frage, ob es sich bei der Folge $\left((1 + \frac{1}{n})^n \right)_{n \geq 1}$ um eine monoton wachsende und womöglich konvergente Folge handelt. Tatsächlich erlaubt die Anwendung der Bernoullischen Ungleichung zunächst einmal die Herleitung des folgenden Resultats.

Satz:

$$\boxed{\text{Die Folge } \left((1 + \frac{1}{n})^n \right)_{n \geq 1} \text{ ist monoton aufsteigend.}}$$

Begründung: Für $c_n := (1+\frac{1}{n})^n$ gilt:

$$\frac{c_{n+1}}{c_n} = \frac{(1+\frac{1}{n+1})^{n+1}}{(1+\frac{1}{n})^n} = \frac{(\frac{n+1+1}{n+1})^{n+1}}{(\frac{n+1}{n})^n} = \frac{(n+1+1)^{n+1} \cdot n^n}{(n+1)^n (n+1)^{n+1}} = \frac{(n+1+1)^{n+1} \cdot n^n}{(n+1)^{2n+1}} =$$

$$= \frac{(n+1)}{n} \cdot \frac{([(n+1)+1] \cdot [(n+1)-1])^{n+1}}{(n+1)^{2(n+1)}} = \frac{(n+1)}{n} \cdot \left(\frac{(n+1)^2-1}{(n+1)^2}\right)^{n+1} =$$

$$= \frac{(n+1)}{n} \cdot \left(1-\frac{1}{(n+1)^2}\right)^{n+1} , \quad \text{also} \quad \frac{c_{n+1}}{c_n} = \frac{(n+1)}{n} \cdot \left(1-\frac{1}{(n+1)^2}\right)^{n+1} . \text{ Die Anwendung}$$

der Bernoullischen Ungleichung (siehe 2.4.3.) ergibt dann die Abschätzung

$$\frac{c_{n+1}}{c_n} = \frac{(n+1)}{n} \cdot \left(1-\frac{1}{(n+1)^2}\right)^{n+1} \geq$$

$$\geq \frac{(n+1)}{n} \cdot \left(1-(n+1) \cdot \frac{1}{(n+1)^2}\right) = \frac{(n+1)}{n} \cdot \left(1-\frac{1}{(n+1)}\right) = \frac{(n+1)}{n} - \frac{1}{n} = 1, \text{ woraus die}$$

behauptete Monotonie folgt. Um die Konvergenz der Folge $\left((1+\frac{1}{n})^n\right)_{n\geq 1}$

sicherzustellen, braucht man jetzt nur noch ihre Beschränktheit nachweisen. Und diese ergibt sich aus folgender

Abschätzung:

Für alle $n \in \mathbb{N}$ ist $(1+\frac{1}{n})^n \leq 3$.

Begründung: Mit Hilfe des binomischen Satzes aus 2.4.1. erhält man die behauptete Relation so:

$$(1+\frac{1}{n})^n = \sum_{k=0}^{n} \binom{n}{k} \cdot \left(\frac{1}{n}\right)^k = \sum_{k=0}^{n} \frac{n \cdot (n-1) \cdot \ldots \cdot (n-k+1)}{k!} \cdot \frac{1}{n^k} \leq \sum_{k=0}^{n} \frac{n^k}{k! \, n^k} = \sum_{k=0}^{n} \frac{1}{k!} =$$

$$= 1+\frac{1}{1!}+\frac{1}{2!}+\frac{1}{3!}+\ldots+\frac{1}{n!} \leq 1+\frac{1}{1}+\frac{1}{1\cdot 2}+\frac{1}{1\cdot 2\cdot 3}+\ldots+\frac{1}{1\cdot 2\cdot 3\cdot \ldots \cdot n} \leq$$

$$\leq 1+1+\frac{1}{2}+\frac{1}{2^2}+\frac{1}{2^3}+\ldots+\frac{1}{2^{n-1}} = 1+\sum_{k=0}^{n-1}\left(\frac{1}{2}\right)^k \leq 1+\frac{\left(\frac{1}{2}\right)^n - 1}{\frac{1}{2}-1} = 1+\frac{1-\left(\frac{1}{2}\right)^n}{\frac{1}{2}} =$$

$$= 3-\left(\frac{1}{2}\right)^{n-1} \leq 3. \text{ Gemäß dem Monotonieprinzip konvergiert die Folge}$$

$\left((1+\frac{1}{n})^n\right)_{n\geq 1}$ auf Grund der zwei vorangegangenen Resultate. Der entsprechende Grenzwert erhält einen eigenen Namen.

Definition:

Der Grenzwert der Folge $\left((1+\frac{1}{n})^n \right)_{n\geq 1}$ wird mit **e** bezeichnet und heißt

Eulersche Zahl.

Wie man dem Nachweis der Beschränktheit von $\left((1+\frac{1}{n})^n \right)_{n\geq 1}$ entnimmt, gilt die

Abschätzung $(1+\frac{1}{n})^n \leq \sum_{k=0}^{n} \frac{1}{k!}$ für alle $n\geq 1$. Da außerdem eine ganz ähnliche

Abschätzung (siehe Aufg. 18) zu der Relation $\sum_{k=0}^{n} \frac{1}{k!} \leq e$ führt, erhält man mit

Hilfe des Monotonieprinzips die Konvergenz der Folge $\left(\sum_{k=0}^{n} \frac{1}{k!} \right)_{n\geq 1}$ und damit die

Relation $\quad e = \lim_{n\to\infty}(1+\frac{1}{n})^n \leq \lim_{n\to 0} \sum_{k=0}^{n} \frac{1}{k!} = \lim_{n\to 0} \sum_{k=0}^{n} \frac{1}{k!} \leq e$, aus der schließlich die

Gleichung $\quad e = \lim_{n\to\infty}(1+\frac{1}{n})^n = \lim_{n\to 0} \sum_{k=0}^{n} \frac{1}{k!}$ folgt. Also:

Für die Eulersche Zahl e gilt:

$$ e = \lim_{n\to\infty}(1+\frac{1}{n})^n = \lim_{n\to\infty}\left(\sum_{k=0}^{n} \frac{1}{k!} \right) = 1+\frac{1}{1!}+\frac{1}{2!}+\frac{1}{3!}+\dots \; . $$

Beispiel 4: Stetigkeit von $x \to x^r$ **für rationales** r; d.h.

---

aus $\lim_{n\to\infty} y_n = y_0$ folgt $\lim_{n\to\infty}(y_n)^r = (y_0)^r$.

Zum Nachweis dieses Resultats werde zunächst angenommen, dass r von der

Form $r = \frac{1}{q}$. Die Konvergenz $\lim_{n\to\infty} y_n = y_0 = (x_0)^q$ hat dann zur Folge, dass für

vorgegebenes $\varepsilon > 0$ die Ungleichung $(x_0 - \varepsilon)^q < y_n < (x_0 + \varepsilon)^q$ und damit

$x_0 - \varepsilon < \sqrt[q]{y_n} < x_0 + \varepsilon$ für schließlich alle n gilt, also dass $\lim_{n\to\infty} \sqrt[q]{y_n} = x_0 =$

$= \sqrt[q]{y_0}$. Die Fälle $r = \pm\frac{p}{q}$ erledigt man wegen $y^r = y^{\frac{p}{q}} = (\sqrt[q]{y})^p$ und $y^{-\frac{p}{q}} =$

$=1/(y^{\frac{p}{q}})$ mit Hilfe der Produkt-, bzw. Qotienten-regel für die Grenzwert-bildung (siehe Anfang von 2.5.1.) und zwar so:

$$\lim_{n\to\infty}(y_n)^r = \lim_{n\to\infty}(\sqrt[q]{y_n})^p = [\lim_{n\to\infty}(\sqrt[q]{y_n})]^p = (\sqrt[q]{y_0})^p = (y_0)^r \text{ und}$$

$$\lim_{n\to\infty}(y_n)^{-r} = 1/\lim_{n\to\infty}(y_n)^r = 1/(y_0)^r = (y_0)^{-r}.$$

Beispiel 5: Einführung von Potenzen a^x mit reellem Exponenten x

Es liegt nahe, die am Ende von 2.4.1. für alle rationalen x gegebene Definition von a^x auf irrationale x auszudehnen, und zwar durch eine Grenzwertbildung:

Für jedes nicht-rationale x gibt es ja eine gegen x konvergente Folge $\left(\dfrac{p_n}{q_n}\right)_{n\geq 0}$

rationaler Zahlen $\dfrac{p_n}{q_n}$, und es liegt nahe, $\boxed{a^x := \lim_{n\to\infty} a^{\frac{p_n}{q_n}}}$ zu setzen. Dass

diese Definition von a^x unabhängig ist von der Wahl der gegen x konvergen-

ten Folge $\left(\dfrac{p_n}{q_n}\right)_{n\geq 0}$, kann man sich an Hand von Aufgabe 23 klarmachen.

2.5.2. Unendliche Reihen

Einführung: Die Bestimmung von Flächen und Volumina gehört zu den ältesten Themen der Mathematik. Indem man eine vorgegebene ebene Figur z.B. mit Dreiecken ausschöpfte, erhielt man die gesuchte Fläche in Form einer unendlichen Summe oder wie man heute auch sagt, einer Reihe. Schauen wir uns einmal an, auf welche Weise z.B. Archimedes (um 250 v. Chr.) die Fläche eines Parabelsegments bestimmte. Der Einfachheit halber sei die Parabel so gewählt, dass die Fläche des eingeschriebenen Dreiecks ABC gleich Eins ist; wobei C auf der Parabelachse liege. Anschließend

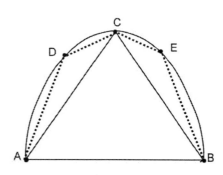

werden durch die Halbierungspunkte von AC und BC Parallele zur Parabelachse gezogen, welche die Parabel in D bzw. E schneidet. Offensichtlich stellt dann das Vieleck ADCEB eine bessere Annäherung an das Parabelsegment dar als das Dreieck ABC. Setzt man nun diesen Konstruktionsprozess von Polygonen ganz entsprechend fort, so erhält man eine immer

bessere Annäherung an die Parabelform. Außerdem stellt sich heraus, dass bei jedem Erweiterungsschritt der Flächenzuwachs ein Viertel des vorangegangenen Flächenzuwachses ausmacht (siehe Aufg. 19), dass also die Summen

$$1+\frac{1}{4}+\frac{1}{4^2}+\frac{1}{4^3}+...+\frac{1}{4^N} \quad (=\sum_{n=0}^{N}\frac{1}{4^n})$$ der gesuchten Fläche beliebig nahe

kommen. Diesen Sachverhalt schreibt man heute so: Fläche des Parabelsegments $= \sum_{n=0}^{\infty}\frac{1}{4^n}$. Es gibt also Fälle, in denen sich die Ermittlung von Flächen

reduziert auf die Berechnung unendlicher Summen.

Dies demonstriert auch das folgende Beispiel aus dem 17ten Jahrhundert: Es geht hierbei um die Berechnung der Fläche unter dem Graphen z. B. von $f(x)=x^3$ über dem Intervall $[0,b]$. Um 1630 schlug hierfür Fermat vor, $[0,b]$ in die Teilintervalle mit den Endpunkten 0, $\vartheta^N b$, $\vartheta^{N-1}b$,..., $\vartheta^2 b$, $\vartheta \cdot b$, b ($0<\vartheta<1$) zu zerlegen.

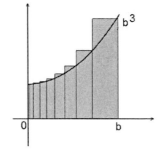

Das in der Graphik aus Rechtecken zusammengesetzte Vieleck hat dann offensichtlich folgende Fläche: $b^3 \cdot(b-\vartheta \cdot b)+(\vartheta \cdot b)^3 \cdot(\vartheta \cdot b-\vartheta^2 \cdot b)+$

$$+(\vartheta^2 \cdot b)^3 \cdot (\vartheta^2 \cdot b - \vartheta^3 \cdot b) + ... = b^4 \cdot (1-\vartheta) \cdot \lim_{N\to\infty}\left[1 + \vartheta^4 + \vartheta^8 + ... + \vartheta^{4\cdot N}\right] =$$

$$= b^4 \cdot (1-\vartheta) \cdot \sum_{n=0}^{\infty} \vartheta^{4\cdot n}$$. Lässt man nun ϑ immer näher an 1 rücken, so passt sich

das aus Rechtecken zusammengesetzte Vieleck immer besser dem unter dem Graphen liegenden Bereich an, sodass die gesuchte Fläche mit

$b^4 \cdot \lim_{\vartheta\to 1}[(1-\vartheta) \cdot \sum_{n=0}^{\infty} \vartheta^{4\cdot n}]$ übereinstimmt.

Auf unendliche Reihen stieß man auch bei ganz anderer Gelegenheit wie der so genannten Potenzreihenentwicklung von Funktionen. So liefert z.B. wiederholte Anwendung der Polynomdivision auf den Bruch $\dfrac{1}{1+x}$ die unendliche Summe

$1 - x + x^2 - x^3 + ... = \sum_{n=0}^{\infty} (-1)^n \cdot x^n$. Schon im Jahr 1666 gelang es Isaac Newton,

nicht nur für $(1+x)^{-1}$, sondern auch für $(1+x)^{\alpha}$ mit beliebigem rationalen α eine entsprechende Reihenentwicklung anzugeben:

$(1+x)^{\alpha} = 1 + \dfrac{\alpha}{1} \cdot x + \dfrac{\alpha(\alpha-1)}{2!} \cdot x^2 + \dfrac{\alpha(\alpha-1)(\alpha-2)}{3!} \cdot x^3 + ...$. Diese verallgemeinerte

Binomialreihe, wie man auch sagt, sowie weitere Potenzreihenentwicklungen für Sinus, Logarithmus und andere Funktionen halfen bei der Berechnung von Flächen und Funktionswerten. Allerdings war damals nicht so ganz klar, was

eine Gleichung wie $(1+x)^{-1} = \sum_{n=0}^{\infty} (-1)^n \cdot x^n$ nun genau bedeuten sollte. Sie ergibt

ja z.B. für $x = 1$ das eher undurchsichtige Resultat $\dfrac{1}{2} = 1 - 1 + 1 - 1 + 1 - 1 + ...$.

In späterer Zeit führten dieses und ähnliche Probleme zu der Frage, was der Grenzwert einer Folge nun genau sei und weiter, was denn eine Zahl sei. So kam es – wie schon im ersten Kapitel erwähnt - dass gegen Mitte des 19ten Jahrhunderts mehr und mehr Mathematiker auf eine Präzisierung der verwendeten Begriffe drängten. Der Weg vom intuitiven Reihen-, Grenzwert- und Funktions-Begriff hin zur heute üblichen, strengen Definition wurde dann gegen Ende des 19ten Jahrhunderts von Leuten wie Gauß, Bolzano und Cauchy eingeschlagen.

Definition:

Ist $\left(a_n\right)_{n\geq 0}$ eine Folge reeller Zahlen, so heißt die Folge $\left(s_n\right)_{n\geq 0}$, gebildet aus den Teilsummen $s_n := a_0 + ... + a_n$ eine **Reihe**. Konvergiert $\left(s_n\right)_{n\in\mathbb{N}}$ und ist

$s := \lim_{n\to\infty} s_n$, so sagt man die Reihe $\sum_{n=0}^{\infty} a_n$ konvergiert und schreibt:

$s = \sum_{n=0}^{\infty} a_n = \lim_{n\to\infty} s_n = \lim_{n\to\infty} \sum_{k=0}^{n} a_k = \lim_{n\to\infty}\left(a_0 + ... + a_n\right)$.

Bei der Überprüfung einer vorgegebenen Reihe $\sum\limits_{n=0}^{\infty} a_n$ auf Konvergenz bewähren sich Entscheidungshilfen, von denen die wichtigsten im folgenden aufgelistet sind.

Konvergenzkriterien für Reihen:

Wir beginnen mit einem Resultat, welches durch Grenzwertbildung sofort aus der geometrischen Summenformel e) $\sum\limits_{k=0}^{n} q^k = \dfrac{q^{n+1}-1}{q-1}$ im Abschnitt 2.4.2. folgt;

denn $\sum\limits_{n=0}^{\infty} q^n = \lim\limits_{n\to\infty}\sum\limits_{k=0}^{n} q^k = \lim\limits_{n\to\infty}\dfrac{1-q^{n+1}}{1-q} = \dfrac{1}{1-q}$, wenn die Voraussetzung $|q|<1$ erfüllt ist. Demzufolge gilt

Konvergenzkriterium (A):

Wenn $|q|<1$, dann konvergiert die so genannte **geometrische Reihe** $\sum\limits_{n=0}^{\infty} q^n$,

und es gilt $\sum\limits_{n=0}^{\infty} q^n = \dfrac{1}{1-q}$.

Hier ein paar

Beispiele zum Konvergenzkriterium (A):

(A1)

$\sum\limits_{n=0}^{\infty}\dfrac{1}{4^n} = \sum\limits_{n=0}^{\infty}\left(\dfrac{1}{4}\right)^n = \dfrac{1}{1-(1/4)} = \dfrac{4}{3}$. Dieses

Ergebnis liefert dann die in der Einleitung beschriebene „Parabelfläche".

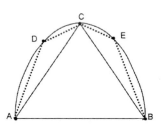

(A2)

$\sum\limits_{n=0}^{\infty}\vartheta^{4\cdot n} = \dfrac{1}{1-\vartheta^4}$ für $0<\vartheta<1$, was dann für

die in der Einleitung beschriebene Fläche zwischen dem Intervall $[0,b]$ und dem

Graph von $f(x)=x^3$ das Ergebnis

$b^4\cdot\lim\limits_{\vartheta\to 1}[(1-\vartheta)\cdot\sum\limits_{n=0}^{\infty}\vartheta^{4\cdot n}] = b^4\cdot\lim\limits_{\vartheta\to 1}\dfrac{1-\vartheta}{1-\vartheta^4}$ liefert.

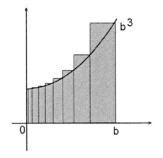

Später werden wir (mit Hilfe der L'Hospital'schen Regel) noch einen Schritt weitergehen können zu $b^4 \cdot \lim\limits_{\vartheta \to 1} \dfrac{1-\vartheta}{1-\vartheta^4} = b^4 \cdot \dfrac{1}{4}$.

(A3)

$$0{,}111... = \sum_{k=1}^{\infty}\left(\frac{1}{10}\right)^k = \sum_{k=0}^{\infty}\left(\frac{1}{10}\right)^k - 1 = \frac{1}{1-\left(\frac{1}{10}\right)} - 1 = \frac{10}{9} - 1 = \frac{1}{9}.$$

(A4)

$$(0{,}0001100110011...)_2 = \frac{1}{2} \cdot (0{,}001100110....)_2 = \frac{1}{2} \cdot (0{,}\overline{0011})_2 =$$

$$= \frac{1}{2} \cdot (0{,}\overline{0001})_2 + \frac{1}{2} \cdot (0{,}\overline{0010})_2 = \frac{1}{2} \cdot \sum_{n=1}^{\infty}\left(\frac{1}{2}\right)^{4n} + \frac{1}{2} \cdot 2 \cdot \sum_{n=1}^{\infty}\left(\frac{1}{2}\right)^{4n} = \frac{3}{2} \cdot \sum_{n=1}^{\infty}\left(\frac{1}{2}\right)^{4n} =$$

$$= \frac{3}{2} \cdot \left(\sum_{n=0}^{\infty}\left(\frac{1}{2}\right)^{4n} - 1\right) = \frac{3}{2} \cdot \left(\sum_{n=0}^{\infty}\left(\frac{1}{2^4}\right)^{n} - 1\right) = \frac{3}{2} \cdot \left(\frac{1}{1-\left(\frac{1}{2^4}\right)} - 1\right) = \frac{3}{2} \cdot \frac{1}{15} = \frac{1}{10}.$$

Bemerkung zu (A4): Die Dezimalzahl 0,1 hat demnach eine unendliche Binärdarstellung. Arbeitet ein Computer mit binärer Zahldarstellung, so entsteht also schon bei Eingabe der 0,1 ein Abbruchfehler, da nur endlich viele Register zur Verfügung stehen.

Nun zum nächsten Kriterium: Eine besonders übersichtliche Situation liegt vor, wenn in einer Reihe $\sum\limits_{n=0}^{\infty} a_n$ alle $a_n \geq 0$. Dann ist offensichtlich die entsprechende Folge der endlichen Summen $s_n = a_0 + a_1 + ... + a_n$ monoton aufsteigend und somit –gemäß dem Monotonieprinzip– konvergent, sofern $\{s_n \,|\, n \geq 0\}$ beschränkt ist, was wir folgendermaßen festhalten:

Konvergenzkriterium (B):

Die Reihe $\sum\limits_{n=0}^{\infty} a_n$ konvergiert, wenn alle $a_n \geq 0$ und die Menge $\{s_n \,|\, n \geq 0\}$ der endlichen Teilsummen beschränkt ist.

Beispiele zum Konvergenzkriterium (B):

(B1)

Ein Blick zurück zur **dekadischen Zahldarstellung** zeigt, dass schon beim Nachweis der Konvergenz der Dezimalbrüche das hinter Kriterium (B) steckende Monotonieprinzip verwendet wurde: Die Monotonie war klar und Beschränktheit ergab sich aus folgender Abschätzung:

$$a_n = \frac{q_1}{10^1} + \frac{q_2}{10^2} + \ldots + \frac{q_n}{10^n} \leq \frac{9}{10} + \frac{9}{10^2} + \ldots + \frac{9}{10^n} = 9 \cdot \sum_{k=1}^{n} \frac{1}{10^k} = 9 \cdot \sum_{k=1}^{n} \left(\frac{1}{10}\right)^k =$$

$$= 9 \cdot \left(\sum_{k=0}^{n} \left(\frac{1}{10}\right)^k - 1 \right) = 9 \cdot \left(\frac{1 - (\frac{1}{10})^{n+1}}{1 - (\frac{1}{10})} - 1 \right) = 9 \cdot \left(\frac{10 - (\frac{1}{10})^n}{9} - 1 \right) = 9 \cdot \left(\frac{1 - (\frac{1}{10})^n}{9} \right) =$$

$$= 1 - (\frac{1}{10})^n \leq 1.$$

(B2)

> **Für $k \in \mathbb{N}$ mit $k \geq 2$ konvergiert die Reihe $\displaystyle\sum_{n=0}^{\infty} \frac{1}{n^k}$.**

Dies sieht man so: Zu jedem $N \in \mathbb{N}$ existiert ein $p \in \mathbb{N}$ derart, dass $N \leq 2^{p+1} - 1$

, also derart, dass $s_{2^{p+1}-1} = \left(1 + \left(\frac{1}{2^k} + \frac{1}{3^k} \right) + \left(\frac{1}{4^k} + \frac{1}{5^k} + \frac{1}{6^k} + \frac{1}{7^k} \right) + \ldots \right) \leq$

$$\leq \sum_{q=0}^{p} 2^q \cdot \frac{1}{\left(2^q\right)^k} = \sum_{q=0}^{p} \left(\frac{1}{2^{k-1}}\right)^q = \frac{1}{1 - 2^{-k+1}}.$$ Die Folge $(s_n)_{n \geq 0}$ ist also monoton

steigend und beschränkt, konvergiert also wegen Kriterium (B).

Wie steht es um den Fall $k = 1$, also um die **Konvergenz der Reihe $\displaystyle\sum_{n=1}^{\infty} \frac{1}{n}$** ?

Entscheidend ist auch in diesem Falle, die Beschränktheit der Summen $\displaystyle\sum_{n=1}^{N} \frac{1}{n}$ zu

zeigen oder zu widerlegen. Der eine oder andere könnte vielleicht der Versuchung erliegen, einfach einmal ein paar der Summen vom Computer ausrechnen zu lassen, um wenigstens einen Hinweis zu erhalten. Das Ergebnis wäre ernüchternd: Zum Beispiel $\displaystyle\sum_{n=1}^{N} \frac{1}{n} \approx 9{,}78$ für $N = 10^4$, $\displaystyle\sum_{n=1}^{N} \frac{1}{n} \approx 14{,}4$ für

$N = 10^6$ und $\sum_{n=1}^{N} \frac{1}{n} \approx 16{,}7$ für $N = 10^7$, was keinerlei Hinweis auf die Existenz

einer oberen Schranke liefern würde. Anders die mathematische Argumentation, die sich folgenden Dreh zu Nutze macht: Man betrachtet nur die zu den Indizes 2^{n+1} gehörenden Summen $s_{2^{n+1}}$, weil sie folgende elegante Abschätzung erlauben:

$$s_{2^{n+1}} = 1 + \frac{1}{2} + \left(\frac{1}{3} + \frac{1}{4} \right) + \left(\frac{1}{5} + \frac{1}{6} + \frac{1}{7} + \frac{1}{8} \right) + \ldots + \left(\frac{1}{2^n + 1} + \ldots + \frac{1}{2^{n+1}} \right) \geq$$

$$\geq 1 + \frac{1}{2} + 2 \cdot \frac{1}{4} + 4 \cdot \frac{1}{8} + \ldots + 2^n \cdot \frac{1}{2^{n+1}} \; = \; 1 + \frac{1}{2} + \frac{1}{2} + \frac{1}{2} + \ldots + \frac{1}{2} \; = \; 1 + \frac{1}{2} + \frac{n}{2}, \quad \text{woraus}$$

sofort hervorgeht, dass die Summen s_n beliebig groß werden. Also:

Die Reihe $\displaystyle\sum_{n=1}^{\infty} \frac{1}{n}$ **ist nicht konvergent.**

Das Beispiel der Reihe $\displaystyle\sum_{n=1}^{\infty} \frac{1}{n}$ zeigt, dass aus $\lim_{n \to \infty} a_n = 0$ im allgemeinen nicht

die Konvergenz der Reihe $\displaystyle\sum_{n=0}^{\infty} a_n$ folgt. Erstaunlicherweise konvergiert aber die

Reihe $\displaystyle\sum_{n=0}^{\infty} (-1)^n \cdot \frac{1}{n}$; denn es gilt das so genannte Leibniz–Kriterium. Der Nachweis für dieses Kriterium, den wir uns hier sparen wollen, beruht wieder auf dem Monotonieprinzip wie im Falle von Kriterium (B). Übrigens lassen sich auch die Kriterien (D) bis (E) entweder auf das Monotonie- oder das Cauchy-Prinzip zurückführen und damit letzten Endes alle auf das Supremumsprinzip.

Konvergenzkriterium (C) (Leibniz–Kriterium):

Ist $(a_n)_{n \geq 0}$ eine monoton fallende Folge nicht–negativer Zahlen mit $\lim_{n \to \infty} a_n = 0$,

so konvergiert die Reihe $\displaystyle\sum_{n=0}^{\infty} (-1)^n \cdot a_n$.

Beispiele zum Konvergenzkriterium (C):

(C1)

$\displaystyle\sum_{n=1}^{\infty} (-1)^n \cdot \frac{1}{n^k}$ konvergiert, wenn $k \in \mathbb{N}$ mit $k \neq 0$.

(C2)

$$\sum_{n=0}^{\infty}(-1)^n \cdot \frac{1}{n!} \text{ konvergiert.}$$

Zu den wichtigsten Konvergenzkriterien gehört das so genannte

Majoranten – Kriterium (D):

Ist $\sum_{n=0}^{\infty} b_n$ eine konvergente Reihe mit $b_n \geq 0$ und gilt $|a_n| \leq b_n$ für alle $n \in \mathbb{N}$, so

konvergiert auch $\sum_{n=0}^{\infty} a_n$.

Man macht sich das folgendermaßen klar: Die Konvergenz von $\sum_{n=0}^{\infty} b_n$ und damit

die Konvergenz der endlichen Summen $Sb_n := \sum_{k=0}^{n} b_k$ liefert – wegen Cauchy's

Konvergenzprinzip (siehe Ende von Abschnitt 1.) - zu jedem $\varepsilon > 0$ ein $n(\varepsilon) \in \mathbb{N}$

derart, dass: $\left| \sum_{k=m+1}^{n} b_k \right| = |Sb_n - Sb_m| < \varepsilon$ für alle $m, n \geq n(\varepsilon)$. Wenn also $|a_n| \leq b_n$

$(n \in \mathbb{N})$, dann gibt es zu jedem $\varepsilon > 0$ ein $n(\varepsilon)$ derart, dass:

$\left| \sum_{k=m+1}^{n} a_k \right| \leq \sum_{k=m+1}^{n} |a_k| \leq \sum_{k=m+1}^{n} b_k = |Sb_n - Sb_m| < \varepsilon$, weshalb – wieder wegen des

Cauchy- Prinzips – die Folge der endlichen Summen $Sa_n := \sum_{k=0}^{n} a_k$ konvergiert.

Beispiele zum Majorantenkriterium (D):

(D1)

Auf Grund der Konvergenz der Reihe $\sum_{n=1}^{\infty} \frac{1}{4^n}$ folgt offensichtlich auch die

Konvergenz von $\sum_{n=1}^{\infty} \frac{1}{c+4^n}$, egal welches positive c eingesetzt wird.

(D2)

Die Summanden a_n einer vorgegebenen Reihe $\sum_{n=0}^{\infty} a_n$ mögen für alle n den

folgenden Bedingungen genügen: 1.) $a_n \neq 0$ und 2.) $\left| \frac{a_{n+1}}{a_n} \right| \leq \vartheta < 1$.

Man sieht, dass unter dieser Voraussetzung $|a_1| \le \vartheta \cdot |a_0|$, $|a_2| \le \vartheta \cdot |a_1| \le \vartheta^2 \cdot |a_0|$

und allgemein $|a_n| \le \vartheta^n \cdot |a_0|$. Da die geometrische Reihe $\sum_{n=0}^{\infty} \vartheta^n$ und damit auch

$\sum_{n=0}^{\infty} \vartheta^n |a_0|$ konvergent sind, liefert das Majorantenkriterium die Konvergenz der

Reihe $\sum_{n=0}^{\infty} a_n$. Die entscheidende Bedingung $\left| \dfrac{a_{n+1}}{a_n} \right| \le \vartheta < 1$ heißt Quotientenkri-

terium, was wegen häufiger Anwendung unten gesondert festgehalten ist:

Quotienten – Kriterium (E):

> Gibt es ein $\vartheta \in]0,1[$ und ein n_0 derart, dass $\left| \dfrac{a_{n+1}}{a_n} \right| \le \vartheta$ und $a_n \ne 0$ für alle
>
> $n \ge n_0$, so konvergieren $\sum_{n=0}^{\infty} |a_n|$ und $\sum_{n=0}^{\infty} a_n$.

Beispiele zum Quotientenkriterium (E):

(E1)

> **Für $x \in \mathbb{R}$ konvergiert die Reihe $\sum_{n=0}^{\infty} \dfrac{x^n}{n!}$;**

denn für $n \ge 2 \cdot |x|$ gilt: $\left| \dfrac{\dfrac{x^{n+1}}{(n+1)!}}{\dfrac{x^n}{n!}} \right| = \dfrac{|x|}{(n+1)} \le \dfrac{1}{2}$.

(E2)

Auf Grund der Konvergenz von $\sum_{n=0}^{\infty} \dfrac{|x|^n}{n!}$ (siehe (E1)) müssen natürlich auch die

Reihen $\sum_{k=0}^{\infty} \dfrac{|x|^{2k+1}}{(2k+1)!}$ und $\sum_{k=0}^{\infty} \dfrac{|x|^{2k}}{(2k)!}$ konvergieren, und damit auch – wegen des

Majorantenkriteriums - die Reihen $\sum_{k=0}^{\infty} \dfrac{(-1)^k \cdot x^{2k+1}}{(2k+1)!}$ und $\sum_{k=0}^{\infty} \dfrac{(-1)^k \cdot x^{2k}}{(2k)!}$; denn

$$\left|\frac{(-1)^k \cdot x^{2k+1}}{(2k+1)!}\right| \leq \frac{|x|^{2k+1}}{(2k+1)!} \quad \text{und} \quad \left|\frac{(-1)^k \cdot x^{2k}}{(2k)!}\right| \leq \frac{|x|^{2k}}{(2k)!} \;. \quad \text{Also:}$$

Für jedes $x \in \mathbb{R}$ **konvergieren die Reihen**

$$\sum_{k=0}^{\infty} \frac{(-1)^k \cdot x^{2k+1}}{(2k+1)!} \quad \text{und} \quad \sum_{k=0}^{\infty} \frac{(-1)^k \cdot x^{2k}}{(2k)!} \;.$$

Vergleicht man die Reihe $\displaystyle\sum_{n=0}^{\infty} \frac{x^n}{n!}$ aus (E1) mit der Reihendarstellung $e = \displaystyle\sum_{k=0}^{\infty} \frac{1}{k!}$ der Euler'schen Zahl e (am Ende von Beispiel 3 in Abschnitt 2.5.1.), so stellt sich die Frage nach einer weitergehenden

Beziehung zwischen $S(x) := \displaystyle\sum_{n=0}^{\infty} \frac{x^n}{n!}$ **und** e^x **:**

1.) Wie oben erwähnt, ist $S(1) = e$.

2.) Auf Grund der Konvergenz von

$$\sum_{n=0}^{\infty} \frac{(|x|+|y|)^n}{n!} = \lim_{N\to\infty} \sum_{k=0}^{N} \frac{(|x|+|y|)^k}{k!} = \lim_{N\to\infty} \sum_{k=0}^{2N} \frac{(|x|+|y|)^k}{k!} \quad \text{(zur letzten Gleichung siehe}$$

Aufg. 21) gilt $\displaystyle\lim_{N\to\infty} \sum_{k=N+1}^{2N} \frac{(|x|+|y|)^k}{k!} = \lim_{N\to\infty} [\sum_{k=0}^{2N} \frac{(|x|+|y|)^k}{k!} - \sum_{k=0}^{N} \frac{(|x|+|y|)^k}{k!}] =$

$$= \lim_{N\to\infty} \sum_{k=0}^{2N} \frac{(|x|+|y|)^k}{k!} - \lim_{N\to\infty} \sum_{k=0}^{N} \frac{(|x|+|y|)^k}{k!} = 0 . \text{ Dieses Ergebnis zusammen mit der}$$

Abschätzung $\displaystyle\left|\left(\sum_{k=0}^{N} \frac{x^k}{k!}\right) \cdot \left(\sum_{k=0}^{N} \frac{y^k}{k!}\right) - \sum_{k=0}^{N} \frac{(x+y)^k}{k!}\right| \leq \sum_{k=N+1}^{2N} \frac{(|x|+|y|)^k}{k!}$ aus Beispiel II in

2.4.1. liefert dann, dass $\displaystyle\lim_{N\to\infty} [\left(\sum_{k=0}^{N} \frac{x^k}{k!}\right) \cdot \left(\sum_{k=0}^{N} \frac{y^k}{k!}\right) - \sum_{k=0}^{N} \frac{(x+y)^k}{k!}] = 0$ und damit

$$S(x) \cdot S(y) = \sum_{n=0}^{\infty} \frac{x^n}{n!} \cdot \sum_{n=0}^{\infty} \frac{y^n}{n!} = \lim_{N\to\infty} \left(\sum_{k=0}^{N} \frac{x^k}{k!}\right) \cdot \lim_{N\to\infty} \left(\sum_{k=0}^{N} \frac{y^k}{k!}\right) = \lim_{N\to\infty} \sum_{k=0}^{N} \frac{(x+y)^k}{k!} =$$

$$= \lim_{N\to\infty} \sum_{k=0}^{N} \frac{(x+y)^k}{k!} = S(x+y), \text{ also:}$$

Für beliebige $x, y \in \mathbb{R}$ gilt: $S(x) \cdot S(y) = S(x+y)$,

was zusammen mit $S(1) = e$ und $S(0) = 1$ folgende Konsequenzen hat:

a) $S(n) = S(1 + \ldots + 1) = S(1)^n = e^n$ für alle $n \in \mathbb{N}$,

b) $e^n = S(n) = S(m\frac{n}{m}) = S(\underbrace{\frac{n}{m} + \ldots + \frac{n}{m}}_{m-mal}) = S(\frac{n}{m})^m$, also $S(\frac{n}{m}) = \sqrt[m]{e^n} = e^{\frac{n}{m}}$,

c) $1 = S(0) = S(\frac{n}{m} + (-\frac{n}{m})) = S(\frac{n}{m}) \cdot S(-\frac{n}{m})$, also $S(-\frac{n}{m}) = [S(\frac{n}{m})]^{-1} = e^{-\frac{n}{m}}$.

d) Ist x beliebige Zahl, so gibt es eine Folge rationaler Zahlen r_i mit $\lim_{i \to \infty} r_i = x$,

weshalb (gemäß Aufg.23 und 26) $\quad S(x) = S(\lim_{i \to \infty} r_i) = \lim_{i \to \infty} S(r_i) = \lim_{i \to \infty} e^{r_i} =$

$= e^{\lim_{i \to \infty} r_i} = e^x$.

Zusammenfassend erhalten wir also die wichtige

Reihendarstellung für e^x

Für beliebige $x \in \mathbb{R}$ gilt: $\quad e^x = \sum_{n=0}^{\infty} \frac{x^n}{n!} = 1 + x + \frac{x^2}{2!} + \frac{x^3}{3!} \ldots \quad$.

3. Aufgaben

Aufgabe 1: Zeigen Sie, dass die Folge $\left(\dfrac{3n-1}{n+2} \right)_{n\geq 0}$ monoton wachsend ist und dass 3 obere Schranke von

$\left\{ \dfrac{3n-1}{n+2} \middle| \; n \geq 0 \right\}$ ist.

Aufgabe 2: Man überprüfe die Folge $\left(a_n \right)_{n\geq 0}$ auf Monotonie und Beschränktheit:

a) $a_n := 2 - 6n$ b) $a_n := \dfrac{3n}{2n+1}$ c) $a_n := \dfrac{4n+1}{1+2n}$ d) $a_n := \dfrac{2n+1}{3^n}$.

Aufgabe 3: Bestimmen Sie jeweils das kleinste n, für welches das Glied a_n der Folge $\left(a_n \right)_{n\geq 1}$ die Bedingung (B) erfüllt:

a) $a_n := \dfrac{4n+1}{n+7}$ (B): $a_n \geq 3$;   b) $a_n := \dfrac{2n+1}{n}$ (B): $a_n < 2,0001$ c) $a_n := \dfrac{n^2}{n-2,5}$ (B): $a_n > 10$.

Aufgabe 4: Bestimmen Sie die Anzahl der Folgenglieder von $\left(a_n \right)_{n\geq 1}$, die von a einen größeren Abstand als ε haben und zeigen Sie dann, dass $\lim\limits_{n \to \infty} a_n = a$.

a) $a_n := \dfrac{4n+1}{n+1}$,   a=4   , $\varepsilon = 0,001$,   b) $a_n := \dfrac{3n^2 - 2n}{n^2}$,   a=3   , $\varepsilon = 0,01$.

Aufgabe 5: Überprüfen Sie die untenstehenden Folgen $\left(a_n \right)_{n\geq 1}$ auf Konvergenz und bestimmen Sie gegebenenfalls die entsprechenden Grenzwerte

a) $a_n := \dfrac{4n^3 - 6}{6n^3 + 2n^2}$ b) $a_n := \dfrac{1 + 5n^4 - 7n^3}{4500 + 7n^{-3} - 10n^4}$

c) $a_n := 1 + \dfrac{1}{n}$ d) $a_n := \dfrac{4n^3 - 1}{\left(\dfrac{1}{n} + \dfrac{1}{n^2} \right)^3}$

e) $a_n := 1 + \left(-1 \right)^n$ f) $a_n := 1 + \left(0,1 \right)^n$

g) $a_n := \left(-1 \right)^{n+1} \cdot \dfrac{3n}{n^2 + 4n + 5}$.

Aufgabe 6: Für $x > 0$ und $y_0 > 0$ sei durch die Rekursivgleichung $y_{n+1} = \dfrac{1}{2} \cdot y_n + \dfrac{1}{2} \cdot \dfrac{x}{y_n}$ die

Folge $\left(y_n \right)_{n\geq 0}$ definiert ist.

a) Man zeige durch vollständige Induktion, dass $y_n > 0$ für alle $n \geq 0$.

b) Man weise außerdem nach, dass $y_n \geq \sqrt{x}$ für alle $n \geq 1$.

c) Man leite aus b) ab, dass $y_n \geq y_{n+1}$ für $n \geq 1$.

d) Man leite aus b) und c) die Konvergenz der Folge $\left(y_n \right)_{n\geq 0}$ ab.

Aufgabe 7: Leiten Sie das Monotonie-Prinzip aus dem Supremumsprinzip her.

Aufgabe 8: Weisen Sie nach, dass

<u>a)</u> $0,111... = \dfrac{1}{9}$,   b) $0,999... = 1$,   c) $0,\overline{01} = \dfrac{1}{99}$, d) $0,\underset{k_0}{0...0}\overline{1} = \dfrac{1}{10^{k_0}-1}$.

e) Leiten Sie aus d) ab, dass jede periodische Dezimaldarstellung eine rationale Zahl liefert.

f) $(0,\overline{1})_2 = 1$,   g) $(0,\overline{10})_2 = \dfrac{2}{3}$,   h) $(0,\overline{000111})_2 = \dfrac{1}{9}$

Aufgabe 9: Man begründe, weshalb jede Folge $(a_n)_{n\geq 1}$ von g-adischen Brüchen $a_n = \dfrac{q_1}{g} + \dfrac{q_2}{g^2} + ... + \dfrac{q_n}{g^n}$

gegen eine reelle Zahl $r \in [0,1]$ konvergiert, wenn g eine natürliche Zahl mit $g \geq 2$ ist, und $(q_n)_{n\geq 1}$ eine Folge von natürlichen Zahlen aus $\{0, 1, 2, ..., g-1\}$.

Aufgabe 10: Als Näherungswerte für $\quad S := 77,349 + \sqrt{2}\quad$ und $\quad P := 77,349 \cdot \sqrt{2}\quad$ sollen

$\tilde{S} := 77,349 + 1,414213 (= 78,763213)$ bzw. $\tilde{P} := 77,349 \cdot 1,414213 (= 109,387961337)$ verwendet werden.

Schätzen Sie die Fehler $|S - \tilde{S}|$ und $|P - \tilde{P}|$ ab. Dabei sei als bekannt vorausgesetzt, dass

$\left| \sqrt{2} - 1,414213 \right| < 10^{-6}$ ist.

Aufgabe 11: Bestimmen Sie Näherungswerte (mit Fehlerabschätzung) für: $\sqrt{2} + \dfrac{1}{3}$, $\sqrt{2} + \sqrt{3}$, $\sqrt{2} \cdot \dfrac{1}{3}$ und

$\sqrt{2} \cdot \sqrt{3}$ aus den Näherungswerten $\sqrt{2} \approx 1,414213 =: a$, $\sqrt{3} \approx 1,732050 =: b$ und $\dfrac{1}{3} \approx 0,3333 =: c$.

Dabei sei als bekannt vorausgesetzt, dass $\left| \sqrt{2} - 1,414213 \right| < 10^{-6}$.

Aufgabe 12: Zeigen Sie, dass a) $|a \cdot b| = |a| \cdot |b|$, b) $|a + b| \leq |a| + |b|$, c) $|a| - |b| \leq |a - b|$ für alle $a, b \in \mathbb{R}$ gilt.

Aufgabe 13: Schätzen Sie den Fehler ab, den Sie machen, wenn Sie $\dfrac{1}{3}$ ersetzen durch $0,\underset{\text{10 Stellen}}{33...3}$ und wenn Sie

$\dfrac{1}{3}$ ersetzen durch $\left(0,\underset{\text{10 Stellen}}{0101...01} \right)_b$. Also: a) $\left| \dfrac{1}{3} - 0,\underset{\text{10 Stellen}}{33...3} \right| < ?$ b) $\left| \dfrac{1}{3} - \left(0,\underset{\text{10 Stellen}}{0101...01} \right)_b \right| < ?$

Aufgabe 14: Unter Verwendung der Gleichung $e = \lim\limits_{n\to\infty} \left(1 + \left(\dfrac{1}{n} \right) \right)^n$ bestimme man die Grenzwerte der Folgen

$(a_n)_{n\geq 1}$ mit   a) $a_n := \left(1 - \left(\dfrac{1}{n} \right) \right)^n$ und   b) $a_n := \dfrac{(1 - \frac{2}{\sqrt[3]{n}})^4 + (1 + \frac{1}{3})^5 \cdot (1 + \frac{1}{n})^{-n}}{2 + \frac{1}{\sqrt[7]{n}} + \frac{1}{3^n}}$.

Aufgabe 15: Bestimmen Sie alle von 1 und –1 verschiedenen reellen Zahlen x, für die $\dfrac{x}{7x-7} - \dfrac{x}{7x+7} = 0$ gilt.

Aufgabe 16: Weisen Sie durch vollständige Induktion die Richtigkeit der folgenden Formeln nach:

a) $\sum\limits_{k=1}^{n} k := (1 + 2 + ... + n) = \dfrac{n \cdot (n+1)}{1 \cdot 2}$ b) $\sum\limits_{k=1}^{n} \dfrac{k \cdot (k+1)}{1 \cdot 2} = \dfrac{n(n+1)(n+2)}{1 \cdot 2 \cdot 3}$

c) $\sum\limits_{k=1}^{n} k^2 = \dfrac{n^3}{3} + \dfrac{n^2}{2} + \dfrac{n}{6}$.

Aufgabe 17: a) Weisen Sie für alle $m, k \in \mathbb{N}$ mit $2 \leq k \leq m$ die Gültigkeit der Gleichung

$$\frac{m \cdot (m-1) \cdot \ldots \cdot (m-(k-1))}{m^k} = (1-\frac{1}{m}) \cdot (1-\frac{2}{m}) \cdot \ldots \cdot (1-\frac{(k-1)}{m}) \text{ nach.}$$

b)Zeigen Sie unter Ausnutzung von a) , dass

$$\left(1+\frac{1}{m}\right)^m \geq 2 + \sum_{k=2}^n \frac{1}{k!} \cdot [(1-\frac{1}{m}) \cdot (1-\frac{2}{m}) \cdot \ldots \cdot (1-\frac{(k-1)}{m})] \quad \text{für } m \geq n \geq 2 \; .$$

c)Verwenden Sie nun Ergebnis b), um zu beweisen, dass für alle $n \geq 2$ die Relation

$$\sum_{k=0}^n \frac{1}{k!} \leq e := \lim_{m \to \infty} \left(1+\frac{1}{m}\right)^m \text{ gilt.}$$

Aufgabe 18: a)Es seien $x \in \mathbb{R}$ und $c_n := \left(1+\frac{x}{n}\right)^n$ für $n \in \mathbb{N}$ und $n > 0$. Man zeige, dass $c_{n+1} \geq c_n$ für

schließlich alle n gilt (; d.h. dass ein n_0 so existiert, dass $c_{n+1} \geq c_n$ für alle $n > n_0$).

b)Man zeige, dass $c_n \leq \sum_{k=0}^\infty \frac{x^k}{k!}$ für alle $n > 0$.

c)Aus a) und b) folgt die Konvergenz von $\left(\left(1+\frac{x}{n}\right)^n\right)_{n \geq 1}$ und weiter folgt, dass

$$\lim_{n \to \infty} \left(1+\frac{x}{n}\right)^n \leq \sum_{k=0}^\infty \frac{x^k}{k!} \; . \text{ Man zeige für positive x wie in Aufgabe 17 b), dass } \lim_{n \to \infty} \left(1+\frac{x}{n}\right)^n \geq \sum_{k=0}^\infty \frac{x^k}{k!} \; .$$

Aufgabe 19: Die nebenstehende Parabel sei so gewählt, dass die Fläche des eingeschriebenen Dreiecks ABC gleich Eins ist; wobei C auf der Parabelachse liege. Anschließend werden durch die Halbierungspunkte von AC und BC Parallele zur Parabelachse gezogen, welche die Parabel in D bzw. E schneiden. Offensichtlich stellt dann das Vieleck ADCEB eine bessere Annäherung an das Parabelsegment dar als das Dreieck ABC. Setzt man nun diesen Konstruktionsprozess von Näherungspolygonen ganz entsprechend fort, so erhält man eine immer bessere Annäherung an die Parabelform. Man zeige, dass bei jedem Erweiterungsschritt der Flächenzuwachs ein Viertel des vorangegangenen Flächenzuwachses ausmacht.

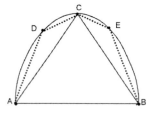

Aufgabe 20: Weisen Sie die Gültigkeit folgender Rechenregeln nach, dass für konvergente Folgen $(c_n)_{n \in \mathbb{N}}$

und $(d_n)_{n \in \mathbb{N}}$ mit den Grenzwerten $c := \lim_{n \to \infty} c_n$ und $d := \lim_{n \to \infty} d_n$ gilt: $\lim_{n \to \infty} (c_n \pm d_n) = c \pm d$ und

$$[\lim_{n \to \infty} \frac{c_n}{d_n} = \frac{c}{d} \; , \text{ wenn } d_n \neq 0 \text{ und } d \neq 0 \; (n \in \mathbb{N}) \;].$$

Aufgabe 21: Zeigen Sie, dass $\lim_{N \to \infty} \sum_{k=0}^{2N} a_k = \lim_{N \to \infty} \sum_{k=0}^{N} a_k$, falls $\lim_{N \to \infty} \sum_{k=0}^{N} a_k$ existiert.

Aufgabe 22: Es seien $x, y > 0$ und $p, q, \tilde{p}, \tilde{q}, m \in \mathbb{N} \setminus \{0\}$. Ausgehend von den Rechenregeln

(I) $(x \cdot y)^p = x^p \cdot y^p$, (II) $(x)^{p+q} = x^p \cdot x^q$ und (III) $(x^p)^q = x^{p \cdot q}$ und von der Festlegung

$x^{\frac{p}{q}} := \sqrt[q]{x^p}$ und $x^{-\frac{p}{q}} := \frac{1}{x^{\frac{p}{q}}}$ sollen der Reihe nach die folgenden Aussagen bewiesen werden:

a) $\left(x \cdot y\right)^{\frac{1}{q}} = \sqrt[q]{x \cdot y} = \sqrt[q]{x} \cdot \sqrt[q]{y} = x^{\frac{1}{q}} \cdot y^{\frac{1}{q}}$, $\left(\dfrac{1}{x}\right)^{\frac{1}{q}} = \dfrac{1}{\left(x\right)^{\frac{1}{q}}}$.

b) $x^{\frac{p}{q}} = \sqrt[q]{x^p} = \left(\sqrt[q]{x}\right)^p = \left(x^{\frac{1}{q}}\right)^p$, $\left(x \cdot y\right)^{\frac{p}{q}} = x^{\frac{p}{q}} \cdot y^{\frac{p}{q}}$, $\left(\dfrac{1}{x}\right)^{\frac{p}{q}} = \dfrac{1}{\left(x\right)^{\frac{p}{q}}}$.

c) $x^{\frac{p}{q}} = x^{\frac{p \cdot m}{q \cdot m}}$ 　　d) $x^{\frac{p}{q} + \frac{\tilde{p}}{\tilde{q}}} = x^{\frac{p}{q}} \cdot x^{\frac{\tilde{p}}{\tilde{q}}}$ 　　e) $x^{-\frac{p}{q}} = \sqrt[q]{\left(\dfrac{1}{x}\right)^p} = \dfrac{1}{x^{\frac{p}{q}}}$ 　　f) $\left(x^{\frac{1}{q}}\right)^{\frac{1}{\tilde{q}}} = x^{\frac{1}{q \cdot \tilde{q}}}$

g) Für alle $r, s \in \mathbb{Q}$ gilt: $\left(x \cdot y\right)^r = x^r \cdot y^r$, $\left(x\right)^{r+s} = x^r \cdot x^s$ und $\left(x^r\right)^s = x^{r \cdot s}$.

h) $x > y \Leftrightarrow x^{\frac{p}{q}} > y^{\frac{p}{q}} \Leftrightarrow x^{-\frac{p}{q}} < y^{-\frac{p}{q}}$

i) Aus $\dfrac{p}{q} < \dfrac{\tilde{p}}{\tilde{q}}$ folgt $x^{\frac{p}{q}} < x^{\frac{\tilde{p}}{\tilde{q}}}$, wenn $x > 1$ und aus $\dfrac{p}{q} < \dfrac{\tilde{p}}{\tilde{q}}$ folgt $x^{\frac{p}{q}} > x^{\frac{\tilde{p}}{\tilde{q}}}$, wenn $0 < x < 1$.

j) $\left(x^{\frac{1}{n}}\right)_{n \geq 1}$ ist monoton fallend und $\sqrt{\lim\limits_{n \to \infty} x^{\frac{1}{n}}} = \lim\limits_{n \to \infty} x^{\frac{1}{n}} = 1$, wenn $x > 1$.

k) Aus j) folgt, dass $\lim\limits_{n \to \infty} x^{\frac{1}{n}} = 1 = \lim\limits_{n \to \infty} x^{-\frac{1}{n}}$ für alle $x > 0$ gilt.

l) Ist $\left(r_n\right)_{n \geq 0}$ eine Folge rationaler Zahlen mit $\lim\limits_{n \to \infty} r_n = 0$, so gilt $\lim\limits_{n \to \infty} x^{r_n} = 1$.

Aufgabe 23: Mit Hilfe der in Aufgabe 22 für $x, y > 0$ nachgewiesenen Regeln sollen der Reihe nach die folgenden Aussagen bewiesen werden:

a) Ist $\rho \in \mathbb{R}$ irrational, dann gibt es eine monoton aufsteigende Folge $\left(r_n\right)_{n \geq 0}$ rationaler Zahlen mit

$\lim\limits_{n \to \infty} r_n = \rho$. Für jede solche Folge $\left(r_n\right)_{n \geq 0}$ konvergiert auch $\left(x^{r_n}\right)_{n \geq 0}$.

b) Ist $\left(\tilde{r}_n\right)_{n \geq 0}$ irgendeine (nicht notwendig aufsteigende) Folge rationaler Zahlen mit $\lim\limits_{n \to \infty} \tilde{r}_n = \rho$, so konver-

giert auch $\left(x^{\tilde{r}_n}\right)_{n \geq 0}$, und es gilt: $\lim\limits_{n \to \infty} x^{\tilde{r}_n} = \lim\limits_{n \to \infty} x^{r_n}$.

Der durch a) und b) eindeutig festgelegte Wert $\lim\limits_{n \to \infty} x^{r_n}$ werde im folgenden mit x^ρ bezeichnet, sodass

$x^\rho = x^{\lim\limits_{n \to \infty} r_n} = \lim\limits_{n \to \infty} x^{r_n}$.

c) Natürlich kann auch eine rationale Zahl ρ Grenzwert einer Folge rationaler Zahlen r_n sein. Auch dann gilt

$x^\rho = x^{\lim\limits_{n \to \infty} r_n} = \lim\limits_{n \to \infty} x^{r_n}$.

d) Es gelten die Regeln $\left(x \cdot y\right)^\rho = x^\rho \cdot y^\rho$ und $\left(x\right)^{\rho + \tilde{\rho}} = x^\rho \cdot x^{\tilde{\rho}}$ für alle reellen ρ , $\tilde{\rho}$.

e) Aus d) folgt, dass $x^\rho > 0$ und $\left(\dfrac{1}{x}\right)^\rho = x^{-\rho}$ für alle reellen ρ gilt.

f) Aus $\rho < \tilde{\rho}$ folgt $x^\rho \leq x^{\tilde{\rho}}$, wenn $x > 1$ und aus $\rho < \tilde{\rho}$ folgt $x^\rho \geq x^{\tilde{\rho}}$, wenn $0 < x < 1$.

g) Ist $\left(\rho_n\right)_{n \geq 0}$ eine Folge in $\mathbb{R}$ mit $\lim\limits_{n \to \infty} \rho_n = 0$, so gilt $\lim\limits_{n \to \infty} x^{\rho_n} = 1$.

h) Aus $\lim_{n\to\infty} \rho_n = \rho$ folgt $\lim_{n\to\infty} x^{\rho_n} = x^\rho$.

i) Es gilt $\left(x^\rho\right)^{\tilde{\rho}} = x^{\rho\cdot\tilde{\rho}}$ für alle $\rho, \tilde{\rho} \in \mathbb{R}$.

j) Aus $x^\rho = y^\rho$ und $\rho \neq 0$ folgt $x = y$.

k) Aus $\rho < \tilde{\rho}$ folgt $x^\rho < x^{\tilde{\rho}}$, wenn $x > 1$ und aus $\rho < \tilde{\rho}$ folgt $x^\rho > x^{\tilde{\rho}}$, wenn $0 < x < 1$.

l) Aus $x < y$ folgt $x^\rho < y^\rho$, wenn $\rho > 0$ und aus $x < y$ folgt $x^\rho > y^\rho$, wenn $\rho < 0$.

Aufgabe 24: Beweisen Sie durch vollständige Induktion, dass für $n \in \mathbb{N}$ mit $n \geq 2$ und $x \in \mathbb{R} \setminus \{0\}$ mit $x > -1$ die Ungleichung $(1+x)^n > (1 + n\cdot x)$ gilt.

Aufgabe 25: Zeigen Sie für die durch $y_{n+1} = \frac{1}{k}\left((k-1)\cdot y_n + \frac{a}{y_n^{k-1}}\right)$ definierte Folge mit $k > 2$ und $a > 0$,

dass sie unter Voraussetzung ihrer Konvergenz gegen $\sqrt[k]{a}$ konvergiert.

Aufgabe 26: Man zeige, dass aus $\lim_{i\to\infty} x_i = x_0$ die Gleichung $\lim_{i\to\infty} S(x_i) = S(x_0)$ folgt; wobei

$$S(x) := \sum_{n=0}^{\infty} \frac{x^n}{n!}.$$

III. Elementarfunktionen

Der im vorangegangenen Kapitel eingeführte Begriff der k-ten Wurzel erlaubt es, jeder positiven reellen Zahl x den entsprechenden Wert $\sqrt[k]{x}$ zuzuordnen. Im 18ten Jahrhundert begann man, durch Formeln wie $f(x) = \sqrt[k]{x}$ oder $f(x) = x^{\alpha}$ beschriebene Zuordnungsvorschriften als Funktionen zu bezeichnen. Später dann, etwa seit Mitte des 19ten Jahrhunderts erhielt der Funktionsbegriff seine heutige Ausprägung, was heißt, dass man seitdem auch nicht-formelmäßige Zuordnungsvorschriften als Funktionen bezeichnete. Man stößt auf den Funktionsbegriff in ganz natürlicher Weise bei der mathematischen Modellierung von Naturvorgängen, zum Beispiel einer Bewegung im Raum: Jedem Zeitpunkt werden dann bestimmte Koordinatenwerte zugeordnet. Eine zentrale Rolle spielen hierbei die Exponential- und Potenz-Funktionen

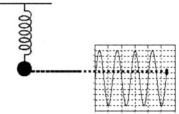

sowie Sinus und Cosinus. Das vorliegende Kapitel soll nach Einführung dieser Grundfunktionen eine Vorstellung vermitteln von den schier unbegrenzten Möglichkeiten ihrer Verknüpfung.

1. Allgemeine Eigenschaften reeller Funktionen

Zunächst einmal sollen die wichtigsten mit reellen Funktionen in Zusammenhang stehenden Begriffe eingeführt werden.

1.1. Definition des Funktionsbegriffs:

Unter einer **Funktion** f **von einer Teilmenge** D **von** $\mathbb{R}$ **in eine Teilmenge** W **von** $\mathbb{R}$ versteht man eine Vorschrift, die jedem Element $x \in D$ eindeutig ein Element $y = f(x) \in W$ zuordnet.

Für diese Vorschrift schreibt man:
$$f : D \to W$$
$$x \to f(x)$$

und nennt D den **Definitionsbereich** von $f : D \to W$, W den **Wertebereich** von $f : D \to W$ und $f(x)$ den Wert von f an der Stelle x.

$f : D \to W$ heißt **injektiv**, wenn aus $x_1 \neq x_2$ folgt, dass $f(x_1) \neq f(x_2)$, und es heißt **surjektiv**, wenn jedes $y \in W$ Bildwert ist (; d.h. wenn zu jedem $y \in W$ ein $x \in D$ existiert mit $f(x) = y$).

$f : D \to W$ wird als **bijektiv** (oder **umkehrbar**) bezeichnet, wenn es surjektiv und injektiv ist (; d.h. wenn zu jedem $y \in W$ genau ein $x \in D$ existiert mit $f(x) = y$). Die so genannte **Umkehrfunktion** $f^{-1} : W \to D$ ist dann definiert durch die Gleichung $f^{-1}(f(x)) = x$.

Als Beispiel werde nun die Zuordnungsvorschrift $x \to \dfrac{1}{\left(x^2 - 3x + 2\right)}$ über ver-

schiedenen Definitionsbereichen betrachtet. Dabei wird zur Veranschaulichung der Funktion $f : D \to W$ ihr so genannter Graph verwendet, das ist die Menge $\{(x, f(x)) | x \in D\}$, welche aus allen Zahlenpaaren $(x, f(x))$ mit $x \in D$ besteht.

1. Beispiel: Die durch $f(x) := \dfrac{1}{\left(x^2 - 3x + 2\right)}$ definierte Funktion

$f : (\mathbb{R} \setminus \{1, 2\}) \to \mathbb{R}$ ist offensichtlich nicht injektiv, wie ein Blick auf ihren Graph zeigt:

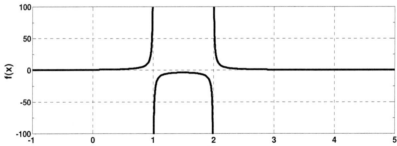

Auch surjektiv ist sie nicht; denn 0 ist kein Funktionswert. Andernfalls müsste es ein x geben mit $0 = \dfrac{1}{\left(x^2 - 3x + 2\right)}$, was aber nicht möglich ist.

2. Beispiel: Die durch $h(x) := \dfrac{1}{\left(x^2 - 3x + 2\right)}$ definierte Funktion

$h : \left]1, 2\right[\to \left]-\infty, -4\right]$

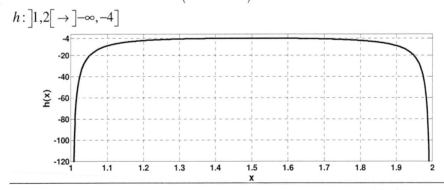

ist offensichtlich nicht injektiv, aber surjektiv, da für jedes $y \in \,]-\infty, -4]$ die Lö-

sungen der Gleichung $y = h(x) = \dfrac{1}{\left(x^2 - 3x + 2\right)}$ zusammenfallen mit den Nullstel-

len des Polynoms $x^2 - 3x + (2 - \dfrac{1}{y})$, also mit den Werten $x_{1/2} = \dfrac{3}{2} \pm \sqrt{\dfrac{1}{4} + \dfrac{1}{y}}$, die

beide in $\,]1,2[\,$ liegen. (siehe Aufgabe 1)

3.Beispiel: Setzt man $g(x) := \dfrac{1}{\left(x^2 - 3x + 2\right)}$, so ist die Funktion

$g : \,]-\infty, 1[\, \to \,]0, \infty[\,$ sogar umkehrbar; denn für jedes $y \in \,]0, \infty[\,$ hat die Glei-

chung $y = g(x)$ genau eine im Intervall $\,]-\infty, 1[\,$ liegende Lösung, nämlich $x = \dfrac{3}{2} -$

$-\sqrt{\dfrac{1}{4} + \dfrac{1}{y}}$.

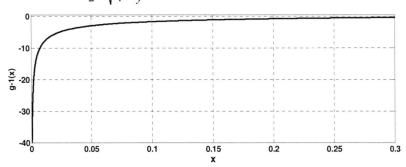

Für die entsprechende Umkehrfunktion $g^{-1} : \,]0, \infty[\, \to \,]-\infty, 1[\,$ gilt dann offensicht-

lich, dass $g^{-1}(y) = \dfrac{3}{2} - \sqrt{\dfrac{1}{4} + \dfrac{1}{y}}$.

An dieser Stelle werden nun die wichtigsten Verknüpfungen von Funktionen eingeführt. Sie sollen uns in die Lage versetzen, aus einfachen Grundfunktionen schrittweise immer komplexere aufzubauen.

1.2. Definition der Verknüpfungen von Funktionen:

Für Funktionen $f:D\to\mathbb{R}$ und $g:D\to\mathbb{R}$ auf dem gemeinsamen Definitionsbereich $D\subset\mathbb{R}$ sind die **Summenfunktion** $f+g:D\to\mathbb{R}$, die **Produktfunktion** $f\cdot g:D\to\mathbb{R}$ und die **Quotientenfunktion** $\dfrac{f}{g}:D\to\mathbb{R}$ definiert durch die Gleichungen $(f+g)(x):=f(x)+g(x)$, bzw. $(f\cdot g)(x):=f(x)\cdot g(x)$, bzw. $\dfrac{f}{g}(x):=\dfrac{f(x)}{g(x)}$. Natürlich muss für die Definition der Quotientenfunktion zusätzlich $g(x)\neq 0$ für alle $x\in D$ vorausgesetzt werden. Ist der Wertebereich W von $g:D\to W$ im Definitionsbereich $\tilde{D}$ von $f:\tilde{D}\to\tilde{W}$ enthalten, so ist die **Hintereinanderschaltung** $f\circ g:D\to\tilde{W}$ definiert durch die Gleichung $f\circ g(x):=f(g(x))$.

Es folgen nun einige
Beispiele von Verknüpfungen: Die Funktionen $f_0:\mathbb{R}\to\mathbb{R}$ und $f_1:\mathbb{R}\to\mathbb{R}$ seien definiert durch $f_0(x):=3$ und $f_1(x):=2x$. Dann gelten für $f_2:=f_1\cdot f$,

$f_3:=f_2\cdot f_1$, $f_4:=f_0\cdot f_2$, $p:=f_3+f_4+f_0$, $q:=f_0+f_2$ und $r:=\dfrac{p}{q}$,

$s:=f_0\circ f_1$ und $u:=f_1\circ f_0$ die Gleichungen: $f_2(x)=4x^2$, $f_4(x)=12x^2$,

$f_3(x)=8x^3$, $p(x)=8x^3+12x^2+3$, $q(x)=3+4x^2$, $s(x)=3$, $u(x)=6$ und

$r(x):=\dfrac{p(x)}{q(x)}=\dfrac{8x^3+12x^2+3}{3+4x^2}$.

Allen Elementarfunktionen ist gemeinsam, dass sie auf ihrem Definitionsbereich stetig sind. Worum es sich bei dieser Begriffsbildung handeln soll, ist folgendermaßen festgelegt.

1.3. Stetigkeit von Funktionen:

Definition:

$f:D\to\mathbb{R}$ heißt **stetig in** $x_0\in D$, wenn für jede Folge $(x_n)_{n\geq 0}$ in D mit $\lim\limits_{n\to\infty} x_n=x_0$ auch $\lim\limits_{n\to\infty} f(x_n)=f(x_0)$ gilt.
f heißt **stetig**, wenn f in jedem $x_0\in D$ stetig ist.

Bei der Überprüfung einer Funktion auf Stetigkeit hilft oft folgendes Resultat weiter, dessen Begründung in einer Aufgabe erledigt werden kann (s. Aufg.3).

Satz:

Mit f und g sind auch $f+g$, $f \cdot g$, $\dfrac{f}{g}$ und $f \circ g$ auf ihrem jeweiligen Definitionsbereich stetig.

Beispiele:

a) Natürlich liefern die konstante Zuordnung $x \to a$ und die Identität $x \to x$ stetige Funktionen; weshalb dann (wegen obiger Produkt-, Summen- und Quotientenregel) auch die Zuordnungen $x \to a \cdot x$, $x \to a \cdot x^n$, $x \to a_0 + a_1 \cdot x + \ldots$

$\ldots + a_n \cdot x^n$ und $x \to \dfrac{a_0 + a_1 \cdot x + \ldots + a_n \cdot x^n}{b_0 + b_1 \cdot x + \ldots + b_m \cdot x^m}$ **stetige Funktionen** auf ihrem

jeweiligen Definitionsbereich definieren.

b) In Aufgabe 26 von Kap.II wurde gezeigt, dass die durch $S(x) := \sum\limits_{n=0}^{\infty} \dfrac{x^n}{n!}$ definierte Funktion $S(x)$ stetig ist. Die am Ende von Kap.II angegebene Reihendarstellung $e^x = \sum\limits_{n=0}^{\infty} \dfrac{x^n}{n!}$ von e^x liefert dann die **Stetigkeit der e-Funktion.**

1.4. Existenz und Stetigkeit von Umkehrfunktionen

Bei der Überprüfung von Funktionen $g : I \to J$ auf Umkehrbarkeit stellt sich jedes Mal **die Frage nach der Lösbarkeit der Gleichung** $g(x) = y$ **für vorgegebenes** $y \in J$. Eine Antwort liefert der so genannte

Zwischenwertsatz:

Ist $g : [a,b] \to \mathbb{R}$ eine stetige Funktion, so gibt es zu jedem $y \in [g(a), g(b)]$ ein $x \in [a,b]$ mit $g(x) = y$.

Bevor der Beweis für dieses Resultat erbracht wird, soll kurz der Frage nachgegangen werden, ob ein solcher Beweis überhaupt notwendig ist. Ist es nicht entsprechend der nebenstehenden Graphik

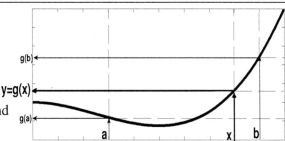

völlig evident? An dieser Stelle hilft es, sich an die Einführung der n-ten Wurzel $\sqrt[n]{a}$ am Ende von Abschnitt 2.4.1. aus Kap.II zu erinnern. Sie wurde dort als Lösung der Gleichung $g(x) = a$ definiert; wobei $g(x) := x^n$ gesetzt war. Die Existenz dieser Lösung wurde aus dem Supremumsprinzip abgeleitet, und auf diesem wird letzten Endes auch der folgende Beweis des obigen Resultats beruhen. Die durch den Zwischenwertsatz gelieferten Lösungen der Gleichung $g(x) = y$ sind also genauso viel und wenig anschaulich wie eines der grundlegenden Axiome des reellen Zahlkörpers, das Supremumsprinzip, und genauso viel und wenig anschaulich wie die n-ten Wurzeln und wie die Funktionswerte vieler anderer Umkehrfunktionen wie Logarithmus oder Arcussinus usw., die in diesem Kapitel noch eingeführt werden sollen. Nun zum Beweis des obigen Satzes: Er wird so geführt, dass er neben der bloßen Existenz der Funktionswerte von Umkehrfunktionen auch ein einfaches Schema zu deren Berechnung liefert.

Beweis des Zwischenwertsatzes durch Intervallschachtelung:

Wir gehen von der Relation $g(a) < y < g(b)$ aus und definieren eine Folge von Intervallen $[a_n, b_n]$ durch vollständige Induktion:

Zunächst setzen wir $[a_0, b_0] := [a, b]$.

$[a_{n+1}, b_{n+1}]$ geht dann aus $[a_n, b_n]$ durch Halbierung hervor: Je nachdem, ob $g(\frac{a_n + b_n}{2}) < y$ oder $g(\frac{a_n + b_n}{2}) \geq y$, wird $[a_{n+1}, b_{n+1}]$ als die rechte bzw. linke Hälfte des Intervalls $[a_n, b_n]$ gewählt. Also

$$[a_{n+1}, b_{n+1}] := \begin{cases} \left[\dfrac{a_n + b_n}{2}, b\right] \Leftarrow g(\dfrac{a_n + b_n}{2}) < y \\[2ex] \left[a, \dfrac{a_n + b_n}{2}\right] \Leftarrow g(\dfrac{a_n + b_n}{2}) \geq y \end{cases}$$

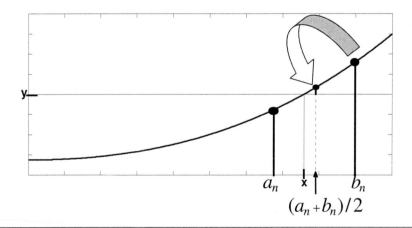

Offensichtlich ist durch diese Intervallschachtelung eine monoton aufsteigende Folge $(a_n)_{n\geq 0}$ und eine monoton fallende Folge $(b_n)_{n\geq 0}$ definiert. Beide müssen wegen des Monotoniesatzes - also letztendlich wegen des Supremumsprinzips - konvergieren. Da außerdem $(b_{n+1}-a_{n+1})\leq 2^{-(n+1)}\cdot(b_n-a_n)$ auf Grund der wiederholten Halbierung gilt, müssen beide Grenzwerte übereinstimmen. $x:=\lim_{n\to\infty} a_n = \lim_{n\to\infty} b_n$ ist dann die gesuchte Lösung der Gleichung $g(x)=y$; denn $g(x)=g(\lim_{n\to\infty} a_n)=\lim_{n\to\infty} g(a_n)\leq y\leq \lim_{n\to\infty} g(b_n)=g(\lim_{n\to\infty} b_n)=g(x)$.

Der Zwischenwertsatz wird in diesem Kapitel meistens auf streng wachsende und streng fallende Funktionen g angewandt; d.h. auf Funktionen, bei denen aus $x<y$ stets $g(x)<g(y)$ bzw. $g(x)>g(y)$ folgt. Deren Injektivität liegt dann auf der Hand und – auf Grund des Zwischenwertsatzes – auch deren Surjektivität, sofern zusätzlich die Stetigkeit von g vorausgesetzt ist. Damit ist der erste Teil des folgenden Resultats klar.

Umkehrsatz:

Ist I ein Intervall in $\mathbb{R}$ und ist $f:I\to\mathbb{R}$ stetig und streng wachsend (fallend), so ist $J:=\{f(x)|x\in I\}$ ebenfalls ein Intervall, und die Umkehrfunktion von

$g:I \to J$
$\quad x\to f(x)$ ist ebenfalls stetig und streng monoton wachsend (bzw. fallend).

Lediglich die Stetigkeit von $g^{-1}:f(x)\to x$ an einer beliebigen Stelle $y_0=f(x_0)$ ist noch zu zeigen: Es sei hierzu $(y_n)_{n\geq 0}$ eine Folge mit $\lim_{n\to\infty} y_n = y_0$, für die dann der Nachweis von $\lim_{n\to\infty} g^{-1}(y_n)=x_0$ zu erbringen ist. Dieser liegt vor, wenn für noch so kleines $\varepsilon>0$ die Relation $x_0-\varepsilon<g^{-1}(y_n)<x_0+\varepsilon$ für schließlich alle n gilt. Wegen $\lim_{n\to\infty} y_n = y_0$ ist aber die Relation $f(x_0-\varepsilon)<y_n<f(x_0+\varepsilon)$ und damit $x_0-\varepsilon<g^{-1}(y_n)<x_0+\varepsilon$ für schließlich alle n richtig.

Beispiele:

a) Die **Stetigkeit der auf** $[0,\infty[$ **definierten Funktion** $f(x)=\sqrt[q]{x^p}$ ($p,q\in\mathbb{N}\setminus\{0\}$) ergibt sich aus der Stetigkeit von $x\to x^p$ und -mit Hilfe des Umkehrsatzes - aus der Stetigkeit und Monotonie von $y\to y^q$.

b) Die **Stetigkeit** der zur Exponentialfunktion e^x gehörenden **Umkehrfunktion** $\ln(x)$ (siehe Abschnitt 2.5.) ist ebenfalls eine Konsequenz des Umkehrsatzes.

Wir wenden uns nun den einfachsten Elementarfunktionen zu.

2. Polynome

2.1. Definition:

Unter einem Polynom n-ten Grades versteht man eine Funktion der Form
$p(x) = a_0 + a_1 \cdot x + a_2 \cdot x^2 + \ldots + a_n \cdot x^n$ mit $a_n \neq 0$. Die reellen Zahlen $a_0, \ldots, a_n$
heißen Koeffizienten des Polynoms. Der Definitionsbereich von p ist die reelle
Achse $\mathbb{R}$ (jedem $x \in \mathbb{R}$ wird also die reelle Zahl $a_0 + a_1 \cdot x + \ldots + a_n \cdot x^n$ zugeordnet).

Ganzrationale Funktionen - so nennt man die Polynome auch - sind zwar die
einfachsten Elementarfunktionen. Gleichzeitig sind sie so vielgestaltig, dass sie
jede genügend glatte, ansonsten beliebige Funktion lokal näherungsweise
darstellen können. Von dieser Möglichkeit werden die Abschnitte 2.3. und 2.4.
einen Eindruck vermitteln. Zuvor soll aber in 2.2. auf eine sehr effektive
Methode zur Berechnung von Funktionswerten eines Polynoms hingewiesen
werden.

2.2. Horner – Schema

Zur Berechnung des Funktionswerts $p(x_0)$ eines Polynoms $p(x)$ an der Stelle
x_0 empfiehlt sich die Anwendung des so genannten Horner- Schemas, das an
Hand des Falls $n = 4$ erläutert wird:
Für $p(x) = a_0 + a_1 \cdot x + a_2 \cdot x^2 + a_3 \cdot x^3 + a_4 \cdot x^4$ erhält man $p(x_0)$ durch
Ausführung folgender Rechenschritte: $b_4 := 0 \cdot x_0 + a_4$, $\quad b_3 := b_4 \cdot x_0 + a_3$,
$b_2 := b_3 \cdot x_0 + a_2$, $\quad b_1 := b_2 \cdot x_0 + a_1$ und $b_0 = p(x_0) = b_1 \cdot x_0 + a_0$; denn
$p(x_0) = a_0 + a_1 \cdot (x_0)^2 + \ldots + a_4 \cdot (x_0)^4 = x_0 \cdot \left(x_0 \cdot \left(x_0 \cdot (a_4 \cdot x_0 + a_3) + a_2 \right) + a_1 \right) + a_0$.
Die obige Abfolge $b_4, b_3, b_2, b_1, p(x_0)$ zur Bestimmung von $p(x_0)$ heißt **Horner
– Schema.**

Vorteile des Horner – Schemas:
a) Es ist sehr einfach programmierbar; denn die Abfolge der b_i und damit auch

$b_0 = p(x_0)$ lässt sich mit nur einer Schleife bestimmen, wie folgendes
Beispiel – Programm zeigt:

```
B = A(N)
FOR K = N-1 TO 0 STEP-1
```

$$B = A(K) + X*B$$
$$\text{NEXT}$$

b) Es ist besonders ökonomisch; denn es erfordert nur n Multiplikationen und n Additionen. Berechnet man dagegen „naiv" zuerst $x_0^2,...,x_0^4$, dann $a_1 x_0,...$ $...,a_n x_0^n$ und schließlich die Summe, so benötigt man $(2n-1)$ Multiplikationen und n Additionen.

c) Es ist numerisch stabiler als das „naive" Vorgehen; d.h. weniger anfällig gegen die Auswirkung von Rundungsfehlern.

Wie man das Horner-Schema zum Beispiel für den Entwurf von Schaltungen einsetzen kann, wird in Kapitel VI, Abschnitt 1 näher erläutert.

2.3. Interpolationsproblem für Polynome

Einführung: Heutzutage werden Audiosignale oft in digitaler Form übertragen und verarbeitet. Das heißt unter anderem, dass das ursprüngliche Analogsignal in eine Folge von Abtastwerten umgewandelt wird, die dann vom Computer oder Signalprozessor verarbeitet werden kann.

Beim Entwurf der dabei jeweils einzusetzenden Algorithmen verwendet man Funktionen $f(t)$ als mathematische Modelle der jeweiligen Analogsignale, so dass die entsprechenden Abtastwerte durch die Funktionswerte $f(k \cdot T_s)$ repräsentiert werden. Natürlich stellt sich dann die Frage, wie man im Anschluss an die Signalverarbeitung aus Abtastwerten ein passendes Analogsignal erzeugt. Dies wiederum führt zu dem mathematischen Problem, eine Funktion zu finden, für die einige Funktionswerte vorgegeben sind, einem Problem also, mit dem man sich in der Mathematik schon seit Jahrhunderten beschäftigt. Wir begnügen uns hier mit dem Spezialfall, bei dem das gesuchte $f(t)$ ein Polynom n-ten Grades ist. Man spricht dann von einem

Interpolationsproblem für Polynome

Gegeben seien $n+1$ reelle Zahlen x_0, $x_1 = x_0 + \Delta$, $x_2 = x_0 + 2\Delta$ ..., $x_n = x_0 + n\Delta$ - die so genannten Stützstellen - und weitere reelle Zahlen $y_0,...,y_n$ - die so genannten Stützwerte.

Gesucht ist ein Polynom $y(x) = c_n \cdot x^n + ... + c_1 \cdot x + c_0$ mit: $y(x_k) = y_k$ für $k = 0,...,n$.

Bemerkung: Die Äquidistanz der Stützstellen wird hier nur der besseren Übersichtlichkeit halber gefordert.

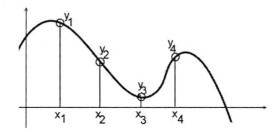

Um zu erklären, wie z.B. Newton das Interpolationsproblem anging, reicht es zunächst, von 4 Stützstellen $x_0 = 0$, $x_1 = 1$, $x_2 = 2$, $x_3 = 3$ auszugehen. Einsetzen dieser Stützstellen 0, 1 , 2 , 3 sowie der Stützwerte $y_0, ..., y_3$ in das gesuchte Polynom $\tilde{y}(x) = A + Bx + Cx^2 + Dx^3$ ergibt offensichtlich folgendes Gleichungssystem:

$$y_0 = A$$
$$y_1 = A + B + C + D$$
$$y_2 = A + 2B + 4C + 8D$$
$$y_3 = A + 3B + 9C + 27D$$

Indem man die dritte von der vierten Gleichung abzieht, die zweite von der dritten und die erste von der zweiten, erhält man die Gleichungen

$$B + C + D \ = y_1 - y_0 =: \Delta y_0$$
$$B + 3C + 7D = y_2 - y_1 =: \Delta y_1$$
$$B + 5C + 19D = y_3 - y_2 =: \Delta y_2 \quad \text{und daraus wieder durch geeignete Subtraktion}$$

$$2C + 6D = \Delta y_1 - \Delta y_0 =: \Delta^2 y_0$$
$$2C + 12D = \Delta y_2 - \Delta y_1 =: \Delta^2 y_1$$

und weiter $6D = \Delta^2 y_1 - \Delta^2 y_0 =: \Delta^3 y_0$, also $D = \dfrac{1}{6}\Delta^3 y_0$, $C = \dfrac{1}{2}\Delta^2 y_0 - \dfrac{1}{2}\Delta^3 y_0$ und

$B = \Delta y_0 - \dfrac{1}{2}\Delta^2 y_0 + \dfrac{1}{3}\Delta^3 y_0$. Einsetzen der so erhaltenen Werte für A, B, C und D

in $\tilde{y}(x) = A + Bx + Cx^2 + Dx^3$ und anschließendes Zusammenfassen gleicher Δy -

Terme ergibt dann $\tilde{y}(x) = y_0 + \Delta y_0 \cdot x + \Delta^2 y_0 \cdot \dfrac{1}{2} \cdot (x^2 - x) + \Delta^3 y_0 \cdot (\dfrac{1}{3}x - \dfrac{1}{2}x^2 + \dfrac{1}{6}x^3)$

$= y_0 + \Delta y_0 \cdot x + \dfrac{\Delta^2 y_0}{2} \cdot (x - 0) \cdot (x - 1) + \dfrac{\Delta^3 y_0}{1 \cdot 2 \cdot 3} \cdot (x - 0) \cdot (x - 1) \cdot (x - 2)$. Damit ist $\tilde{y}(x)$

ein Polynom 3ten Grades, welches an den Stützstellen 0, 1, 2, 3 die Werte $y_0,...$

$.,y_3$ annimmt. Indem man nun $y(x) := \tilde{y}(\dfrac{x-x_0}{\Delta})$ setzt, erhält man, dass $y(x)=$

$$= y_0 + \frac{\Delta y_0}{\Delta}\cdot(x-x_0) + \frac{\Delta^2 y_0}{2\cdot\Delta^2}\cdot(x-x_0)\cdot(x-x_1) + \frac{\Delta^3 y_0}{1\cdot2\cdot3\cdot\Delta^3}\cdot(x-x_0)\cdot(x-x_1)\cdot(x-x_2)$$

und weiter, dass $y(x_0 + k\cdot\Delta) = y_k$ für $k = 0,...,3$. $y(x)$ ist demzufolge ein Interpolationspolynom 3ten Grades für die Stützstellen $x_k = x_0 + k\cdot\Delta$ und die Stützwerte $y_0,...,y_3$. Es dürfte nun klar sein, dass auch der allgemeine Fall mit n+1 Stützstellen ganz entsprechend angegangen werden kann und man somit zu folgendem Resultat kommt.

Satz:(Newton'sche Interpolationsformel)

Sind x_0, $x_1 = x_0 + \Delta$,..., $x_n = x_0 + n\cdot\Delta$ vorgegebene reelle Stützstellen und sind $y_0,...,y_n$ entsprechend vorgegebene Stützwerte, so ist durch

$$y(x) = y_0 + \frac{\Delta y_0}{\Delta}\cdot(x-x_0) + \frac{\Delta^2 y_0}{2\cdot\Delta^2}\cdot(x-x_0)\cdot(x-x_1) + ...+$$

$$+ \frac{\Delta^n y_0}{1\cdot2\cdot...\cdot n\cdot\Delta^n}\cdot(x-x_0)\cdot(x-x_1)\cdot...\cdot(x-x_{n-1})$$

ein Polynom n-ten Grades mit $y(x_0) = y_0$, $y(x_1) = y_1$, ... , $y(x_n) = y_n$ gegeben. Die Differenzgrößen $\Delta^k y_i$ können dabei aus den Stützwerten $y_0,...,y_n$ nach folgendem (schon von Newton benutzten) Schema bestimmt werden:

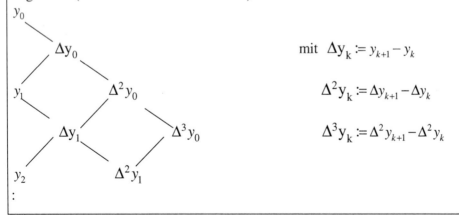

mit $\Delta y_k := y_{k+1} - y_k$

$\Delta^2 y_k := \Delta y_{k+1} - \Delta y_k$

$\Delta^3 y_k := \Delta^2 y_{k+1} - \Delta^2 y_k$

Hier nun ein
Beispiel zur Anwendung der Newtonschen Interpolationsformel:
Vorgegeben seien die Stützstellen $x_0 = 1$, $x_1 = 2$, $x_2 = 3$, $x_3 = 4$ mit den entsprechenden Stützwerten $y_0 = 1$, $y_1 = 5$, $y_2 = 14$ und $y_3 = 30$. Das zugehörige Differenzenschema sieht dann so aus:

$$1$$
$$\Delta y_0 = 4$$
$$5$$
$$\Delta^2 y_0 = 5$$
$$\Delta y_1 = 9$$
$$\Delta^3 y_0 = 2 \quad,$$
$$14$$
$$\Delta^2 y_1 = 7$$
$$\Delta y_2 = 16$$
$$30$$

; womit das entsprechende Interpolationspolynom gegeben ist

durch $y(x) = 1 + 4(x-1) + \dfrac{5}{2}(x-1)(x-2) + \dfrac{2}{6}(x-1)(x-2)(x-3) = \dfrac{1}{3}x^3 + \dfrac{1}{2}x^2 + \dfrac{1}{6}x$.

<u>Übrigens:</u> Wegen $1 = \displaystyle\sum_{k=1}^{1} k^2$, $5 = \displaystyle\sum_{k=1}^{2} k^2$, $14 = \displaystyle\sum_{k=1}^{3} k^2$ und $30 = \displaystyle\sum_{k=1}^{4} k^2$ zeigt das obige

Resultat, dass $y(x) = \dfrac{1}{3}x^3 + \dfrac{1}{2}x^2 + \dfrac{1}{6}x$ an den Stellen 1, 2, 3, und 4 die Werte

$\displaystyle\sum_{k=1}^{1} k^2$, $\displaystyle\sum_{k=1}^{2} k^2$, $\displaystyle\sum_{k=1}^{3} k^2$ und $\displaystyle\sum_{k=1}^{4} k^2$ als Funktionswerte annimmt, also dass

$\displaystyle\sum_{k=1}^{n} k^2 = \dfrac{n^3}{3} + \dfrac{n^2}{2} + \dfrac{n}{6}$ für $n = 1,...,4$ gilt.   Offensichtlich ist das gerade die in

Kap.II, Abschnitt 2.4.2.d) für beliebige $n \in \mathbb{N}$ behauptete Formel. Natürlich können die anderen Formeln aus Kap.II, 2.4.2.d) nach dem gleichen Schema hergeleitet werden.

Es folgt eine weitere Alternative zur Bestimmung von Interpolationspolynomen:

Satz:(Lagrange-Interpolation)

Für die vorgegebenen reellen Stützstellen x_0, $x_1 = x_0 + \Delta$,..., $x_n = x_0 + n \cdot \Delta$ seien die so genannten Lagrange-Polynome $L_k(x)$ folgendermaßen definiert:

$$L_k(x) := \prod_{\substack{i=0 \\ i \neq k}}^{n} \frac{(x - x_i)}{(x_k - x_i)} = \frac{(x - x_0) \cdot ... \cdot (x - x_{k-1}) \cdot (x - x_{k+1}) \cdot ... \cdot (x - x_n)}{(x_k - x_0) \cdot ... \cdot (x_k - x_{k-1}) \cdot (x_k - x_{k+1}) \cdot ... \cdot (x_k - x_n)}.$$

Sind dann die reellen Zahlen $y_0,..., y_n$ als Stützwerte vorgegeben, so ist

$y(x) := y_0 \cdot L_0(x) + y_1 \cdot L_1(x) + ... + y_n \cdot L_n(x)$ ein Polynom n-ten Grades mit

$y(x_0) = y_0$, $y(x_1) = y_1$, ... , und $y(x_n) = y_n$.

Die hinter den Lagrange-Polynomen steckende Idee ist leicht zu durchschauen: Der Zähler des k-ten Lagrange-Polynoms $L_k(x)$ ist gerade so konstruiert, dass er alle Stützstellen außer x_k als Nullstellen hat, und der Nenner

$(x_k - x_0) \cdot ... \cdot (x_k - x_{k-1}) \cdot (x_k - x_{k+1}) \cdot ... \cdot (x_k - x_n)$ von $L_k(x)$ ist so gewählt, dass

$L_k(x_k) = 1.$

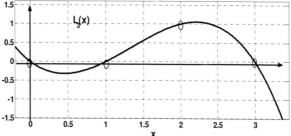

Also

$$L_k(x_m) = \begin{cases} 1, & \text{wenn } m = k \\ 0, & \text{wenn } m \neq k \end{cases}$$

Aus dieser Eigenschaft der $L_k(x)$ folgt natürlich sofort, dass $y(x) := y_0 \cdot L_0(x) + y_1 \cdot L_1(x) + ... + y_n \cdot L_n(x)$ das ursprüngliche Interpolationsproblem löst.

Für das im Anwendungskapitel VI, Abschnitt 1.1. behandelte Thema der Abtast-ratenerhöhung werden die folgenden Lagrange-Polynome benötigt:

Beispiel: Bestimmung der zu den 4 Stützstellen $(n-1)T$, nT, $(n+1)T$ und $(n+2)T$ (mit $n \in \mathbb{N}$) gehörenden Lagrange-Polynome:

$$L_0(t) = \frac{(t-nT)(t-(n+1)T)(t-(n+2)T)}{-6T^3},$$

$$L_1(t) = \frac{(t-(n-1)T)(t-(n+1)T)(t-(n+2)T)}{2T^3},$$

$$L_2(t) = \frac{(t-(n-1)T)(t-nT)(t-(n+2)T)}{-2T^3},$$

$$L_3(t) = \frac{(t-(n-1)T)(t-nT)(t-(n+1)T)}{6T^3}.$$

$y(t) = y_{n-1} \cdot L_0(t) + y_n \cdot L_1(t) + y_{n+1} \cdot L_2(t) + y_{n+2} \cdot L_3(t)$ ist also das Lagrange-Interpolationspolynom zu den Stützstellen $(n-1)T$, nT, $(n+1)T$ und $(n+2)T$ und den entsprechenden Stützwerten y_{n-1}, y_n, y_{n+1}, y_{n+2}.

Übrigens sind die oben angegebenen Polynome jeweils die einzige Lösung des Interpolationsproblems; denn gäbe es noch eine weitere, von $y(x)$ verschiedene Lösung $\tilde{y}(x)$, so wäre $e(x) := \tilde{y}(x) - y(x)$ ein vom Null-Polynom verschiedenes Polynom höchstens n-ten Grades mit n+1 Nullstellen; was nach einem später (8.4.) zu behandelnden Resultat unmöglich ist. Es gilt also der so genannte **Identitätssatz für Polynome:**

Stimmen zwei Polynome n-ten Grades in n+1 verschiedenen Stellen überein, so sind sie identisch; das heißt, sie stimmen in allen $x \in \mathbb{R}$ überein.

2.4. Tschebyscheffsche Polynome (Polynome minimaler Maximums-norm)

In vielen Anwendungsbereichen wie zum Beispiel der Signalverarbeitung benötigt man Polynome $p(x) = x^n + a_{n-1}x^{n-1} + \ldots + a_0$, für die zusätzlich die so genannte Maximums-norm $\|p(x)\| := \max\limits_{x \in [-1,1]} |p(x)|$ minimal ist. Dass es zu jedem Grad $n \geq 1$ genau ein solches Polynom n-ten Grades gibt, wird in Kap.VI, Beispiel 4 von Abschnitt 1.2. gezeigt werden. Dieses Polynom n-ten Grades heißt n-tes Tschebyscheff' sches Polynom und wird im folgenden mit $T_n(x)$ bezeichnet. Es ist rekursiv definiert durch folgende Gleichungen:

$$T_1(x) := x \qquad T_2(x) := x^2 - \frac{1}{2} \qquad T_3(x) := x^3 - \frac{3}{4} \cdot x \qquad \text{und weiter:}$$

$$\boxed{T_{n+1}(x) := x \cdot T_n(x) - \frac{1}{4} \cdot T_{n-1}(x) \quad \text{für } n \geq 2.}$$

In Beispiel 4 von VI.1.2 wird nachgewiesen, dass $\|T_n(x)\| := \max\limits_{x \in [-1,1]} |T_n(x)| =$ $= \frac{1}{2^{n-1}}$. Anschaulich bedeutet dies, dass sich der Graph von $T_n(x)$ durch einen

„Schlauch" $[-1,1] \times [-\delta, \delta]$ minimaler Breite $2\delta = 2 \cdot \frac{1}{2^{n-1}} = \frac{1}{2^{n-2}}$ hindurchzwängt. Die nebenstehenden Graphiken zeigen einige solcher Polynome. Wie man sie findet und anwendet, wird wie gesagt in Abschnitt 1.2.von Kap. VI näher erläutert werden.

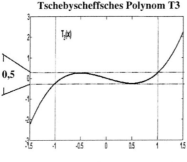

Tschebyscheffsches Polynom T3

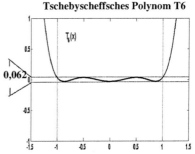

Tschebyscheffsches Polynom T6

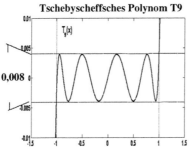

Tschebyscheffsches Polynom T9

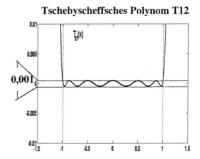

Tschebyscheffsches Polynom T12

Dass die Suche nach dem Vorliegen einer kleinsten Maximalabweichung nicht nur rein mathematischer Neugier entspringt, sondern auch durchaus praktischen Fragestellungen, soll an Hand der folgenden geschichtlichen Notiz demonstriert werden.

Geschichtliche Anmerkung zum Thema „Kleinste Maximalabweichung":

Die Tschebyscheffschen Polynome verdanken ihren Namen dem großen russischen Mathematiker Tschebyscheff, der im 19-ten Jahrhundert unter anderem zur Approximationstheorie wichtige Resultate beitrug. Die Approximationstheorie ist ein Teilbereich der Mathematik, in dem es darum geht, vorgegebene Funktionen $f(x)$ so gut wie möglich durch Funktionen einer speziellen Klasse, wie z.B. Polynome $p(x)$, anzunähern. Um dieses „so gut wie möglich" zu präzisieren, muss man natürlich vereinbaren, wie der Abstand zwischen zwei Funktionen z.B. $f(x)$ und $p(x)$ definiert sein soll. So liefert die so genannte Maximumsnorm, um hier nur eine von vielen Möglichkeiten zu erwähnen, als Abstand von $f(x)$ und $p(x)$ den Wert $\|f - p\| := \max_{-1 \leq x \leq 1} |f(x) - p(x)|$.

Ein p mit minimalem Abstand $\|f - p\|$ zu finden, bedeutet also in diesem Falle, ein p mit kleinster Maximalabweichung zu bestimmen. Tschebyscheff's erste Arbeit zur Approximationstheorie war dem Problem der angenäherten Geradführung durch symmetrische Gelenkvierecke gewidmet. (Theorie des mecanismes connus sous le nom de parallelogrammes , 1853)
Worum es sich dabei handelt, lässt sich am besten an Hand der angenäherten Geradführung erklären, welche James Watt zur Führung des Kolbens einer Dampfmaschine verwendete (siehe unten stehendes Bild).
Dieses mechanische Detail soll er übrigens mehr geschätzt haben als seine Dampfmaschine. Es versteht sich von selbst, dass man auch bei anderen Geräten wie Ölpumpen oder Kränen an einer zumindest angenäherten Geradführung interessiert ist.

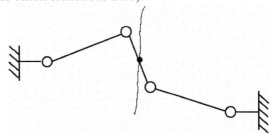

Der Zusammenhang dieser Thematik mit der Approximationstheorie liegt auf der Hand: Durch ein Gelenkgetriebe wird Geradführung erreicht, wenn der interessierende Punkt des Getriebes einen geraden Verlauf so gut wie möglich annähert; d.h. über eine gewisse Strecke hinweg eine möglichst kleine Maximalabweichung von einer Geraden aufweist.
Ausgehend von Watt's Mechanismus arbeitete Tschebyscheff im Laufe von vierzig Jahren immer wieder an Fragen der Approximationstheorie sowie an Konstruktionen von Gelenkmechanismen. So versuchte er zum Beispiel, das in

der folgenden Graphik dargestellte Gelenkviereck so zu dimensionieren, dass
der Punkt C eine möglichst lange und möglichst gerade Strecke zurücklegt.

Hierzu benötigte er eine analytische Beschreibung der von C beschriebenen Kurve. Die
Herleitung einer solchen analytischen Darstellung ist in Aufgabe 16 nachvollzogen.
Mit Hilfe dieser analytischen Darstellung
erhält man zum Beispiel bei Auswahl einer
geeigneten Dimensionierung den
folgenden Kurvenverlauf:

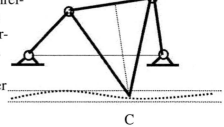

C

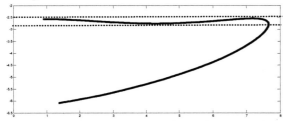

Man sieht deutlich den über ein gutes Stück fast geraden und horizontalen
Verlauf. Natürlich stellte sich Tschebyscheff zusätzlich noch die Frage, bei welcher Dimensionierung der horizontale „Schlauch" besonders schmal sein würde.

3. Rationale Funktionen

Definition:

Sind p und q natürliche Zahlen und enthält $D \subset \mathbb{R}$ keine Nullstelle von $b_0 + b_1 x + ... + b_q x^q$, so heißt die Funktion $f : D \to \mathbb{R}$

$$x \to \frac{a_0 + a_1 x + ... + a_p x^p}{b_0 + b_1 x + ... + b_q x^q}$$

eine **rationale Funktion**.
Hierbei seien $a_0, ..., a_p$ und $b_0, ..., b_q$ reelle Zahlen.

Den einfachsten Spezialfall zu obiger Definition liefern die folgenden Funktionen $f_k : \mathbb{R} \setminus \{0\} \to \mathbb{R}$.

$$x \to \frac{1}{x^k}$$

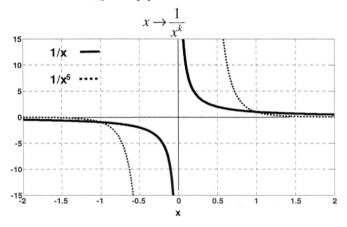

und ihre „Verschiebungen" $f_{k,a} : \mathbb{R} \setminus \{a\} \to \mathbb{R}$

$$x \to \frac{1}{(x-a)^k}$$

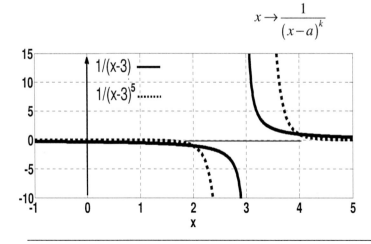

Wie wir in 8.4.2. sehen werden, lassen sich in vielen Fällen echt gebrochen rationale Funktionen (d. h. mit Zählergrad < Nennergrad) aus solchen „Bausteinen" zusammensetzen. Hier nur ein einfaches Beispiel:

$$\frac{1}{x^2-3x+2}=\frac{1}{(x-2)}-\frac{1}{(x-1)}\quad\text{erlaubt die graphische Darstellung von}$$

$$x\rightarrow\frac{1}{x^2-3x+2}\quad\text{als Überlagerung der Graphen von}\quad\frac{1}{(x-2)}\quad\text{und}\quad\frac{-1}{(x-1)}\;.$$

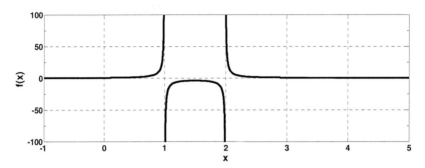

Es gibt allerdings auch rationale Funktionen ohne Polstellen, z. B.

$$f(x)=\frac{B_x+C}{\left(x^2+bx+c\right)^k}\quad,\text{ wenn }b\text{ und }c\text{ so gewählt sind, dass }x^2+bx+c\text{ keine}$$

Nullstellen hat.

Beispiel: $f(x)=\dfrac{x-5}{x^2+x+1}$

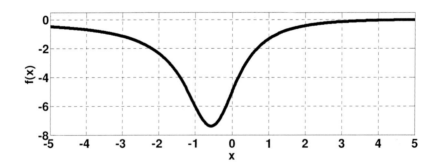

4. Wurzelfunktionen

Für jede positive, reelle Zahl a und für $k \in \mathbb{N} \setminus \{0\}$ heißt die einzige <u>positive</u> Lösung der Gleichung $y^k = a$ k-te Wurzel aus a und wird mit $\sqrt[k]{a}$ bezeichnet. Ihre Existenz sowie einige wichtige Rechenregeln wurden schon am Ende von 2.4.1. in Kap.II nachgewiesen. Dies erlaubt dann die Einführung einer entsprechenden Funktion.

4.1. Definition und Eigenschaften der Wurzelfunktionen

Definition:

> Die durch $f(x) := \sqrt[k]{x}$ definierte Funktion $f : [0, \infty[\to [0, \infty[$ heißt **k-te Wurzel.**

Natürlich stimmt diese Funktion überein mit der gemäß dem Umkehrsatz (aus Abschnitt 1.) existierenden, stetigen und streng monoton steigenden Umkehrfunktion von $g : [0, \infty[\to [0, \infty[$, sodass schon an dieser Stelle einige Resultate

$$x \to x^k$$

zusammengefasst werden können:

Regeln für die Funktion $f : [0, \infty[\to [0, \infty[$

$$f(x) := \sqrt[k]{x} \qquad\qquad \text{mit k= 2, 3, ...}$$

> a) $f(x \cdot y) = f(x) \cdot f(y)$ $\quad (x, y \in [0, \infty[)$, $\quad$ also $\quad \sqrt[k]{x \cdot y} = \sqrt[k]{y} \cdot \sqrt[k]{y}$.
>
> b) f ist stetig und streng wachsend.
>
> c) Für $g : [0, \infty[\to [0, \infty[$ $\quad$ gilt: $f = g^{-1}$,
>
> $$x \to x^k$$
>
> also: $\left[f(x) \right]^k = x = f(x^k)$ für alle $x \in [0, \infty[$.

Es liegt nun eine für die Mathematik typische Situation vor: Es ist zwar die Existenz der Wurzelfunktionen gesichert, man weiß aber noch nicht so recht, wie die Dezimalen ihrer Funktionswerte zu bestimmen sind. Im vorliegenden Fall allerdings erfüllt $g(x) = x^n$ die Voraussetzungen des Zwischenwertsatzes, so dass die in Abschnitt 1 zur Lösung der Gleichung $y = g(x)$ eingesetzte Intervallschachtelung ein konstruktives Verfahren zur Bestimmung der Funktionswerte $f(x) := \sqrt[k]{x}$ liefert.

4.2. Näherungsverfahren zur Bestimmung von $\sqrt[k]{y}$

4.2.1. Bestimmung von $\sqrt[k]{y}$ mit Hilfe einer Intervallschachtelung

Ausgehend von $k = 2,3,4,\ldots$ und $y > 0$ setzen wir $g(x) := x^k$, $a := 0$ und $b := \max(2, y)$, damit die Anfangsbedingung $g(a) < y < g(b)$ der Intervallschachtelung aus Abschnitt 1.4. erfüllt ist.

$$\text{Mit } [a_0, b_0] := [a,b] \text{ und } [a_{n+1}, b_{n+1}] := \begin{cases} \left[\dfrac{a_n + b_n}{2}, b\right] \Leftarrow g(\dfrac{a_n + b_n}{2}) < y \\[3mm] \left[a, \dfrac{a_n + b_n}{2}\right] \Leftarrow g(\dfrac{a_n + b_n}{2}) \geq y \end{cases}$$

konvergieren dann $(a_n)_{n \geq 0}$ und $(b_n)_{n \geq 0}$ gegen $\sqrt[k]{y}$. Mehr noch:

Da $\sqrt[k]{y} \in [a_n, b_n]$, gilt $\left|\sqrt[k]{y} - a_n\right| \leq \left|b_n - a_n\right| \leq \dfrac{1}{2^n} \cdot (b - a) = \dfrac{b}{2^n}$.

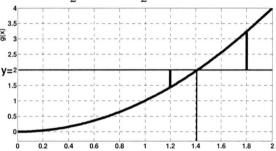

Vollzieht man diese Intervall-Schachtelung mit einem Matlab–Programm, so benötigt man 30 Schritte, um z.B. $\sqrt{2}$ auf 8 Stellen genau zu bestimmen, wie leicht aus folgender Tabelle zu entnehmen ist: Die n-te Zeile enthält in der ersten und zweiten Spalte die untere, bzw. obere Grenze des n-ten Intervalls. In der dritten Spalte ist jeweils die entsprechende Intervalllänge angegeben:

1.250000000000000	1.500000000000000	0.250000000000000
1.375000000000000	1.500000000000000	0.125000000000000
1.375000000000000	1.437500000000000	0.062500000000000
1.406250000000000	1.437500000000000	0.031250000000000
1.406250000000000	1.421875000000000	0.015625000000000
1.414062500000000	1.421875000000000	0.007812500000000
1.414062500000000	1.417968750000000	0.003906250000000
1.414062500000000	1.416015625000000	0.001953125000000
1.414062500000000	1.415039062500000	0.000976562500000
1.414062500000000	1.414550781250000	0.000488281250000
1.414062500000000	1.414306640625000	0.000244140625000
1.414184570312500	1.414306640625000	0.000122070312500
1.414184570312500	1.414245605468750	0.000061035156250
1.414184570312500	1.414215087890625	0.000030517578125
1.414199829101563	1.414215087890625	0.000015258789063
1.414207458496094	1.414215087890625	0.000007629394531
1.414211273193359	1.414215087890625	0.000003814697266

1.414213180541992   1.414215087890625   0.000001907348633
1.414213180541992   1.414214134216309   0.000000953674316
1.414213180541992   1.414213657379150   0.000000476837158
1.414213418960571   1.414213657379150   0.000000238418579
1.414213538169861   1.414213657379150   0.000000119209290
1.414213538169861   1.414213597774506   0.000000059604645
1.414213538169861   1.414213567972183   0.000000029802322
1.414213553071022   1.414213567972183   0.000000014901161
1.414213560521603   1.414213567972183   0.000000007450581
1.414213560521603   1.414213564246893   0.000000003725290

Die gleiche Genauigkeit in der Bestimmung von $\sqrt{2}$ erhält man schon nach 5 Schritten, wenn man einen anderen, schnelleren Algorithmus verwendet, der detailliert nur für den Fall $k = 2$ im folgenden Abschnitt erläutert werden soll.

4.2.2 Effektives Näherungsverfahren zur Quadratwurzelbestimmung

Hier soll ein Verfahren vorgestellt werden, das schon den Babyloniern bekannt gewesen sein soll und heute im Computer zur Realisierung einer Wurzelfunktion eingesetzt werden kann.

Vorbemerkung:

Ist y_0 nur ein Näherungswert der zu bestimmenden $\sqrt{a}$, so wünscht man sich natürlich eine Verbesserung von y_0 durch eine Korrekturgröße δ; dieses δ soll demnach möglichst der Gleichung $(y_0 + \delta)^2 = x$ genügen, also der Gleichung $y_0^2 + 2y_0\delta + \delta^2 = a$. Unter Vernachlässigung von δ^2 stößt man so auf die

Relation $\delta = -\dfrac{1}{2} \cdot y_0 + \dfrac{1}{2} \cdot \dfrac{a}{y_0}$, also auf den neuen Näherungswert $y_1 = y_0 + \delta =$

$= \dfrac{1}{2} \cdot (y_0 + \dfrac{a}{y_0})$. Es liegt dann die Vermutung nahe, dass es sich bei y_1 um eine

gegen über y_0 verbesserte Näherung handelt und dies findet Bestätigung in folgendem

Satz:

Sind $a > 0$ und $y_0 > 0$, und ist $\left(y_n\right)_{n \geq 1}$ die durch die Rekursivgleichung

$y_{n+1} := \dfrac{1}{2}\left(y_n + \dfrac{a}{y_n}\right)$ definierte Folge, so gilt:

a) $\lim\limits_{n \to \infty} y_n = \sqrt{a}$,   und weiter   b) $\dfrac{a}{y_n} \leq \sqrt{a} \leq y_n$ für alle $n \in \mathbb{N}$.

Der Beweis des Satzes verläuft so, dass zunächst die Existenz von $y := \lim\limits_{n \to \infty} y_n$

nachgewiesen wird (siehe Aufgabe 6 aus Kap.II). Dann gilt $y = \lim\limits_{n \to \infty} y_{n+1} =$

$$= \lim_{n \to \infty} \frac{1}{2}\left(y_n + \frac{a}{y_n}\right) = \frac{1}{2}\left[\lim_{n \to \infty} y_n + \frac{a}{\lim\limits_{n \to \infty} y_n}\right] = \frac{1}{2}\left(y + \frac{a}{y}\right), \quad \text{also} \quad y = \frac{1}{2}\left(y + \frac{a}{y}\right), \quad \text{womit}$$

die gewünschte Relation $y^2 = a$ erreicht ist.

Auf Grund des vorangegangenen Resultats erhalten wir folgenden

Algorithmus zur Bestimmung von $\sqrt{a}$ für $a > 0$:

1. Schritt: Man wählt irgendein $y_0 > 0$.

2. Schritt: Man berechnet der Reihe nach

$$y_1 = \frac{1}{2}\left(y_0 + \frac{a}{y_0}\right) \quad , \quad y_2 = \frac{1}{2}\left(y_1 + \frac{a}{y_1}\right) \quad , \quad \text{und weiter}$$

$$y_{n+1} = \frac{1}{2}\left(y_n + \frac{a}{y_n}\right) \quad , \quad \text{bis der Abstand} \quad \left|y_n - \frac{a}{y_n}\right| < 10^{-l} \text{ ist.}$$

3. Schritt: Wir können nun sagen, dass y_n näherungsweise den Wert $\sqrt{a}$

angibt, und zwar in folgenden Sinne: $\left|\sqrt{a} - y_n\right| < 10^{-l}$

1. Beispiel: Zu bestimmen ist $\sqrt{2}$.   Wir setzen $y_0 = 1$

n	y_n	$\dfrac{a}{y_n}$
0	1,0	2,0
1	1,5	1,333 333 333
2	1,416 666 666	1,411 764 706
3	1,414 215 686	1,414 211 438
4	1,414 213 562	1,414 213 562

Nach nur 4 Schritten erhält man so, dass $\sqrt{2} = 1,414\ 213\ 562 \pm 10^{-9}$.

2. Beispiel: Zu bestimmen ist $\sqrt{4}$.   Wir setzen $y_0 = 1$.

n	y_n	$\dfrac{a}{y_n}$
0	1,0	4,0
1	2,5	1,6
2	2,05	1,951 219 512

3	2,000 609 756	1,999 390 429
4	2,000 000 092	1,999 999 908
5	2,000 000 000	2,000 000 000

Bemerkung: Für $k > 2$ existiert ein ähnlicher Algorithmus zur Bestimmung

von $\sqrt[k]{a}$: $y_{n+1} = \dfrac{1}{k}\left((k-1)\cdot y_n + \dfrac{a}{y_n^{k-1}}\right)$.

Die Anwendung dieses Algorithmus auf den Fall $k = 128$ (das steht für 7 –

faches Quadratwurzel – Ziehen) liefert dann $\sqrt[k]{10} = 10^{\frac{1}{128}} \approx 1{,}01815172154456$

und $\sqrt[k]{2} = 2^{\frac{1}{128}} \approx 1{,}00542990118265$.

Zum Abschluss dieses Abschnitts hier noch ein paar Graphen von Wurzelfunktionen

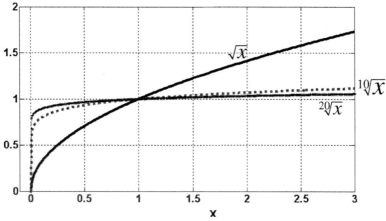

mit Ausschnittsvergrößerung:

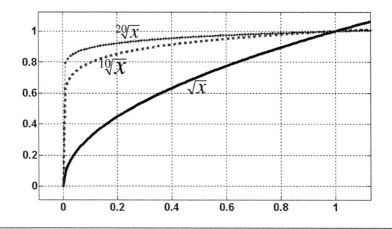

5. Exponentialfunktion a^x, Logarithmus $\log_a(x)$ und Potenzfunktion x^ζ

Bereits am Ende des Abschnitts 2.5.1. von Kap.II wurde für $a>0$ und für beliebiges reelles x die Potenz a^x definiert. Dies erlaubt natürlich die Einführung einer Zuordnung $x \to a^x$ für festes $a>0$, sowie einer Zuordnung $a \to a^x$ für festes $x \in \mathbb{R}$.

5.1. Definition von Exponentialfunktion, Potenzfunktion und Logarithmus

Definition:

> Für $a>0$ heißt die durch $f_a(x) := a^x$ definierte Funktion $f_a : \mathbb{R} \to \,]0,\infty[$
>
> **Exponentialfunktion zur Basis a**

An Hand der Aufgaben 5 und 9 und der Stetigkeit der e-Funktion (Ende von 1.3.) macht man sich dann leicht die folgenden Resultate klar.

Satz 1:

> Für $a>0$ ist die Exponentialfunktion $f_a : \mathbb{R} \to \,]0,\infty[$ stetig, streng
>
> wachsend für $a>1$, streng abnehmend für $a<1$ und konstant gleich 1 für $a=1$.

Es gelten zudem die folgenden

Rechenregeln für $a,b>0$:

> a) $\quad a^{(x+y)} = a^x \cdot a^y \quad (x,y \in \mathbb{R})$ 　　　 b) $\left(a^x \right)^y = a^{x \cdot y} \quad (x,y \in \mathbb{R})$
>
> c) $\quad a^x \cdot b^x = \left(a \cdot b \right)^x \quad (x \in \mathbb{R})$ 　　　 d) $\left(\dfrac{1}{a} \right)^x = a^{-x} \quad (x \in \mathbb{R})$

Nun soll gezeigt werden, dass die Exponentialfunktionen f_a surjektiv sind. Nehmen wir hierzu zunächst einmal an, dass $a>1$: Gemäß Beispiel b) zur Bernoulli'schen Ungleichung (in 2.4.3. von Kap.II) gibt es dann zu vorgegebenem $y>0$ ein $n \in \mathbb{N}$ mit $0 < y < a^n$ und natürlich auch mit $0 < \dfrac{1}{y} < a^n$, woraus die Existenz eines $n \in \mathbb{N}$ folgt mit $a^{-n} < y < a^n$. Wendet man im Falle $0 < a < 1$ die gleiche Argumentation wie oben auf $1/a$ an, so erhält man dieses

Mal die Existenz eines $n \in \mathbb{N}$ mit $a^n < y < a^{-n}$. In jedem der beiden Fälle liegt also das vorgegebene y echt zwischen zwei Funktionswerten der Exponential-funktion f_a; weshalb y gemäß dem Zwischenwertsatz selber ein Funktioswert von f_a ist. Der Umkehrsatz liefert dann die Existenz einer stetigen, streng wachsenden oder fallenden Umkehrfunktion f_a^{-1} von $]0,\infty[$ auf $\mathbb{R}$, wenn $a > 1$, bzw. $0 < a < 1$.

Definition:

Für $a > 0$ mit $a \neq 1$ heißt die Umkehrfunktion $f_a^{-1} :]0,\infty[\to \mathbb{R}$ der Expo-nentialfunktion (zur Basis a) **Logarithmus zur Basis a** und wird mit $_a\log$ bezeichnet.

Die wichtigsten Eigenschaften dieser Funktion werden in folgendem Satz zusammengefasst (zu seiner Herleitung siehe Aufgabe 5).

Satz:

$_a\log :]0,\infty[\to \mathbb{R}$ ist stetig und streng wachsend, wenn $a > 1$ und streng fallend, wenn $0 < a < 1$.
Es gelten außerdem die folgenden Gleichungen (;wobei $\log$ statt $_a\log$ ge-schrieben wird):

Rechenregeln:

a) $\log(x \cdot y) = \log(x) + \log(y)$ $\qquad$ ($x, y \in]0,\infty[$)

b) $\log(x^y) = y \cdot \log(x)$ $\qquad$ ($x > 0, y \in \mathbb{R}$)

c) $\log(1) = 0$

d) $\log(a) = 1$

e) $a^{\log(x)} = x$ $\qquad\qquad\qquad$ ($x > 0$)

f) $\log\left(\dfrac{x}{y}\right) = \log(x) - \log(y)$ $\qquad$ ($x, y > 0$)

g) $\log(\sqrt[p]{x}) = \dfrac{1}{p} \cdot \log(x)$ $\qquad\qquad$ ($x > 0, p \in \mathbb{N}$)

Definition:

> Für $\zeta \in \mathbb{R}$ heißt die Funktion $g_\zeta :]0,\infty[\rightarrow]0,\infty[$ **Potenzfunktion.**
> $$x \rightarrow x^\zeta$$
> Wenn $\varsigma > 0$, kann g_ζ auf $[0,\infty[$ ausgedehnt werden mit $g_\varsigma(0) = 0$.

Mit Hilfe von Aufgabe 6 überzeugt man sich nun leicht von der Richtigkeit des folgenden Resultats.

Satz:

> Die Potenzfunktion g_ζ ist stetig und streng wachsend, wenn $\varsigma > 0$ und streng abnehmend, wenn $\varsigma < 0$. Außerdem gilt folgende
>
> **Rechenregel:** $g_\zeta(x \cdot y) = g_\zeta(x) \cdot g_\zeta(y)$ ($x, y \geq 0$).

Definition:

> Für die in 2.5.1. von Kap.II eingeführte **Eulersche Zahl** e heißt die Exponentialfunktion zur Basis e einfach **die Exponentialfunktion** und $_e\log$ heißt
> **Logarithmus naturalis** und wird meist mit $\ln$ bezeichnet.

Die Exponentialfunktion e^x und der Logarithmus naturalis $\ln$ spielen eine zentrale Rolle; denn es gilt $a = e^{\ln(a)}$, also $a^x = \left[e^{\ln(a)} \right]^x = e^{x \cdot \ln(a)}$ und weiter

$$x = a^{a\log(x)} = \left[e^{\ln(a)} \right]^{a\log(x)} = e^{a\log(x) \cdot \ln(a)}, \text{ woraus die Gleichung}$$

$\ln(x) = {}_a\log(x) \cdot \ln(a)$ folgt. Also:

> **Alle Exponentialfunktionen a^x und alle Logarithmen $_a\log$ lassen sich durch e^x bzw. $\ln$ ausdrücken und zwar so:**
>
> $$a^x = \left[e^{\ln(a)} \right]^x = e^{x \cdot \ln(a)} \qquad \text{für } x \in \mathbb{R} \qquad\qquad \text{und}$$
>
> $${}_a\log(x) = \frac{1}{\ln(a)} \cdot \ln(x) \qquad \text{für } x > 0.$$

In den folgenden Bildern sind die Graphen verschiedener Exponential- und Potenz-Funktionen widergegeben sowie einiger Logarithmus-Funktionen:

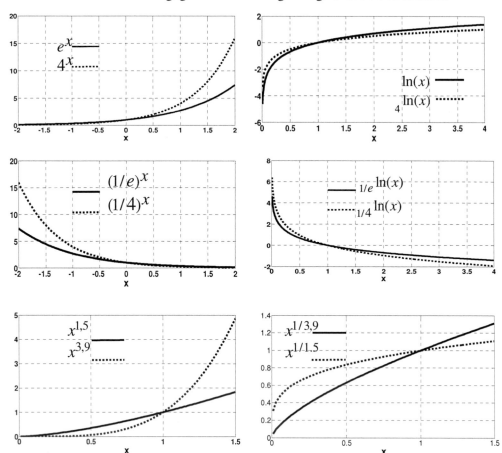

Die Exponentialfunktionen sind die einzigen stetigen Funktionen f , welche der Rechenregel $f(x+y)=f(x)\cdot f(y)$ genügen . Dieses Resultat sowie ähnliche Aussagen für Logarithmus und Potenzfunktion sind im folgenden Abschnitt zusammengefasst.

Exponentialfunktionen weisen außerdem ein extrem schnelles Wachstum auf, und zwar im Sinne des folgenden Resultats, das hier nur erwähnt und nicht bewiesen werden soll.

Satz:

Für jedes $k\in\mathbb{N}$ gilt: $\lim\limits_{n\to\infty}\dfrac{e^{n}}{n^{k}}=\infty$. Man drückt diesen Sachverhalt auch so aus:

e^{n} wächst für $n\to\infty$ schneller gegen ∞ als jede Potenz von n.

5.2. Charakterisierung wichtiger Elementarfunktionen durch Funktionalgleichungen

Satz:

Die in der folgenden Tabelle aufgeführten Funktionstypen sind charakterisiert durch die entsprechenden Funktionalgleichungen in der rechten Spalte.

Funktionstyp	Funktionalgleichung
Lineare Funktionen $f : \mathbb{R} \to \mathbb{R}$ $$f(x) := \alpha \cdot x$$ mit $\alpha \in \mathbb{R}$	$$f(x+y) = f(x) + f(y)$$ gilt für alle $x, y \in \mathbb{R}$
Exponentialfunktionen $f : \mathbb{R} \to \,]0, \infty[$ $$f(x) = a^x$$ mit $a > 0$	$$f(x+y) = f(x) \cdot f(y)$$ gilt für alle $x, y \in \mathbb{R}$
Logarithmus $f : \,]0, \infty[\, \to \mathbb{R}$ $$f(x) := \log_a(x)$$ mit $a \neq 1$ und $a > 0$	$$f(x \cdot y) = f(x) + f(y)$$ gilt für alle $x, y > 0$
Potenzfunktion $f : \,]0, \infty[\, \to \,]0, \infty[$ $$f(x) := x^\xi$$ mit $\xi \in \mathbb{R}$	$$f(x \cdot y) = f(x) \cdot f(y)$$ gilt für alle $x, y > 0$

Ein Funktionstyp heißt dabei charakterisiert durch eine entsprechende Funktionalgleichung, wenn folgendes gilt: Jede Funktion des jeweiligen Typs erfüllt die entsprechende Funktionalgleichung, und es gibt keine weiteren stetigen Funktionen, welche dieser Funktionalgleichung genügen (siehe hierzu die Aufgaben 17 bis 20).

5.3. Reihendarstellung von a^x, $\ln(x+1)$ und $(x+1)^r$

Die in diesem Abschnitt präsentierten Reihendarstellungen von Elementarfunktionen können alle als Spezialfall der so genannten Taylor'schen Formel betrachtet werden, die erst in Kapitel IV nach Einführung der Differenziation vorgestellt wird. Im Einklang mit der geschichtlichen Entwicklung sollen sie aber schon an dieser Stelle Erwähnung finden, zumal der Nachweis der

Reihendarstellung $e^x = \sum\limits_{n=0}^{\infty} \dfrac{x^n}{n!} = 1 + x + \dfrac{x^2}{2!} + \dfrac{x^3}{3!} \dots$ am Ende von II, 2.5.2. präsentiert

wurde, und die entsprechende Darstellung

$$a^x = e^{x\ln(a)} = \sum_{n=0}^{\infty} \frac{(x\cdot\ln(a))^n}{n!} = \sum_{n=0}^{\infty} \frac{(\ln(a))^n}{n!}\cdot x^n \quad \text{daraus mit Hilfe der Gleichung}$$

$$a^x = \left[e^{\ln(a)}\right]^x = e^{x\cdot\ln(a)} \quad \text{folgt. Die Begründung der restlichen Reihendarstellun-}$$

gen wird hier nur skizziert und im Kapitel über Differenziation nachgeholt. Dies geschieht – wie gesagt - im Einklang mit der geschichtlichen Entwicklung, da diese Reihen zum Teil lange bekannt waren, bevor die mit ihnen verbundenen Konvergenzprobleme komplett gelöst wurden.

Für alle $x \in \mathbb{R}$ und $a > 0$ gilt:

$$e^x = \sum_{n=0}^{\infty} \frac{1}{n!}\cdot x^n = 1 + x + \frac{1}{2!}x^2 + \frac{1}{3!}x^3 + \ldots$$

$$a^x = \sum_{n=0}^{\infty} \frac{(\ln(a))^n}{n!}\cdot x^n = 1 + \frac{\ln(a)}{1!}x + \frac{\ln^2(a)}{2!}x^2 + \frac{\ln^3(a)}{3!}x^3 + \ldots$$

und für alle $x \in \mathbb{R}$ mit $|x| < 1$ und alle $r \in \mathbb{Q}$ gilt:

$$\ln(1+x) = \sum_{n=0}^{\infty} \frac{(-1)^n}{n+1}\cdot x^{n+1} = x - \frac{x^2}{2} + \frac{x^3}{3} - \frac{x^4}{4} + \ldots$$

$$(1+x)^r = \sum_{n=0}^{\infty} \binom{r}{n}\cdot x^n = 1 + \binom{r}{1}x + \binom{r}{2}x^2 + \binom{r}{3}x^3 + \ldots$$

Welch große Bedeutung solchen Reihendarstellungen zukommt, z.B. für die praktische Berechnung von Funktionen, die ja bisher nur recht abstrakt einge-führt wurden, soll dann der nächste Abschnitt 5.4. verdeutlichen.

Zunächst aber folgen einige

Anmerkungen zu den obigen Reihen:

a) Die Reihendarstellung von $\ln(1+x)$ wurde bereits um 1668 von dem aus Holstein stammenden N. Mercator gefunden, und angeblich von Newton noch früher. Jedenfalls wusste man schon um 1647 (G. St. Vincent), dass die Fläche unter dem Graphen der $\frac{1}{x}$-Funktion über dem Intervall $[1,b]$ logarithmisch von b abhängt. Man kann sich dies folgendermaßen klarmachen:

Bezeichnet man mit $F(a,b)$ die Fläche unter dem $\frac{1}{x}$-Graphen und über dem Intervall $[a,b]$, so erhält man durch ,Ausschöpfen' mit N Rechtecken, dass

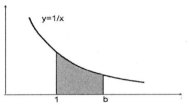

$$F(1,b) \approx \frac{(b-1)}{N} \cdot \left[\frac{1}{1} + \frac{1}{1+\frac{b-1}{N}} + \frac{1}{1+2\cdot\frac{b-1}{N}} + \ldots + \frac{1}{b} \right] \text{ und weiter}$$

$$F(m,m\cdot b) \approx \frac{(mb-m)}{N} \cdot \left[\frac{1}{m} + \frac{1}{m+\frac{mb-m}{N}} + \frac{1}{m+2\cdot\frac{mb-m}{N}} + \ldots + \frac{1}{mb} \right] =$$

$$= \frac{(b-1)}{N} \cdot \frac{\cancel{m}}{\cancel{m}} \cdot \left[\frac{1}{1} + \frac{1}{1+\frac{b-1}{N}} + \frac{1}{1+2\cdot\frac{b-1}{N}} + \ldots + \frac{1}{b} \right] = F(1,b). \text{ Die Streckung des Argu-}$$

mentbereichs um den Faktor m führt bei der $\frac{1}{x}$-Funktion offensichtlich zu einer genauso großen Schrumpfung des entsprechenden Wertebereichs, was die oben angegebene Relation zwischen $F(m,m\cdot b)$ und $F(1,b)$ liefert. Indem man nun N gegen Unendlich streben lässt, geht diese Relation über in die Gleichung $F(m,m\cdot b) = F(1,b)$ mit der Konsequenz, dass $F(1,m\cdot b) = F(1,m) + \underbrace{F(m,m\cdot b)}_{=F(1,b)} =$

$= F(1,m) + F(1,b)$.   Die auf $]0,\infty[$ durch $f(x) := F(1,x)$ definierte Funktion genügt also der Funktionalgleichung $f(x\cdot y) = f(x) + f(y)$; weshalb -wegen 5.2.- $F(1,x) = f(x) = \log_a(x)$ für ein geeignetes a.

Da der Graph von $\frac{1}{1+x}$ die um 1 nach links verschobene Version des Graphen von $\frac{1}{x}$ ist, erhält man also, dass (Fläche unter dem Graphen von $\frac{1}{1+x}$ über $[0,b]$)=(Fläche unter dem Graphen von $1/x$ über $[1,1+b]$)$= F(1,1+b) = \log_a(1+b)$.

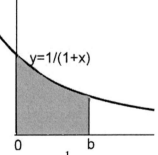

Man kann also $\log_a(1+b)$ interpretieren als die Fläche unter $\frac{1}{1+x}$ und über $[0,b]$. Indem man nun die schon diskuttierte geometrische Reihendarstellung

$$\sum_{n=0}^{\infty} (-x)^n = 1 - x + x^2 - x^3 + \ldots \text{ für } 1/1+x \text{ verwendet, reduziert man die Flächen-}$$

bestimmung für $\dfrac{1}{1+x}$ auf die entsprechende Flächenbestimmung für die einzel-

nen Potenzen x^k. Dabei kann auf Fermat's - in 2.5.2. von Kap.II erläuterte – Methode zur Berechnung der Fläche unter x^k zurückgegriffen werden mit dem

Ergebnis, dass (Fläche unter dem Graph von x^k über $[0,b]$)=$\dfrac{1}{k+1}b^{k+1}$.

Damit gelingt dann die Reihendarstellung von $\log_a(1+b)$: $\log_a(1+b)=$ (Fläche

unter dem Graphen von $\dfrac{1}{1+x}$ über $[0,b]$)=(Fläche unter dem Graphen von

$1-x+\dfrac{x^2}{2!}+...$ über $[0,b]$) $=\sum\limits_{n=0}^{\infty}(-1)^n\cdot\dfrac{1}{n+1}b^{n+1}=b-\dfrac{b^2}{2}+\dfrac{b^3}{3}-\dfrac{b^4}{4}+...$. Da man

aus diesem Resultat auch noch ableiten kann, dass $a=e$ gelten muss, gelangt

man schließlich zu Mercators Reihe: $\ln(1+x)=x-\dfrac{x^2}{2}+\dfrac{x^3}{3}-\dfrac{x^4}{4}+....$

b) Eine weitere Reihenentwicklung, die schon zu Newton's Zeit bekannt war, ist

die von $(1+x)^{\frac{1}{2}}$. Man erhält sie, indem man den hinter dem „Babylonischen Algorithmus" zur effektiven Wurzelberechnung steckenden Grundgedanken (siehe 4.2.2.) wiederholt auf $\sqrt{1+x}$ anwendet. Wählt man 1 als ersten Nähe-rungswert von $\sqrt{1+x}$, so erhält man $\sqrt{1+x}=1+\delta$, also –durch Quadrieren-

$1+x=1+2\delta+\delta^2$. Unter Vernachlässigung von δ^2 ergibt dies $\delta=\dfrac{x}{2}$, und damit

die Näherung $\sqrt{1+x}\approx1+\dfrac{x}{2}$. Ist eine weitere Verbesserung angestrebt, so kann

man nach dem gleichen Schema mit dem Ansatz $\sqrt{1+x}=(1+\dfrac{x}{2})+\tilde{\delta}$ fortfahren.

Quadrieren und anschließende Vernachlässigung von $\tilde{\delta}^2$ und $\tilde{\delta}x$ ergibt dann

$1+x=(1+\dfrac{x}{2})^2+2\tilde{\delta}(1+\dfrac{x}{2})+\tilde{\delta}^2\approx1+x+\dfrac{x^2}{4}+2\tilde{\delta}$, also $1+x\approx1+x+\dfrac{x^2}{4}+2\tilde{\delta}$ und

damit $\tilde{\delta}=-\dfrac{x^2}{8}$, was zum dritten Näherungswert $\sqrt{1+x}=1+\dfrac{x}{2}-\dfrac{x^2}{8}$ führt. Fährt

man so fort, erhält man, dass $(1+x)^{\frac{1}{2}}=1+\dfrac{1}{2}\cdot x-\dfrac{1}{8}\cdot x^2+\dfrac{1}{16}\cdot x^3-\dfrac{5}{128}\cdot x^4+.....$

Natürlich kann dies als Spezialfall der verallgemeinerten Newton'schen Bino-

mialformel $(1+x)^r=1+\dfrac{r}{1}\cdot x+\dfrac{r(r-1)}{1\cdot2}\cdot x^2+\dfrac{r(r-1)(r-2)}{1\cdot2\cdot3}\cdot x^3+...$ betrachtet wer-

den, die - wie schon erwähnt – erst viel später bewiesen wurde.

5.4.   Näherungsweise Berechnung von e^x und $\ln(x)$

Jeder Taschenrechner liefert heute die Elementarfunktionen auf Knopfdruck. Auch viele Hardware-Lösungen aus dem Bereich der Signalverarbeitung machen sich Methoden zur schnellen und akkuraten Berechnung von klassischen Funktionswerten zu Nutze. Welche dieser Methoden Verwendung findet, hängt in hohem Maße sowohl von der jeweils einzusetzenden Hardware ab als auch von den zur Verfügung stehenden Algorithmen. Einige hinter solchen Algorithmen steckende mathematische Grundgedanken sollen in diesem Abschnitt für e-Funktion und Logarithmus grob skizziert werden. Wie kann man also zu vorgegebenem $x_0 \in \mathbb{R}$ den Wert e^{x_0} mit der gewünschten Genauigkeit ermitteln? Eine Möglichkeit besteht in der

Polynomapproximation zur näherungsweisen Berechnung von e^x:

Man ersetzt auf einem kleinen Bereich die e-Funktion durch ein Näherungs-Polynom und wertet dieses an der Stelle x aus. Hierfür kommt zum Beispiel das aus der Reihendarstellung der e-Funktion gewonnene

Polynom $P_N(x) = \displaystyle\sum_{n=0}^{N} \frac{(x)^n}{n!}$

in Frage.

Doch wenn N nicht genügend groß gewählt ist, wird der so bestimmte Wert womöglich stark vom gesuchten abweichen, wie die zwei nebenstehenden Abbildungen verdeutli-

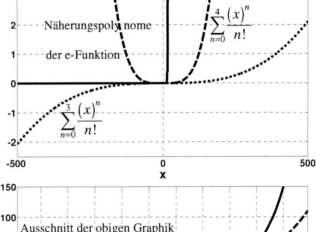

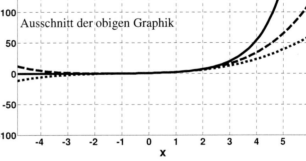

chen. In diesen sind die Graphen der Näherungspolynome $P_3(x)$ und $P_4(x)$ widergegeben und – mit durchgezogener Linie - der Graph der e-Funktion. Es fällt das enorme Wachstum der e-Funktion auf. Außerdem zeigen die Bilder, dass die Graphen nur in einem kleinen Bereich eng beieinander liegen.

Also: Wie groß muss N gewählt werden, damit $P_N(x_0)$ gute Näherung von e^{x_0} ist?   Eine Antwort liefert folgender

Satz:

$$\exp(x_0) = \sum_{n=0}^{N} \frac{(x_0)^n}{n!} + r_{N+1}(x_0); \qquad \text{wobei sich das Restglied } r_{N+1}(x_0)$$

$$\text{folgendermaßen abschätzen lässt: } \left| r_{N+1}(x_0) \right| \le 2 \cdot \frac{|x_0|^{N+1}}{(N+1)!} \qquad \text{für } |x_0| < 1 + \frac{N}{2}.$$

Beweis: $\left| r_{N+1}(x_0) \right| = \left| \sum_{n=N+1}^{\infty} \frac{(x_0)^n}{n!} \right| \le \frac{|x_0|^{N+1}}{(N+1)!} \cdot \left(1 + \frac{|x_0|}{(N+2)} + \frac{|x_0|^2}{(N+2)(N+3)} + \ldots \right).$

Für $|x_0| < 1 + \dfrac{N}{2}$ erhält man also wegen $\dfrac{|x_0|}{N+2} < \dfrac{1}{2}$, dass $\left| r_{N+1}(x_0) \right| \le$

$$\le \frac{|x_0|^{N+1}}{(N+1)!} \cdot \left(1 + \frac{1}{2} + \left(\frac{1}{2}\right)^2 + \ldots \right) = \frac{|x_0|^{N+1}}{(N+1)!} \cdot \frac{1}{1-\frac{1}{2}} = \frac{2 \cdot |x_0|^{N+1}}{(N+1)!}.$$

Aus vorangegangenem Resultat erhält man sofort folgenden

Algorithmus zur Berechnung von $\exp(x_0)$:

1. Schritt: Wahl eines genügend großen N mit $|x_0| < 1 + \dfrac{N}{2}$.

2. Schritt: Auswertung des Polynoms $\displaystyle\sum_{n=0}^{N} \frac{(x_0)^n}{n!}$ an der Stelle x_0 (z.B. mit

Horner-Schema).

3. Schritt: $\displaystyle\sum_{n=0}^{N} \frac{(x_0)^n}{n!}$ ist Näherungswert von $\exp(x_0)$;   der bei dieser

Näherung gemachte Fehler $r_{N+1}(x_0)$ lässt sich abschätzen durch die

Ungleichung $\left| r_{N+1}(x_0) \right| \le \dfrac{2 \cdot |x_0|^{N+1}}{(N+1)!}$.

Beispiel: Berechnung der Euler'schen Zahl e:
1.Schritt: $N := 15$ setzen.

2.Schritt: Auswertung von $\displaystyle\sum_{n=0}^{15} \frac{x^n}{n!}$ an der Stelle $x = 1$ mit Hilfe eines Computers

führt auf die Näherungslösung $\tilde{e} = 2,718281828459$.

3.Schritt: Fehlerabschätzung: $|r_{N+1}| \le \dfrac{2}{(N+1)!} = \dfrac{2}{16!} < 10^{-13}$.

Genau genommen stellt sich jetzt noch die Frage, inwieweit die vom Computer angegebene $2,718281828459$ mit der Summe $\displaystyle\sum_{n=0}^{15} \frac{1}{n!}$ tatsächlich übereinstimmt.

Am Ende von Abschnitt 2.3. in Kap.II hatten wir ja gesehen, dass allein schon die Eingabe von zum Beispiel $\dfrac{1}{3!}$ einen Rundungsfehler von ungefähr $7,4 \cdot 10^{-17}$ verursachen kann, ganz zu schweigen von den bei 15 Additionen hinzukommenden Rundungsfehlern. Auf eine Abschätzung des durch Rundungen verursachten Gesamtfehlers soll hier verzichtet werden, da sie vom jeweils eingesetzten Zahlenformat und Rechner abhängt.

Bereichserweiterung der näherungsweisen Berechnung:

Die Näherung der e-Funktion durch ein Polynom liefert offensichtlich nur bei Beschränkung auf ein kleines Intervall, zum Beispiel $[0, \ln(2)]$, genügend genaue Ergebnisse, sodass sich als nächstes die Frage stellt, wie die Berechnung für beliebige $x \in [0, \infty[$ erfolgen soll.

Eine mögliche Antwort lautet so: Man wähle zu $x \in [0, \infty[$ eine natürliche Zahl k der Art, dass $x^* := x - k \cdot \ln(2)$ im Intervall $[0, \ln(2)]$ liegt und berechne dann $\exp(x^*)$ mit Hilfe des Näherungspolynoms. Der gesuchte Wert $\exp(x)$ ergibt sich anschließend durch die einfache Korrektur: $\exp(x) = \exp(x^*) \cdot 2^k$, die sich folgendermaßen begründen lässt: $\exp(x) = \exp((x - k \cdot \ln(2)) + k \cdot \ln(2)) =$

$$= \underbrace{\exp(x - k \cdot \ln(2))}_{\substack{\text{berechnet durch} \\ \text{polynomiale Näherung}}} \cdot \underbrace{\exp(k \cdot \ln(2))}_{= \exp(\ln(2))^k = 2^k} .$$

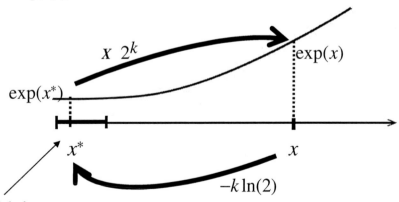

Konvergenzbereich des
vorliegenden Näherungs-
verfahrens

Für die näherungsweise Berechnung von Werten der e-Funktion können übrigens auch rationale Funktionen verwendet werden: So schmiegt sich zum Beispiel die durch $g(x) := \dfrac{2x}{0,03465 \cdot x^2 + x + 9,9545 - \dfrac{617,972269}{x^2 + 87,417497}}$ definierte ratio-

nale Funktion im Intervall $[0,1]$ so gut an die durch $h(x) := e^{-0,69 \cdot x}$ definierte Funktion an, dass $g(x)$ in der IBM 360 als Näherungswert der Potenz $e^{-0,69 \cdot x}$ eingesetzt wurde.

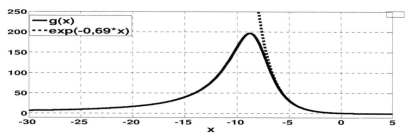

Für manche Hardware-Implementierungen von Elementarfunktionen erfordert die Berechnung der Polynomwerte zu viele Multiplikationen, sodass man entweder auf abgespeicherte Tabellen mit womöglich zu hohem Speicherbedarf ausweichen muss oder aber auf sehr einfache, schnelle Algorithmen, die keine Multiplikation enthalten und nur relativ wenige Tabellenwerte benötigen. Ein solcher Algorithmus soll hier exemplarisch vorgeführt werden.

Shift- and add-Algorithmus zur näherungsweisen Berechnung von e^x:
Liegen die Funktionswerte $\ln(1 + 2^{-n})$ vor, so lässt sich mit ihrer Hilfe e^x für alle x aus einem kleinen Intervall verblüffend einfach berechnen, und zwar nach folgendem Schema:

Für jedes $x \in \left[0, \dfrac{3}{2}\right]$ konvergieren die durch die Gleichungen $E_0 := 1$, $x_0 := 0$,

$$d_n := \begin{cases} 1, & \text{wenn } x_n + \ln(1+2^{-n}) \le x \\ 0 \text{ sonst} \end{cases},$$

$$x_{n+1} := x_n + d_n \cdot \ln(1+2^{-n}) \quad \text{und} \quad E_{n+1} := E_n \cdot (1 + d_n \cdot 2^{-n}) = E_n + d_n \cdot E_n \cdot 2^{-n} \quad \text{rekursiv}$$

definierten Werte E_n gegen e^x und genügen der Fehlerabschätzung

$$\left| e^x - E_n \right| \le 2^{-n+1} \cdot e^x.$$

Liegen also erst einmal die Werte $\ln(1+2^{-n})$ in ausreichender Genauigkeit vor, so lässt sich e^x durch die E_n beliebig gut annähern, wobei zur Berechnung der E_n lediglich Additionen erforderlich sind und Multiplikationen mit Zweierpotenzen. Da sich diese Multiplikationen bei dyadischer Zahldarstellung auf einfache Verschiebungsoperationen reduzieren, spricht man in diesem Fall von einem Shift- and add-Algorithmus. Die Begründung dieses Resultats soll hier nur skizziert werden: Indem man in der dyadischen Darstellung $x = \sum\limits_{n=0}^{\infty} d_n 2^{-n}$ aller $x \in [0,2]$ das Gitter der Zweierpotenzen 2^{-n} ersetzt durch das Gitter der Werte $\ln(1+2^{-n})$, erhält man für jede Zahl $x \in \left[0, \sum\limits_{k=0}^{\infty}\ln(1+2^{-k})\right) \approx \left[0,\dfrac{3}{2}\right]$ eine Darstellung der Form $\quad x = \sum\limits_{n=0}^{\infty} d_n \ln(1+2^{-n})$ mit geeigneten $d_n \in \{0,1\}$. Demzufolge konvergieren die durch $x_n := \sum\limits_{k=0}^{n} d_k \ln(1+2^{-k})$ definierten x_n gegen x; womit dann – wegen der Stetigkeit der e-Funktion – auch die Konvergenz der $E_n := \exp(x_n)$ gegen das gesuchte e^x geklärt ist. Die Gleichung $E_n = \exp(x_n) =$

$$= \exp(\sum\limits_{k=0}^{n} d_k \ln(1+2^{-k})) = \prod\limits_{\substack{k=0 \\ d_k=1}}^{n}(1+2^{-k})$$ liefert schließlich das angegebene Rekursiv-

Schema zur Berechnung der E_n.

Was die Berechnung der Funktionswerte $\ln(x)$ angeht, so steht natürlich im Prinzip das Intervallschachtelungsverfahren vom Ende des Abschnitts 3.1. zur Verfügung

$$\left[a_{n+1}, b_{n+1}\right] := \begin{cases} \left[\dfrac{a_n+b_n}{2}, b\right] & \Leftarrow \exp(\dfrac{a_n+b_n}{2}) < x \\[3mm] \left[a, \dfrac{a_n+b_n}{2}\right] & \Leftarrow \exp(\dfrac{a_n+b_n}{2}) \geq x \end{cases}$$ oder auch wieder eine lokale poly-

nomiale oder rationale Approximation. Statt dieser soll hier aber ein Algorithmus mit einachsten Multiplikationen vorgestellt werden.

Shift- and add-Algorithmus zur näherungsweisen Berechnung von $\ln(y)$:

Für jedes $y \in [1,4]$ konvergieren die durch die Gleichungen $E_0 := 1$, $x_0 := 0$,

$$d_n := \begin{cases} 1, & \text{wenn} \quad E_n \cdot (1+2^{-n}) \leq y \\ 0 & \text{sonst} \end{cases},$$

$$E_{n+1} := E_n \cdot (1+d_n \cdot 2^{-n}) = E_n + d_n \cdot E_n \cdot 2^{-n} \quad \text{und}$$

$$x_{n+1} := x_n + d_n \cdot \ln(1+2^{-n}) \quad \text{rekursiv definierten Werte } x_n \text{ gegen } \ln(y) \text{ und}$$

genügen der Fehlerabschätzung $\left| \ln(y) - x_n \right| \leq 2^{-n+1}$

Es fällt die Ähnlichkeit zum vorangegangenen Shift-and-Add-Algorithmus auf, was kein Zufall ist; denn wegen $y \in [1,4]$ lässt sich der vorher beschriebene Algorithmus anwenden auf $x := \ln(y) \in \left[0, \frac{3}{2}\right]$. Man setzt also $E_0 := 1$, $x_0 := 0$, und definiert d_n, x_n und E_n rekursiv durch die Gleichungen

$$d_n := \begin{cases} 1 \text{ , wenn } x_n + \ln(1+2^{-n}) \leq x \\ 0 \text{ sonst} \end{cases} \quad , \quad x_{n+1} := x_n + d_n \cdot \ln(1+2^{-n}) \quad \text{und}$$

$E_{n+1} := E_n \cdot (1+d_n \cdot 2^{-n}) = E_n + d_n \cdot E_n \cdot 2^{-n}$. Dies liefert schon die Konvergenz der x_n gegen $x = \ln(y)$. Ein Problem bleibt dann allerdings noch: Die Ungleichung $x_n + \ln(1+2^{-n}) \leq x$ in der Rekursiv-Definition von d_n setzt den gesuchten Wert $\ln(y) = x$ als bekannt voraus. Glücklicher Weise lässt sich die Bedingung $x_n + \ln(1+2^{-n}) \leq x$ durch Anwendung der e-Funktion in die äquivalente Aussage $\underbrace{\exp(x_n)}_{=E_n} \cdot \underbrace{\exp(\ln(1+2^{-n}))}_{=(1+2^{-n})} \leq \underbrace{\exp(x)}_{=y}$ übersetzen, womit dann auch schon das Problem gelöst ist. Damit lassen sich also auch die Werte $\ln(y)$ durch extrem einfache Rechenoperationen beliebig genau ermitteln, sofern die Werte $\ln(1+2^{-n})$ genügend genau in einer Tabelle vorliegen.

Die hinter den beschriebenen Shift-and Add-Verfahren steckenden Grundgedanken können schon ansatzweise in Henry Brigg's Berechnungen zu seiner 1624 veröffentlichten Logarithmus-Tabelle erkannt werden. Hierzu mehr im nächsten Abschnitt.

5.5. Geschichtliche Anmerkung zum Logarithmus

Der Aufschwung der Astronomie im 15ten und 16ten Jahrhundert führte zu einer sprunghaften Zunahme von Datenmaterial. Bei der numerischen Verarbeitung der Daten verursachten vor allem Multiplikationen und Divisionen einen beachtlichen Rechenaufwand. Ihn zu reduzieren, war das Bestreben, welches hinter der Erfindung der Logarithmen so um 1600 durch den Schweizer Bürgi und den Schotten Napier stand. Die Ausgangsidee ist einfach:
Stellt man in einer Tabelle zum Beispiel 2–er – Potenzen ihren jeweiligen Exponenten gegenüber, so kann man die Multiplikation von 2^n mit 2^m reduzieren auf die Addition von n und m (; denn $2^{n+m} = 2^n \cdot 2^m$).

Exponent	-3	-2	-1	0	1	2	3	4	5	6	7
Potenz	$\frac{1}{8}$	$\frac{1}{4}$	$\frac{1}{2}$	1	2	4	8	16	32	64	128

Um nun z.B. das Produkt von 8 und 16 zu berechnen, reicht es, der Tabelle die zu 8 und 16 gehörenden Exponenten 3 und 4 zu entnehmen, sie zu addieren und schließlich die zur Summe 7 gehörende Potenz 128 aus der Tabelle abzulesen. Soll eine solche Tabelle praktisch genutzt werden, so müssen die in ihr zur Verfügung stehenden 2er Potenzen zu einem dichten Netz vervollständigt werden. Henry Briggs, ein Zeitgenosse Napier`s, bediente sich zum Beispiel zur näherungsweisen Bestimmung von z.B. $x := \log_{10}(2)$

z	$\log_{10}(z)$
10	1
$\sqrt{10}$	1/2
$\sqrt{\sqrt{10}}$	1/4
$\sqrt{\sqrt{\sqrt{10}}}$	1/8
$\vdots$	$\vdots$
$10^{\frac{1}{2^k}}$	$\frac{1}{2^k}$
$\vdots$	$\vdots$
$\vdots$	$\vdots$
$10^{\frac{1}{2^{53}}}$	$\frac{1}{2^{53}}$
$10^{\frac{1}{2^{54}}}=1+x$	$\frac{1}{2^{54}} \approx 0,43 \cdot x$

folgender Idee: Wiederholtes, mühseliges Wurzelziehen lieferte ihm zunächst eine Tabelle, in der den Wurzeln die entsprechenden Hochzahlen gegenüberstanden: Er beobachtete, dass nach mehrfachem Wurzelziehen sich ein Wert der Form $1+x$ mit sehr kleinem x einstellte, was uns nicht sehr verwundert; nachdem wir ja am Ende von 4.2.2. gesehen hatten, dass zum Beispiel

$$10^{\frac{1}{2^7}} = 10^{\frac{1}{128}} \approx 1,\underbrace{01815172154456}_{=x} = 1+x \ .$$

Außerdem stellte er aber auch fest, dass der entsprechende Logarithmus ungefähr proportional zu diesem x war. Auch das ist aus heutiger Sicht klar; denn wir wissen, dass $\ln(1+x) \approx x$ für kleine x, und zwar wegen der Reihendarstellung $\ln(1+x) =$

z	$\log_{10}(z)$
2	$1 * \log_{10}(2)$
$\sqrt{2}$	$\frac{1}{2} * \log_{10}(2)$
$\sqrt{\sqrt{2}}$	$\frac{1}{4} * C$
$\vdots$	$\vdots$
$2^{\frac{1}{2^k}}$	$\frac{1}{2^k} * \log_{10}(2)$
$\vdots$	$\vdots$
$\vdots$	$\vdots$
$2^{\frac{1}{2^{54}}}=1+y$	$\frac{1}{2^{54}} * \log_{10}(2)$

$$= \sum_{n=0}^{\infty} \frac{(-1)^n}{n+1} \cdot x^{n+1}, \text{ dass also für diese } x \text{ die Relation}$$

$$\log_{10}(1+x) \approx \left(\frac{1}{\ln(10)}\right) \cdot \ln(1+x) \approx \left(\frac{1}{\ln(10)}\right) \cdot x \approx 0,43 \cdot x$$

gilt.

Die Prozedur des wiederholten Wurzelziehens wandte er anschließend auf die 2 an und erhielt eine Tabelle, in der sich natürlich am Ende wieder eine Zahl der Form $1+y$ mit kleinem y ergab.

(Zur Erinnerung $2^{\frac{1}{2^7}} = 2^{\frac{1}{128}} = 1,\underbrace{00542990118265}_{=b} =$

$1+b$ wie am Ende von 4.2.2. gezeigt). Indem er nun die aus der ersten Tabelle gewonnene Relation $\log_{10}(1+y) \approx 0,43 \cdot y$ verwendete, konnte er dann $(1/2^{54}) * \log_{10}(2)$ mit $\log_{10}(1+y) \approx 0,43 \cdot y$ gleichsetzen, um so $\log_{10}(2)$ aus $\log_{10}(2) \approx 2^{54} \cdot 0,43 \cdot y$ zu erhalten. Aus heutiger Sicht

ist das klar; denn $\dfrac{1}{2^{54}} \cdot \log_{10}(2) = \log_{10}(2^{\frac{1}{2^{54}}}) = \log_{10}(1+y) \approx 0,43 \cdot y$. Damit ist seine

Vorgehensweise nur grob skizziert; denn er hat sich zum Beispiel die Prozedur des wiederholten Wurzelziehens aus 2 dadurch vereinfacht, dass er sie auf den

von vornherein näher bei 1 liegenden Wert $\dfrac{2^{10}}{10^3}$ anwandte, um auf diese Weise

$\log_{10}(\dfrac{2^{10}}{10^3})$ und damit wegen $\log_{10}(\dfrac{2^{10}}{10^3}) = 10\log_{10}(2) - 3$ auch $\log_{10}(2)$ zu

bestimmen.

Die Briggschen Tabellen blieben die Grundlage für weitere Verfeinerungen auch in den folgenden drei Jahrhunderten. Gegen Ende des 19ten Jahrhunderts allerdings wurden die Tabellen zunehmend durch Ausnutzung der bis dahin ausgereiften Theorie der Reihenentwicklungen überarbeitet. In den 60er Jahren des 20ten Jahrhunderts machte dann die Entwicklung der Taschenrechner wie z.B. des HP-35 Algorithmen erforderlich, die mit möglichst wenigen und einfachen Multiplikationen auskommen sollten. Diesen Anforderungen wurde die so genannte modifizierte Division von J.E. Meggitt gerecht, welche im Wesentlichen nach dem Schema des weiter oben beschriebenen Shift-and-add-Algorithmus funktioniert und die gemäß J.E.Meggitt[19] eine Modifikation Brigg'scher Methoden darstellt. Ein ähnlicher Algorithmus zur Generierung von Funktionswerten des Sinus wurde übrigens 1959 von J.E. Volder veröffentlicht. Die Darstellung seines so genannten Cordic-Algorithmus erfordert aber erst einmal die Einführung der Sinus- und Cosinus-Funktion im nächsten Abschnitt.

6. Trigonometrische Funktionen

6.1. Geometrische Definition von Sinus und Cosinus

Wir betrachten den Einheitskreis $\left\{(x, y) \in \mathbb{R}^2 \mid x^2 + y^2 = 1\right\}$.

Zu jedem Punkt (x_0, y_0) auf dieser Kreislinie

gehört die dick gezeichnete Stecke, deren Länge
hier mit $b(x_0, y_0)$ bezeichnet wird.

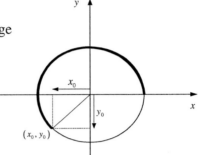

Natürlich gilt dann $b(0,1) = \dfrac{\pi}{2}$,

$b(-1,0) = \pi$ und $b(0,-1) = \dfrac{3 \cdot \pi}{2}$.

Definition:

a) Die Bogenlänge $b(x_0, y_0)$ heißt Bogenmaß des zwischen den Halbgeraden
$\left\{(r,0) \mid r \geq 0\right\}$ und $\left\{(\lambda x_0, \lambda y_0,) \mid \lambda \geq 0\right\}$ liegenden Winkels.

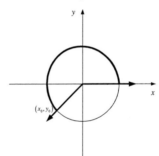

b) Das Winkelmaß des zwischen den Halbgeraden $\left\{(r,0) \mid r \geq 0\right\}$ und

$\left\{(\lambda x_0, \lambda y_0,) \mid \lambda \geq 0\right\}$ gelegenen Winkels beträgt $\dfrac{b(x_0, y_0) \cdot 180}{\pi}$ Grad.

Beispiel:

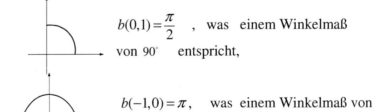

$b(0,1) = \dfrac{\pi}{2}$, was einem Winkelmaß
von $90°$ entspricht,

und

$b(-1,0) = \pi$, was einem Winkelmaß von
$180°$ entspricht.

Zur Definition der Sinus- und Cosinus – Funktion benötigen wir noch folgenden
Satz:

Zu jedem $t \in [0, 2\pi[$ gibt es genau einen Punkt (x_0, y_0) auf dem Einheitskreis
derart, dass $b(x_0, y_0) = t$.

Beweisen kann man obigen Satz mit den an dieser Stelle zur Verfügung
stehenden Mitteln nicht. Er ist aber anschaulich klar, und das soll in diesem
Abschnitt reichen.

6.1.1. Definition:

a) Für jedes $t \in [0, 2\pi[$ setzen wir $\sin(t) := y_0$ und

$\cos(t) := x_0$; wobei (x_0, y_0) der (gemäß obigem

Satz) zu t gehörende Punkt auf dem Einheitskreis

sei.

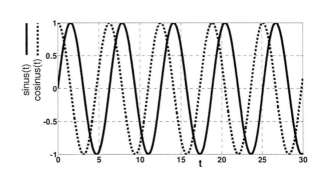

b) Ferner setzen wir für jede ganze Zahl k und $t \in [0, 2\pi[$:

$\sin(t + k \cdot 2\pi) := \sin(t)$ und $\cos(t + k \cdot 2\pi) := \cos(t)$.

Damit sind für jedes
$t \in \mathbb{R}$ die Werte $\sin(t)$

und $\cos(t)$ festgelegt,

und für die so auf
$\mathbb{R}$ definierten Funktionen $\sin: \mathbb{R} \to \mathbb{R}$ und
$\cos: \mathbb{R} \to \mathbb{R}$ erhält man
die bekannten Graphen:

An Hand der Definition macht man sich leicht die Richtigkeit folgender
Aussagen klar:

Satz:

Für alle $t \in \mathbb{R}$ und $k \in \mathbb{Z}$ gilt: $\left[\sin(t)\right]^2 + \left[\cos(t)\right]^2 = 1$, $\sin(-t) = -\sin(t)$,

$\cos(-t) = \cos(t)$, $\sin(\pi - t) = \sin(t)$, $\cos(\pi - t) = -\cos(t)$,

$\sin\left(t \pm \dfrac{\pi}{2}\right) = \pm\cos(t)$, $\cos\left(t \pm \dfrac{\pi}{2}\right) = \mp\sin(t)$, $\sin(t + 2k\pi) = \sin(t)$,

$\cos(t + 2k\pi) = \cos(t)$.

Nicht ganz so auf der Hand liegt das

Additionstheorem:

Für alle $s, t \in \mathbb{R}$ gilt: $\sin(s+t) = \sin(s) \cdot \cos(t) + \cos(s)\sin(t)$ und

$\cos(s+t) = \cos(s) \cdot \cos(t) - \sin(s)\sin(t)$,

das man sich geometrisch an Hand der nächsten zwei Skizzen folgendermaßen klar machen kann:

$$\sin(s+t) = \frac{|P_1 P_4|}{|OP_1|} = \frac{|P_1 P_5| + |P_4 P_5|}{|OP_1|} = \frac{|P_1 P_5|}{|OP_1|} + \frac{|P_3 P_2|}{|OP_1|} =$$

$$= \frac{|P_1 P_5|}{|P_1 P_2|} \cdot \frac{|P_1 P_2|}{|OP_1|} + \frac{|P_3 P_2|}{|OP_2|} \cdot \frac{|OP_2|}{|OP_1|} =$$

$$= \cos(s) \cdot \sin(t) + \sin(s) \cdot \cos(t),$$

$$\sin(s-t) = \frac{|Q_2 Q_3|}{|OQ_2|} = \frac{|Q_5 Q_3| - |Q_5 Q_2|}{|OQ_2|} = \frac{|Q_1 Q_4| - |Q_5 Q_2|}{|OQ_2|} =$$

$$= \frac{|Q_1 Q_4|}{|OQ_1|} \cdot \frac{|OQ_1|}{|OQ_2|} - \frac{|Q_1 Q_2|}{|OQ_2|} \cdot \frac{|Q_5 Q_2|}{|Q_1 Q_2|} =$$

$$= \sin(s) \cdot \cos(t) - \sin(t) \cdot \cos(s).$$

Das Additionstheorem spielt eine zentrale Rolle bei der Herleitung wichtiger Eigenschaften der Sinus- und der Cosinus-Funktion. Zum Beispiel lässt sich durch seine wiederholte Anwendung eine Formel für $\cos(n \cdot t)$ und $\sin(n \cdot t)$ gewinnen; denn im Fall $s = t$ liefert sie

$\cos(2t) = \cos^2(t) - \sin^2(t)$, $\sin(2t) = 2\sin(t)\cos(t)$ und weiter im Fall $s = 2t$

$\cos(3t) = \cos(t)\cos(2t) - \sin(t)\sin(2t) = \cos^3(t) - 3\sin^2(t)\cos(t)$ und

$\sin(3t) = \sin(2t)\cdot\cos(t) + \cos(2t)\sin(t) = 3\sin(t)\cos^2(t) - \sin^3(t)$.

Ganz entsprechend erhält man, dass

$\cos(4t) = \cos^4(t) - 6\sin^2(t)\cos^2(t) + \sin^4(t)$ und

$\sin(4t) = 4\sin(t)\cos^3(t) - 4\sin^3(t)\cos(t)$.

Bei Fortsetzung dieses Prozesses kann man eine gewisse Struktur in den polynomialen Ausdrücken für $\cos(n\cdot t)$ und $\sin(n\cdot t)$ erkennen, die genauer im folgenden Resultat beschrieben wird, und zwar unter Verwendung des Symbols $\left\lfloor \dfrac{n}{2} \right\rfloor$ für die größte ganze Zahl unter $\dfrac{n}{2}$.

Satz:

Für jedes $n \in \mathbb{N}$ und $t \in \mathbb{R}$ gilt: $\cos(nt) = \displaystyle\sum_{k=0}^{\lfloor\frac{n}{2}\rfloor} (-1)^k \cdot \binom{n}{2k} \cdot \sin^{2k}(t)\cdot\cos^{n-2k}(t) =$

$$= \cos^n(t) - \binom{n}{2}\sin^2(t)\cos^{n-2}(t) + \binom{n}{4}\sin^4(t)\cos^{n-4}(t) - \dots$$

und $\sin(nt) = \displaystyle\sum_{k=0}^{\lfloor\frac{n}{2}\rfloor} (-1)^k \cdot \binom{n}{2k+1} \cdot \sin^{2k+1}(t)\cdot\cos^{n-2k-1}(t) =$

$$= n\cdot\sin(t)\cos^{n-1}(t) - \binom{n}{3}\sin^3(t)\cos^{n-3}(t) + \binom{n}{5}\sin^5(t)\cos^{n-5}(t) - \dots$$

6.1.2. Geschichtliche Anmerkung zur Reihenentwicklung von sinus und cosinus

Wie in die Formeln des vorangegangenen Absatzes die Binomialkoeffizienten hineinkommen, das wird im Rahmen von Aufgabe 37 geklärt. Für uns sind die obigen Formeln an dieser Stelle hauptsächlich deswegen interessant, weil sie eine Reihenentwicklung für sinus- und cosinus-Funktion ermöglichen, Reihenentwicklungen, die schon zu Newton's Zeit bekannt waren. Stellt man nämlich ein vorgegebenes x in der Form $x = n\cdot\dfrac{x}{n}$ dar, so liefern obige Formeln

die Gleichung (*) $\cos(x) = \displaystyle\sum_{k=0}^{\lfloor\frac{n}{2}\rfloor} (-1)^k \cdot \binom{n}{2k} \cdot \sin^{2k}(\tfrac{x}{n})\cdot\cos^{n-2k}(\tfrac{x}{n})$. Da für genügend großes n davon ausgegangen werden kann, dass $\dfrac{x}{n}$ sehr klein ist und damit,

dass $\sin(\dfrac{x}{n}) \approx \dfrac{x}{n}$ und $\cos(\dfrac{x}{n}) \approx 1$, vereinfacht sich Gleichung (*) zu $\cos(x) \approx$

$$\approx \sum_{k=0}^{\left\lfloor \frac{n}{2} \right\rfloor} (-1)^k \cdot \binom{n}{2k} \cdot \frac{x^{2k}}{n^{2k}} = \sum_{k=0}^{\left\lfloor \frac{n}{2} \right\rfloor} (-1)^k \cdot \frac{n(n-1)\cdot ... \cdot(n-2k+1)}{(2k)! \cdot n^{2k}} \cdot x^{2k}.$$

Die Tatsache, dass $\dfrac{n(n-1)\cdot ... \cdot(n-2k+1)}{n^{2k}}$ für große n gegen 1 konvergiert, führt

dann zu der Näherung $\cos(x) \approx \sum_{k=0}^{\left\lfloor \frac{n}{2} \right\rfloor} \dfrac{(-1)^k}{(2k)!} \cdot x^{2k}$. Demzufolge liegt der Verdacht

nahe, dass $\cos(x) = \sum_{k=0}^{\infty} \dfrac{(-1)^k}{(2k)!} \cdot x^{2k}$. Ganz entsprechend führt die Anwendung der

Gleichung $\sin(x) = \sin(n \cdot \dfrac{x}{n}) = (\sum_{k=0}^{\left\lfloor \frac{n}{2} \right\rfloor} (-1)^k \cdot \binom{n}{2k+1}) \cdot \sin^{2k+1}(\dfrac{x}{n}) \cdot \cos^{n-2k-1}(\dfrac{x}{n})$ zu

der Vermutung, dass $\sin(x) = \sum_{k=0}^{\infty} \dfrac{(-1)^k \cdot x^{2k+1}}{(2k+1)!}$. Wie gesagt, diese Reihentwick-

lungen waren schon im 17 ten Jahrhundert bekannt. Heutzutage werden sie, wie im folgenden Abschnitt demonstriert, als Ausgangspunkt der Definition von sinus- und cosinus verwendet.

6.1.3 (Mathematisch korrekte) Definition von Sinus und Cosinus

Aus mathematischer Sicht ist die in 6.1.1. präsentierte Definition des Sinus wenig überzeugend, weil für die Bestimmung von Kurvenlängen an dieser Stelle schlicht und einfach das mathematische Rüstzeug fehlt. Deswegen folgt nun die korrekte und für die Anwendung ebenso wichtige Definition von Sinus und Cosinus, die auf der (in Kap.II, 2.5.2. gezeigte) Konvergenz der Reihen

$$\sum_{k=0}^{\infty} \frac{(-1)^k \cdot x^{2k+1}}{(2k+1)!} \quad \text{und} \quad \sum_{k=0}^{\infty} \frac{(-1)^k \cdot x^{2k}}{(2k)!} \quad \text{beruht.}$$

Definition:

Die Funktion $\quad \sin : \mathbb{R} \to \mathbb{R} \qquad\qquad\qquad$ heißt **Sinus**,

$$x \to \sum_{k=0}^{\infty} \frac{(-1)^k \cdot x^{2k+1}}{(2k+1)!}$$

---

die Funktion $\cos : \mathbb{R} \to \mathbb{R}$ heißt **Cosinus**.

$$x \to \sum_{k=0}^{\infty} \frac{(-1)^k \cdot x^{2k}}{(2k)!}$$

Aus obiger Reihendarstellung von Sinus und Cosinus können wichtige Eigenschaften dieser Funktionen abgeleitet werden.

a) $\sin(0)=0$, $\cos(0)=1$

b) $\sin(-x)=-\sin(x)$, $\cos(-x)=\cos(x)$ $(x \in \mathbb{R})$

c) $\sin^2(x)+\cos^2(x)=1$ $(x \in \mathbb{R})$

d) $\sin(x+y)=\sin(x)\cdot\cos(y)+\cos(x)\cdot\sin(y)$

$\cos(x+y)=\cos(x)\cdot\cos(y)-\sin(x)\cdot\sin(y)$ $(x,y \in \mathbb{R})$

Dabei liest man a) und b) direkt aus der Reihendefinition ab, während man die Additionstheoreme ähnlich wie bei der e–Funktion (am Ende von 2.5.2. von Kap.II) nachweist. c) ergibt sich dann als Konsequenz von d), und zwar so:

$$1=\cos(x-x)=\cos(x)\cdot\cos(-x)-\sin(x)\sin(-x)=\cos^2(x)+\sin^2(x).$$ Nun zur

Definition der Zahl π :

$\frac{\pi}{2}$ ist definiert als die erste positive Nullstelle des Cosinus.

Dass der cosinus tatsächlich eine erste Nullstelle im Bereich $[0,\infty[$ hat, macht man sich klar, indem man in nebenstehender Graphik die Näherungspolynome $P_N(x) :=$

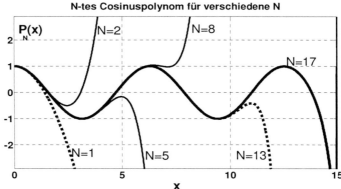

N-tes Cosinuspolynom für verschiedene N

$$=\sum_{k=0}^{N} \frac{(-1)^k \cdot x^{2k}}{(2k)!}$$ des Cosinus für N=1, 2 , 5 , 8 , 13 und 17 näher betrachtet. Man

sieht, dass mit steigendem N die Polynome $P_N(x)$ den bekannten Cosinus-Verlauf immer besser widergeben. Auf dem Bereich $[0,3[$ werden die Summanden der $P_N(x)$ mit jedem k betragsmäßig kleiner, genauer: Es gilt $\left|\dfrac{(-1)^k \cdot x^{2k}}{(2k)!}\right| \geq$

$$\geq \left|\dfrac{(-1)^{k+1} \cdot x^{2(k+1)}}{2(k+1)!}\right| \text{ für } k \geq 1 \text{ und } x \in [0,3[\ ; \quad \text{denn } (2k+1)(2k+2) \geq |x|^2 \text{ für } k \geq 1$$

und $x \in [0,3[$, woraus die Ungleichung $\dfrac{|x|^{2k}}{(2k)!}(2k+1)(2k+2) \geq \dfrac{|x|^{2k}}{(2k)!}|x|^2$, und

damit $\dfrac{|x|^{2k}}{(2k)!} \geq \dfrac{|x|^{2k+2}}{(2k)!(2k+1)(2k+2)} = \dfrac{|x|^{2(k+1)}}{(2k+2)!} = \dfrac{|x|^{2(k+1)}}{(2(k+1))!}$ folgt. Auf Grund dieser betragsmäßigen Abnahme und des alternierenden Vorzeichens der Summanden des Cosinus ist es zumindest plausibel, dass der Cosinus auf $[0,3[$ von

$P_1(x)$ und $P_2(x)$ eingeschlossen ist, also zwischen 1,4 und 1,6 eine erste Nullstelle haben muss. Setzt man diese Eingrenzung mit weiteren Näherungspolynomen $P_3(x), P_4(x)$ usw. fort, so erhält man die Nullstelle mit beliebiger Genauigkeit, nennt sie $\dfrac{\pi}{2}$ – wie schon vereinbart – und erhält dann mit Hilfe des Additionstheorems folgende **Regeln:**

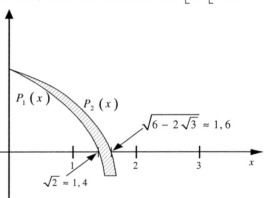

$\sin\left(x+\dfrac{\pi}{2}\right)=\cos(x),$	$\cos\left(x+\dfrac{\pi}{2}\right)=-\sin(x),$
$\sin(x+\pi)=-\sin(x),$	$\cos(x+\pi)=-\cos(x),$
$\cos(x+\pi)=-\cos(x),$	$\cos(x+2\pi)=\cos(x).$

Auf diese Weise können aus der korrekten Definition der cosinus- und sinus –Funktion alle Eigenschaften abgeleitet werden, die von der anschaulichen Definition her geometrisch klar oder plausibel waren.

6.2. Tangens und Cotangens

Definition:

Für jede reelle Zahl x, die nicht Nullstelle der Cosinus – Funktion ist, setzen

wir: $\tan(x) := \dfrac{\sin(x)}{\cos(x)}$ und für jede reelle Zahl x, die nicht Nullstelle der Sinus-

Funktion ist, setzen wir $\cot(x) := \dfrac{\cos(x)}{\sin(x)}$.

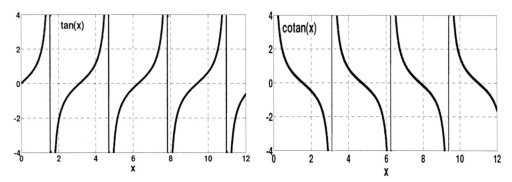

Bemerkung zu den Winkelfunktionen am rechtwinkligen Dreieck:

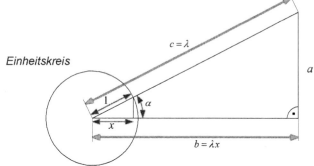

Streckt man x und den
Radiusvektor beide um
den Faktor λ,
so erhält man das
eingezeichnete große
Dreieck.
Es gilt dann:

$$\cos(\alpha) = \frac{x}{1} = \frac{\lambda \cdot x}{\lambda} = \frac{b}{c}$$

Ganz entsprechend erhält man für das unten gezeichnete rechtwinklige Dreieck
die folgenden Zusammenhänge:

$$\sin(\alpha) = \frac{a}{c} \ , \quad \cos(\alpha) = \frac{b}{c}$$

$$\tan(\alpha) = \frac{a}{b} \ , \quad \cot(\alpha) = \frac{b}{c}$$

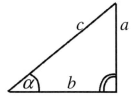

6.3. Arcus - Funktionen

Die Funktionen Arcussinus (arcsin), Arcuscosinus (arccos), Arcustangens (arctan) und Arcuscotangens (arccot) sind Umkehrfunktionen von sin bzw. cos, tan und cot. Und zwar trifft man folgende Vereinbarungen:

Definition:

Für jedes $x \in [-1,1]$ setzt man $\arcsin(x) := t$; wobei t durch die Bedingungen

$\sin(t) = x$ und $t \in \left[-\dfrac{\pi}{2}, \dfrac{\pi}{2}\right]$ eindeutig bestimmt ist.

Für jedes $x \in [-1,1]$ setzt man $\arccos(x) := t$; wobei t durch die Bedingungen $\cos(t) = x$ und $t \in [0, \pi]$ eindeutig bestimmt ist.

Ganz entsprechend ist für jedes $x \in \mathbb{R}$ der Wert $\arctan(x) := t$ durch

$\tan(t) = x$ und $t \in \left]-\dfrac{\pi}{2}, \dfrac{\pi}{2}\right[$ bestimmt und der Wert $\text{arccot}(x) := t$ durch

$\cot(t) = x$ und $t \in \left]0, \pi\right[$.

Die Funktionen Arcussinus und Arcuscosinus haben also $[-1,1]$ als Definitions-bereich , während Arcustangens und Arcuscotangens auf ganz $\mathbb{R}$ definiert sind. Die Intervalle $[-\pi/2, \pi/2]$, $[0, \pi]$, $]-\pi/2, \pi/2[$, $]0, \pi[$ sind die Wertebereiche von Arcussinus, bzw. Arcuscosinus, Arcustangens und Arcuscotangens.

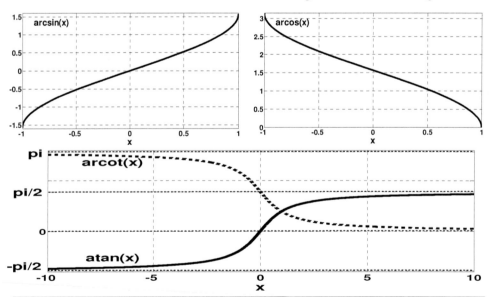

6.4. Näherungsweise Berechnung der trigonometrischen Funktionen

Die Methoden der maschinellen Berechnung von Funktionswerten sind – wie schon in 5.4. erwähnt – in hohem Maße geprägt von der jeweils zur Verfügung stehenden Hardware. Deswegen kann hier die Thematik der näherungsweisen Berechnung von trigonometrischen Funktionen nur gestreift werden.
Betrachten wir als erstes die

6.4.1. Polynomapproximation zur näherungsweisen Berechnung von sin(x)

Die Reihendarstellung des Sinus legt zum Beispiel die Wahl des Näherungs-

Polynoms $\sum_{n=0}^{3} \frac{(-1)^n \cdot (x)^{2n+1}}{(2n+1)!} = x - \frac{1}{3!} \cdot x^3 + \frac{1}{5!} \cdot x^5 - \frac{1}{7!} \cdot x^7$ nahe.

Auf einem genügend kleinen Bereich, zum Beispiel auf $[-\pi/6, \pi/6]$, liefert es dann die Sinus-Werte bis auf 7 Stellen genau (ohne Rundungen).

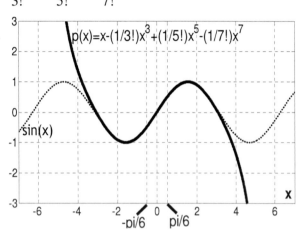

Es stellt sich als nächstes die Frage nach der

Bereichserweiterung von $[-\pi/6, \pi/6]$ auf ganz $\mathbb{R}$:
Auf Grund der 2π-Periodizität des Sinus reicht es, zu vogegebenem $x \in \mathbb{R}$ ein $k \in \mathbb{Z}$ so zu bestimmen, dass $x1 := x - k \cdot 2\pi$ im Intervall $[-\frac{\pi}{2}, \frac{3 \cdot \pi}{2}]$ liegt. Wegen $\sin(x1) = \sin(x)$ braucht man dann also nur noch für Werte $x1 \in [-\frac{\pi}{2}, \frac{3 \cdot \pi}{2}]$ ein Berechnungsverfahren angeben; wobei man von der günstigen Lage dieses Intervalls profitiert; denn der Sinus ist symmetrisch bezüglich $\frac{\pi}{2}$. Dadurch lassen sich die in der oberen Intervall-

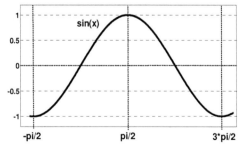

hälfte $[\frac{\pi}{2}, \frac{3 \cdot \pi}{2}]$ liegenden $x1$ überführen in $x2 := \frac{\pi}{2} - (x1 - \frac{\pi}{2}) \in [-\frac{\pi}{2}, \frac{\pi}{2}]$, ohne,

dass sich der Sinuswert – wegen der erwähnten Symmetrie - dabei ändert. Es

reicht demnach, lediglich für Werte $x2 \in [-\frac{\pi}{2}, \frac{\pi}{2}]$ ein Berechnungsverfahren an-

zugeben. Natürlich lassen sich diese Werte in der Form $x2 = 3 \cdot x3$ mit passen-

dem $x3 \in [-\frac{\pi}{6}, \frac{\pi}{6}]$ darstellen. Wegen der aus dem Additionstheorem gewonne-

nen Formel $\sin(x2) = \sin(3 \cdot x3) = 3 \cdot \sin(x3) - 4 \cdot \sin^3(x3)$ reduziert sich schließlich

die Berechnung von $\sin(x)$ auf die von $x - \frac{1}{3!} \cdot x^3 + \frac{1}{5!} \cdot x^5 - \frac{1}{7!} \cdot x^7$ an der Stelle

$x3$ im Intervall $[-\pi/6, \pi/6]$.

Als Alternative zu dem auf Polynomapproximation beruhenden, oben skizzier-
ten Verfahren soll weiter unten der so genannte Cordic-Algorithmus präsentiert
werden. Da die ihm zu Grunde liegenden Gedanken denen ähneln, die schon vor
Jahrhunderten bei der Erstellung von Funktionstabellen verwendet wurden, folgt
nun ein kurzer Einschub über die

Entwicklung von sinus-Tabellen:
Schon zu Ptolemaios' Zeiten wurden im Rahmen von astronomischen Beobachtungen Winkelumrechnungen von Sternpositionen vorgenommen. Dabei war
man auf Tabellen angewiesen, in denen möglichst vielen Winkeln der entsprechende Sinus-Wert gegenübersteht. Tatsächlich berechnete Ptolemaios eine Tabelle für die dem Sinus verwandte Sehnenfunktion. Eine erste Sinus-Tabelle
wurde wohl zuerst um 1600 herum erstellt. Wie man dabei im Prinzip vorgehen
kann, soll im folgenden skizziert werden. Das Problem bestand darin, für ein
möglichst dichtes Netz von Bogen x auf dem Einheitskreis den entsprechenden
Wert $\sin(x)$ so einfach und so genau wie möglich zu berechnen.

Für einige Sonderfälle, wie z.B. $x = \frac{\pi}{2}$ oder $x = \frac{\pi}{4}$ konnte man die zugehörigen

Sinuswerte durch elementar–geometrische Überlegungen ermitteln. Im Falle

$x = \frac{\pi}{4}$ z.B. gilt: $\sin^2(x) + \sin^2(x) = 1$, also $\sin(x) = \frac{1}{\sqrt{2}}$. Für kleine Winkel z.B.

$\frac{\pi}{8}, \frac{\pi}{16}, \frac{\pi}{32}$ kam man dann durch Anwendung der Regel $\cos^2\left(\frac{x}{2}\right) = \frac{1}{2} + \frac{1}{2} \cdot \cos(x)$

weiter, die sich als einfache Konsequenz der Additionstheoreme ergibt (siehe
Aufgabe 7). Was jetzt noch fehlte, waren die Sinus – Werte für möglichst viele
auf $[0, \pi/2]$ gleichmäßig verteilte Winkel, z.B. für die Vielfachen $n \cdot x_0$ eines
sehr kleinen Einheitswinkels x_0. Aber auch da halfen die Additionstheoreme
weiter, aus denen sofort die Rekursivgleichungen

$$\cos((n+1) \cdot x_0) = \cos(x_0) \cdot \cos(n \cdot x_0) - \sin(x_0) \cdot \sin(n \cdot x_0)$$

$\sin\big((n+1)\cdot x_0\big)=\sin(x_0)\cdot\cos(n\cdot x_0)+\cos(x_0)\cdot\sin(n\cdot x_0)$ oder in vektorieller Form

(**)

$$\begin{pmatrix}\cos\big((n+1)\cdot x_0\big)\\ \sin\big((n+1)\cdot x_0\big)\end{pmatrix}=\begin{pmatrix}\cos(x_0)-\sin(x_0)\\ \sin(x_0)\cdot\cos(x_0)\end{pmatrix}\begin{pmatrix}\cos(n\cdot x_0)\\ \sin(n\cdot x_0)\end{pmatrix}$$

folgen. Weiß man die zwei Anfangswerte $\cos(x_0)$ und $\sin(x_0)$, so kann man mit der Rekursionsgleichung (**) schrittweise alle $\cos(n\cdot x_0)$ und $\sin(n\cdot x_0)$ ableiten. Nun zum vorher schon erwähnten

Cordic-Algorithmus:

Für jedes $\vartheta\in\left[0,\dfrac{17}{10}\right]$ konvergieren die durch die folgenden Gleichungen rekursiv definierten Werte x_k und y_k gegen $\cos(\vartheta)$ bzw. $\sin(\vartheta)$ und genügen den Fehlerabschätzungen $\left|x_{k+1}-\cos(\vartheta)\right|\leq 2^{-k+1}$ und $\left|y_{k+1}-\sin(\vartheta)\right|\leq 2^{-k+1}$.

$$C:=\prod_{k=0}^{\infty}\cos(\arctan(2^{-k}))\approx 0,6 \quad,x_0=C,\ y_0=0,\ z_0=\vartheta$$

$$d_k=\begin{cases}1 &,\text{ wenn } z_k\geq 0\\ -1 &\text{ sonst}\end{cases}$$

$$x_{k+1}=x_k-\frac{d_k}{2^k}\cdot y_k \quad,\quad y_{k+1}=\frac{d_k}{2^k}\cdot x_k+y_k \quad,\quad z_{k+1}=z_k-d_k\cdot\arctan(2^{-k}).$$

Liegen also erst einmal die Werte $\arctan(2^{-k})$ in ausreichender Genauigkeit vor, so lassen sich $\cos(\vartheta)$ und $\sin(\vartheta)$ durch die x_k bzw. y_k beliebig gut annähern, wobei zu deren Berechnung lediglich Additionen erforderlich sind und Multiplikationen mit Zweierpotenzen. Da sich diese Multiplikationen bei dyadischer Zahldarstellung auf einfache Verschiebungsoperationen reduzieren, liegt also wieder ein verblüffend einfacher Shift- and add-Algorithmus vor.
Die Begründung dieses Resultats soll hier nur skizziert werden; wobei man sich fast wortwörtlich an die entsprechenden Formulierungen für den Shift-and-add-Algorithmus zur Erzeugung der Werte e^x halten kann:

Indem man in der dyadischen Darstellung $\displaystyle\sum_{n=0}^{\infty}d_n 2^{-n}$ aller Bogenwerte $\vartheta\in[0,2]$ das Gitter der Zweierpotenzen 2^{-n} ersetzt durch das Gitter der Werte $e_n:=arc\tan\big(2^{-n}\big)$, erhält man für jede Zahl $\vartheta\in\left[0,\displaystyle\sum_{k=0}^{\infty}e_n\right]\approx\left[0,\dfrac{17}{10}\right]$ eine

Darstellung der Form $\vartheta = \sum\limits_{n=0}^{\infty} d_n \cdot e_n$ mit geeigneten $\{1, -1\}$. Demzufolge kon-

vergieren die durch $\vartheta_n := \sum\limits_{k=0}^{n} d_k \cdot e_k$ definierten ϑ_n gegen ϑ; womit dann – wegen

der Stetigkeit der sinus- und der cosinus-Funktion – auch die Konvergenz der

$x_n := \cos(\vartheta_n)$ und $y_n := \sin(\vartheta_n)$ gegen die gesuchten Werte $\cos(\vartheta)$ bzw. $\sin(\vartheta)$

gesichert ist. Ausgehend vom Anfagsvektor $\begin{pmatrix} \cos(0) \\ \sin(0) \end{pmatrix} = \begin{pmatrix} 1 \\ 0 \end{pmatrix}$ gilt dann die

Rekursiv-Gleichung $\begin{pmatrix} \cos(\vartheta_{k+1}) \\ \sin(\vartheta_{k+1}) \end{pmatrix} = \begin{pmatrix} \cos(d_k \cdot e_k) & -\sin(d_k \cdot e_k) \\ \sin(d_k \cdot e_k) & \cos(d_k \cdot e_k) \end{pmatrix} \begin{pmatrix} \cos(\vartheta_k) \\ \sin(\vartheta_k) \end{pmatrix}$.

Dadurch, dass die Winkel e_k von der speziellen Form $e_k = \arctan\left(2^{-k}\right)$ sind,

gilt $\tan(e_k) = \dfrac{\sin(e_k)}{\cos(e_k)} = 2^{-k}$, weshalb die Matrix $\begin{pmatrix} \cos(d_k \cdot e_k) & -\sin(d_k \cdot e_k) \\ \sin(d_k \cdot e_k) & \cos(d_k \cdot e_k) \end{pmatrix}$ fol-

gende einfache Form annimmt: $\begin{pmatrix} \cos(d_k \cdot e_k) & -\sin(d_k \cdot e_k) \\ \sin(d_k \cdot e_k) & \cos(d_k \cdot e_k) \end{pmatrix} =$

$= \cos(d_k \cdot e_k) \cdot \begin{pmatrix} 1 & -\tan(d_k \cdot e_k) \\ \tan(d_k \cdot e_k) & 1 \end{pmatrix} = \cos(e_k) \cdot \begin{pmatrix} 1 & -\dfrac{d_k}{2^k} \\ \dfrac{d_k}{2^k} & 1 \end{pmatrix}$; womit sich die

obige Rekursiv-Gleichung vereinfacht zu: $\begin{pmatrix} x_{k+1} \\ y_{k+1} \end{pmatrix} = \underbrace{\cos(e_k) \cdot \begin{pmatrix} 1 & -\dfrac{d_k}{2^k} \\ \dfrac{d_k}{2^k} & 1 \end{pmatrix}}_{=:C_k} \begin{pmatrix} x_k \\ y_k \end{pmatrix}$.

Nimmt man den Anfangsvektor von vornherein mit der Konstanten $C := \prod\limits_{k=0}^{N} C_k$

mal, so reduziert sich die Rekursivbeziehung auf den oben angegebenen Shift-
and-add-Algorithmus.

Nun zur Fehlerabschätzung: Offensichtlich gilt nach dem n-ten Schritt für den

dann vorliegenden Winkelfehler δ, dass $\begin{pmatrix} \cos(\vartheta \pm \delta) \\ \sin(\vartheta \pm \delta) \end{pmatrix} - \begin{pmatrix} \cos(\vartheta) \\ \sin(\vartheta) \end{pmatrix} =$

$= \begin{pmatrix} \cos(\pm\delta)-1 & -\sin(\pm\delta) \\ \sin(\pm\delta) & \cos(\pm\delta)-1 \end{pmatrix} \begin{pmatrix} \cos(\vartheta) \\ \sin(\vartheta) \end{pmatrix}$, also $|\cos(\vartheta \pm \delta) - \cos(\vartheta)| =$

$= \left| \left\langle \begin{pmatrix} \cos(\pm\delta)-1 \\ -\sin(\pm\delta) \end{pmatrix}, \begin{pmatrix} \cos(\vartheta) \\ \sin(\vartheta) \end{pmatrix} \right\rangle \right| \le \left\| \begin{pmatrix} \cos(\pm\delta)-1 \\ -\sin(\pm\delta) \end{pmatrix} \right\| \cdot \underbrace{\left\| \begin{pmatrix} \cos(\vartheta) \\ \sin(\vartheta) \end{pmatrix} \right\|}_{=1} = \sqrt{(\cos(\delta)-1)^2 + \sin^2(\delta)} =$

$$= \sqrt{\cos^2(\delta) - 2\cos(\delta) + 1 + \sin^2(\delta)} = \sqrt{2 - 2\cos(\delta)} = \sqrt{2} \cdot \sqrt{1 - \cos(\delta)} =$$

$$= \sqrt{2} \cdot \sqrt{2\sin^2(\delta/2)} = 2\sin(\delta/2) \le 2^{-n+1};$$ wobei die letzte Ungleichung eine

Konsequenz aus $\delta \le arc\tan\left(2^{-n}\right)$ ist; denn aus $\dfrac{\sin(\delta)}{\sqrt{1 - \sin^2(\delta)}} = \dfrac{\sin(\delta)}{\cos(\delta)} = \tan(\delta) \le$

$\le 2^{-n}$ folgen der Reihe nach die Ungleichungen $\dfrac{\sin^2(\delta)}{1 - \sin^2(\delta)} \le 2^{-2n}$, $\sin^2(\delta) \le$

$\le \dfrac{2^{-2n}}{1 + 2^{-2n}} \le 2^{-2n}$, $\sin(\delta) \le 2^{-n}$ und schließlich $\left|\cos(\vartheta \pm \delta) - \cos(\vartheta)\right| \le 2\sin(\delta/2) \le$

$\le 2^{-n+1}$. Ganzentsprechend leitet man die Relation $\left|\sin(\vartheta \pm \delta) - \sin(\vartheta)\right| \le 2^{-n+1}$ her.

Es soll hier nur noch am Rande erwähnt werden, dass es auch für die Berechnung von arcsin und arccos ebenfalls Shift-and-add- Algorithmen gibt.

6.5. Historisches zu Sinus und Cosinus

Der kritische Kommentar zur anschaulichen Begründung von Sinus und Cosinus in 6.1.3 hat vielleicht bei dem einen oder anderen die Frage nach der historischen Entwicklung dieser Funktionen aufkommen lassen. Die folgenden Beispiele sollen nun wenigstens eine grobe Vorstellung dieser Entwicklung vermitteln und zusammen mit entsprechenden Abschnitten in Kap.VI die Anwendbarkeit der Trigonometrie demonstrieren.
Die Anfänge der Begriffsbildung von Sinus und Cosinus waren aufs engste mit der Astronomie verbunden. Schon früh beschrieb man die Position der Sterne durch jeweils zwei Winkel, wie z.B. in den folgenden Graphiken dargestellt.

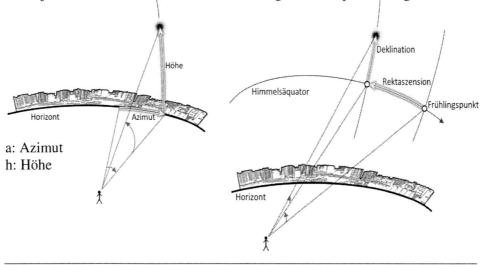

a: Azimut
h: Höhe

In jedem Fall dachte man sich die Fixsterne auf einer (Himmels-)Kugel befestigt, auf der ihre Lage durch zwei Winkel charakterisiert war.

Hatte man dann zwei verschiedene Koordinatensysteme (in der folgenden Graphik durch gestrichelte bzw. durchgezogene Linien gekennzeichnet), so stellte sich sehr bald die Frage der Umrechnung von Koordinaten des einen in

die des anderen Systems. Zu jedem Fixstern gehört eine bestimmte Position P auf einer gedachten Kugel mit Radius 1 und Erdmittelpunkt O. Diese Position ist im Äquatorialsystem beschrieben durch die äquatorielle Länge und Breite. Das ist der Winkel FOP bzw. POS (F steht hierbei für den Frühlingspunkt). Das sogenannte ekliptikale System erhält man aus dem äquatorialen durch eine 23,5°- Drehung um die durch FO bestimmte Achse. In diesem System ist die Sternposition

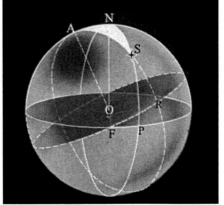

beschrieben durch ekliptikale Länge := Bogenlänge FR und ekliptikale Breite :=Bogenlänge RS. Geht man nun davon aus, dass die ekliptischen Koordinaten vorliegen, so sind in dem sphärischen Dreieck NAS die Bogenlänge NA(= 23,5°) und die Bogenlänge AS (= 90° - ekliptische Breite) bekannt. Und da ist noch der Winkel zwischen den Bogen AN und AS ; das ist der Winkel, um den der durch A und S gehende Kreis (mit Mittelpunkt O) gedreht werden muss, damit er in den durch N und A gehenden Kreis (mit Mittelpunkt O) übergeht (Drehachse ist definiert durch O und A). Dieser Winkel ist offensichtlich gleich 90° -Bogen FR =90° - ekliptikale Länge. Da die gesuchte äquatoriale Breite sich durch den Bogen NS ausdrücken lässt (äqu. Breite = 90° - Bogen NS), steht man also vor dem Problem, im sphärischen Dreieck NAS aus den bekannten Bogenlängen AN und AS und dem dazwischen liegenden Winkel die Bogenlänge NS zu bestimmen. Dass dies möglich ist und wie, sagt folgendes
Resultat (*):

Will man die Bogenlänge a eines sphärischen Dreiecks ABC aus den gegebenen Bogenlängen b und c und dem Winkel an der Ecke A (im folgenden ebenfalls mit A bezeichnet) bestimmen, und stehen die Werte cos(A), cos(b), sin(b), sin(c) und cos(c) zur Verfügung, so kann dies mit Hilfe der Gleichung

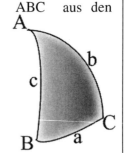

$$\cos(a) = \cos(b) \cdot \cos(c) + \cos(A) \cdot \sin(b) \cdot \sin(c)$$

erreicht werden.

Man sieht, dass die Bogenlängen oder Winkel nicht direkt ineinander umgerechnet werden können. Vielmehr muss mehrfach Bezug genommen werden auf die zu den Bogenlängen a, b, c gehörenden Längen sin(a), sin(b) usw.. Wie dies zustande kommt, versteht man am besten an Hand der folgenden

Herleitung des Resultats (*):
Man kann davon ausgehen, dass A, B und C auf einer Kugel mit Radius 1 liegen, dass Punkt A auf der z-Achse liegt, und dass die x-Koordinate von C Null ist.
Da dann $\cos(a)$ gleich dem Skalarprodukt der Ortsvektoren r_B und r_C ist, brauchen lediglich die kartesischen Koordinaten von B bzw. C bestimmt werden. An Hand der Skizze macht man sich leicht klar,

dass $r_C = \begin{pmatrix} 0 \\ \sin(b) \\ \cos(b) \end{pmatrix}$ und $r_B = \sin(c) \cdot \begin{pmatrix} \sin(A) \\ \cos(A) \\ \cos(c) \end{pmatrix}$, also dass $\cos(a) = \langle r_C, r_B \rangle =$

$= \cos(A) \cdot \sin(b) \cdot \sin(c) + \cos(b) \cdot \cos(c)$. Die obige Umrechnungsformel beruht also im Wesentlichen auf den

einem Bogen zugeordneten Dreieckslängen:

Eine solche Zuordnung von Dreieckslängen, wie z.B. der Sehnenlänge chord(a), zu einem vorgegebenen Winkel a findet sich z.B. schon in einer Tabelle des Ptolemaios, der so um 100 nach Christus lebte. Erst zwischen 1400 und 1500 wurde in Europa die Sehnenfunktion chord durch den sehr verwandten Sinus abgelöst ($chord(\alpha) = 2 \cdot \sin(\alpha / 2)$).

Schon Anfang des 16ten Jahrhunderts und noch vor der Einführung der Logarithmen wurden Cosinus- und Sinus- Tabellen zur Erleichterung der Multiplikation und Division großer Zahlen verwendet: Der Nürnberger Pfarrer Johannes Werner benützte hierzu im Wesentlichen die auf das

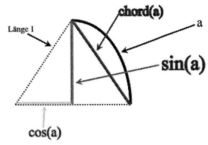

Additionstheorem zurückgehende Gleichheit $\cos(\alpha - \beta) - \cos(\alpha + \beta) =$

$= 2 \cdot \sin(\alpha) \cdot \sin(\beta)$, um Multiplikationen auf Additionen und Subtraktionen zurückzuführen, und zwar nach folgendem Schema:

Ist $x \cdot y$ zu bestimmen, so reicht es wegen $x \cdot y = 10^k \cdot \left(x \cdot 10^{-\frac{k}{2}} \cdot y \cdot 10^{-\frac{k}{2}} \right)$ das

Produkt von $x \cdot 10^{-\frac{k}{2}}$ und $y \cdot 10^{-\frac{k}{2}}$ zu bestimmen.

Ist k genügend groß gewählt, so liegen $x \cdot 10^{-\frac{k}{2}}$ und $y \cdot 10^{-\frac{k}{2}}$ im Intervall $[-1,1]$ so,

dass man geeignete α und β mit $x \cdot 10^{-\frac{k}{2}} = \sin(\alpha)$ und $y \cdot 10^{-\frac{k}{2}} = \sin(\beta)$ aus einer

Tabelle entnehmen, dann $\alpha + \beta$ und $\alpha - \beta$ bestimmen kann und schließlich –

mit obiger Formel – das Produkt $x \cdot 10^{-\frac{k}{2}} \cdot y \cdot 10^{-\frac{k}{2}}$.

Gegen Mitte des 20ten Jahrhunderts wurden bei der Berechnung von Funktions-werten zunehmend Computer eingesetzt. So verwendete zum Beispiel das Navi-gationssystem des B-58-Bombers der USA zur schnellen Berechnung von cosi-nus-Werten Analog-Computer, so genannte Resolver. Auf Grund der unzurei-chenden Genauigkeit dieser Resolver begann man so um 1956 herum die Mög-lichkeit einer digitalen Berechnung der Cosinus-Werte ins Auge zu fassen. Die Rahmenbedingungen erlaubten nur den Einsatz von Algorithmen mit möglichst wenigen und einfachen Multiplikationen. Eine entsprechende Lösung wurde dann 1959 von Jack Volder präsentiert. Dabei handelte es sich um den so ge-nannten Cordic-Algorithmus, dessen Wirkungsweise in Abschnitt 6.4. erläutert wurde und der in den 60er Jahren bei der Entwicklung der Taschenrechner wie zum Beispiel des HP35 eine wichtige Rolle spielte. Bis zum heutigen Tag wird dieser Cordic-Algorithmus für Hardware-Lösungen eingesetzt, zum Beispiel der Erzeugung von Sinus-Schwingungen mit Hilfe von integrierten Schaltkreisen.

7. Elementarfunktionen als Bausteine weiterer Funktionen

Durch einfache Operationen wie Addition, Streckung oder auch intervallweise Definition lässt sich eine schier unbegrenzte Anzahl weiterer Beispiele von Funktionen konstruieren.

7.1. Addition, Multiplikation und Hintereinanderschaltung von Funktionen

Beispiel a)
„Verschieben":
Für beliebige
Funktionen $f : \mathbb{R} \to \mathbb{R}$
und für $g : \mathbb{R} \to \mathbb{R}$
$$g(x) := (x - a)$$
ist durch $\tilde{f} := f \circ g$ eine

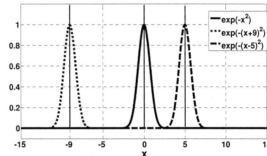

neue Funktion definiert. Der Graph von $\tilde{f}$ geht aus dem von f durch eine Verschiebung um a (nach rechts, wenn $a > 0$ und nach links, wenn $a < 0$) hervor.

Beispiel b)
„Stauchen und
 Strecken":
Für $g : \mathbb{R} \to \mathbb{R}$ und
$$g(x) := \alpha \cdot x$$
beliebiges $f : \mathbb{R} \to \mathbb{R}$ ist
durch $\tilde{f} := f \circ g$ eine neue
Funktion definiert. Der Graph

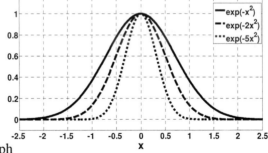

von $\tilde{f}$ geht aus dem von f durch Stauchen $(\alpha > 1)$ oder Stecken $(0 < \alpha < 1)$ hervor.

Beilspiel c)

Für $\begin{array}{c} g : \mathbb{R} \to [0, \infty[\\ x \to x^2 \end{array}$ und $\begin{array}{c} f : [0, \infty[\to \mathbb{R} \\ x \to \sqrt{x} \end{array}$ gilt $(f \circ g)(x) = f(g(x)) = \sqrt{x^2} = |x|$.

$f \circ g : \mathbb{R} \to \mathbb{R}$ ist also die Betragsfunktion.

Beispiel d)

Für $f: \mathbb{R} \to \mathbb{R}$ und $g: \mathbb{R} \to \mathbb{R}$ gilt:

$\qquad x \to x^2 \qquad\qquad\qquad x \to \sin(x)$

$$y1(x) := (f \circ g)(x) = (\sin(x))^2, \qquad\qquad y2(x) := (g \circ f)(x) = \sin(x^2),$$

$$y3(x) := (f \cdot g)(x) = x^2 \cdot \sin(x) \qquad \text{und} \qquad y4(x) := (f + 7 \cdot g)(x) = x^2 + 7 \cdot \sin(x).$$

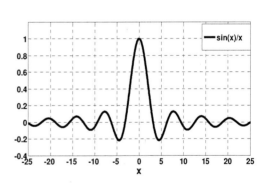

Beispiel e)

$f: \mathbb{R} \to \mathbb{R}$ sei definiert durch die folgenden Bedingungen: $f(0) := 1$

und $f(x) = \dfrac{\sin(x)}{x}$ wenn $x \neq 0$.

Beispiel f)

$$\sinh: \mathbb{R} \to \mathbb{R} \qquad\qquad\qquad \cosh: \mathbb{R} \to \mathbb{R}$$

Die Funktionen $\qquad \sinh(x) := \dfrac{e^x - e^{-x}}{2} \qquad$ und $\qquad \cosh(x) := \dfrac{e^x + e^{-x}}{2}$

heißen   **Sinus hyperbolikus**   bzw.   **Cosinus hyperbolikus**.

Auf Grund der Potenzreihen-Darstellung der e-Funktion lässt sich leicht nachvollziehen, dass $\sinh(x) = \sum_{n=0}^{\infty} \dfrac{x^{2n+1}}{(2n+1)!}$ und $\cosh(x) = \sum_{n=0}^{\infty} \dfrac{x^{2n}}{(2n)!}$.

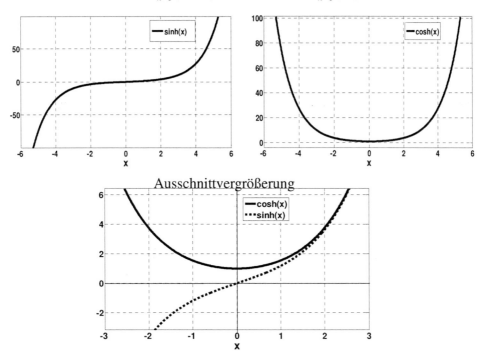

Bemerkung: Zum Beispiel die von einem unbelasteten Seil beschriebene Kurve kann durch cosh beschrieben werden.

7.2. Intervallweise Definition von Funktionen

Beispiel a)

$f : \mathbb{R} \to \mathbb{R}$ sei definiert durch $f(x) := \begin{cases} 1 \Leftarrow x < 0 \\ 0 \Leftarrow x \geq 0 \end{cases}$.

Beispiel b)

$g : \mathbb{R} \to \mathbb{R}$ sei definiert als diejenige periodische Funktion mit Periode $T = 1$ und mit $g(x) := x$ für alle $x \in [0,1[$.

T-Periodizität heißt dabei, dass $g(x+T) = g(x)$ für alle $x \in \mathbb{R}$ gilt.

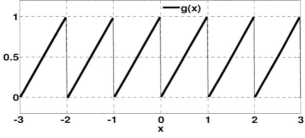

Beispiel c)
Wir setzen nun
$f(x) := g(x) \cdot \sin(10 \cdot x)$;
wobei g wieder wie in
Beispiel b) definiert sei.

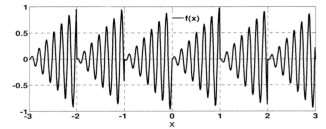

Beispiel d)
Zu der durch
$$f(x) := \begin{cases} \sin(1/x) \Leftarrow x \neq 0 \\ 0 \qquad \Leftarrow x = 0 \end{cases}$$
definierten Funktion
$f : \mathbb{R} \to \mathbb{R}$ gehört
nebenstehender Graph.

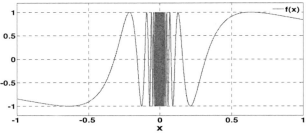

Beispiel e)
Die Funktionen $f : \mathbb{R} \to \mathbb{R}$ und $g : \mathbb{R} \to \mathbb{R}$ seien schließlich definiert durch

folgende Gleichungen: $f(x) := \begin{cases} 0 \Leftarrow x < 0 \\ x \Leftarrow x \geq 0 \end{cases}$ und $g(x) := \begin{cases} 0 \Leftarrow x < 0 \\ x^2 \Leftarrow x \geq 0 \end{cases}$.

Dann gehört zu ihnen
der nebenstehende
Graph:

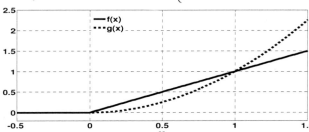

Wie die vorangegangenen Beispiele zeigen, weisen manche Funktionen Sprung-
stellen auf. Zur übersichtlichen Beschreibung des Sprung- und Stetigkeits-ver-
haltens von Funktionen sollen nun Grenzwerte der Form $\lim\limits_{x \to a} f(x)$ eingeführt
werden.

7.3. Grenzwerte von Funktionen

Der bisher nur für Folgen $\big(f(x_n)\big)_{n \geq 0}$ definierte Grenzwertbegriff $\lim\limits_{n \to \infty} f(x_n)$
wird nun auf Funktionen ausgedehnt.

Definition:

Es sei $f : D \to \mathbb{R}$ eine reelle Funktion mit dem Definitionsbereich $D \subset \mathbb{R}$, und es sei $x_0 \in \mathbb{R} \cup \{\pm\infty\}$. Man schreibt $\lim\limits_{x \to x_0} f(x) = r$ oder $\lim\limits_{\substack{x \to x_0 \\ x \in D}} f(x) = r$,

wenn es in D eine gegen x_0 konvergente Folge gibt, und wenn $\lim\limits_{n \to \infty} f(x_n) = r$ für jede Folge $(x_n)_{n \geq 0}$ in D gilt, welche gegen x_0 konvergiert.

Hierzu ein paar
Anmerkungen:
a) Für den Fall $x_0 = \pm\infty$ muss noch vereinbart werden, was $\lim\limits_{n \to \infty} x_n = \pm\infty$ heißen soll: Gibt es zu jedem, noch so großen $M \in \mathbb{N}$ ein geeignetes $n(M) \in \mathbb{N}$ der Art, dass $x_n > M$ (bzw. $x_n < -M$) für alle $n > n(M)$, so schreibt man $\lim\limits_{n \to \infty} x_n = \infty$ (bzw. $\lim\limits_{n \to \infty} x_n = -\infty$)

b) Der in 3.1. definierte Stetigkeitsbegriff kann nun folgendermaßen umformuliert werden:
$f : D \to \mathbb{R}$ **ist genau dann stetig in** $x_0 \in D$, **wenn** $\lim\limits_{x \to x_0} f(x) = f(x_0)$.

c) Die Definition des so genannten **linksseitigen Limes** $\lim\limits_{x \uparrow x_0} f(x)$ und des

so genannten **rechtsseitigen Limes** $\lim\limits_{x \downarrow x_0} f(x)$ unterscheidet sich von obiger

Definition nur dadurch, dass ausschließlich Folgen $(x_n)_{n \geq 0}$ mit $x_n < x_0$ (bzw.

$x_n > x_0$) zugelassen werden.

Die Anwendung der für die Konvergenz von Folgen gültigen Resultate aus II.2.5.1. liefert sofort folgende

Rechenregeln für Grenzwerte von Funktionen:

Mit $\lim\limits_{x \to x_0} f(x)$ und $\lim\limits_{x \to x_0} g(x)$ existieren auch die folgenden Grenzwerte, und

es gilt:
$$\lim\limits_{x \to x_0} \alpha \cdot f(x) = \alpha \cdot \lim\limits_{x \to x_0} f(x) \quad (\alpha \in \mathbb{R}),$$
$$\lim\limits_{x \to x_0} f(x) + g(x) = \lim\limits_{x \to x_0} f(x) + \lim\limits_{x \to x_0} g(x),$$
$$\lim\limits_{x \to x_0} f(x) \cdot g(x) = \lim\limits_{x \to x_0} f(x) \cdot \lim\limits_{x \to x_0} g(x),$$

$$\lim_{x \to x_0} \frac{f(x)}{g(x)} = \frac{\lim\limits_{x \to x_0} f(x)}{\lim\limits_{x \to x_0} g(x)} \ ; \text{ wobei } \lim_{x \to x_0} g(x) \neq 0 \text{ vorausgesetzt werden muss,}$$

und

$$\lim_{x \to x_0} f(x) \leq \lim_{x \to x_0} g(x), \text{ wenn } f(x) \leq g(x) \text{ für alle } x \in D.$$

Beispiele:

a) Die Funktionen aus 7.1. c),d),e) f) sind allesamt stetig.

b) Für $g : \mathbb{R} \to \mathbb{R}$ mit $g(x) := \sin(x)$ existiert $\lim\limits_{x \to \infty} g(x)$ nicht.

c) Für $g :]0,1[\to \mathbb{R}$ mit $g(x) := 1$ ($x \in]0,1[$) gilt $\lim\limits_{x \to 0} g(x) = 1$, während

$\lim\limits_{x \to 0} 1_{[0,\infty[}(x)$ nicht existiert, $\lim\limits_{x \uparrow 0} 1_{[0,\infty[}(x) = 0$ und $\lim\limits_{x \downarrow 0} 1_{[0,\infty[}(x) = 1$

(Zur Erinnerung: Definitionsbereich von $1_{[0,\infty[}$ ist $\mathbb{R}$).

d) Die periodische Funktion $g : \mathbb{R} \to \mathbb{R}$ aus 7.2. b) hat nur in den ganzen Zahlen Unstetigkeitsstellen; d.h. $\lim\limits_{x \to x_0} g(x) = g(x_0)$ gilt für alle $x_0 \in \mathbb{R} \setminus \mathbb{Z}$;

während für $x_0 \in \mathbb{Z}$ der Grenzwert $\lim\limits_{x \to x_0} g(x)$ nicht existiert, aber $\lim\limits_{x \uparrow x_0} g(x) = 1$

und $\lim\limits_{x \downarrow x_0} g(x) = 0$.

e) Die Funktion $f : \mathbb{R} \to \mathbb{R}$ aus 7.2.d) ist nur in $x_0 = 0$ nicht stetig. Keiner der

Grenzwerte $\lim\limits_{x \to 0} f(x)$, $\lim\limits_{x \uparrow 0} f(x)$ und $\lim\limits_{x \downarrow 0} f(x)$ existiert.

8. Der Körper der komplexen Zahlen

8.1. Historisches

Aus der heutigen Mathematik und auch aus manchen Anwendungsbereichen wie der Elektrotechnik sind die komplexen Zahlen nicht mehr wegzudenken. Wie es zu ihrer Erfindung kam– manche mögen lieber Entdeckung sagen –, soll hier kurz skizziert werden:

Für quadratische Gleichungen $x^2 + b \cdot x + c = 0$ war schon lange vor 1600 die

Lösungsformel $x_{1/2} = -\dfrac{b}{2} \pm \sqrt{\left(\dfrac{b}{2}\right)^2 - c}$ bekannt. Sie führte in manchen Fällen

wie $x^2 + 1 = 0$ auf die nicht definierte Größe $\sqrt{-1}$. Macht nichts, sagte man damals, die Gleichung besitzt ja keine reellen Nullstellen, und das Auftreten von $\sqrt{-1}$ ist ein Indiz dafür. Anders war die Situation bei den kubischen Gleichungen $x^3 + b \cdot x + c = 0$: Für sie benutzte man um 1500 herum die Lösungsformel

$$x_{1,2,3} = \sqrt[3]{-\frac{c}{2} + \sqrt{\left(\frac{c}{2}\right)^2 + \left(\frac{b}{3}\right)^3}} + \sqrt[3]{-\frac{c}{2} - \sqrt{\left(\frac{c}{2}\right)^2 + \left(\frac{b}{3}\right)^3}}$$, die so genannte Cardanosche

Formel. Ihre Anwendung z.B. auf die Gleichung $x^3 - 15x - 4 = 0$ ergibt
$$x_{1,2,3} = \sqrt[3]{2 + \sqrt{-121}} + \sqrt[3]{2 - \sqrt{-121}} = \sqrt[3]{2 + 11\sqrt{-1}} + \sqrt[3]{2 - 11\sqrt{-1}} .$$
Von diesem Ausdruck ging auch Rafael Bombelli in seinem 1572 erschienenen Buch L'Algebra aus. Ohne Skrupel hinsichtlich des Umgangs mit $\sqrt{-121}$ kam er auf folgende Gleichungen: $\left(2 + \sqrt{-1}\right)^3 = 2 + 11\sqrt{-1}$ und $\left(2 - \sqrt{-1}\right)^3 = 2 - 11\sqrt{-1}$.

Indem er nun für $\sqrt[3]{2 + 11\sqrt{-1}}$ den Wert $2 + \sqrt{-1}$ und für $\sqrt[3]{2 - 11\sqrt{-1}}$ den Wert $2 - \sqrt{-1}$ in die Cardanosche Formel einsetzte, erhielt er als eine mögliche Lösung den Wert $x = \sqrt[3]{2 + 11\sqrt{-1}} + \sqrt[3]{2 - 11\sqrt{-1}} = 2 + \sqrt{-1} + 2 - \sqrt{-1} = 4$. Und tatsächlich ist 4 eine Lösung der Gleichung $x^3 - 15x - 4 = 0$. Man stellte also damals fest, dass es bei der Suche nach reellen Nullstellen helfen kann, mit komplexen Zahlen wie $\sqrt{-1}$ zu rechnen. Man benötigte demzufolge die Konstruktion eines –wie man heute sagen würde - neuen Zahlkörpers. In zufrieden stellender Form gelang dies allerdings erst um die Mitte des 19. Jahrhunderts herum.

8.2. Anschauliche Konstruktion des Körpers der komplexen Zahlen

Man kann sich die reellen Zahlen als Pfeile auf der Zahlengeraden veranschaulichen

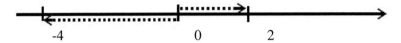

-4   0   2

Betrachtet man nun ganz allgemein alle in 0 startenden ebenen Pfeile als Zahlen (die komplexen Zahlen), dann bilden die reellen Zahlen einen Teil des neuen Zahlenbereichs, der so genannten komplexen Zahlenebene.
Die neuen Zahlen sind also einfach Paare (r_1, r_2); wobei die Paare $(r_1, 0)$ mit den klassischen reellen Zahlen r_1, identifiziert werden:

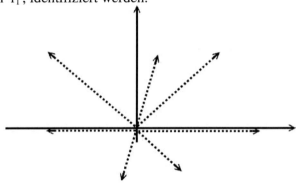

Die komplexe Zahl $(0, 1)$ ist nicht reell und heißt imaginäre Einheit.

Diese imaginäre Einheit wird mit i bezeichnet.
Mit ihr kann man nun jede komplexe Zahl (r_1, r_2)
in der Form

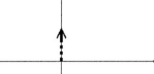

$(r_1, r_2) = (r_1, 0) + (0, r_2) = (r_1, 0) + r_2 \cdot (0, 1) = r_1 + i \cdot r_2$ schreiben.

Also: $r_1 = (r_1, 0) = r_1 + i \cdot 0$, $(0, 1) = 0 + i = i$ und allgemein :
$(r_1, r_2) = r_1 + i \cdot r_2$.   Dabei heißen r_1 und r_2 <u>Realteil</u> bzw. <u>Imaginärteil</u> der
komplexen Zahl $r_1 + i \cdot r_2$.
Für die neuen Zahlen $(r_1, r_2) \in \mathbb{R}^2$ braucht man nun noch eine Addition und eine Multiplikation:

Für die erste Verknüpfung greift man einfach auf die Vektoraddition des $\mathbb{R}^2$
zurück und setzt:

$$(a_1, b_1) \oplus (a_2, b_2) = (a_1 + i \cdot b_1) \oplus (a_2 + i \cdot b_2) := (a_1 + a_2) + i \cdot (b_1 + b_2).$$

Die Multiplikation $(a_1, b_1) \odot (a_2, b_2)$ führt man so ein, dass $i \odot i := -1$ gilt und ansonsten die von den reellen Zahlen her bekannten Rechenregeln ihre Gültigkeit weiter behalten. Zwangsläufig muss dann

$$(a_1 + i \cdot b_1) \odot (a_2 + i \cdot b_2) = a_1 \cdot a_2 + a_1 \cdot i \cdot b_2 + i \cdot b_1 \cdot a_2 + \underbrace{i \cdot i}_{=-1} \cdot b_1 \cdot b_2 =$$

$$= (a_1 \cdot a_2 - b_1 \cdot b_2) + i \cdot (a_1 \cdot b_2 + b_1 \cdot a_2) \text{ gelten.}$$

Die Gesamtheit der Zahlenpaare (a, b), zusammen mit der Addition $\oplus$ und der Multiplikation $\odot$, nennt man dann Körper der komplexen Zahlen und bezeichnet diesen mit $\mathbb{C}$.

8.3. Definitionen

Die Menge $\mathbb{R} \times \mathbb{R}$ aller Paare reeller Zahlen zusammen mit der durch die Gleichungen

$$(a_1 + i \cdot b_1) \oplus (a_2 + i \cdot b_2) := (a_1 + a_2) + i \cdot (b_1 + b_2)$$

$$(a_1 + i \cdot b_1) \odot (a_2 + i \cdot b_2) := (a_1 a_2 - b_1 b_2) + i \cdot (a_1 a_2 - b_1 b_2)$$

definierten Addition $\oplus$ und Multiplikation $\odot$ heißt **Körper der komplexen Zahlen**. Dieser Zahlkörper wird mit $\mathbb{C}$ bezeichnet.

Wie es für jedes $r \in \mathbb{R} \setminus \{0\}$ genau ein $s \in \mathbb{R}$ gibt mit $r \cdot s = 1$ (nämlich $s = r^{-1} = \frac{1}{r}$), so gibt es auch für jedes $z = (a + i \cdot b) \in \mathbb{C} \setminus \{0\}$ genau ein $(c + i \cdot d) \in \mathbb{C}$ mit $(a + i \cdot b) \odot (c + i \cdot d) = 1$. Dies folgt sofort aus der Tatsache, dass nur ein Paar (c, d) dem Realteil und dem Imaginärteil der Gleichung $(a + i \cdot b) \odot (c + i \cdot d) = 1$, also den Gleichungen $a \cdot c - b \cdot d = 1$ und $b \cdot c + a \cdot d = 0$ genügt, nämlich $(c, d) = \left(\dfrac{a}{a^2 + b^2}, \dfrac{-b}{a^2 + b^2} \right)$. Von daher macht nun die nächste Definition Sinn:

Für $z := (a + i \cdot b) \in \mathbb{C} \setminus \{0\}$ wird mit z^{-1} (oder $\dfrac{1}{z}$) diejenige komplexe Zahl bezeichnet, welche der Gleichung $z \odot z^{-1} = 1$ genügt.

Zum Glück gibt es eine sehr einfache
Methode zur Berechnung des Real- und Imaginärteils von z^{-1}

Erweitern mit $\bar{z}$:

$$z^{-1}=\frac{1}{z}=\frac{1}{(a+i\cdot b)}=\frac{(a-i\cdot b)}{(a+i\cdot b)\cdot(a-i\cdot b)}=\frac{(a-i\cdot b)}{a^2+b^2}=\frac{a}{a^2+b^2}-i\cdot\frac{b}{a^2+b^2}\,.$$

Bemerkungen:

a)   Mit 0 bezeichnet man die komplexe Zahl $(0,0)=0+i\cdot 0$ und mit $-(a+i\cdot$
die Zahl $(-a)+i\cdot(-b)$.

b) a heißt **Realteil** von: $a+i\cdot b$ und b heißt **Imaginärteil** von: $a+i\cdot b$.
Es wird die Notation $a=\mathrm{Re}(z)$ und $b=\mathrm{Im}(z)$ verwendet.
$\bar{z}:=a+i\cdot(-b)=a-i\cdot b$ heißt die zu $z=a+i\cdot b$ **konjugiert komplexe**
Zahl.

c) Zwei komplexe Zahlen $(a_1+i\cdot b_1)$ und $(a_2+i\cdot b_2)$ sind genau dann gleich,
wenn: $a_1=a_2$ und $b_1=b_2$.

d) Hat man sich an die neue Multiplikation $\odot$ und die Addition $\oplus$ gewöhnt, so
schreibt man der Einfachheit halber $\cdot$ an Stelle von $\odot$ und $+$ an Stelle von $\oplus$.

Für den späteren Gebrauch sollen nun ein paar Rechenregeln festgehalten werden, von denen die meisten von den reellen Zahlen her vertraut sind und deren
Nachweis wir uns sparen können.

Rechenregeln:

Sind z, z_1, z_2, z_3 Elemente aus $\mathbb{C}$ (komplexe Zahlen), so gelten die folgenden
Gleichungen:

$$z_1+(z_2+z_3)=(z_1+z_2)+z_3\quad,\qquad z_1+z_2=z_2+z_1\quad,\qquad z+\bar{z}=2\cdot\mathrm{Re}(z)$$

$$z_1\cdot(z_2\cdot z_3)=(z_1\cdot z_2)\cdot z_3\quad,\qquad z_1\cdot z_2=z_2\cdot z_1\quad,\qquad z-\bar{z}=2\cdot j\cdot\mathrm{Im}(z)\,,$$

$$z_1\cdot(z_2+z_3)=(z_1\cdot z_2)+(z_1\cdot z_3)\,.$$

Zur Eingewöhnung hier nun ein paar

Beispiele zur Anwendung der Rechenregeln:

a) Für $z_1 := 12\,i$ und $z_2 := -4\,i$ gilt:

$z_1 + z_2 = 8 \cdot i$; $2z_1 - 3z_2 = 24 \cdot i + 12 \cdot i = 36 \cdot i$;

$z_1 \cdot z_2 = -48 \cdot i^2 = -48 \cdot (-1) = 48$; $\dfrac{z_1}{z_2} = \dfrac{12 \cdot i}{-4 \cdot i} = -3$;

$\left(z_1\right)^2 = 144 \cdot i^2 = -144$; $\left(z_2\right)^2 = 16 \cdot i^2 = -16$ und

b) für $z_1 := 4 + 6\,i$ und $z_2 := 3 - 2\,i$ gilt:

$2z_1 + z_2 = 2(4 + 6 \cdot i) + (3 - 2 \cdot i) = (8 + 12 \cdot i) + (3 - 2 \cdot i) = 11 + 10 \cdot i$ und

$z_1 \cdot z_2 = (4 + 6 \cdot i) \cdot (3 - 2 \cdot i) = 12 - 8 \cdot i + 18 \cdot i - 12i^2 = 12 + 10 \cdot i + 12 = 24 + 10 \cdot i$

c) Natürlich besitzt jede Gleichung der Form $x^2 = -a$ mit positivem a die komplexen Lösungen $x = \pm i \cdot \sqrt{a}$. Da man nun jede Gleichung der Form

$x^2 + b \cdot x + c = 0$ umformen kann zu $x^2 + b \cdot x + \left(\dfrac{b}{2}\right)^2 = -c + \left(\dfrac{b}{2}\right)^2$, also zu

$\left(x + \dfrac{b}{2}\right)^2 = -c + \left(\dfrac{b}{2}\right)^2$, gelangt man zu folgendem:

Satz:

Die quadratische Gleichung $x^2 + b \cdot x + c = 0$ mit reellem b und c hat die beiden
Lösungen $x_{1/2} = -\dfrac{b}{2} \pm \sqrt{\left(\dfrac{b}{2}\right)^2 - c}$,   wenn $\left(\dfrac{b}{2}\right)^2 - c \geq 0$ und
$x_{1/2} = -\dfrac{b}{2} \pm i \cdot \sqrt{c - \left(\dfrac{b}{2}\right)^2}$,   wenn $\left(\dfrac{b}{2}\right)^2 - c < 0$.

Betrag einer komplexen Zahl: Es liegt nahe, den Begriff des Betrags vom Bereich der reellen Zahlen auszudehnen auf den der komplexen Zahlen.

Vorbemerkung: Ist $z = a + i \cdot b \in \mathbb{C}$, so ist $z \cdot \overline{z} = (a + i \cdot b) \cdot (a - i \cdot b) =$

$= a^2 - i \cdot ab + i \cdot ab + b^2 = a^2 + b^2$ eine nicht-negative reelle Zahl.

Definition:

Ist $z \in \mathbb{C}$, so heißt $|z| := \sqrt{z \cdot \overline{z}}$ **Betrag von z**.

Bemerkung: Aus $|z| = |a + i \cdot b| = \sqrt{a^2 + b^2}$ ist zu ersehen, dass die euklidische Länge des Vektors (a, b) mit dem Betrag der komplexen Zahl $(a + i \cdot b)$ zusammenfällt und weiter, dass für reelle Zahlen a der schon bekannte Betrag |a| mit $|a + i \cdot 0|$ zusammenfällt.

Satz:

Für alle z, z_1, $z_2 \in \mathbb{C}$ gilt:

a) $|z| \geq 0$ und $|z| = 0 \Leftrightarrow z = 0 + i \cdot 0$,

b) $|z_1 + z_2| \leq |z_1| + |z_2|$ (Dreiecksungleichung),

c) $|z_1 \cdot z_2| = |z_1| \cdot |z_2|$ und   **d)** $\left|\dfrac{z_1}{z_2}\right| = \dfrac{|z_1|}{|z_2|}$,   wenn $z_2 \neq 0$.

Warum die Relation $|z_1 + z_2| \leq |z_1| + |z_2|$

Dreiecksungleichung heißt, wird aus

nebenstehender Skizze ersichtlich.

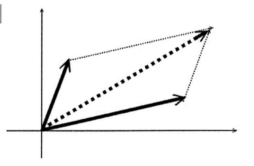

8.4. Einsatz komplexer Zahlen zur Zerlegung von Polynombrüchen

Die Beispiele $(x+1)(x-2)(x-2) = (x+1) \cdot (x^2 - 4 \cdot x + 4) = x^3 - 3 \cdot x^2 + 4$,

$(x+i)(x-i) = x^2 + 1$, $x(x-1)(x-i)(x+i) = (x^2 - x) \cdot (x^2 - i^2) = x^4 - x^3 + x^2 - x$

und $\dfrac{1}{x-1} + \dfrac{1}{x+1} = \dfrac{2 \cdot x}{x^2 - 1}$ zeigen, dass die Polynomausdrücke höheren Grades

$x^3 - 3 \cdot x^2 + 4$, $x^2 + 1$, $x^4 - x^3 + x^2 - x$ und $\dfrac{2 \cdot x}{x^2 - 1}$ in Polynomausdrücke

ersten Grades zerlegt werden können. Dass dies keine Einzelfälle sind, geht aus den folgenden Resultaten hervor.

8.4.1. Zerlegung von Polynomen in Linearfaktoren

Satz :

Jedes Polynom $q(x) = a_0 + a_1 x + ... + a_n x^n$ mit $a_0, a_1, ..., a_{n-1} \in \mathbb{R}$ und $n \geq 1$ hat

höchstens n verschiedene Nullstellen $c_1, ..., c_m \in \mathbb{C}$. Mit Hilfe dieser Nullstellen

lässt es sich als Produkt $q(x) = a_n \cdot (x - c_1)^{v_1} \cdot (x - c_2)^{v_2} \cdot ... \cdot (x - c_m)^{v_m}$ darstellen.

Dabei gilt $v_1 + ... + v_m = n$ und weiter, dass mit jeder Nullstelle c_i von $q(x)$ auch

$\bar{c}_i$ Nullstelle von $q(x)$ ist .

Wir verzichten auf den Nachweis des obigen Resultats und begründen lediglich
den letzten Teil der Aussage, nämlich dass mit $z \in \mathbb{C}$ auch $\bar{z}$ eine Nullstelle von
$q(x)$ ist: Hierzu nehmen wir an, dass $q(z) = 0$. Dann ist

$$q(\bar{z}) = a_0 + a_1 \bar{z} + ... + a_n (\bar{z})^n = \bar{a}_0 + \overline{a_1 \bar{z}} + ... + \overline{a_n z^n} = \overline{\left(a_0 + a_1 z + ... + a_n (z)^n\right)} = \overline{q(z)} =$$

$= \bar{0} = 0$, also auch $\bar{z}$ Nullstelle von $q(x)$. Offensichtlich kann die Linearfaktor-
zerlegung von $q(x)$ auch folgendermaßen geschrieben werden:

$$q(x) = a_n \cdot (x - x_1)^{v_1} \cdot ... \cdot (x - x_r)^{v_r} \cdot (x - z_1)^{u_1} (x - \bar{z}_1)^{u_1} \cdot ... \cdot (x - z_s)^{u_s} (x - \bar{z}_s)^{u_s}; \text{ wobei}$$

$x_1, ..., x_r$ die reellen Nullstellen von $q(x)$ und $(z_1, \bar{z}_1), ..., (z_s, \bar{z}_s)$ die echt komle-

xen Nullstellenpaare von $q(x)$ sind. Da nun

$$(x - z_i)(x - \bar{z}_i) = x^2 - x\bar{z}_i - z_i x + z_i \bar{z}_i = x^2 - x \cdot \underbrace{(z_i + \bar{z}_i)}_{\in \mathbb{R}} + \underbrace{|z_i|^2}_{\in \mathbb{R}} = x^2 + x \cdot \underbrace{\beta_i}_{\in \mathbb{R}} + \underbrace{\gamma_i}_{\in \mathbb{R}} \quad ,$$

und da –wegen fehlender reeller Nullstellen- $x^2 + x \cdot \beta_i + \gamma_i > 0$, kann die
Faktorzerlegung für reelle Polynome folgendermaßen umformuliert werden:

Alternative Zerlegung reeller Polynome (in rein reelle Faktoren):

$$q(x) = a_n \cdot (x - x_1)^{v_1} \cdot ... \cdot (x - x_r)^{v_r} \cdot \left(x^2 + \beta_1 x + \gamma_1\right)^{u_1} \cdot ... \cdot \left(x^2 + \beta_s x + \gamma_s\right)^{u_s};$$

wobei $x_1, ..., x_r, \beta_1, ..., \beta_s, \gamma_s \in \mathbb{R}$, $v_1, ..., v_r, u_1, ..., u_s \in \mathbb{N}$ und $x^2 + \beta_i x + \gamma_i > 0$.

Beispiel: $x^4 - x^3 + x^2 - x = x(x-1)(x-i)(x+i) = x(x-1)(x^2 + 1)$.

Die Möglichkeit der Faktorzerlegung ist unter anderem von Bedeutung für die

so genannte Partialbruchzerlegung rationaler Ausdrücke, die im nächsten Unter-
abschnitt behandelt wird.

8.4.2. Partialbruchzerlegung

Satz:

Jede echt gebrochen rationale Funktion (d.h. mit Zählergrad < Nennergrad)

$$r(x) = \frac{p(x)}{q(x)} = \frac{p(x)}{a\cdot(x-x_1)^{v_1}\cdot...\cdot(x-x_r)^{v_r}\cdot(x^2+\beta_1 x+\gamma_1)^{u_1}\cdot...\cdot(x^2+\beta_s x+\gamma_s)^{u_s}}$$

mit $x_1,...,x_r,\beta_1,...,\beta_s,\gamma_1,...,\gamma_s \in \mathbb{R}$ und $v_1,...,v_r,u_1,...,u_s \in \mathbb{N}$ und
$x^2+\beta_i x+\gamma_i > 0$ besitzt eine Summendarstellung der Form

$$r(x) = \frac{a_{11}}{(x-x_1)} + \frac{a_{12}}{(x-x_1)^2} + ... + \frac{a_{1v_1}}{(x-x_1)^{v_1}} + ... +$$

$$+ \frac{a_{r,1}}{(x-x_r)} + \frac{a_{r,2}}{(x-x_r)^2} + ... + \frac{a_{r,v_r}}{(x-x_r)^{v_r}} + ... +$$

$$+ \frac{B_{11}x+C_{11}}{(x^2+\beta_1 x+\gamma_1)} + ... + \frac{B_{1k_1}x+C_{1k_1}}{(x^2+\beta_1 x+\gamma_1)^{\mu_1}} + ... + \frac{B_{s_1}x+C_{s_1}}{(x^2+\beta_s x+\gamma_s)} + ... + \frac{B_{s_{k_s}}x+C_{s_{k_s}}}{(x^2+\beta_s x+\gamma_s)^{\mu_s}} \; ;$$

wobei die B_{ij} und C_{ij} reelle Zahlen sind.

Jede echt gebrochen rationale Funktion kann also als Summe von Brüchen der
Form $\dfrac{a_{ij}}{(x-x_r)^k}$ und $\dfrac{B_{ij}x+C_{ij}}{(x^2+\beta_{ij}x+\gamma_{ij})^k}$ dargestellt werden. Wie man nun im
„konkreten" Fall die a_{ij}, B_{ij} und C_{ij} bestimmt, ist den folgenden Beispielen zu
entnehmen. Beim Durchrechnen solcher Zahlenbeispiele wird dann auch klar,
wie man das oben formulierte allgemeine Resultat begründen kann; weshalb auf
einen gesonderten Beweis verzichtet wird.

Beispiele zur Partialbruchzerlegung:

a) $r(x) = \dfrac{1}{1-x^2}$:   Wegen $p(x)=1$ und $q(x)=(1-x^2)=-(x-1)(x+1)$ hat die

Partialbruchzerlegung von $r(x)$ die Form $r(x) = \dfrac{1}{1-x^2} = \dfrac{A_1}{(x-1)} + \dfrac{A_2}{(x+1)}$. Die

noch zu bestimmenden A_1, A_2 erhalten wir durch Bildung eines gemeinsamen Nenners und anschließenden Koeffizientenvergleich; denn aus

$$\frac{1}{(1-x^2)} = \frac{A_1(x+1) + A_2(x-1)}{(x-1)(x+1)} = \frac{(A_2 - A_1) - x \cdot (A_1 + A_2)}{(1-x^2)} \quad \text{folgt ja, dass}$$

$A_2 - A_1 = 1$ und $A_2 + A_1 = 0$ also $A_2 = \dfrac{1}{2}$, $A_1 = -\dfrac{1}{2}$ und damit, dass

$$\frac{1}{1-x^2} = \frac{1}{-(x-1)(x+1)} = \frac{-\dfrac{1}{2}}{(x-1)} + \frac{\dfrac{1}{2}}{(x+1)}.$$

b) $r(x) = \dfrac{5x+1}{x^2+x-6}$: Der Ansatz $\dfrac{5x+1}{x^2+x-6} = \dfrac{5x+1}{(x-2)(x+3)} = \dfrac{A_1}{(x-2)} + \dfrac{A_2}{(x+3)}$

führt auf $\dfrac{5x+1}{(x-2)(x+3)} = \dfrac{A_1 \cdot (x+3) + A_2 \cdot (x-2)}{(x-2)(x+3)}$, woraus dann durch Koeffizien-

tenvergleich die Gleichungen $5 = A_1 + A_2$ und $1 = 3 \cdot A_1 - 2A_2$ folgen und damit:

$A_1 = \dfrac{11}{5}$ $A_2 = \dfrac{14}{5}$, also $\dfrac{5x+1}{x^2+x-6} = \dfrac{5x+1}{(x-2)(x+3)} = \dfrac{\dfrac{11}{5}}{(x-2)} + \dfrac{\dfrac{14}{5}}{(x+3)}$.

c) $r(x) = \dfrac{x+1}{(x^4 - x)}$: Die Partialbruchzerlegung von $r(x)$ hat die Form

$$\frac{x+1}{x^4 - x} = \frac{(x+1)}{x(x-1)(x^2+x+1)} = \frac{A_1}{x} + \frac{A_2}{(x-1)} + \frac{B \cdot x + C}{(x^2+x+1)}. \quad \text{Durchmultiplizieren mit x}$$

und anschließendes Nullsetzen von x ergibt zuerst

$$\frac{x+1}{(x-1)(x^2+x+1)} = A_1 + \frac{A_2 \cdot x}{(x-1)} + \frac{x(B \cdot x + C)}{(x^2+x+1)} \quad \text{und dann } -1 = A_1.$$

Indem man nun mit $(x-1)$ durchmultipliziert und anschließend x=1 setzt, erhält

man zuerst $\dfrac{(x+1)}{x \cdot (x^2+x+1)} = \dfrac{A_1}{x} \cdot (x-1) + A_2 + \dfrac{(B \cdot x + C)(x-1)}{(x^2+x+1)}$ und dann $\dfrac{2}{3} = A_2$.

Zwei Gleichungen zur Bestimmung von B und C ergeben sich schließlich durch Einsetzen spezieller x-Werte, z.B. $x=-1$, $x=2$. Konsequenz:

$$0=1-\frac{1}{3}-B+C, \text{ also } B-C=\frac{2}{3} \text{ und } \frac{3}{14}=-\frac{1}{2}+\frac{2}{3}+\frac{2}{7}B+\frac{1}{7}C, \text{ also } 2B+C=\frac{1}{3},$$

woraus $B=\frac{1}{3}$ und $C=-\frac{1}{3}$ folgen , also $\dfrac{x+1}{x^4-x}=-\dfrac{1}{x}+\dfrac{\frac{2}{3}}{(x-1)}+\dfrac{\frac{1}{3}\cdot x-\frac{1}{3}}{\left(x^2+x+1\right)}.$

d) $r(x):=\dfrac{11x^2+72x+109}{x^4+8x^3+18x^2-27}:$ Der Ansatz

$$\frac{11x^2+72x+109}{x^4+8x^3+18x^2-27}=\frac{11x^2+72x+109}{(x+3)^3\cdot(x-1)}=\frac{A_{11}}{(x+3)}+\frac{A_{12}}{(x+3)^2}+\frac{A_{13}}{(x+3)^3}+\frac{A_2}{(x-1)}$$

führt zu folgenden Gleichungen:

$$\frac{11x^2+72x+109}{(x+3)^3\cdot(x-1)}=\frac{A_{11}\cdot(x+3)^2(x-1)+A_{12}(x+3)(x-1)+A_{13}(x-1)+A_2(x+3)^3}{(x+3)^3\cdot(x-1)}=$$

$$=\frac{x^3(A_{11}+A_2)+x^2(5A_{11}+A_{12}+9A_2)}{(x+3)^3\cdot(x-1)}+$$

$$+\frac{x(3A_{11}+2A_{12}+A_{13}+27A_2)+(9A_{11}-3A_{12}-A_{13}+27A_2)}{(x+3)^3\cdot(x-1)}.$$ Koeffizientenvergleich

der Zähler ergibt dann das Gleichungssystem:

$A_{11}+A_2=0$

$A_{11}+A_2=0$

$5A_{11}+A_{12}+9A_2=11$

$3A_{11}+2A_{12}+A_{13}+27A_2=72$

$9A_{11}-3A_{12}-A_{13}+27A_2=109$,

welches durch die Werte $A_2=3$, $A_{11}=-3$, $A_{12}=-1$, $A_{13}=2$ gelöst wird. Also:

$$r(x)=\frac{11x^2+72x+109}{(x+3)^3\cdot(x-1)}=\frac{-3}{(x+3)}+\frac{-1}{(x+3)^2}+\frac{2}{(x+3)^3}+\frac{3}{(x-1)}.$$

8.5. Folgen und Reihen komplexer Zahlen

Der Begriff des Grenzwerts einer Folge reeller Zahlen wurde mit Hilfe der Betragsfunktion definiert. Da nun für den Betrag komplexer Zahlen die gleichen Rechenregeln wie im Falle reeller Zahlen gelten, liegt es nahe, den Grenzwert-Begriff auf Folgen komplexer Zahlen folgendermaßen zu übertragen:

Definition:

Es sei $(c_n)_{n\in\mathbb{N}}$ eine Folge komplexer Zahlen. $(c_n)_{n\in\mathbb{N}}$ **heißt konvergent gegen** $c\in\mathbb{C}$ **(in Zeichen:** $\lim\limits_{n\to\infty} c_n = c$), falls folgende Bedingung erfüllt ist:

Zu jedem $\varepsilon > 0$ gibt es ein $N(\varepsilon)\in\mathbb{N}$ derart, dass: $|c_n - c| < \varepsilon$ für alle $n \geq N(\varepsilon)$.

Beispiele: a) Für $c_n := \left(1-\dfrac{1}{n}\right) + i\cdot\left(1+\dfrac{1}{n}\right)$ gilt: $\lim\limits_{n\to\infty} c_n = 1+i$; denn

$$\left|c_n - (1+j)\right| = \left|\left(1-\frac{1}{n}\right) + i\cdot\left(1+\frac{1}{n}\right) - (1+i)\right| = \left|-\frac{1}{n} + i\cdot\frac{1}{n}\right| = \sqrt{\frac{1}{n^2}+\frac{1}{n^2}} = \frac{\sqrt{2}}{n} \xrightarrow[n\to\infty]{} 0.$$

b) $\lim\limits_{n\to\infty}\left(\dfrac{1}{2}+i\cdot\dfrac{1}{3}\right)^n = 0;$ denn $\left|\left(\dfrac{1}{2}+i\cdot\dfrac{1}{3}\right)^n\right| = \left|\left(\dfrac{1}{2}+i\cdot\dfrac{1}{3}\right)\right|^n = \left(\sqrt{\dfrac{13}{36}}\right)^n \xrightarrow[n\to\infty]{} 0.$

Für die Grenzwertbildung erhält man die gleichen Regeln wie für den Fall reeller Zahlenfolgen:

Rechenregeln:

Sind $(c_n)_{n\in\mathbb{N}}$ und $(d_n)_{n\in\mathbb{N}}$ Folgen komplexer Zahlen, so folgt aus $\lim\limits_{n\to\infty} c_n = c\in\mathbb{C}$ und $\lim\limits_{n\to\infty} d_n = d\in\mathbb{C}$, dass

$$\lim_{n\to\infty}\left(c_n \pm d_n\right) = c\pm d \quad , \quad \lim_{n\to\infty}\left(c_n\cdot d_n\right) = c\cdot d \qquad \text{und}$$

$$\lim_{n\to\infty}\frac{c_n}{d_n} = \frac{c}{d} \text{ , wenn } d_n \neq 0 \text{ und } d \neq 0 \left(n\in\mathbb{N}\right).$$

Die Definition unendlicher Reihen , die entsprechenden Rechenregeln aus Ab-Abschnitt 2.5. von Kap.II sowie das Majorantenkriterium lassen sich wortwörtlich auf Folgen komplexer Zahlen übertragen: Man erhält so z.B. das folgende Resultat.

Majorantenkriterium:

Es sei $\sum\limits_{n=0}^{\infty} a_n$ eine konvergente Reihe mit $a_n \geq 0$ und $|c_n| \leq a_n$ für alle $n \in \mathbb{N}$.

Dann konvergieren auch $\sum\limits_{n=0}^{\infty} c_n$ und $\sum\limits_{n=0}^{\infty} |c_n|$.

Beispiel: Da für reelle x die Konvergenz der Reihe $\sum\limits_{n=0}^{\infty} \dfrac{x^n}{n!}$ schon in II.,2.5.2.

gezeigt wurde, ist klar, dass für komplexes z die Reihe $\sum\limits_{n=0}^{\infty} \dfrac{|z|^n}{n!}$ konvergiert.

Wegen der Relation $\left|\dfrac{z^n}{n!}\right| = \dfrac{|z|^n}{n!}$ und dem Majorantenkriterium folgt somit, dass

---

die Reihe $\sum\limits_{n=0}^{\infty} \dfrac{z^n}{n!}$ **konvergiert für beliebige** $z \in \mathbb{C}$.

Dies erlaubt nun folgende Definition.

8.6. Exponentialfunktion im Komplexen

8.6.1. Eigenschaften der komplexen Exponentialfunktion

Definition:

Die durch $\exp(z) := \sum\limits_{n=0}^{\infty} \dfrac{z^n}{n!}$ definierte Funktion $\exp : \mathbb{C} \to \mathbb{C}$ heißt
Exponentialfunktion (im Komplexen).

<u>Bemerkung:</u> An Stelle von $\exp(z)$ wird auch die Notation e^z verwendet.

Wie im reellen Fall erhält man auch für die „komplexe" Exponentialfunktion die folgende wichtige „Funktionalgleichung".
Satz:

Für alle $z_1, z_2 \in \mathbb{C}$ gilt: $\exp(z_1 + z_2) = \exp(z_1) \cdot \exp(z_2)$

---

mit der folgenden wichtigen Konsequenz, dass

$$\exp(z) \neq 0 \quad \text{für alle} \quad z \in \mathbb{C} \quad ;$$

denn $\exp(z) \cdot \exp(-z) = \exp(0) = 1$; weshalb $\exp(z)$ nicht 0 sein kann.

Wie im reellen Fall erhält man eine Abschätzung des Fehlers, der entsteht, wenn $\exp(z)$ durch das Näherungspolynom $\sum_{n=0}^{N} \dfrac{z^n}{n!}$ ersetzt wird.

Satz: (Abschätzung des Restglieds):

$$\text{Ist } N \in \mathbb{N} \text{ , so gilt für jedes } z \in \mathbb{C} \quad \text{mit} \quad |z| < 1 + \frac{N}{2}:$$

$$\exp(z) = \sum_{n=0}^{N} \frac{z^n}{n!} + r_{N+1}(z) \quad \text{mit } |r_{N+1}(z)| \leq 2 \cdot \frac{|z|^{(N+1)}}{(N+1)!} \ .$$

<u>Bemerkung:</u> $\exp(z)$ kann also beliebig genau durch den Polynomausdruck $1 + z + \dfrac{1}{2!} \cdot z^2 + \dfrac{1}{3!} \cdot z^3 + ... + \dfrac{1}{N!} \cdot z^N$ dargestellt werden, sofern der Grad N des Polynoms genügend groß gewählt ist.

Für die Anwendung der Analysis z.B. in der E-Technik ist es von zentraler Bedeutung, die Lage der speziellen komplexen Zahlen $\exp(i \cdot x)$ mit reellem x genau zu kennen.

Die komplexen Zahlen $\exp(i \cdot x)$ **mit reellem** x

lassen sich natürlich gemäß der obigen Summendarstellung von $\exp(z)$ in der Form $\exp(i \cdot x) = 1 + i \cdot x + \dfrac{1}{2} \cdot i^2 \cdot x^2 + r_3(ix) = 1 + i \cdot x - \dfrac{1}{2} \cdot x^2 + r_3(ix)$ schreiben;

weshalb für kleine x die Abschätzungen $\text{Re}(\exp(i \cdot x)) \approx 1$ und $\text{Im}(\exp(i \cdot x)) \approx x$ gelten. Eine detailliertere Untersuchung bringt sogar zu Tage, dass $\exp(i \cdot x)$ für reelle x stets auf dem Einheitskreis liegt und dass x dabei die entsprechende Bogenlänge angibt.

Von daher ist dann anschaulich klar, dass

$$e^{ix} = \cos(x) + i \cdot \sin(x).$$

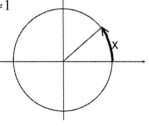

Für den späteren Gebrauch halten wir fest:

8.6.2. Zusammenhang zwischen e-Funktion und trigonometrischen Funktionen.

Satz:

a) Für jedes $t \in \mathbb{R}$ gilt $\mathrm{Re}(e^{i \cdot t}) = \cos(t) = \sum\limits_{k=0}^{\infty} (-1)^k \cdot \dfrac{t^{2k}}{(2k)!} = 1 - \dfrac{t^2}{2!} + \dfrac{t^4}{4!} - \ldots$

$\mathrm{Im}(e^{i \cdot t}) = \sin(t) = \sum\limits_{k=0}^{\infty} (-1)^k \cdot \dfrac{t^{2k+1}}{(2k+1)!} = t - \dfrac{t^3}{3!} + \dfrac{t^5}{5!} - \ldots$

$e^{it} = \cos(t) + i \cdot \sin(t)$ (**Euler´sche Formel**),

$\overline{e^{it}} = e^{-it}$ und $\left| e^{it} \right| = 1.$ e^{it} liegt also auf dem Einheitskreis.

b) Ist t positive reelle Zahl, so hat der zu e^{it} gehörende Kreisbogen von der positiven reellen Achse zu e^{it} (gegen den Uhrzeigersinn) die Länge t .

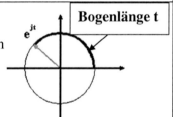

Bogenlänge t

Begründung:

Wegen $\mathrm{Re}(i^{2k+1}) = \mathrm{Re}(i \cdot (-1)^k) = 0$, $\mathrm{Re}(i^{2k}) = \mathrm{Re}((-1)^k) = \pm 1$,

$\mathrm{Im}(i^{2k+1}) = \mathrm{Im}(i \cdot (-1)^k) = \pm 1$ und $\mathrm{Im}(i^{2k}) = \mathrm{Im}((-1)^k) = 0$ ist klar, dass

$\mathrm{Re}(e^{i \cdot t}) = \mathrm{Re}(\sum\limits_{k=0}^{\infty} \dfrac{(i \cdot t)^k}{k!}) = \sum\limits_{k=0}^{\infty} \dfrac{1}{k!} \cdot \mathrm{Re}(i^k) \cdot t^k = \sum\limits_{n=0}^{\infty} \dfrac{(-1)^n}{(2n)!} \cdot t^{2n} = \cos(t)$ und

$\mathrm{Im}(e^{i \cdot t}) = \mathrm{Im}(\sum\limits_{k=0}^{\infty} \dfrac{(i \cdot t)^k}{k!}) = \sum\limits_{k=0}^{\infty} \dfrac{1}{k!} \cdot \mathrm{Im}(i^k) \cdot t^k = \sum\limits_{n=0}^{\infty} \dfrac{(-1)^{2n+1}}{(2n+1)!} t^{(2n+1)} = \sin(t)$,

also dass $e^{it} = \cos(t) + i \cdot \sin(t)$. Die restliche Behauptung von a) ergibt sich demnach sofort aus den Gleichungen:

$\overline{e^{it}} = \overline{\cos(t) + i \cdot \sin(t)} = \cos(t) - i \cdot \sin(t) = \cos(-t) + i \cdot \sin(-t) = e^{-it}$ und

$\left| e^{it} \right|^2 = e^{it} \cdot \overline{e^{it}} = e^{it} \cdot e^{-it} = e^{it-it} = e^0 = 1.$ Aussage b) kann als anschauliche

Konsequenz von $e^{it} = c\,os(t) + i \cdot \sin(t)$ betrachtet werden, sofern man sich auf die Schuldefinition von cosinus und sinus bezieht. Wem der Bezug auf die Anschauung zu riskant erscheint, kann im Anhang zu diesem Abschnitt eine korrekte Herleitung von Aussage b) nachlesen.

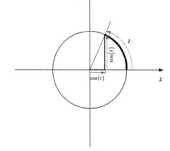

8.7. Polarkoordinatendarstellung komplexer Zahlen

Ist (a+i·b) eine komplexe Zahl, so bildet die durch 0 und (a, b) gehende Gerade einen Schnittpunkt

mit dem Einheitskreis, nämlich $\dfrac{1}{\sqrt{a^2+b^2}} \cdot (a + i \cdot b)$.

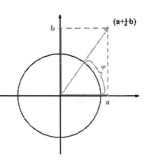

Dieser Punkt bildet mit der positiven x-Achse den Winkel φ (Bogenmaß).

Es ist dann: $(a + i \cdot b) = \sqrt{a^2 + b^2} \cdot e^{i \cdot \varphi}$.

Auf diese Weise erhält man folgende

Darstellung von $(a + i \cdot b) \in \mathbb{C}$ **in Polarkoordinaten :**

$a + i \cdot b = r \cdot e^{i \cdot \varphi}$ mit $r = \sqrt{a^2 + b^2}$ und $\varphi =$ Bogenmaß des Winkels (gegen den Uhrzeigersinn) zwischen der positiven x-Achse und dem Strahl durch $a + i \cdot b$.

Man nennt φ ein Argument von a+i·b =: z in Zeichen: φ = arg(z) .

Bemerkung: Besonders einfach lässt sich die komplexe Multiplikation in Polarkoordinaten darstellen:

Satz:

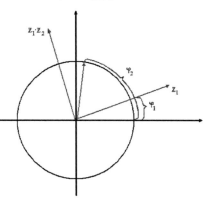

Für $z_1 = r_1 \cdot e^{i\varphi_1}$ und $z_2 = r_2 \cdot e^{i\varphi_2}$ gilt:

$z_1 \cdot z_2 = r_1 \cdot r_2 \cdot e^{i\varphi_1} \cdot e^{i\varphi_2} = r_1 \cdot r_2 \cdot e^{i(\varphi_1 + \varphi_2)}$.

Die Multiplikation von komplexen Zahlen führt also auf die Addition der entsprechenden Winkel.

8.8. Anhang zu Kapitel III:

8.8.1. Nachtrag zu 8.6.2.

Satz 1: Für jedes $t \in \mathbb{R}$ gilt: $\qquad \lim_{n \to 0}\left(2 \cdot n \cdot \mathrm{Im}(\exp(\frac{i \cdot t}{2 \cdot n}))\right) = t$

Begründung: Es seien $t \in \mathbb{R}$ und $N := 2$. Außerdem sei n_0 eine natürliche Zahl

mit $n_0 > \dfrac{|t|}{4}$. Dann gilt für alle $n \geq n_0$: $\dfrac{|j \cdot t|}{2n} = \dfrac{|t|}{2n} \leq \dfrac{|t|}{2n_0} < 2 = 1 + \dfrac{N}{2}$ also:

$\left|\dfrac{i \cdot t}{2n}\right| < 1 + \dfrac{N}{2}$. Wie aus Abschnitt II.2.6.1. zu entnehmen, gilt also für $n \leq n_0$:

$e^{\frac{it}{2n}} = 1 + \dfrac{it}{2n} + \dfrac{i^2 t^2}{4n^2 \cdot 2} + r_3\left(\dfrac{it}{2n}\right)$ mit $\left|r_3\left(\dfrac{it}{2n}\right)\right| \leq 2 \cdot \dfrac{|i|^3 \cdot |t|^3}{3! \cdot (2n)^3} = \dfrac{|t|^3}{3 \cdot 8 \cdot n^3}$.   Also:

$\left|2n \cdot \mathrm{Im}\left(e^{\frac{it}{2n}}\right) - t\right| = \to \left|2n \cdot \left[\dfrac{t}{2n} + \mathrm{Im}\left(r_3\left(\dfrac{it}{2n}\right)\right)\right] - t\right| =$

$= \left|t + 2n \cdot \mathrm{Im}\left(r_3\left(\dfrac{it}{2n}\right)\right) - t\right| = 2n \cdot \left|\mathrm{Im}\left(r_3\left(\dfrac{it}{2n}\right)\right)\right| \leq 2n \cdot \left|r_3\left(\dfrac{it}{2n}\right)\right| \leq \dfrac{2 \cdot n \cdot |t|^3}{3 \cdot 8 \cdot n^3} \xrightarrow[n \to \infty]{} 0$,

woraus die Behauptung von Satz 1 folgt.

Satz 2: Ist t positive reelle Zahl, so hat der zu e^{it} gehörende Kreisbogen von der positiven reellen Achse zu e^{it} (gegen den Uhrzeigersinn) die Länge t.

Begründung: Die Länge des Polygonzugs von $\exp(i \cdot 0) = 1$ über $\exp(i \cdot \dfrac{t}{n})$,

$\exp(i \cdot 2 \cdot \dfrac{t}{n})$ usw. bis $\exp(i \cdot n \cdot \dfrac{t}{n}) = \exp(i \cdot t)$

ist gegeben durch

$L_n = \left|\exp(i \cdot \dfrac{t}{n}) - \exp(0)\right| +$

$+ \left|\exp(i \cdot 2 \cdot \dfrac{t}{n}) - \exp(i \cdot \dfrac{t}{n})\right| +$

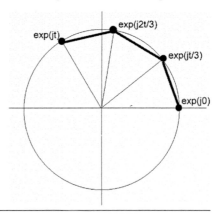

$$+\left|\exp(i\cdot 3\cdot\frac{t}{n})-\exp(i\cdot 2\cdot\frac{t}{n})\right|+...\ +\left|\exp(j\cdot t)-\exp(j\cdot(n-1)\cdot\frac{t}{n})\right|=$$

$$=\left|\exp(i\cdot\frac{t}{n})-\exp(0)\right|+\left|\exp(i\cdot\frac{t}{n})\cdot(\exp(i\cdot\frac{t}{n})-\exp(i\cdot 0)\right|+$$

$$+\left|\exp(i\cdot 2\cdot\frac{t}{n})\cdot(\exp(i\cdot\frac{t}{n})-\exp(i\cdot 0)\right|+...+\left|\exp(i\cdot(n-1)\cdot\frac{t}{n})\cdot(\exp(i\cdot\frac{t}{n})-\exp(i\cdot 0)\right|=$$

$$=\left|\exp(i\cdot\frac{t}{n})-\exp(0)\right|+\underbrace{\left|\exp(i\cdot\frac{t}{n})\right|}_{=1}\cdot\left|(\exp(i\cdot\frac{t}{n})-\exp(i\cdot 0)\right|+$$

$$+\underbrace{\left|\exp(i\cdot 2\cdot\frac{t}{n})\right|}_{=1}\cdot\left|(\exp(i\cdot\frac{t}{n})-\exp(i\cdot 0)\right|+...+$$

$$+\underbrace{\left|\exp(i\cdot(n-1)\cdot\frac{t}{n})\right|}_{=1}\cdot\left|(\exp(i\cdot\frac{t}{n})-\exp(i\cdot 0)\right|=n\cdot\left|\exp(j\cdot\frac{t}{n})-\exp(0)\right|=$$

$$=n\cdot\left|\exp(j\cdot\frac{t}{2n})\cdot(\exp(j\cdot\frac{t}{2n})-\exp(-j\cdot\frac{t}{2n}))\right|=$$

$$=n\cdot\underbrace{\left|\exp(i\cdot\frac{t}{2n})\right|}_{=1}\cdot\left|\exp(i\cdot\frac{t}{2n})-\exp(-i\cdot\frac{t}{2n})\right|=n\cdot\left|2\cdot i\cdot\mathrm{Im}(\exp(i\cdot\frac{t}{2n}))\right|=$$

$$=\left(2\cdot n\cdot\mathrm{Im}(\exp(\frac{i\cdot t}{2\cdot n}))\right)\xrightarrow[n\to\infty]{}t\ ;\ \text{wobei die letzte Grenzwertbeziehung auf}$$

Satz 1 zurückgeht und besagt, dass die Länge der Polygonzüge bei Annäherung an den Bogen gegen t konvergiert, dass also der Bogen selbst die Länge t hat.

8.8.2. Vietas Wurzelsatz für quadratische Gleichungen

Satz:

Sind a und b reelle Zahlen mit $\left(\frac{b}{2}\right)^2+a>0$, so sind die beiden Nullstellen

$y_{1/2}=-\frac{b}{2}\pm\sqrt{\left(\frac{b}{2}\right)^2+a}$ des Polynoms $x^2+b\cdot x-a$ Lösungen des Gleichungs-

systems $\begin{array}{l}y_1\cdot y_2\ =-a\\ y_1+y_2=-b\end{array}$.

Begründung: $y_1\cdot y_2=\left(-\frac{b}{2}+\sqrt{\left(\frac{b}{2}\right)^2+a}\right)\cdot\left(-\frac{b}{2}-\sqrt{\left(\frac{b}{2}\right)^2+a}\right)=\left(\frac{b}{2}\right)^2-\left(\left(\frac{b}{2}\right)^2+a\right)=-a,$

und $y_1 + y_2 = -b$.

8.8.3. Skizze der Herleitung von Cardanos Formel

Es geht hier um die Bestimmung der Lösungen von $z^3 + a \cdot z + b = 0$. Man prüft leicht nach, dass $(u+v)^3 = 3 \cdot u \cdot v \cdot (u+v) + (u^3 + v^3)$. Schreibt man nun die gegebene Gleichung $z^3 + a \cdot z + b = 0$ um zu $z^3 = -a \cdot z - b$ und stellt diese der Gleichung $(u+v)^3 = 3 \cdot u \cdot v \cdot (u+v) + (u^3 + v^3)$ gegenüber, so sieht man folgendes:

Wenn u und v so gewählt werden, dass 3uv = -a und $u^3 + v^3 = -b$, dann ist u+v Lösung der Gleichung $z^3 + a \cdot z + b = 0$. Es sind also u und v so zu bestimmen,

dass für $y_1 = u^3$ und $y_2 = v^3$ das Gleichungssystem $\begin{aligned} y_1 \cdot y_2 &= -\left(\dfrac{a}{3}\right)^3 \\ y_1 + y_2 &= -b \end{aligned}$ lösen.

Gemäß 8.8.2. leisten $y_{1/2} = -\dfrac{b}{2} \pm \sqrt{\left(\dfrac{b}{2}\right)^2 + \left(\dfrac{a}{3}\right)^3}$ das Verlangte, weshalb dann

$$u+v = \sqrt[3]{y_1} + \sqrt[3]{y_2} = \sqrt[3]{-\dfrac{b}{2} + \sqrt{\left(\dfrac{b}{2}\right)^2 + \left(\dfrac{a}{3}\right)^3}} + \sqrt[3]{-\dfrac{b}{2} - \sqrt{\left(\dfrac{b}{2}\right)^2 + \left(\dfrac{a}{3}\right)^3}}$$ Lösung von

$z^3 + a \cdot z + b = 0$ ist.

9. Aufgaben

Aufgabe 1: Es sollen die Umkehrfunktionen von

$$f : \left(\left] -\infty, \frac{3}{2} \right] \setminus \{1\} \right) \ \to \ ]-\infty, -4] \cup]0, \infty[\qquad \text{und von} \qquad g : \left(\left[\frac{3}{2}, \infty \right[\setminus \{2\} \right) \ \to \ ]-\infty, -4] \cup]0, \infty[$$

$$x \to \frac{1}{\left(x^2 - 3x + 2 \right)} \qquad\qquad\qquad\qquad x \to \frac{1}{\left(x^2 - 3x + 2 \right)}$$

bestimmt werden.

Aufgabe 2: Bestimmen Sie ein Polynom $p(x)$ zweiten Grades mit $p(3) = 3$, $p(5) = -1$ und $p(6) = 1$.

Aufgabe 3: Man zeige, dass mit f und g auch $f + g$, $f \cdot g$ und $f \circ g$ stetig sind.

Aufgabe 4: Man beweise die Stetigkeit von $x \to x^{\frac{p}{q}}$; wobei $x^{\frac{p}{q}} := \sqrt[q]{x^p}$.

Aufgabe 5: a) Man zeige mit Hilfe der Resultate von Aufgabe 23 aus Kap.II, dass $_a\log :]0, \infty[\to \mathbb{R}$ stetig und streng wachsend ist, wenn $a > 1$ und streng abnehmend, wenn $a < 1$. Außerdem weise man die Gültigkeit der folgenden Rechenregeln nach (;wobei log statt $_a\log$ geschrieben wird)

b) $\log(x \cdot y) = \log(x) + \log(y)$ $(x, y \in]0, \infty[)$,   c) $\log(x^y) = y \cdot \log(x)$ $(x > 0, y \in \mathbb{R})$ d) $\log(1) = 0$,

e) $\log(a) = 1$,   f) $a^{\log(x)} = x$ $(x > 0)$,   g) $\log\left(\frac{x}{y}\right) = \log(x) - \log(y)$ $(x, y > 0)$,

h) $\log\left(\sqrt[p]{x}\right) = \frac{1}{p} \cdot \log(x)$ $(x > 0, p \in \mathbb{N})$.

Aufgabe 6: Folgern Sie aus dem Ergebnis von Aufgabe 23 aus Kap.II, dass die Potenzfunktion $g_\zeta :]0, \infty[\to]0, \infty[$ stetig und streng wachsend ist, wenn $\zeta > 0$ und streng abnehmend, wenn $\zeta < 0$.

$$x \to x^\zeta$$

Weisen Sie außerdem die Gültigkeit der folgenden Rechenregel nach: $g_\zeta(x \cdot y) = g_\zeta(x) \cdot g_\zeta(y)$ $(x, y \geq 0)$.

Aufgabe 7: Leiten Sie aus dem Additionstheorem die folgenden Gleichungen ab:

a) $1 + \cos(\varphi) = 2\cos^2(\frac{\varphi}{2})$ b) $\sin(\varphi) = 2\sin(\frac{\varphi}{2}) \cdot \cos(\frac{\varphi}{2})$ und   c) $\sin(\varphi) + \sin(\psi) = 2\sin(\frac{\varphi + \psi}{2}) \cdot \cos(\frac{\varphi - \psi}{2})$.

Aufgabe 8: Bestimmen Sie D und W so, dass $\begin{array}{c} f : D \to W \\ f(x) := \ln(7x + 3) \end{array}$ umkehrbar ist. Bestimmen Sie f^{-1} .

Aufgabe 9: Zeigen Sie, dass für $x > 0$ die Gleichung $x^{\sqrt{2}} = e^{\sqrt{2}\ln(x)}$ gilt.

Aufgabe 10: Bestimmen Sie D und W so, dass $f : D \to W$ umkehrbar ist.

$$f(x) := e^{\sin(x)}$$

Aufgabe 11: Bestimmen Sie alle reellen x, welche der folgenden Gleichung, bzw. Ungleichung genügen:

a) $\dfrac{1}{x+3} + \dfrac{1}{x-3} = \dfrac{6}{x^2 - 9}$.   b) $e^{2x} + e^x - 2 = 0$.   c) $|5 - 3 \cdot x| < 2$.

Aufgabe 12: Der Cosinussatz besagt folgendes $\left|\overrightarrow{RQ}\right|^2 = \left|\overrightarrow{PR}\right|^2 + \left|\overrightarrow{PQ}\right|^2 - 2 \cdot \cos(\alpha) \cdot \left|\overrightarrow{PQ}\right| \cdot \left|\overrightarrow{PR}\right|$. Begründen Sie

diesen Satz, indem Sie das Dreieck in zwei rechtwinklige Dreiecke zerlegen und auf beide rechtwinkligen Dreiecke den Satz von Pythagoras anwenden.

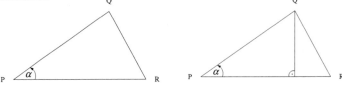

Aufgabe 13: Bestimmen Sie alle Nullstellen von

a) $f : \mathbb{R} \to \mathbb{R}$
$f(x) := \sin(8 \cdot x - 1)$

b) $g :]0, \infty[\to \mathbb{R}$
$g(x) := \sin(\ln(x))$

und

c) $h : \mathbb{R} \to \mathbb{R}$
$h(x) := \sin\left(x^2\right)$

Aufgabe 14: Konstruieren Sie eine rationale Funktion mit einer Nullstelle in $x = 2$ und mit Polstellen in $x = 1$, $x = 3$ und $x = 5$.

Aufgabe 15: Für welche $p \in \mathbb{R}$ besitzt das Gleichungssystem $3 \cdot x + p \cdot y + z = 0$ mit den Unbekannten x, y, z genau eine Lösung? $\qquad 2 \cdot x - p \cdot y + z = 0$.

Aufgabe 16: Im folgenden werde ein symmetrisches Gelenk-viereck $A_1 B_1 B_2 A_2$ (wie in neben stehender Graphik) betrachtet.

Dieses Gelenkviereck habe einen festen Steg $A_1 A_2$ (Länge 2a), eine bewegliche Koppel $B_1 B_2$ (Länge 2b), gleiche Kurbelradien $r = A_1 B_1 = A_2 B_2$ und ein gleichschenkliges Koppeldreieck $B_1 B_2 C$, festgelegt durch seine Höhe c (siehe Bild).

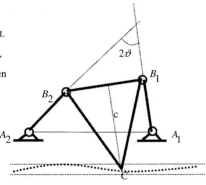

Zur analytischen Beschreibung der vom Punkt C im Verlauf der Bewegung durchlaufenen symmetrischen Koppelkurve diene ein kartesisches Koordinatensystem, dessen Ursprung in der Mitte des die x-Achse abgebenden Stegs liegt, so dass den Lagerpunkten A_1 und A_2 die Koordinatenpaare (a,0) und (-a,0) zukommen.

Als Bewegungsparameter werde der von den Kurbeln eingeschlossene Winkel 2ϑ verwendet. In der zweiten Graphik ist das Stabpaar $A_1 B_1 B_2$ zu einem Parallelogramm $A_1 B_1 B_2 N$ ergänzt. Das dadurch entstehende gleichschenklige Dreieck $A_2 N B_2$ hat in B_2 den Scheitelwinkel 2ϑ. Man zeige nun, dass die Koordinaten des Punktes C folgendermaßen von ϑ abhängen:

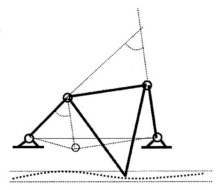

$$x(\vartheta) = \frac{b \cdot ctg(\vartheta) + c}{2ab} \sqrt{4a^2 b^2 - (a^2 + b^2 - r^2 \sin^2(\vartheta))^2}$$

$$y(\vartheta) = a \cdot ctg(\vartheta) - \frac{b \cdot ctg(\vartheta) + c}{2ab} \cdot (a^2 + b^2 - r^2 \sin^2(\vartheta)).$$

Aufgabe 17: $f : \mathbb{R} \to \mathbb{R}$ sei eine stetige Funktion, welche die Bedingung $f(x+y) = f(x) + f(y)$ für alle $x, y \in \mathbb{R}$ erfüllt. Weisen Sie der Reihe nach die folgenden Aussagen nach:

a) $f(k) = k \cdot f(1)$ gilt für alle $k \in \mathbb{Z}$, b) $f(r) = r \cdot f(1)$ gilt für alle rationalen r.

c) $f(r) = r \cdot f(1)$ gilt für alle reellen r.

Aufgabe 18: $f : \mathbb{R} \to \,]0, \infty[$ sei stetig und genüge der Bedingung $f(x+y) = f(x) \cdot f(y)$ für alle $x, y \in \mathbb{R}$. Zeigen Sie unter Verwendung von 17 c), dass für $a := f(1)$ und $\tilde{f}(x) := \log_a(f(x))$ die Gleichung $\tilde{f}(x) = x$, also $f(x) = a^x$ für alle $x \in \mathbb{R}$ gilt.

Aufgabe 19: Es sei $a > 0$ und $a \neq 1$. Außerdem genüge $f : \,]0, \infty[\, \to \mathbb{R}$ den Bedingungen $f(a) = 1$ und $f(x \cdot y) = f(x) + f(y)$ für alle $x, y \in \,]0, \infty[$. Man zeige nun, dass die stetige Funktion $\tilde{f}(x) := f(a^x)$ die Bedingung $\tilde{f}(x) = x$ für alle $x \in \mathbb{R}$ erfüllt und dass damit $f(y) = \log_a(y)$ für alle $y > 0$ gilt.

Aufgabe 20: $f : \,]0, \infty[\, \to \,]0, \infty[$ sei stetig und genüge der Bedingung $f(x \cdot y) = f(x) \cdot f(y)$ für alle $x, y \in \,]0, \infty[$. Zeigen Sie , dass für die stetige Funktion $\tilde{f}(x) := \log_a(f(a^x))$ die Relationen $\tilde{f}(x) := \xi \cdot x$ und $f(y) = y^{\xi}$ für alle $x, y \in \,]0, \infty[$ und für geeignetes ξ gelten.

Aufgabe 21: Man zeige, dass $\cos^2(\arctan(x)) = \dfrac{1}{1+x^2}$ für alle $x \in \mathbb{R}$ gilt.

Aufgabe 22: Man zeige, dass $\sin^2(arc\,cotan(x)) = \dfrac{1}{1+x^2}$ für alle $x \in \mathbb{R}$ gilt.

Aufgabe 23: Wird ein Körper senkrecht nach oben geworfen, so erreicht er t Sekunden nach Abwurf eine Höhe von $s(t)$ Metern; wobei folgender Zusammenhang zwischen t und $s(t)$ besteht: $s(t) = v_0 \cdot t - \dfrac{1}{2} \cdot g \cdot t^2$ mit

$v_0 :=$ Abwurfgeschwindigkeit in $\dfrac{m}{s}$ und $g := 9{,}81 \dfrac{m}{s^2}$. Bestimmen Sie die Maximalhöhe s_0 sowie den Zeitpunkt t_0 , bei dem die Maximalhöhe erreicht wird.

Aufgabe 24: Man bestimme Real- und Imaginärteil von $Z := \dfrac{1 + 3i}{1 - 3i}$, und außerdem die Polarkoordinatendarstellung von Z.

Aufgabe 25: Für geeignetes $A \in \mathbb{R}$ und $\varphi \in [0, 2\pi[$ gilt $\cos\left(\omega \cdot t + \dfrac{\pi}{4}\right) + \sin\left(\omega \cdot t + \dfrac{5}{4}\pi\right) = A \cdot \cos(\omega \cdot t + \varphi)$. Berechnen Sie A und φ.

Aufgabe 26: Gegeben seien zwei sinusförmige Spannungsverläufe $V_1(t) := \cos\left(\omega \cdot t + \dfrac{\pi}{4}\right)$ und $V_2(t) := -\cos\left(\omega \cdot t + \dfrac{3}{4}\pi\right)$. Bestimmen Sie Amplitude und Phase der Summenspannung $V_1(t) + V_2(t)$.

Aufgabe 27: Bestimmen Sie mit Hilfe der Zeigerrechnung A und φ für

a) $2 \cdot \cos(3t - 2) + \sin(3t) = A \cdot \cos(3t + \varphi)$,   b) $\sin(3t + 1) - \sin(3t) = A \cdot \cos(3t + \varphi)$,

c) $3 \cdot \sin(3t + 2) + \cos(3t + \pi) = A \cdot \cos(3t + \varphi)$.

Aufgabe 28: Man berechne die Partialbruchentwicklung von $\dfrac{4x^2 - 7x - 1}{(x-1)^2 \cdot (x-2)}$.

Aufgabe 29: a) Sind folgende Reihen konvergent? Begründen Sie Ihre Antwort!

$$\sum_{n=0}^{\infty}\left(\frac{1}{2}\cdot\sin(n)\right)^n \quad , \quad \sum_{n=0}^{\infty}\frac{e^{n\cdot i}}{n!}.$$

b) Zeigen Sie, dass $\displaystyle\sum_{n=1}^{\infty}\frac{x^n}{n^n}\cdot\cos(n\cdot x)$ für jedes $x\in\mathbb{R}$ konvergiert.

Aufgabe 30: Bestimmen Sie die Partialbruchentwicklung von $\dfrac{x^2+1}{(x+1)(x-2)(x+3)}$.

Aufgabe 31: a) Geben Sie die Polarkoordinatendarstellung von $2-2i$ an.

b) Bestimmen Sie Real- und Imaginär-Teil von $\dfrac{1-i}{1+i}$.

Aufgabe 32: Bestimmen Sie $r\in\mathbb{R}$ und $\varphi\in\mathbb{R}$ so, dass $3-i\cdot 4 = r\cdot e^{i\cdot\varphi}$.

Aufgabe 33: a) Ermitteln Sie sämtliche reellen x, für die $x^2-2x=8$ gilt.

b) Stellen Sie $\left\{x\in\mathbb{R}\,\middle|\,x^2-2x>8\right\}$ als Vereinigung von zwei Intervallen dar.

Aufgabe 34: Ermitteln Sie jeweils Realteil und Imaginärteil von $\dfrac{3-i\cdot 4}{1+i}$ und von $e^{i\cdot\frac{3}{2}\cdot\pi}$.

Aufgabe 35: a) Man bestimme Realteil und Imaginärteil folgender komplexer Zahlen:

$$\frac{3+2\cdot i}{2+3\cdot i}, \quad (1+i)\cdot e^{i\cdot\frac{\pi}{2}}, \quad \exp(e^{-i\frac{\pi}{2}}).$$

b) Man bestimme die Polar-Koordinaten-Darstellung der komplexen Zahlen aus a).

c) Man bestimme $\displaystyle\lim_{n\to\infty}\frac{3+n\cdot i}{2+n\cdot i}$ und $\displaystyle\lim_{n\to\infty}\exp(-\frac{n}{2}+i\cdot\cos(n-\pi))$.

d) Gegeben sei die Funktion $f:[0,2\pi]\to\mathbb{C}$. Finden Sie komplexe Zahlen c_0,c_1,c_2,c_3 so,

$$\varphi\to e^{i\cdot\varphi}$$

dass $f(\varphi)\approx c_0+c_1\cdot\varphi+c_2\cdot\varphi^2+c_3\cdot\varphi^3$ für alle $\varphi\in[0,2\pi]$.

Aufgabe 36: Man zeige, dass im Fall $m=\dfrac{2}{3}$ auch bei variierendem

$t\in\mathbb{R}$ die Form des aus den Punkten

$$Z_0(t):=x_P(t)=x_P(t)=i\cdot(m-1)\cdot a\cdot e^{i\cdot t}+b\cdot i\cdot e^{i\cdot(1-m)\cdot t},$$

$$Z_1(t):=x_P(t-2\pi)=i\cdot(m-1)\cdot a\cdot e^{i\cdot t}+b\cdot i\cdot e^{i2\pi m}\cdot e^{i\cdot(1-m)\cdot t} \text{ und}$$

$$Z_2(t):=x_P(t-4\pi)=i\cdot(m-1)\cdot a\cdot e^{i\cdot t}+b\cdot i\cdot e^{i4\pi m}\cdot e^{i\cdot(1-m)\cdot t}$$

gebildeten Dreiecks unverändert bleibt.

Aufgabe 37: Man mache sich zunächst klar, dass die binomische Formel

$$(a+b)^n = a^n+\binom{n}{1}a^{n-1}\cdot b+\binom{n}{2}a^{n-2}\cdot b^2+...+\binom{n}{n-1}a\cdot b^{n-1}+b^n = \sum_{k=0}^{n}\binom{n}{k}\cdot a^{n-k}\cdot b^k \text{ auch für}$$

komplexe Zahlen a und b gilt. Dann weise man die Gleichung $\cos(5t)=$

$$=(\cos(t))^5-\binom{5}{2}(\cos(t))^3\cdot(\sin(t))^2+\binom{5}{4}(\cos(t))\cdot(\sin(t))^4 \text{ mitHilfe der binomischen Formel nach.}$$

Aufgabe 38: Für jede Folge $(x_n)_{n\geq 0}$ in $[a,b] \subset \mathbb{R}$ existiert ein $h \in [a,b]$ mit folgender Eigenschaft: Zu jedem $\varepsilon > 0$ gilt $x_n \in \,]h-\varepsilon, h+\varepsilon[$ für unendlich viele $n \in \mathbb{N}$. $h \in [a,b]$ heißt dann übrigens Häufungspunkt von $(x_n)_{n\geq 0}$. Beweisen Sie dieses Resultat von Bolzano-Weierstrass, indem Sie das Supremumsprinzip auf die Menge $M := \{x \in [a,b] \mid x_n > x \text{ für höchstens endlich viele } n\}$ anwenden.

Aufgabe 39: Für stetiges $f : [a,b] \to \mathbb{R}$ ist $\{f(x) \mid x \in [a,b]\}$ beschränkt, und es gilt $\sup\{f(x) \mid x \in [a,b]\} =$
$= f(x_0)$ für ein geeignetes $x_0 \in [a,b]$ und $\inf\{f(x) \mid x \in [a,b]\} = f(x_1)$ für ein geeignetes $x_1 \in [a,b]$. Man weise dies unter Ausnutzung des Supremumsprinzips nach.

Aufgabe 40: Jede stetige Funktion $f : [a,b] \to \mathbb{R}$ ist sogar gleichmäßig stetig; d.h. zu jedem $\varepsilon > 0$ gibt es ein $\delta > 0$ derart, dass aus $|x-y| \leq \delta$ folgt, dass $|f(x)-f(y)| \leq \varepsilon$.

IV. Infinitesimalrechnung

Historisches: Infinitesimalrechnung ist ein Sammelbegriff für die Bereiche Integration und Differenziation, die beiden Hauptgegenstände dieses Kapitels. Die Ursprünge der Infinitesimalrechnung lassen sich bis in die Antike zurückverfolgen. Damals handelte es sich meist um die Berechnung von Flächen und Volumina, also aus heutiger Sicht um Integration, die in Abschnitt 2 näher betrachtet werden soll. Differenziation dagegen ist ein relativ junger Begriff, der sich erst im 17ten Jahrhundert entwickelte. Es geht dabei darum, für jeden Punkt $\left(x_0, f\left(x_0\right)\right)$ des Graphen einer

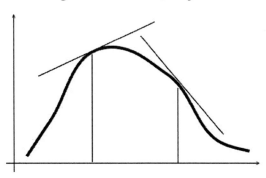

Funktion f die Steigung einer sich in diesem Punkt an den Graph anschmiegenden Tangente zu bestimmen. Zu Beginn des 17ten Jahrhunderts häuften sich Probleme, die letzten Endes alle auf eine solche Aufgabenstellung hinausliefen, wie zum Beispiel bei Galilei, der den Geschwindigkeits-begriff zu präzisieren suchte, oder bei Fermat, der zu bestimmende Maximalstellen von Funktionen als Punkte mit Tangentensteigung Null identifizierte oder bei Descartes, der die Oberflächen von Sammellinsen optimieren wollte. Viele dieser Gelehrten kamen damals einer Lösung des Problems recht nahe. Der Durchbruch gelang dann Newton und Leibniz, die heute als die Begründer der Differenzialrechnung gelten. Versucht man allerdings in ihren Arbeiten die heute übliche und klare Darstellung wieder zu finden, so wird man enttäuscht sein; denn die heutige Form der Differenziation bildete sich dann erst im Laufe der nächsten hundert Jahre bei Euler und später noch deutlicher bei Cauchy und Weierstrass heraus. Hinter dieser langfristigen Entwicklung steckt letzten Endes ein langwieriges Ringen um die Klärung des Grenzwertbegriffs und – damit eng verbunden – des Begriffs der reellen Zahl. Dass dieses Streben nach begrifflicher Klarheit im 17ten und 18ten Jahrhundert noch nicht abgeschlossen war, hinderte die großen Gelehrten jener Zeit wie Leibniz, die Bernoullis, Euler oder Huygens nicht daran, mit dem Werkzeug der Infinitesimalrechnung ein wahres Feuerwerk an neuer Mathematik und Physik in Gang zu setzen, von dem das vorliegende Kap.IV und auch Kap.VI einen Eindruck vermitteln sollen.

1. Differenziation

1.1. Definitionen und Sätze

Definition:

Eine Funktion $f : D \to \mathbb{R}$ mit dem Definitionsbereich $D \subset \mathbb{R}$ heißt **differen-**

zierbar in $x_0 \in D$, wenn der Grenzwert $\displaystyle\lim_{\substack{x \to x_0 \\ x \in D \setminus \{x_0\}}} \frac{f(x) - f(x_0)}{x - x_0}$ existiert.

Dieser Grenzwert wird dann mit $f'(x_0)$ bezeichnet und **Ableitung** oder

Differenzialquotient von f **in** x_0 genannt. Ist f in jedem Punkt $x_0 \in D$

differenzierbar, so heißt f differenzierbar.

Bemerkung: An Stelle von $f'(x_0)$ schreibt man auch $\dfrac{df}{dx}(x_0)$.

Geometrische Deutung

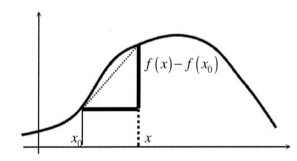

Beispiele:

a) Ist $c \in \mathbb{R}$, so gilt für die durch $f(x) := c$ definierte Funktion $f : \mathbb{R} \to \mathbb{R}$ an

jeder Stelle $x_0 \in \mathbb{R}$: $\qquad f'(x_0) = \displaystyle\lim_{x \to x_0} \frac{f(x) - f(x_0)}{x - x_0} = \lim_{x \to x_0} \frac{c - c}{x - x_0} = 0$.

b) Ist $c \in \mathbb{R}$ und ist $f : \mathbb{R} \to \mathbb{R}$ definiert durch $f(x) = c \cdot x$ so gilt für $x_0 \in \mathbb{R}$:

$f'(x_0) = \displaystyle\lim_{x \to x_0} \frac{f(x) - f(x_0)}{x - x_0} = \lim_{x \to x_0} \frac{c \cdot (x - x_0)}{(x - x_0)} = c$.

c) Ist $f : \mathbb{R} \to \mathbb{R}$ definiert durch $f(x) = x^2$, so gilt für $x_0 \in \mathbb{R}$:

$$f'(x_0) = \lim_{x \to x_0} \frac{x^2 - x_0^2}{x - x_0} = \lim_{x \to x_0} \frac{(x - x_0)(x + x_0)}{x - x_0} = \lim_{x \to x_0} (x + x_0) = 2x_0.$$

d) Für jedes $x_0 \in \mathbb{R}$ ist $\exp'(x_0) = \exp(x_0)$; denn $\lim_{x \to x_0} \dfrac{\exp(x) - \exp(x_0)}{(x - x_0)} =$

$$= \lim_{x \to x_0} \frac{\exp(x_0) \cdot \exp(x - x_0) - \exp(x_0)}{(x - x_0)} = \lim_{x \to x_0} \left(\exp(x_0) \cdot \left[\frac{\exp(x - x_0) - 1}{(x - x_0)} \right] \right) =$$

$$= \exp(x_0) \cdot \underbrace{\lim_{x \to x_0} \frac{\exp(x - x_0) - 1}{(x - x_0)}}_{= 1} = \exp(x_0); \text{ wobei in der letzten Gleichheit die}$$

Relation $\lim_{x \to x_0} \dfrac{\exp(x - x_0) - 1}{(x - x_0)} = 1$ verwendet wurde. Sie kann mit Hilfe der Rest-

gliedabschätzung (für die e-Funktion) hergeleitet werden. Hier nur die Grund-

idee: $\lim_{x \to x_0} \dfrac{\exp(x - x_0) - 1}{(x - x_0)} = \lim_{x \to x_0} \dfrac{[1 + (x - x_0) + r_2(x - x_0)] - 1}{(x - x_0)} =$

$$= \lim_{x \to x_0} \left[\frac{(x - x_0)}{(x - x_0)} + \frac{r_2(x - x_0)}{(x - x_0)} \right] = 1 + \lim_{x \to x_0} \frac{r_2(x - x_0)}{(x - x_0)} = 1, \quad \text{da} \quad \left| \frac{r_2(x - x_0)}{(x - x_0)} \right| \leq \frac{2 \cdot |x - x_0|^2}{2! |x - x_0|} =$$

$$= |x - x_0| \xrightarrow[x - x_0]{} 0.$$

e) Z.B. unter Ausnutzung des Additionstheorems zeigt man wie in d), dass für

jedes $x_0 \in \mathbb{R}$: $\sin'(x_0) = \cos(x_0)$ und $\cos'(x_0) = -\sin(x_0)$.

Wichtig für die praktische Berechnung von Ableitungen ist wieder die Kenntnis
einer Reihe von Regeln, die sich alle leicht aus entsprechenden Grenzwertregeln
in 7.3. von Kap.III ableiten lassen.

Rechenregeln

Ist $\lambda \in \mathbb{R}$, und sind $f : D \to \mathbb{R}$ und $g : D \to \mathbb{R}$ in $x_0 \in D$ differenzierbar, so sind
es auch $f + g$, $f \cdot g$ und $\lambda \cdot f$, und es gilt:

$$(f + g)'(x_0) = f'(x_0) + g'(x_0) \quad , \qquad (\lambda \cdot f)'(x_0) = \lambda \cdot f'(x_0) \quad ,$$

$$(f \cdot g)'(x_0) = f'(x_0) \cdot g(x_0) + f(x_0) \cdot g'(x_0) \quad \text{(Produktregel)}.$$

Wenn $g(x) \neq 0$ für alle $x \in D$, dann gilt

$$\left(\frac{1}{g}\right)'(x_0) = \frac{-g'(x_0)}{\left(g(x_0)\right)^2}$$
\qquad (Quotientenregel).

Satz :

Sind $f: I_1 \to \mathbb{R}$ und $g: I_0 \to I_1$ auf Intervallen I_0 bzw. I_1 definierte Funktionen, und ist f differenzierbar in $g(x_0)$ und g differenzierbar in $x_0 \in I_0$, so ist $f \circ g$ differenzierbar in x_0 und es gilt die

Kettenregel: $(f \circ g)'(x_0) = f'\left(g(x_0)\right) \cdot g'(x_0)$.

Bemerkung: Mit $y = f(z)$ und $z = g(x)$ nimmt die Kettenregel die eingängige

Form $\dfrac{dy}{dx} = \dfrac{dy}{dz} \cdot \dfrac{dz}{dx}$ an.

Ist f umkehrbar, so ergibt die Anwendung der Kettenregel, dass $\quad 1 = \dfrac{dy}{dy}(y_0) =$

$$= \frac{d(f \circ f^{-1})}{dy}(y_0) = \frac{df}{dx}(f^{-1}(y_0)) \cdot \frac{df^{-1}}{dy}(y_0), \quad \text{also} \quad \frac{df^{-1}}{dy}(y_0) = \frac{1}{\dfrac{df}{dx}(f^{-1}(y_0))} \, ,$$

womit folgendes Resultat klar ist.

Satz (Ableitung der Umkehrfunktion):

Es sei $f: I_0 \to I_1$ eine stetige, streng monotone und in x_0 differenzierbare Funktion von Intervall I_0 auf Intervall I_1 mit $f'(x_0) \neq 0$. Dann ist die Umkehrfunktion $f^{-1}: I_1 \to I_0$ in $y_0 := f(x_0)$ differenzierbar, und es gilt:

$$\left(f^{-1}\right)'(y_0) = \frac{1}{f'(x_0)} = \frac{1}{f'\left(f^{-1}(y_0)\right)} \, .$$

Es folgen ein paar
Beispiel – Rechnungen zur Anwendung der Differenziations – Regeln:

a) Ist $f_n: \mathbb{R} \to \mathbb{R}$ für $n \in \mathbb{N}$ definiert durch $f_n(x) := x^n$, so gilt

$$\boxed{f_n'(x_0) = n \cdot (x_0)^{n-1}}.$$ Man beweist dies durch vollständige Induktion über n:

Die Behauptung ist natürlich richtig für $n=1$. Unter der Annahme, dass sie für n gilt, kann dann folgendermaßen auf die Gültigkeit für den Fall $n+1$ geschlossen werden: $f_{n+1}'(x_0) = (f_1 \cdot f_n)'(x_0) = f_1'(x_0) \cdot f_n(x_0) + f_1(x_0) \cdot f_n'(x_0) =$

$$= 1 \cdot (x_0)^n + x_0 \cdot (x_0)^{n-1} \cdot n = (n+1)(x_0)^n.$$

b) Für die durch $f(x) = \dfrac{1}{x^n}$ definierte Funktion $f:]0,\infty[\to \mathbb{R}$ gilt:

$f'(x_0) = -n(x_0)^{-n-1}$ (wie aus der Quotientenregel folgt). Das liefert mit a) folgende Konsequenz:

$$\boxed{\frac{d}{dx}(x^n) = n \cdot x^{n-1} \text{ für alle } n \in \mathbb{Z} \text{ und für } x \neq 0.}$$

c) Aus $\ln'(y_0) = (\exp^{-1})'(y_0) = \dfrac{1}{\exp'(\ln(y_0))} = \dfrac{1}{\exp(\ln(y_0))} = \dfrac{1}{y_0}$ folgt:

$$\boxed{\ln'(y) = \frac{1}{y}.}$$

d) $\arcsin'(y_0) = \dfrac{1}{\sin'(\arcsin y_0)} = \dfrac{1}{\cos(\arcsin y_0)} = \dfrac{1}{\sqrt{1-\sin^2(\arcsin y_0)}} = \dfrac{1}{\sqrt{1-y_0^2}},$

da $\cos^2(x) + \sin^2(x) = 1$, also $\cos(x) = \sqrt{1-\sin^2(x)}$ für alle $x \in \left[-\dfrac{\pi}{2}, \dfrac{\pi}{2}\right]$ und

da $\arcsin(y_0) \in \left[-\dfrac{\pi}{2}, \dfrac{\pi}{2}\right]$. Konsequenz:

$$\boxed{\arcsin'(y) = \frac{1}{\sqrt{1-y^2}}.}$$

e) Es sei $\alpha \in \mathbb{R}$, und $f:]0,\infty[\to \mathbb{R}$ sei definiert durch $f(x) = x^\alpha$. Wegen $x^\alpha =$

$= e^{\alpha \ln(x)}$ gilt dann: $f'(x_0) = \exp(\alpha \cdot \ln(x_0)) \cdot \alpha \cdot \dfrac{1}{x_0} = x_0^\alpha \cdot \alpha \cdot \dfrac{1}{x_0} = \alpha \cdot (x_0)^{\alpha-1}.$

Konsequenz:

$$\boxed{\left(x^{\alpha}\right)' = \alpha \cdot x^{\alpha-1}}.$$

f) Für $a>0$ gilt: $\left(a^x\right)' = \left(e^{x \cdot \ln(a)}\right)' = e^{x \cdot \ln(a)} \cdot \ln(a) = \ln(a) \cdot a^x$. Konsequenz:

$$\boxed{\left(a^x\right)' = \ln(a) \cdot a^x}.$$

g) Wenn $g(y) := \log_a(y)$, dann ist $g = f^{-1}$; wobei $f(x) := a^x$. Also: $g'(y) =$

$$= \left(f^{-1}\right)'(y) = \frac{1}{f'(f^{-1}(y))} = \frac{1}{f'(\log_a(y))} = \frac{1}{\ln(a) \cdot a^{\log_a(y)}} = \frac{1}{\ln(a) \cdot y}, \text{ also}$$

$$\boxed{(\log_a(y))' = \frac{1}{\ln(a) \cdot y}}.$$

h) $\tan'(x) = \left(\dfrac{\sin}{\cos}\right)'(x) = \dfrac{\sin'(x)}{\cos(x)} + \dfrac{\sin(x) \cdot \sin(x)}{(\cos(x))^2} = 1 + \underbrace{\left(\dfrac{\sin(x)}{\cos(x)}\right)^2}_{1+\tan^2(x)} =$

$$= \frac{\cos^2(x) + \sin^2(x)}{\cos^2(x)} = \frac{1}{\cos^2(x)} = 1 + \tan^2(x). \qquad \text{Konsequenz:}$$

$$\boxed{\tan'(x) = \frac{1}{\cos^2(x)} = 1 + \tan^2(x)} \quad .$$

i) $\arctan'(x) = \dfrac{1}{\tan'(\arctan(x))} = \dfrac{1}{\dfrac{1}{\cos^2(\arctan(x))}} = \cos^2(\arctan(x)) = \dfrac{1}{1+x^2}$; wobei

man die letzte Gleichung aus Aufg. 21 zu Kapitel III entnehmen kann, also:

$$\boxed{\arctan'(x) = \frac{1}{1+x^2}} \quad .$$

j) $\text{arc}\cot'(x) = \dfrac{1}{\cot'(\text{arc}\cot(x))} = \dfrac{1}{\dfrac{-1}{\sin^2(\text{arc}\cot(x))}} = -\sin^2(\text{arc}\cot(x)) = \dfrac{-1}{1+x^2}$;

wobei die letzte Gleichung aus Aufg. 22 aus III zu entnehmen ist. Konsequenz:

$$\boxed{\text{arc}\cot'(x) = \frac{-1}{1+x^2}} \quad .$$

Manchmal lohnt es sich, zur Bestimmung der Ableitung einer Funktion $f(x)$ zunächst die Funktion $\ln(f(x))$ abzuleiten, wie die nachfolgenden drei Beispiele zeigen. Man geht dabei nach folgendem Schema vor:

Vorgehensweise bei logarithmischer Ableitung einer Funktion f mit $f > 0$:

1.Schritt:	$y = f(x) > 0$ logarithmieren:	$\ln(y) = \ln(f(x)).$
2.Schritt :	Differenziation :	$\dfrac{1}{y} \cdot y' = \left(\ln(f(x))\right)'.$
3.Schritt :	Multiplikation mit y :	$y' = f(x) \cdot (\ln(f(x))'.$

---

k) $y = \left(x^3 + 1\right)^7$: Im Bereich $]-1,1[$ gilt dann $\ln(y) = \ln\left(\left(x^3+1\right)^7\right) = 7 \cdot \ln(x^3 + 1)$

und $\dfrac{1}{y} \cdot y' = 7 \cdot \dfrac{3 \cdot x^2}{x^3 + 1}$, also: $y' = \dfrac{21 \cdot x^2}{x^3 + 1} \cdot \left(x^3 + 1\right)^7.$

l) $y = \dfrac{(7x - 3)^3}{\sqrt{3x + 2}}$: In einem geeigneten Bereich gilt $\ln(y) = 3 \cdot \ln(7x - 3) -$

$-\dfrac{1}{2} \cdot \ln(3x + 2)$ und $\dfrac{1}{y} \cdot y' = 3 \cdot \dfrac{7}{7x - 3} - \dfrac{1}{2} \cdot \dfrac{3}{3x + 2}$, also

$y' = \dfrac{1}{2} \cdot \left(\dfrac{105x + 93}{21x^2 + 5x - 6}\right) \cdot \dfrac{(7x - 3)^3}{\sqrt{3x + 2}}.$

m) $y = \dfrac{\left(x^2 + 3\right)^5}{\sqrt{x + 1}}$: In einem geeigneten Bereich ist $\ln(y) = 5 \cdot \ln(x^2 + 3) -$

$-\dfrac{1}{2} \cdot \ln(x + 1)$ und $\dfrac{1}{y} \cdot y' = \dfrac{10x}{x^2 + 3} - \dfrac{1}{2 \cdot (x + 1)}$ also

$y' = \dfrac{\left(19x^2 + 20x - 3\right) \cdot \left(x^2 + 3\right)^4}{2 \cdot \left(x + 1\right)^{\frac{3}{2}}}.$

Definition:

Ist $f : I \to \mathbb{R}$ in jedem Punkt des Intervalls I differenzierbar, und ist die

Funktion $f' : I \to \mathbb{R}$ ihrerseits in x_0 differenzierbar, so heißt $\dfrac{d^2 f}{dx^2}\left(x_0\right) :=$

$= f''\left(x_0\right) := (f')'\left(x_0\right)$ die **zweite Ableitung** von f in x_0. Entsprechend definiert man durch vollständige Induktion den Begriff der *k*-maligen Differenzierbarkeit einer Funktion *f* in x_0, und entsprechend auch die **k-te Ableitung** $f^{(k)}(x_0)$ von *f* in x_0.

1.2. Differenziation als Mittel zur Bestimmung des Wachstumsverhaltens von Funktionen

Die Suche nach Extremalstellen von Funktionen stellte, z.B. bei Fermat, eine der Triebfedern zur Entwicklung der Differenzialrechnung dar.
Der Grundgedanke besteht hierbei einfach darin, dass an einer lokalen Extremalstelle die Steigung der Tangente an den Graphen Null sein muss. Hier zunächst die

Definition der lokalen Extrema:

Es seien $f :]a,b[\to \mathbb{R}$ eine Funktion und $x_0 \in]a,b[$. Existiert dann ein $\varepsilon > 0$ derart, dass $f(x_0) \geq f(x)$ $\big(oder\ f(x_0) \leq f(x)\big)$ für alle *x* mit $|x - x_0| < \varepsilon$, so sagt man: **f hat in x_0 ein lokales Maximum (bzw. Minimum).**

Handelt es sich bei x_0 zum Beispiel um ein lokales Minimum, so ist klar, dass sich in einem genügend kleinen Intervall um x_0 herum ausschließlich negative Brüche

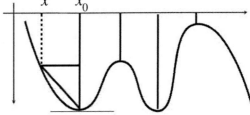

$\dfrac{f(x) - f(x_0)}{x - x_0}$ für $x < x_0$ und positive für $x > x_0$ ergeben, sodass

$$0 \geq \lim_{x \uparrow x_0} \frac{f(x) - f(x_0)}{x - x_0} = \lim_{x \to x_0} \frac{f(x) - f(x_0)}{x - x_0} = \lim_{x \downarrow x_0} \frac{f(x) - f(x_0)}{x - x_0} \geq 0\text{, also}$$

$f'(x_0) = 0$ gilt, sofern Differenzierbarkeit in x_0 vorliegt. Dies ist das so genannte Fermat'sche Extremalkriterium, welches zusammen mit anderen, verwandten Resultaten im folgenden festgehalten ist.

(A) Fermat'sches Extremalkriterium: Hat $f :]a,b[\to \mathbb{R}$ in $x_0 \in]a,b[$ ein lokales Extremum und ist f differenzierbar in x_0, so gilt $f'(x_0)=0$.

(B) Mittelwertsatz: Ist $f : [a,b] \to \mathbb{R}$ stetig und in allen $x \in]a,b[$ differenzierbar, so existiert ein $x_0 \in]a,b[$ mit

$$\frac{f(b)-f(a)}{b-a} = f'(x_0).$$

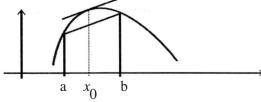

a x_0 b

(C) „Umkehrung von (A)": Wenn $f :]a,b[\to \mathbb{R}$ differenzierbar und in x_0 sogar zweimal differenzierbar ist, dann folgt aus $f'(x_0)=0$, dass in x_0 ein lokales Maximum oder Minimum vorliegt, sofern $f''(x_0)<0$ bzw. $f''(x_0)>0$.

(D) Monotoniekriterium: Ist $f : [a,b] \to \mathbb{R}$ stetig und in allen $x \in]a,b[$ differenzierbar mit $f'(x) \geq 0$ ($f'(x)>0, f'(x) \leq 0, f'(x)<0$), so ist f monoton wachsend (bzw. streng wachsend, (streng) fallend).

Es folgen einige

Anmerkungen zu den obigen Sätzen:

Zu (A): Das Fermat'sche Kriterium schränkt oft die für eine Extremalstelle in Frage kommenden Werte massiv ein, weshalb es für unzählige Optimierungsprobleme aus allen möglichen Bereichen von Mathematik, Naturwissenschaften und Technik eingesetzt wird. Nur ein exemplarisches Optimierungsproblem soll hier erwähnt werden: Ein dem Brechungsgesetz gehorchender Lichtstrahl legt zwischen zwei vorgegebenen Punkten A und B einen ganz bestimmten aus zwei geraden Strecken zusammengesetzten Weg zurück. Es war nun Fermats Vermutung, dass dieser Weg unter allen vergleichbaren Alternativen

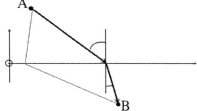

der schnellste sei. Er selbst konnte es nicht beweisen, aber Leibniz war dann im Jahre 1684 erfolgreich. Diese und ähnliche Optimierungsprobleme können an Hand der Aufgaben 1 bis 4 nachvollzogen werden.

Die Forderung $x_0 \in]a,b[$ kann übrigens in Fermat's Kriterium nicht weggelassen werden, wie folgendes Beispiel zeigt: Die durch $f(x):=1+x$ definierte Funktion $f:[a,b]\to\mathbb{R}$ besitzt in a und b Extremalstellen, in denen die Ableitung nicht Null ist.

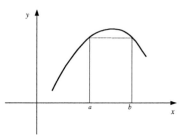

Zu (B): Der Grundgedanke hinter dem Mittelwertsatz ist- zumindest für den Fall $f(b)=f(a)$ - recht anschaulich: Wenn der Funktionsverlauf zwischen $f(a)$ und $f(b)$ nicht konstant ist, muss er ausgehend von $f(a)$ wieder zu $f(b)$ zurückkehren. Es muss demnach eine Extremalstelle zwischen a und b geben, also wegen Fermat's Kriterium – eine Stelle mit verschwindender Ableitung. Ein gründlicher Beweis kann aus der Lösung zu Aufgabe 5 entnommen werden.

Zu (C): Es reicht, nur den Fall $f''(x_0)>0$ und $f'(x_0)=0$ näher zu betrachten.

Wegen $\quad 0<f''(x_0)=\lim_{x\to x_0}\dfrac{f'(x)-\overbrace{f'(x_0)}^{=0}}{x-x_0}=\lim_{x\uparrow x_0}\dfrac{f'(x)}{x-x_0}=\lim_{x\downarrow x_0}\dfrac{f'(x)}{x-x_0}\quad$ muss

offensichtlich für genügend nahe an x_0 gelegene Werte ξ folgendes gelten:

Für $\xi<x_0$ gilt $f'(\xi)<0$, während $f'(\xi)>0$ für $\xi>x_0$. Beide Relationen ergeben sich aus $\xi-x_0<0$, bzw. $\xi-x_0>0$ und $\dfrac{f'(\xi)}{\xi-x_0}>0$. Dies liefert dann für

die Funktionswerte $f(x)$ eine entsprechende Fallunterscheidung: Für $x<x_0$ ist

wegen des Mittelwertsatzes $\dfrac{f(x)-f(x_0)}{x-x_0}=f'(\xi)<0$ für geeignetes $\xi<x_0$, also

$f(x)\geq f(x_0)$, und für $x>x_0$ ist $\dfrac{f(x)-f(x_0)}{x-x_0}=f'(\tilde{\xi})>0$, also $f(x)\geq f(x_0)$.

Bei x_0 liegt demzufolge ein lokales Minimum vor.

Die Bedingung $f''(x_0)>0$ kann in Resultat (C) nicht fallen gelassen werden, wie das Beispiel der durch $f(x):=x^3$ definierten Funktion zeigt: Es gilt zwar $f'(0):=0$, aber 0 ist keine Extremalstelle von f.

Zu (D): Gilt $f'(x) \geq 0$ für alle $x \in\,]a,b[$, so folgt auf Grund des Mittelwert-

satzes für $x_1, x_2 \in\,]a,b[$ mit $x_1 < x_2$, dass $\dfrac{f(x_1) - f(x_2)}{x_1 - x_2} = f'(\xi) \geq 0$, also

$f(x_1) \leq f(x_2)$.

Übrigens: Aus $f'(0) > 0$ folgt nicht, dass es ein Intervall $]-\varepsilon, \varepsilon[$ gibt, auf dem

f monoton steigend ist. Für die Funktion $f(x) := \begin{cases} x + x^2 \cdot \sin(1/x) \Leftarrow x \neq 0 \\ 0 \Leftarrow x = 0 \end{cases}$ gilt

nämlich, dass $f'(0) = 1 > 0$ und dass in jeder noch so kleinen Umgebung $]-\varepsilon, \varepsilon[$

von 0 zwei Werte x_1 und x_2 existieren mit $x_1 < x_2$ und $f(x_1) > f(x_2)$. Ein

Blick auf den Graph von f lässt dies besten Falls vermuten. Ein Nachweis findet

sich in der Lösung zu Aufgabe 6

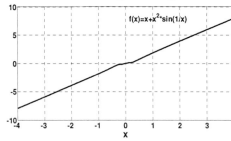 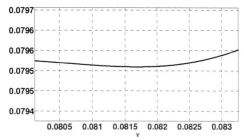

Es folgt nun eine weitere wichtige Konsequenz aus dem Mittelwertsatz, die

einem bei der Bestimmung von $\lim\limits_{x \to x_0} \dfrac{f(x)}{g(x)}$ weiterhelfen kann, wenn

$\lim\limits_{x \to x_0} f(x) = 0$ und $\lim\limits_{x \to x_0} g(x) = 0$.

Die Regel von de l´Hospital

Es seien $f:]a,b[\to \mathbb{R}$ und $g:]a,b[\to \mathbb{R}$ differenzierbar mit $g(x) \neq 0$ und

$g'(x) \neq 0$ für alle $x \in\,]a,b[$. Dann gelten die folgenden Aussagen:

(A1): Ist $\lim\limits_{x \to b} f(x) = \lim\limits_{x \to b} g(x) = 0$ oder $\lim\limits_{x \to b} g(x) = \infty$ oder $\lim\limits_{x \to b} g(x) = -\infty$,

und existiert $\lim\limits_{x \to b} \dfrac{f'(x)}{g'(x)}$ als eigentlicher oder uneigentlicher Grenzwert,

so existiert auch $\lim\limits_{x \to b} \dfrac{f(x)}{g(x)}$ und es gilt: $\lim\limits_{x \to b} \dfrac{f(x)}{g(x)} = \lim\limits_{x \to b} \dfrac{f'(x)}{g'(x)}$.

(A2): Die Aussage (A1) bleibt richtig, wenn $\lim\limits_{x\to b}$ durch $\lim\limits_{x\to a}$ ersetzt wird.

(A3): Die Aussagen (A1) und (A2) sind auch richtig, wenn $b=\infty$ bzw. $a=-\infty$.

Da es sich bei (A2) und (A3) lediglich um Modifikationen von (A1) handelt, soll hier nur von der Voraussetzung $\lim\limits_{x\to b} f(x)=\lim\limits_{x\to b} g(x)=0$ ausgegangen werden.

Die restlichen Fälle werden in Aufgabe 7 und 8 behandelt. Wenn $\lim\limits_{x\to b} f(x)=$
$=\lim\limits_{x\to b} g(x)=0$, dann lassen sich f und g offensichtlich zu stetigen Funktionen auf $[a,b]$ fortsetzen. Für jedes $x<b$ liefert dann der Mittelwertsatz die

Existenz eines $\xi(x)$ und eines $\tilde{\xi}(x)$ mit $x<\xi(x),\tilde{\xi}(x)<b$, $\quad\dfrac{f(x)-\overbrace{f(b)}^{=0}}{x-b}=$

$=f'(\xi(x))$ und $\dfrac{g(x)-\overbrace{g(b)}^{=0}}{x-b}=g'(\tilde{\xi}(x))$, also mit $\dfrac{f(x)}{g(x)}=\dfrac{\dfrac{f(x)-f(b)}{x-b}}{\dfrac{g(x)-g(b)}{x-b}}=\dfrac{f'(\xi(x))}{g'(\tilde{\xi}(x))}$;

woraus dann folgt, dass $\lim\limits_{x\to b}\dfrac{f(x)}{g(x)}=\lim\limits_{x\to b}\dfrac{f'(\xi(x))}{g'(\tilde{\xi}(x))}=\dfrac{\lim\limits_{x\to b} f'(x)}{\lim\limits_{x\to b} g'(x)}$.

Beispiele:

a) $\quad\lim\limits_{x\to 0}\dfrac{\sin(x)}{e^x-1}=\lim\limits_{x\to 0}\dfrac{\cos(x)}{e^x}=\dfrac{1}{1}$.

$\lim\limits_{x\to 0}\dfrac{1-\cos(x)}{x^2}=\lim\limits_{x\to 0}\dfrac{\sin(x)}{2x}=\lim\limits_{x\to 0}\dfrac{\cos(x)}{2}=\dfrac{1}{2}$.

c) $\lim\limits_{x\downarrow 0} x\ln(x)=\lim\limits_{x\downarrow 0}\dfrac{\ln(x)}{\dfrac{1}{x}}=\lim\limits_{x\downarrow 0}\dfrac{\dfrac{1}{x}}{-\dfrac{1}{x^2}}=\lim\limits_{x\downarrow 0}(-x)=0$ mit folgender Konse-

quenz: $\lim\limits_{x\downarrow 0} x^x=\lim\limits_{x\downarrow 0} e^{x\ln(x)}=e^{\lim(x\ln x)}=e^0=1$, also $\lim\limits_{n\to\infty}\dfrac{1}{\dfrac{1}{n^n}}=\lim\limits_{n\to\infty}\sqrt[n]{n}=1$.

d) $\lim\limits_{\substack{x\to 0\\ x>0}}\left(\dfrac{1-e^{-x}}{x}\right)=\lim\limits_{\substack{x\to 0\\ x>0}}'\left(\dfrac{e^{-x}}{1}\right)=1$.   e) $\lim\limits_{x\to 0}\dfrac{\sin(x)}{x}=\lim\limits_{x\to 0}\dfrac{\cos(x)}{1}=1$.

f) $\lim\limits_{x\to-\infty}(x\cdot\tan(\dfrac{1}{x}))=\lim\limits_{x\to-\infty}\tan\left(\dfrac{1}{x}\right)/(\dfrac{1}{x})=\lim\limits_{x\to-\infty}\dfrac{-\left[1+\tan^2(1/x)\right]}{x^2}/(-\dfrac{1}{x^2})=1$.

2. Integration

2.1. Definitionen und Sätze

Wir beginnen mit einigen Vorbemerkungen über Treppenfunktionen:
Eine Funktion $\varphi:[a,b]\to\mathbb{R}$ heißt Treppenfunktion, wenn es eine Unterteilung
$a=x_0<x_1<...<x_n=b$ des Intervalls $[a,b]$ gibt, so dass φ auf jedem der
Teilintervalle $]x_{k-1},x_k[$ konstant ist. Bezeichnet man mit $T[a,b]$ die Menge
aller Treppenfunktionen $\varphi:[a,b]\to\mathbb{R}$, so kann man sich leicht von der Richtigkeit der folgenden Aussagen überzeugen.

1) $0\in T[a,b]$ 2) $\varphi,\psi\in T[a,b]\Rightarrow\varphi+\psi\in T[a,b]$

3) $\left(\varphi\in T[a,b]\ und\ \lambda\in\mathbb{R}\right)\Rightarrow\lambda\cdot\varphi\in T[a,b]$

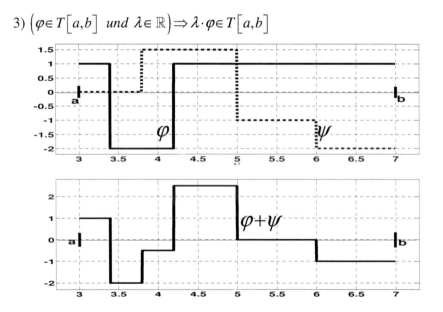

Definition (Integral für Treppenfunktionen):

Ist $\varphi\in T[a,b]$ und ist $a=x_0<x_1<...<x_n=b$ eine Unterteilung mit: $\varphi(x)=c_k$
für $x\in]x_{k-1},x_k[$ $(k=1,...,n)$, so setzt man: $\int_a^b\varphi(x)dx:=\sum_{k=1}^n c_k\cdot\left(x_k-x_{k-1}\right)$.

Bemerkungen: a) Die obige Definition ist sinnvoll, da man zeigen kann, dass sie
nicht von der Wahl der Unterteilungen $x_0,...,x_n$ abhängt.

b) Falls $\varphi(x) \geq 0$ für alle $x \in [a,b]$, kann man $\int_a^b \varphi(x)dx$ als die zwischen x-Achse und dem Graphen von φ liegende Fläche deuten. Falls φ auf einigen Teilintervallen negativ ist, sind die entsprechenden Flächen negativ zu rechnen.

Satz:

> Für $\varphi, \psi \in T[a,b]$ und $\lambda \in \mathbb{R}$ gilt:
>
> a) $\int_a^b (\varphi + \psi)(x)dx = \int_a^b \varphi(x)dx + \int_a^b \psi(x)dx$
>
> b) $\int_a^b (\lambda \cdot \varphi)(x)dx = \lambda \cdot \int_a^b \varphi(x)dx$
>
> c)   Aus $\varphi \leq \psi$ folgt: $\int_a^b \varphi(x)dx \leq \int_a^b \psi(x)dx$
>
> (Dabei heißt $\varphi \leq \psi$, dass $\varphi(x) \leq \psi(x)$ für alle $x \in [a,b]$ gilt.)

Man ist natürlich bestrebt, die für Treppenfunktionen φ eingeführte Definition des Integrals $\int_a^b \varphi(x)dx$ auszudehnen auf eine möglichst große Klasse von Funktionen. Dies wird – anschaulich gesprochen – dadurch erreicht, dass man beliebige Funktionen von oben und unten mit Treppenfunktionen annähert.
Zur Präzisierung dieses Vorgangs dient folgende

Definition:

> Ist $f : [a,b] \to \mathbb{R}$ eine beliebige beschränkte Funktion, so setzt man:
>
> **Oberintegral** $:= \int_a^{b*} f(x)dx := \inf\left\{ \int_a^b \varphi(x)dx \,\middle|\, \varphi \in T[a,b], \varphi \geq f \right\}$ und
>
> **Unterintegral** $:= \int_a^b {}_* f(x)dx := \sup\left\{ \int_a^b \varphi(x)dx \,\middle|\, \varphi \in T[a,b], \varphi \leq f \right\}$.
>
> ---
>
> Eine beschränkte Funktion $f : [a,b] \to \mathbb{R}$ heißt **Riemann–integrierbar**, wenn
> $\int_a^{b*} f(x)dx = \int_a^b {}_* f(x)dx$.   In diesem Falle setzt man : $\int_a^b f(x)dx := \int_a^{b*} f(x)dx$.

Wichtige Bemerkung zur Schreibweise:

Anstelle der Integrationsvariablen x können auch andere Buchstaben verwendet

werden: $\int\limits_a^b f(x)dx = \int\limits_a^b f(t)dt = \int\limits_a^b f(s)ds$

Beispiele:

a) Die durch $f(x) := \begin{cases} 1 & \Leftarrow x \text{ ist rational} \\ 0 & \Leftarrow x \text{ ist irrational} \end{cases}$ definierte Funktion $f : [0,1] \to \mathbb{R}$

ist nicht Riemann – integrierbar, da $\int\limits_0^{1^*} f(x)dx = 1$ und $\int\limits_0^1{}_* f(x)dx = 0$.

b) Jede Treppenfunktion ist Riemann – integrierbar.

Eine weitere große Klasse von Riemann–integrierbaren Funktionen wird von den stetigen Funktionen $f : [a,b] \to \mathbb{R}$ gestellt. Um dies zu sehen, kann man für

die durch $x_k := a + \dfrac{k-1}{n} \cdot (b-a)$ bestimmte Zerlegung $a = x_0 < x_1 < ... < x_n = b$

Treppenfunktionen φ_u^n und φ_o^n auf $\left[x_{k-1}, x_k \right[$ definieren durch $\varphi_u^n(x) := c_k^{u,n} :=$

$= \inf\left\{ f(z) \mid z \in \left[x_{k-1}, x_k \right[\right\}$ bzw. $\varphi_o^n(x) := c_k^{o,n} := \sup\left\{ f(z) \mid z \in \left[x_{k-1}, x_k \right[\right\}$

$(k = 1,...,n)$. Offensichtlich gilt dann $\varphi_u^n \le f \le \varphi_o^n$; weshalb $\int\limits_a^{b^*} f(x)dx \le$

$\le \int\limits_a^b \varphi_o^n(x)dx = \sum\limits_{k=1}^n c_k^{o,n} \cdot \left(x_k - x_{k-1} \right)$ und $\int\limits_a^b {}_* f(x)dx \ge \sum\limits_{k=1}^n c_k^{u,n} \cdot \left(x_k - x_{k-1} \right)$ für

alle $n \in \mathbb{N}$. Ist nun ein beliebiges $\varepsilon > 0$ vorgegeben, so gilt gemäß Aufgabe 40

aus Kap.III, dass $c_k^{o,n} - c_k^{u,n} \le \varepsilon$ für schließlich alle n, also $\int\limits_a^{b^*} f(x)dx \le$

$\le \sum\limits_{k=1}^n c_k^{o,n} \cdot \left(x_k - x_{k-1} \right) \le \sum\limits_{k=1}^n (c_k^{u,n} + \varepsilon) \cdot \left(x_k - x_{k-1} \right) = \sum\limits_{k=1}^n c_k^{u,n} \cdot \left(x_k - x_{k-1} \right) +$

$+ \varepsilon \cdot \underbrace{\sum\limits_{k=1}^n \left(x_k - x_{k-1} \right)}_{=b-a} \le \int\limits_a^b {}_* f(x)dx + \varepsilon \cdot (b-a)$. Da diese Argumentation für beliebig

kleines $\varepsilon > 0$ gilt, erhält man die Ungleichung $\int\limits_a^{b^*} f(x)dx \le \int\limits_a^b {}_* f(x)dx$, aus der

dann $\int\limits_a^{b^*} f(x)dx = \int\limits_a^b {}_* f(x)dx$ und damit die Riemann-Integrierbarkeit von f

folgt. Ganz entsprechend lässt sich auch die Integrierbarkeit monotoner Funktionen nachweisen, was in der Lösung zu Aufgabe 9 nachvollzogen werden kann. Für den späteren Gebrauch halten wir diese Resultate fest in folgendem

Satz:

> Jede stetige Funktion $f : [a,b] \to \mathbb{R}$ und jede monotone Funktion $f : [a,b] \to \mathbb{R}$
> ist Riemann – integrierbar.

Durch die Anwendung von Rechenregeln erhalten wir dann weitere Beispiele
Riemann – integrierbarer Funktionen.

Satz (Rechenregeln):

> Sind $f, g : [a,b] \to \mathbb{R}$ Riemann–integrierbare Funktionen und ist $\lambda \in \mathbb{R}$ und
>
> $p \in [1, \infty[$, so sind auch $(f+g)$, $\lambda \cdot f$, $f \cdot g$, f_+, f_- und $|f|^p$ Riemann –
> integrierbar, und es gilt:
>
> a) $\displaystyle\int_a^b (f+g)(x)dx = \int_a^b f(x)dx + \int_a^b g(x)dx$ \qquad b) $\displaystyle\int_a^b (\lambda \cdot f)(x)dx = \lambda \cdot \int_a^b f(x)dx$
>
> c) Aus $f \leq \varphi$ folgt: $\displaystyle\int_a^b f(x)dx \leq \int_a^b g(x)dx$.
>
> Dabei sind f_+ und f_- definiert durch $f_+(x) := \begin{cases} f(x), & \text{wenn } f(x) > 0 \\ 0 & \text{sonst} \end{cases}$
>
> bzw. $f_-(x) := \begin{cases} -f(x), & \text{wenn } f(x) < 0 \\ 0 & \text{sonst} \end{cases}$.

Die Anwendung von Rechenregel c) liefert für stetiges $f : [a,b] \to \mathbb{R}$ die Ungleichung $(b-a) \cdot \inf(f) \leq \displaystyle\int_a^b f(x)dx \leq (b-a) \cdot \sup(f)$, mit der Konsequenz, dass
$\displaystyle\int_a^b f(x)dx = (b-a) \cdot \alpha$ für geeignetes $\alpha \in [\inf(f), \sup(f)]$, welches sich - wegen
des Zwischenwertsatzes aus III.1.3. - in der Form $\alpha = f(\xi)$ darstellen lässt. Wir
halten dies fest in folgendem

> **Mittelwertsatz der Integralrechnung:**
>
> Ist $f : [a,b] \to \mathbb{R}$ stetig, so existiert ein $\xi \in]a,b[$
>
> mit: $\displaystyle\int_a^b f(x)dx = f(\xi) \cdot (b-a)$.

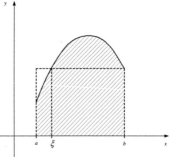

Nun, da die Existenz des Integrals $\int_a^b f(x)dx$

für viele Funktionen f gesichert ist, stellt
sich die Frage nach seiner Berechnung.
Die nebenstehenden Graphiken legen den
Verdacht nahe, dass die Summen

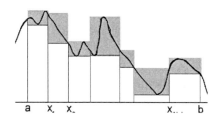

$\sum_{i=0}^{N-1} f(\xi_i) \cdot (x_{i+1} - x_i)$ mit jeweils beliebigem

$\xi_i \in \,]x_i, x_{i+1}[\,$ dem Wert $\int_a^b f(x)dx$ beliebig

nahe kommen, sofern die jeweilige Zerlegung $a = x_0 < x_1 < \ldots < x_N = b$ genügend fein
gewählt ist. Der Verdacht bestätigt sich in
folgendem Resultat, das sich zumindest für

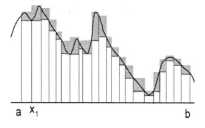

stetige Funktionen durch eine kleine Modifikation des vorhin erbrachten Bewei-
ses ihrer Integrierbarkeit begründen lässt und das für nicht-stetige Integranden
hier nicht überprüft werden soll. In dem angekündigten Resultat wird für jede
Zerlegung $Z : a = x_0 < \;< x_1 < \ldots \;.. < x_N = b$ und jeden Vektor $\xi := (\xi_1, \ldots, \xi_N)$ von
Stützstellen ξ_i aus $\,]x_i, x_{i+1}[\,$ die so genannte **Riemann'sche Summe**

$\sum_{i=0}^{N-1} f(\xi_i) \cdot (x_{i+1} - x_i)$ mit $S(Z, \xi)$ bezeichnet,   während $|Z| := |x_0, \ldots, x_N|$ für

$\max\{x_{i+1} - x_i \,|\, i = 0, \ldots, N-1\}$ steht.

Satz:

> Ist $f : [a, b] \to \mathbb{R}$ Riemann – integrierbar und ist $(Z_n, \xi_n)_{n \geq 1}$ eine Folge von Zer-
> legungen Z_n und zugehörigen Stützstellenvektoren ξ_n, so gilt:
>
> $\lim_{n \to \infty} S(Z_n, \xi_n) = \int_a^b f(x)dx$, sofern $\lim_{n \to \infty} |Z_n| = 0$.

Also: **Ist erst einmal die Integrierbarkeit von f gesichert, so brauchen zur**

Berechnung von $\int_a^b f(x)dx$ nicht alle möglichen Zerlegungen Z des Intervalls

$[a, b]$,durchgespielt' werden. Es reicht vielmehr, für eine einzige Folge
$(Z_n, \xi_n)_{n \geq 1}$ mit gegen Null gehender Feinheit $|Z_n|$ entsprechende Riemann-Sum-
men zu berechnen. Die Wahl der Zerlegungen kann dabei der jeweiligen Funktion angepasst werden, wie die folgenden zwei Beispiele demonstrieren.

Beispiel 1: Berechnung von $\int_a^b e^x dx$ mit äquidistanten Zerlegungen

$Z_n:\ x_0 := a\ ,\ x_1 := a + \Delta\ ,\ \dots\ ,\ x_n := a + n\Delta = b$ (also mit $\Delta := \dfrac{b-a}{n}$) und Stützstel-

lenvektoren $\xi_n := (x_0, \dots, x_{n-1})$: $\qquad S(Z_n, \xi_n) = \displaystyle\sum_{i=0}^{n-1} e^{x_i} \cdot \Delta = \Delta \cdot \sum_{i=0}^{n-1} e^{a + i \cdot \Delta} =$

$= \Delta \cdot e^a \cdot \underbrace{\displaystyle\sum_{i=0}^{n-1} (e^\Delta)^i = \Delta \cdot e^a \cdot \frac{(e^\Delta)^n - 1}{(e^\Delta) - 1}}_{\text{geometrische Summenformel}} = \frac{\Delta}{(e^\Delta) - 1} e^a \cdot (e^{\Delta n} - 1) =$

$= \dfrac{\Delta}{(e^\Delta) - 1} e^a \cdot (e^{b-a} - 1) = \dfrac{\Delta}{(e^\Delta) - 1} \cdot (e^b - e^a)$. Wegen $\displaystyle\lim_{\Delta \to 0} \frac{\Delta}{(e^\Delta) - 1} = 1$ (Regel von

L'Hospital) erhält man also, dass $\boxed{\displaystyle\int_a^b e^x dx = \lim_{n \to \infty} S(Z_n, \xi_n) = e^b - e^a.}$

Beispiel 2: Berechnung von $\int_a^b x^\alpha dx$ $\ (\alpha \neq -1\ \text{und}\ b > a > 0)$ mit ‚geometri-

schen' Zerlegungen $\ Z_n:\ x_0 := a\ ,\ x_1 := a \cdot \Delta\ ,\ x_2 := a \cdot \Delta^2\ ,\ \dots\ ,\ x_n := a \cdot \Delta^n = b$

(also mit $\Delta := \sqrt[n]{\dfrac{b}{a}}$) und Stützstellenvektoren $\xi_n := (x_0, \dots, x_{n-1})$:

$S(Z_n, \xi_n) = \displaystyle\sum_{i=0}^{n-1} (x_i)^\alpha \cdot \underbrace{(x_{i+1} - x_i)}_{\substack{=a\Delta^{i+1} - a\Delta^i \\ = a\Delta^i(\Delta - 1)}} = (\Delta - 1) \cdot \sum_{i=0}^{n-1} (a \cdot \Delta^i)^\alpha \cdot a \cdot \Delta^i =$

$= (\Delta - 1) \cdot a^{\alpha+1} \cdot \underbrace{\displaystyle\sum_{i=0}^{n-1} (\Delta^{\alpha+1})^i = (\Delta - 1) \cdot a^{\alpha+1} \cdot \frac{(\Delta^{\alpha+1})^n - 1}{\Delta^{\alpha+1} - 1}}_{\text{geometrische Summenformel}} =$

$= \dfrac{(\Delta - 1)}{\Delta^{\alpha+1} - 1} \cdot a^{\alpha+1} \cdot (\underbrace{(\Delta^n)}_{= \frac{b}{a}}{}^{(\alpha+1)} - 1) = \dfrac{(\Delta - 1)}{\Delta^{\alpha+1} - 1} \cdot (b^{\alpha+1} - a^{\alpha+1})$. Indem man nun Δ in der

Form $\Delta = e^{\ln(\Delta)} = e^{\ln((\frac{b}{a})^{\frac{1}{n}})} = e^{\frac{1}{n}\ln((\frac{b}{a}))}$ schreibt, macht man sich klar, dass

$\displaystyle\lim_{n \to \infty} \Delta = \lim_{n \to \infty} e^{\frac{1}{n}\ln((\frac{b}{a}))} = e^{\lim_{n \to \infty} \frac{1}{n}\ln((\frac{b}{a}))} = e^{0 \ln((\frac{b}{a}))} = 1$. Daraus entnimmt man zum

einen, dass die Feinheit $(\Delta - 1)b$ der n-ten Zerlegung gegen 0 konvergiert, zum

anderen, dass (wegen L'Hospital) $\displaystyle\lim_{n \to \infty} \frac{(\Delta - 1)}{\Delta^{\alpha+1} - 1} = \lim_{n \to \infty} \frac{1}{(\alpha + 1)\Delta^\alpha} = \frac{1}{(\alpha + 1)}$. Damit

ist dann auch klar, dass

$$\int\limits_a^b x^\alpha dx = \lim_{n\to\infty} S(Z_n,\xi_n) = \lim_{n\to\infty} \frac{(\Delta-1)}{\Delta^{\alpha+1}-1}\cdot(b^{\alpha+1}-a^{\alpha+1}) = \frac{b^{\alpha+1}-a^{\alpha+1}}{\alpha+1}.$$

Die in Beispiel 2 verwendete ‚geometrische' Zerlegung wurde von Fermat schon um 1636 herum für die Bestimmung der Integrale $\int\limits_a^b x^\alpha dx$ eingesetzt. Was man damals noch nicht wusste, ist die Tatsache, dass Integration als eine Art Umkehrung der Differenziation betrachtet werden kann und dass sich dadurch die Berechnung vieler Integrale ganz wesentlich vereinfacht. Um die Bedeutung dieses Resultats zu unterstreichen, wird es heute als Hauptsatz der Differenzialrechnung bezeichnet. Er steht im Mittelpunkt des nächsten Abschnitts.

2.2. Zusammenhang zwischen Differenziation und Integration

Ableitung $f'(x)$ und Integral $\int\limits_a^b f(x)dx$ wurden durch völlig verschiedene Grenzwertbildungen definiert. Umso erstaunlicher ist das folgende Resultat, der so genannte

Hauptsatz der Differenzialrechnung:

Für jede stetige Funktion $f:I\to\mathbb{R}$ auf einem Intervall I und jedes $x_0\in I$ ist die durch $F(x):=\int\limits_{x_0}^x f(t)dt$ definierte Funktion $F:I\to\mathbb{R}$ differenzierbar, und es gilt $F'=f$.

Bemerkung: Für $b<a$ ist festgelegt, dass $\int\limits_a^b f(x)dx:=-\int\limits_b^a f(x)dx$.

Beweis des Hauptsatzes: Für $z\in I$ muss $F'(z)$ berechnet werden, also

$$F'(x) = \lim_{\substack{x\to z\\x\neq z}} \frac{F(x)-F(z)}{x-z} = \lim_{\substack{x\to z\\x\neq z}} \frac{1}{(x-z)}\left[\int\limits_{x_0}^x f(t)dt - \int\limits_{x_0}^z f(t)dt\right] =$$

$$= \lim_{\substack{x\to z\\x\neq z}} \frac{1}{(x-z)}\cdot\int\limits_z^x f(t)dt = \lim_{\substack{x\to z\\x\neq z}} \frac{f(\xi_x)\cdot(x-z)}{(x-z)}; \text{ wobei } \xi_x \text{ gemäß dem Mittelwert-}$$

satz der Integralrechnung jeweils ein Wert aus $[z,x]$ bzw. $[x,z]$ ist, woraus dann

$$\lim_{\substack{x\to z\\x\neq z}} \frac{f(\xi_x)\cdot(x-z)}{(x-z)} = f(z) \text{ folgt und damit } F'(z)=f(z).$$

Definition:

> Eine differenzierbare Funktion $F:I\to\mathbb{R}$ heißt Stammfunktion von $f:I\to\mathbb{R}$, wenn $F'=f$.

Bemerkungen:

1) Sind F_1 und F_2 Stammfunktionen von f, so ist $(F_1-F_2)'=f-f=0$ und damit F_1-F_2 konstant.

2) Ist F Stammfunktion von f, so schreibt man für diesen Sachverhalt oft: $F(x)=\int f(x)dx$. Doch Vorsicht mit dieser Notation; sie bedeutet keine Gleichung im üblichen Sinn. Aus $F(x)=\int f(x)dx$ und $G(x)=\int f(x)dx$ folgt z.B. keinesfalls, dass $F=G$, sondern nur, dass $F=G+C$ mit einer gewissen Konstanten C.

3) Da die Aussage $F(x)=\int f(x)dx$ immer durch eine Differentiation $(F'=f)$ bewiesen werden kann, liefert jede Differenziationsformel sofort eine Integrationsformel. Auf diese Weise erhält man auch die weiter unten folgende Tabelle von unbestimmten Integralen, wie Stammfunktionen oft auch genannt werden.

Satz:

> Ist $f:I\to\mathbb{R}$ eine stetige Funktion und ist F eine Stammfunktion von f, so gilt
>
> für alle $a,b\in I$: $\qquad \displaystyle\int_a^b f(x)dx = F(b)-F(a)=:F(x)\Big|_a^b$

Beweis: Mit $F_0(x):=\displaystyle\int_a^x f(t)dt$ ist F_0 eine Stammfunktion von f, also:

$$F(b)-F(a)=F_0(b)-F_0(a) = \int_a^b f(t)dt - \int_a^a f(t)dt = \int_a^b f(t)dt.$$

Tabelle zur Differenziation und Integration

$F(x) = \int f(x)dx$	$F'(x) = f(x)$	Bemerkung
Const.	0	
x^r	$r \cdot x^{r-1}$	$x > 0$, $r \in \mathbb{R}$
$\sin(x)$	$\cos(x)$	
$\cos(x)$	$-\sin(x)$	
$\frac{1}{4} \cdot (\sin(2 \cdot x) + 2 \cdot x)$	$\cos^2(x)$	
$\tan(x)$	$1/\cos^2(x)$	$x \neq n \cdot \pi + \frac{\pi}{2}, n \in \mathbb{Z}$
$\cot(x)$	$-1/\sin^2(x)$	$x \neq n \cdot \pi$, $n \in \mathbb{Z}$
$\arcsin(x)$	$1/\sqrt{1-x^2}$	$|x| < 1$
$\arctan(x)$	$1/(1+x^2)$	
$\text{arc}\cot(x)$	$-1/(1+x^2)$	
e^x	e^x	
r^x	$\ln(r) \cdot r^x$	$r > 0$
$\ln(|x|)$	$1/x$	$x \neq 0$
$_b\log(|x|)$	$1/(\ln(b) \cdot x)$	$b > 0,\ x \neq 0,\ b \neq 1$
$\sinh(x)$	$\cosh(x)$	
$\cosh(x)$	$\sinh(x)$	

Beispiele: gilt: $\int\limits_a^b x^\alpha dx = \dfrac{x^{\alpha+1}}{(\alpha+1)}\Big|_a^b$. Dabei ist das Integrationsintervall folgenden

Einschränkungen unterworfen: Für $\alpha \in \mathbb{N}$ sind a und b beliebig, und für $\alpha \in \mathbb{Z}$ mit $\alpha \le -2$ darf 0 nicht in $[a,b]$ liegen. Ist $\alpha \in (\mathbb{R}\setminus\mathbb{Z})$, so muss $[a,b] \subset \mathbb{R}_+^*$ vorausgesetzt werden.

b) Für $a,b>0$ gilt: $\qquad \int\limits_a^b \dfrac{dx}{x} = \ln(x)\Big|_a^b$ und für $a,b<0$ gilt: $\int\limits_a^b \dfrac{dx}{x} = \ln(-x)\Big|_a^b$;

denn für $x<0$ ist $(\ln(-x))' = \dfrac{1}{x}$.

Man sieht: Aus jeder Differenziationsformel gewinnt man sofort eine Integrationsformel. Ganz entsprechend erhält man auch aus der Kettenregel

$$\big(F(\varphi(t))\big)' = F'(\varphi(t))\cdot\varphi'(t) = f(\varphi(t))\cdot\varphi' \quad \text{die Relation} \quad \int\limits_a^b f(\varphi(t))\varphi'(t)\,dt =$$

$$= F(\varphi(t))\Big|_a^b = F(\varphi(b)) - F(\varphi(a)) = \int\limits_{\varphi(a)}^{\varphi(b)} f(x)\,dx \quad \text{und damit die wichtige}$$

Substitutionsregel:

> Ist $f : I \to \mathbb{R}$ eine stetige Funktion und ist $\varphi : [a,b] \to \mathbb{R}$ eine stetige Funktion mit stetiger Ableitung und mit $\varphi(t) \in I$ $\big(t \in [a,b]\big)$, so gilt:
>
> $$\int\limits_a^b f(\varphi(t))\cdot\varphi'(t)\,dt = \int\limits_{\varphi(a)}^{\varphi(b)} f(x)\,dx .$$

Mit Hilfe der Leibniz'chen Schreibweise kann man die Substitutionsregel durch folgende Daumenregel leichter merken und anwenden:

Substitutionsregel in Leibniz-Schreibweise:

> **1.Fall:** Umformung eines Integrals der Form $\int\limits_c^d f(x)\,dx$
>
> 1.Schritt: Ersetzen von x durch ein geeignetes $\varphi(t)$: $\qquad x = \varphi(t)$
>
> 2.Schritt: Ableiten $\dfrac{dx}{dt} = \varphi'(t)$, und dx ersetzen durch $\varphi'(t)\,dt$
>
> 3.Schritt: Wahl von a und b mit $c = \varphi(a)$ und $d = \varphi(b)$. Dann Ersetzen der x–Integrationsgrenzen c und d durch $t = a$ bzw. $t = b$.
>
> Ergebnis: $\int\limits_c^d f(x)\,dx = \int\limits_a^b f(\varphi(t))\varphi'(t)\,dt$.

2.Fall: Umformung eines Integrals der Form $\int\limits_a^b f\left(\varphi(t)\right)\varphi'(t)dt$

1.Schritt: Ersetzen von $\varphi(t)$ durch x: $\varphi(t) = x$

2.Schritt: Ableiten $\dfrac{dx}{dt} = \varphi'(t)$ und $\varphi'(t)dt$ Ersetzen durch dx

3.Schritt: Ersetzen der t–Integrationsgrenzen b und a durch x–Integrationsgrenzen $\varphi(b)$ bzw. $\varphi(a)$.

Ergebnis: $\int\limits_a^b f\left(\varphi(t)\right)\cdot\varphi'(t)dt = \int\limits_{\varphi(a)}^{\varphi(b)} f(x)dx$.

Der Substitutionsregel liegt eine durchaus anschauliche Überlegung zu Grunde: Ist $\Phi:[a,b] \to [\Phi(a),\Phi(b)]$ eine Abbildung vom Intervall $[a,b]$ auf das Intervall $[\Phi(a),\Phi(b)]$ und ist $\int\limits_{\Phi(a)}^{\Phi(b)} f(x)dx$ ein vorgegebenes Integral (mit Integrationsintervall $[\Phi(a),\Phi(b)]$), so stellt sich natürlich die Frage, ob man nicht $\int\limits_{\Phi(a)}^{\Phi(b)} f(x)dx$ durch $\int\limits_a^b g(t)dt$ mit geeignetem Integranden $g(t)$ darstellen kann.

In der nebenstehenden Graphik ist eine Zerlegung des Intervalls $[a,b]$ angedeutet, welche durch die Abbildung Φ eine entsprechende Zerlegung von $[\Phi(a),\Phi(b)]$ erzeugt. Der Lamelle über dem Zerlegungsintervall $[t_0,t_0+\Delta]$ entspricht dabei die Lamelle über dem Bild-Intervall $[\Phi(t_0),\Phi(t_0+\Delta)]$.

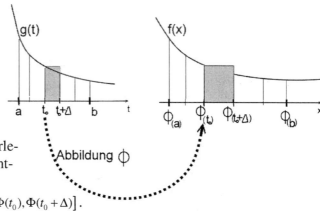

Während die Fläche der Lamelle über $[\Phi(t_0),\Phi(t_0+\Delta)]$ gegeben ist durch

$$f(\Phi(t_0))\cdot\underbrace{\left[\Phi(t_0+\Delta)-\Phi(t_0)\right]}_{\approx\frac{d\Phi}{dt}(t_0)\cdot\Delta} \approx f(\Phi(t_0))\cdot\frac{d\Phi}{dt}(t_0)\cdot\Delta \quad,\quad \text{also näherungsweise}$$

durch $f(\Phi(t_0))\cdot\dfrac{d\Phi}{dt}(t_0)\cdot\Delta$, erhält man für die Lamellenfläche über $[t_0,t_0+\Delta]$ den Wert $g(t_0)\cdot\Delta$. Offensichtlich sind dann beide Lamellenflächen näherungsweise gleich, wenn wir g so wählen, dass $g(t) = f(\Phi(t)) \cdot \dfrac{d\Phi}{dt}(t)$. Damit ist

durch anschauliche Argumentation die Frage nach dem geeigneten Integranden $g(t)$ beantwortet, was dann zu der bereits bekannten Substitutionsformel

$\displaystyle\int_{\Phi(a)}^{\Phi(b)} f(x)dx = \int_a^b f(\Phi(t)) \cdot \dfrac{d\Phi}{dt}(t)\, dt$ führt. Es folgen nun einige

Beispiele zur Anwendung der Substitution:

1. $\displaystyle\int_a^b t\cdot\cos\!\left(t^2\right)\!dt =?$ (Substitution: $x(t) = t^2$, $\dfrac{dx}{dt} = 2\cdot t$)

$= \displaystyle\int_{a^2}^{b^2} t\cdot\cos(x)\dfrac{dx}{2t} = \dfrac{1}{2}\int_{a^2}^{b^2} \cos(x)dx = \dfrac{1}{2}\sin(x)\Big|_{a^2}^{b^2} = \dfrac{1}{2}\sin\!\left(b^2\right) - \dfrac{1}{2}\sin\!\left(a^2\right).$

2. $\displaystyle\int_a^b \dfrac{\sin\!\left(\sqrt{1+t}\right)}{\sqrt{1+t}}dt = ?$ (Substitution: $x(t) := \sqrt{1+t}$, $\dfrac{dx}{dt} = \dfrac{1}{2\sqrt{1+t}}$)

$= \displaystyle\int_{\sqrt{1+a}}^{\sqrt{1+b}} \dfrac{\sin(x)\cdot 2\cdot\cancel{\sqrt{1+t}}}{\cancel{\sqrt{1+t}}}dx = 2\cdot\int_{\sqrt{1+a}}^{\sqrt{1+b}} \sin(x)dx = -2\cos\!\left(\sqrt{1+b}\right) + 2\cos\!\left(\sqrt{1+a}\right).$

3. $\displaystyle\int_a^b \dfrac{g'(t)}{g(t)}dt =?$ (Substitution: $x(t) := g(t)$, $\dfrac{dx}{dt} = g'(t)$)

$= \displaystyle\int \dfrac{g'(t)}{g(t)}\dfrac{dx}{g'(t)} = \int \dfrac{dx}{x} = \ln(|x|) = \ln\left(|g(t)|\right).$ Also $\displaystyle\int_a^b \dfrac{g'(t)}{g(t)}dt = \ln\left(|g(b)|\right) - \ln\left(|g(a)|\right).$

4. $\displaystyle\int_a^b \tan(t)dt =?$ (Substitution: $x(t) := \cos(t)$, $\dfrac{dx}{dt} = -\sin(t)$)

$\displaystyle\int \dfrac{\sin(t)}{\cos(t)}dt = -\int \dfrac{\sin(t)}{x}\dfrac{dx}{\sin(t)} = -\int \dfrac{dx}{x} = -\ln(|x|) = -\ln\left(|\cos(t)|\right).$ Also

$\displaystyle\int_a^b \tan(t)dt = -\ln\left(|\cos(t)|\right)\Big|_a^b = -\ln\left(|\cos(b)|\right) + \ln\left(|\cos(a)|\right).$

5). $\displaystyle\int_a^b \dfrac{t+1}{\sqrt{t^2+2t+1}}dt =?$ (Substitution: $x(t) := t^2+2t+1$, $\dfrac{dx}{dt} = 2t+2$)

$= \displaystyle\int \dfrac{(t+1)}{\sqrt{x}}\dfrac{dx}{2(t+1)} = \dfrac{1}{2}\int \dfrac{dx}{\sqrt{x}} = \sqrt{x} = \sqrt{t^2+2t+1},$ also

$$\int_a^b \frac{t+1}{\sqrt{t^2+2t+1}}dt = \sqrt{b^2+2b+1} - \sqrt{a^2+2a+1}.$$

6. $\int_a^b \sqrt{r^2-x^2}\,dx = ?$ 　　　　　(Substitution: $x(t)=r\cdot\sin(t)$, $\frac{dx}{dt}=r\cdot\cos(t)$)

$$= \int\sqrt{r^2-r^2\sin^2(t)}\cdot r\cos(t)\,dt = \int\sqrt{r^2\cos^2(t)}\,r\cos(t)\,dt = \int r\cos(t)\,r\cos(t)\,dt =$$

$$= r^2\int\cos^2(t)\,dt \underset{\substack{\text{Tafel der}\\ \text{Grundintegrale}}}{=} r^2\left(\frac{\sin(2t)+2t}{4}\right). \text{ Wegen } \sin(2x) =$$

$$= 2\sin(x)\cos(x) \text{ (Additionstheorem in 3.6.1.) kann } r^2\left(\frac{\sin(2t)+2t}{4}\right) \text{ folgender-}$$

maßen umgeformt werden: $r^2\dfrac{2\cos(t)\sin(t)+2t}{4} =$

$$= r^2\frac{\sin(t)\sqrt{1-\sin^2(t)}}{2} + \frac{r^2 t}{2} = \frac{x\cdot\sqrt{r^2-x^2}}{2} + \frac{r^2\arcsin\left(\frac{x}{r}\right)}{2}. \quad \text{Also}$$

$$\int_a^b \sqrt{r^2-x^2}\,dx = \frac{1}{2}x\sqrt{r^2-x^2}\Big|_a^b + \frac{r^2}{2}\arcsin\left(\frac{x}{r}\right)\Big|_a^b.$$

7.

$$\int_a^b f(t+c)\,dt = \int_{a+c}^{b+c} f(x)\,dx \qquad \text{(Substitution: } x(t)=t+c \text{ , } \frac{dx}{dt}=1)$$

8.

$$\text{Für } c\neq 0 \text{ gilt: } \int_a^b f(c\cdot t)\,dt = \frac{1}{c}\cdot\int_{a\cdot c}^{b\cdot c} f(x)\,dx \qquad \text{(Substitution: } x(t)=c\cdot t \text{ , } \frac{dx}{dt}=c)$$

9.

$$\int_a^b t\cdot f\left(t^2\right)dt = \frac{1}{2}\int_{a^2}^{b^2} f(x)\,dx \qquad \text{(Substitution: } x(t)=t^2 \text{ , } \frac{dx}{dt}=2\cdot t)$$

10.

$$\text{Für } [a,b]\subset\left]-\frac{\pi}{2},\frac{\pi}{2}\right[\text{ gilt: } \int_a^b \tan(t)\,dt = \int_a^b \frac{\sin(t)}{\cos(t)}dt \overset{\substack{\text{wegen}4.}}{=} -\ln\left(\cos(t)\right)\Big|_a^b.$$

11.

a) Für $a,b \in [-1,1]$ gilt: $\int\limits_{a}^{b} \dfrac{ds}{\sqrt{1-s^2}} = ar\cos(a) - ar\cos(b)$;   denn

$$\int\limits_{a}^{b} \dfrac{ds}{\sqrt{1-s^2}} = \qquad (\text{Substitution: } s = \cos(\varphi) \;,\; \dfrac{ds}{d\varphi} = -\sin(\varphi))$$

$$= \int\limits_{ar\cos(a)}^{ar\cos(b)} \dfrac{-\sin(\varphi)}{\sqrt{1-\cos^2(\varphi)}} d\varphi = -\int\limits_{ar\cos(a)}^{ar\cos(b)} \dfrac{\sqrt{1-\cos^2(\varphi)}}{\sqrt{1-\cos^2(\varphi)}} d\varphi = -\int\limits_{ar\cos(a)}^{ar\cos(b)} d\varphi =$$

$= ar\cos(a) - ar\cos(b)$. Hierbei wurde verwendet, dass $\sin(\varphi) \geq 0$ auf $[0,\pi]$.

b) Für $a,b \in [-1,1]$ gilt: $\int\limits_{a}^{b} \dfrac{ds}{\sqrt{1-s^2}} = ar\sin(b) - ar\sin(a)$;   denn in diesem

Fall ergibt die Substitution $s = \sin(\varphi)$ ($\dfrac{ds}{d\varphi} = \cos(\varphi)$):

$$\int\limits_{ar\sin(a)}^{ar\sin(b)} \dfrac{\cos(\varphi)}{\sqrt{1-\sin^2(\varphi)}} d\varphi = \int\limits_{ar\sin(a)}^{ar\sin(b)} \dfrac{\sqrt{1-\sin^2(\varphi)}}{\sqrt{1-\sin^2(\varphi)}} d\varphi = \int\limits_{ar\sin(a)}^{ar\sin(b)} d\varphi .$$

Hierbei wurde verwendet, dass $\cos(\varphi) \geq 0$ auf $\left[-\dfrac{\pi}{2}, \dfrac{\pi}{2}\right]$.

An anderer Stelle, nämlich bei der Herleitung der Kepler'schen Gesetze aus dem Gravitationsgesetz benötigt man die folgende Formel, die durch wiederholte Substitution gewonnen wird. Ihre Herleitung bietet sich als Übungsaufgabe an, da jede der Substitutionen für sich genommen recht einfach ist.

12.

$$\int\limits_{r_1}^{r_2} \dfrac{1}{u^2 \cdot \sqrt{c^2 - (a - \dfrac{b^2}{u})^2}} du = \dfrac{1}{b^2} \cdot \left[ar\cos\left(\dfrac{b^2}{c \cdot r_2} - \dfrac{a}{c}\right) - ar\cos\left(\dfrac{b^2}{c \cdot r_1} - \dfrac{a}{c}\right)\right] \text{ gilt für alle}$$

$r_1, r_2 \in]a-c, a+c[$; wobei $a,b,c > 0$ und $a^2 - b^2 = c^2$ vorausgesetzt wird.

Man macht sich das folgendermaßen klar:

$$\int_{r_1}^{r_2} \frac{1}{u^2 \cdot \sqrt{c^2 - (a - \frac{b^2}{u})^2}} du =$$

(1.Substitution: $x = \frac{b^2}{u}$, $\frac{dx}{du} = -\frac{b^2}{u^2}$)

$$= -\int_{\frac{b^2}{r_1}}^{\frac{b^2}{r_2}} \frac{\frac{u^2}{b^2} dx}{b^2 \cdot \frac{u^2}{b^2} \cdot \sqrt{c^2 - (x - a)^2}} =$$

(2.Substitution: $y := x - a$, $\frac{dy}{dx} = 1$)

$$= -\int_{\frac{b^2}{r_1} - a}^{\frac{b^2}{r_2} - a} \frac{dy}{b^2 \cdot \sqrt{c^2 - y^2}} =$$

(3. Substitution: $s = \frac{y}{c}$, $\frac{ds}{dy} = \frac{1}{c}$)

$$= -\int_{\frac{b^2}{cr_1} - \frac{a}{c}}^{\frac{b^2}{cr_2} - \frac{a}{c}} \frac{c\, dy}{b^2 \cdot c \cdot \sqrt{1 - s^2}} =$$

$$= -\frac{1}{b^2} \int_{\frac{b^2}{cr_1} - \frac{a}{c}}^{\frac{b^2}{cr_2} - \frac{a}{c}} \frac{dy}{\sqrt{1 - s^2}} = \frac{1}{b^2} \cdot [\, ar\cos\left(\frac{b^2}{cr_2} - \frac{a}{c}\right) - ar\cos\left(\frac{b^2}{cr_1} - \frac{a}{c}\right)].$$

Es folgen **Kommentare zu obigen Substitutionsbeispielen:**

Zu 2) :Als Integrationsgrenzen a und b kommen nur Werte $a, b \in\,]1, \infty[$ in Frage.

Zu 3) :Als Integrationsintervalle $[a, b]$ kommen nur Intervalle in Betracht, auf denen g nirgends den Wert 0 annimmt; d.h. es kann nur $g(t) > 0$ auf $[a, b]$ gelten oder $g(t) < 0$ auf $[a, b]$. Im ersten Fall erhält man $\int_a^b \frac{g'(t)}{g(t)} dt =$

$$= \int_{g(a)}^{g(b)} \frac{1}{x} dx = \ln(g(b)) - \ln(g(a)).$$ Im zweiten ist $\tilde{g}(t) := -g(t) > 0$, also

$$\int_a^b \frac{g'(t)}{g(t)} dt = \int_a^b \frac{\tilde{g}'(t)}{\tilde{g}(t)} dt = \int_{\tilde{g}(a)}^{\tilde{g}(b)} \frac{1}{x} dx = \ln(\tilde{g}(b)) - \ln(\tilde{g}(a)) = \ln(|g(b)|) - \ln(|g(a)|).$$

Zu 4) :Es kommt nur ein Integrationsintervall $[a,b]$ in Frage, auf dem alle cosinus- Werte >0 (oder alle <0) sind. In beiden Fällen gilt:

$$\int_a^b \tan(t)dt = -\int_{\cos(a)}^{\cos(b)} \frac{1}{x}dx, \text{ was im ersten Fall } -\ln(\cos(b))+\ln(\cos(a))=$$

$$= -\ln(|\cos(b)|)+\ln(|\cos(a)|) \text{ ergibt und im zweiten } - \text{ nach Substitution } \tilde{x}=-x$$

$$- \int_a^b \tan(t)dt = -\int_{\cos(a)}^{\cos(b)} \frac{1}{x}dx = -\int_{-\cos(a)}^{-\cos(b)} \frac{1}{\tilde{x}}d\tilde{x} = -\int_{|\cos(a)|}^{|\cos(b)|} \frac{1}{\tilde{x}}d\tilde{x} =$$

$$= -\ln(|\cos(b)|)+\ln(|\cos(a)|) .$$

Zu 5) : Der Integrand ist an der Stelle $t=-1$ nicht definiert. Es wird deshalb von folgenden 2 Fällen ausgegangen: $a,b>-1$ und $a,b<-1$.

Im 1.Fall ist $\sqrt{b^2+2b+1}=|b+1|=b+1$ und $\sqrt{a^2+2a+1}=|a+1|=a+1$, also

$\sqrt{b^2+2b+1}-\sqrt{a^2+2a+1}=b-a$.

Im 2.Fall ist $\sqrt{b^2+2b+1}=|b+1|=-(b+1)$ und $\sqrt{a^2+2a+1}=|a+1|=-(a+1)$,

also $\sqrt{b^2+2b+1}-\sqrt{a^2+2a+1}=a-b$. Natürlich wäre man auch ohne Substitution weiter gekommen; denn $\sqrt{t^2+2t+1}=\sqrt{(t+1)^2}=|t+1|$, also

$$\int_a^b \frac{t+1}{\sqrt{t^2+2t+1}}dt = \int_a^b \frac{t+1}{|t+1|}dt = \begin{cases} \int_a^b 1\,dt = b-a \text{ im ersten Fall} \\ \int_a^b -1dt = a-b \text{ im zweiten Fall.} \end{cases}$$

Zu 6): Der Definitionsbereich von $\sqrt{r^2-x^2}$ ist das Intervall $[-r,r]$. a und b müssen demnach in $[-r,r]$ liegen. Für die auf $[-1,1]$ definierte Funktion

$x(t)=r\cdot\sin(t)$ gilt $\frac{dx}{dt}=r\cdot\cos(t)$ und $t=\arcsin(\frac{x(t)}{r})$, also $\int_a^b \sqrt{r^2-x^2}dx=$

$$= \int_{\arcsin(\frac{a}{r})}^{\arcsin(\frac{b}{r})} \sqrt{r^2-r^2\sin^2(t)}\cdot r\cdot\cos(t)dt = r^2\cdot \int_{\arcsin(\frac{a}{r})}^{\arcsin(\frac{b}{r})} \underbrace{\sqrt{\cos^2(t)}}_{=\cos(t)}\cos(t)dt =$$

$$\text{da } |t|\leq\pi/2$$

$$= r^2\cdot \int_{\arcsin(\frac{a}{r})}^{\arcsin(\frac{b}{r})} \cos^2(t)dt = \frac{r^2}{4}\cdot\left[\sin(2t)+2t\right]_{t=\arcsin(\frac{a}{r})}^{t=\arcsin(\frac{b}{r})} =$$

$$= \frac{r^2}{4} \cdot \left[2\cos(t)\sin(t) + 2t \right]_{t=..(\frac{a}{r})}^{t=..(\frac{b}{r})} = \frac{r^2}{4} \cdot \left[2\sqrt{1-\sin^2(t)} \cdot \sin(t) + 2t \right]_{t=..(\frac{a}{r})}^{t=..(\frac{b}{r})} =$$

$$= \frac{r^2}{4} \cdot \left[2\sqrt{1-\sin^2(t)} \cdot \sin(t) + 2t \right]_{t=a..n(\frac{a}{r})}^{t=a..n(\frac{b}{r})} = \frac{r^2}{2} \cdot \left[\sqrt{1-(\frac{b}{r})^2} \cdot \frac{b}{r} + arc\sin(\frac{b}{r}) \right] -$$

$$- \frac{r^2}{2} \cdot \left[\sqrt{1-(\frac{a}{r})^2} \cdot \frac{a}{r} + arc\sin(\frac{a}{r}) \right] = \frac{1}{2} \cdot \left[\sqrt{r^2-x^2} \cdot x + r^2 \cdot arc\sin(\frac{x}{r}) \right]_{a}^{b} .$$

Beim Integrieren hilft neben der Substitution oft auch die so genannte **partielle Integration** weiter. Sie beruht auf der Produktregel $(f(x) \cdot g(x))' =$
$= f'(x) \cdot g(x) + f(x) \cdot g'(x)$, aus der sich sofort die Gleichung $\int_a^b f'(x) \cdot g(x) dx +$
$+ \int_a^b f(x) \cdot g'(x) dx = f(x) \cdot g(x) \big|_a^b$, also folgende Integrationsregel ergibt:

Partielle Integration:

Sind $f, g : [a,b] \to \mathbb{R}$ differenzierbare Funktionen mit stetiger Ableitung, so gilt: $\int_a^b f(x) \cdot g'(x) dx = f(x) \cdot g(x) \big|_a^b - \int_a^b g(x) \cdot f'(x) dx$.

Beispiele zur Anwendung der partiellen Integration:

a) Für $a, b > 0$ gilt:
$$\int_a^b \ln(x) dx = \int_a^b (x)' \ln(x) dx = x \cdot \ln(x) \big|_a^b - \int_a^b x \cdot \frac{1}{x} dx = x \cdot \ln(x) \big|_a^b - (b-a) .$$

b) Für $a, b \in \,]-1,1[$ gilt:
$$\int_a^b \arcsin(x) dx = x \cdot \arcsin(x) \big|_a^b - \int_a^b x \cdot (\arcsin(x))' dx = x \cdot \arcsin(x) \big|_a^b -$$

$$- \int_a^b \sin(\arcsin(x)) \cdot (\arcsin(x))' dx = x \cdot \arcsin(x) \big|_a^b - \int_{\arcsin(a)}^{\arcsin(b)} \sin(t) dt =$$

$$= x \cdot \arcsin(x) \big|_a^b + \sqrt{1-x^2} \Big|_a^b .$$

2.3. Integrationstechniken

Von den Methoden zur Vereinfachung von Integralen wurden bereits Substitution und partielle Integration behandelt. Daneben gibt es noch weitere Standard-
verfahren, z.B.

2.3.1. Partialbruchzerlegung als Hilfsmittel zur Integration rationaler Funktionen

Wie in Kap.III, Abschnitt 8.4.2. gezeigt, kann jede echt gebrochen rationale
Funktion r(x) folgendermaßen zerlegt werden:

$$r(x) = \frac{a_{11}}{(x-x_1)} + \frac{a_{12}}{(x-x_1)^2} + ... + \frac{a_{1v_1}}{(x-x_1)^{v_1}} + ... +$$

$$+ \frac{a_{r,1}}{(x-x_r)} + \frac{a_{r,2}}{(x-x_r)^2} + ... + \frac{a_{r,v_r}}{(x-x_r)^{v_r}} + ... +$$

$$+ \frac{B_{11}x+C_{11}}{(x^2+\beta_1 x+\gamma_1)} + ... + \frac{B_{1k_1}x+C_{1k_1}}{(x^2+\beta_1 x+\gamma_1)^{\mu_1}} + ... + \frac{B_{s_1}x+C_{s_1}}{(x^2+\beta_s x+\gamma_s)} + ... + \frac{B_{s_{k_s}}x+C_{s_{k_s}}}{(x^2+\beta_s x+\gamma_s)^{\mu_s}}$$

mit $x_1,...,x_r,\beta_1,...,\beta_s,\gamma_1,...,\gamma_s \in \mathbb{R}$ und $v_1,...,v_r,\mu_1,...,\mu_s \in \mathbb{N}$ und

$x^2+\beta_i x+\gamma_i > 0$. Von daher ist klar:

Integrale rationaler Funktionen können in entsprechende einfachere
Integrale der Form $\int \frac{A}{(x-x_i)}$ **und** $\int \frac{Bx+C}{\left(x^2+\beta_i x+\gamma_i\right)^k}$ **zerlegt werden.**

1.Fall: $\int \frac{A}{(x-\alpha)^k}$ **und** $\int \frac{dx}{(x^2+\beta x+\gamma)}$ **mit:** $x^2+\beta x+\gamma>0$ **für alle** $x \in \mathbb{R}$,

können unmittelbar aus folgenden Formeln bestimmt werden:

$$\int \frac{dx}{(x-\alpha)^k} = \begin{cases} \ln(|x-\alpha|) & \text{für } k=1 \\ -\frac{1}{(k-1)} \cdot \frac{1}{(x-\alpha)^{k-1}} & \text{für } k=2,3,... \end{cases}$$

$$\int \frac{dx}{(x^2+\beta x+\gamma)} = \frac{2}{\sqrt{4\gamma-\beta^2}} \cdot \arctan\left(\frac{2x+\beta}{\sqrt{4\gamma-\beta^2}}\right)$$

Die Idee hinter der für $\int \frac{dx}{(x^2+\beta x+\gamma)}$ angegebenen Formel besteht darin, dass

$x^2+\beta x+\gamma$ in der Form $x^2+\beta x+\gamma=(x+\delta)^2+n^2$ dargestellt werden kann (mit $\delta := \frac{\beta}{2}$ und $n^2 := \gamma - (\frac{\delta}{2})^2$). Die Substitution $t := \frac{1}{n} \cdot (x + \delta)$ ergibt dann

$$\int \frac{dx}{x^2 + \beta x + \gamma} = \int \frac{dx}{t^2 n^2 + n^2} = \frac{1}{n} \int \frac{dt}{t^2 + 1} = \frac{1}{n} \arctan(t) = \frac{1}{n} \arctan\left(\frac{x+\delta}{n}\right).$$

2.Fall: $\int \dfrac{1}{\left(x^2 + \beta x + \gamma\right)^k}$ mit $k \geq 2$ und $x^2 + \beta x + \gamma > 0$ für alle $x \in \mathbb{R}$

Für $k \geq 2$ kann man das Integral $\int \dfrac{dx}{\left(x^2 + \beta x + \gamma\right)^k}$ rekursiv aus $\int \dfrac{dx}{\left(x^2 + \beta x + \gamma\right)}$

ermitteln und zwar in folgenden Schritten:

1.Schritt: $\delta := \dfrac{\beta}{2}$ und $n^2 := \gamma - (\dfrac{\delta}{2})^2$ setzen.

2.Schritt: Durch Substitution $t = \dfrac{x+\delta}{n}$ das Integral umformen zu $\int \dfrac{dt}{\left(t^2 + 1\right)^k}$.

3.Schritt: Wiederholte Anwendung der durch partielle Integration gewonnenen

Formel $2(k-1) \cdot \int \dfrac{1}{\left(t^2 + 1\right)^k} dt = \dfrac{t}{\left(t^2 + 1\right)^{k-1}} + (2k-3) \cdot \int \dfrac{dt}{\left(t^2 + 1\right)^{k-1}}$.

Begründung:

δ und n sind wieder so gewählt, dass $x^2 + \beta x + \gamma = (x + \delta)^2 + n^2$. Unter Verwendung der Substitution $t = \dfrac{x+\delta}{n}$ wird das gegebene Integral umgeformt zu

$\int \dfrac{dt}{\left(t^2 + 1\right)^k}$, was dann seinerseits rekursiv aus $\int \dfrac{dt}{\left(t^2 + 1\right)}$ zu bestimmen ist. Das geht

mit partieller Integration, und zwar so: $\qquad \int \dfrac{dt}{\left(t^2 + 1\right)^k} = \dfrac{1}{\left(t^2 + 1\right)^k} \cdot t -$

$$-\int \frac{d}{dt}\left(\frac{1}{\left(t^2 + 1\right)^k}\right) \cdot t\, dt = \frac{t}{\left(t^2 + 1\right)^k} + 2 \cdot k \cdot \int \frac{t^2}{\left(t^2 + 1\right)^{k+1}} dt. \qquad \text{Wegen} \quad \frac{t^2}{\left(t^2 + 1\right)^{k+1}} =$$

$$= \frac{1}{\left(t^2 + 1\right)^k} - \frac{1}{\left(t^2 + 1\right)^{k+1}} \qquad \text{erhält man also} \quad \int \frac{dt}{\left(t^2 + 1\right)^k} = \frac{t}{\left(t^2 + 1\right)^k} + 2k \cdot \int \frac{1}{\left(t^2 + 1\right)^k} dt -$$

$-2k \int \dfrac{1}{\left(t^2+1\right)^{k+1}} dt$ und damit die gesuchte Rekursionsformel.

3.Fall: $\displaystyle\int \dfrac{x+C}{\left(x^2+\beta x+\gamma\right)^{k+1}}$

Integrale der Form $\displaystyle\int \dfrac{\left(Bx+C\right)}{\left(x^2+\beta x+\gamma\right)^{k+1}} dx$ lassen sich folgendermaßen umformen:

$$\dfrac{1}{2}\cdot\int \dfrac{2x+2C}{\left(x^2+\beta x+\gamma\right)^{k+1}} dx = \dfrac{1}{2}\cdot\left[\int \dfrac{\left(2x+\beta\right)}{\left(x^2+\beta x+\gamma\right)^{k+1}} dx + \int \dfrac{2C-\beta}{\left(x^2+\beta x+\gamma\right)^{k+1}} dx\right] =$$

$$= \dfrac{1}{2}\cdot\left[\left\{\begin{array}{l} \dfrac{1}{k\cdot\left(x^2+\beta x+\gamma\right)^{k}} \text{ für } k=1,2,\dots \\[4mm] \ln\left(x^2+\beta x+\gamma\right) \text{ für } k=0 \end{array}\right\} + \left(2C-\beta\right)\cdot\int \dfrac{dx}{\left(x^2+\beta x+\gamma\right)^{k+1}}\right]\cdot$$

Beispiele der Anwendung von Partialbruchzerlegung auf die Integration:

$$\int \dfrac{dx}{1-x^2} = -\dfrac{1}{2}\cdot\int \dfrac{dx}{\left(x-1\right)} + \dfrac{1}{2}\cdot\int \dfrac{dx}{\left(x+1\right)} \quad,$$

$$\int \dfrac{5x+1}{x^2+x-6} dx = \dfrac{11}{5}\cdot\int \dfrac{dx}{\left(x-2\right)} + \dfrac{14}{5}\cdot\int \dfrac{dx}{\left(x+3\right)} \quad,$$

$$\int \dfrac{11x^2+72x+109}{\left(x+3\right)^3\cdot\left(x-1\right)} dx = -3\cdot\int \dfrac{dx}{\left(x+3\right)} - \int \dfrac{dx}{\left(x+3\right)^2} + 2\cdot\int \dfrac{dx}{\left(x+3\right)^3} + 3\cdot\int \dfrac{dx}{\left(x-1\right)}\cdot$$

2.3.2. Vereinfachung von Integralen über Cosinus - Polynomen

Alle Integrale der Form $\int \sin^n(x) \cdot \cos^m(x) dx$ mit $n, m \in \mathbb{N}$ lassen sich durch geeignete Substitution vereinfachen.

<u>1.Fall: n ungerade (n=2k+1):</u>

$$\int \sin^n(x) \cdot \cos^m(x) dx = \int \sin^{2k}(x) \cdot \cos^m(x) \cdot \sin(x) dx = -\int \left(1 - u^2\right)^k \cdot u^m du$$

Die Substitution $\begin{cases} u = \cos(x) \\ \dfrac{du}{dx} = -\sin(x) \end{cases}$ und die Ausnutzung der Relation

$\sin^2(x) = 1 - \cos^2(x)$ liefern die gewünschte Vereinfachung .

Bemerkung: $\sin^{2k}(x) = \left(\sin^2(x)\right)^k = \left(1 - \cos^2(x)\right)^k = \left(1 - u^2\right)^k$

<u>2.Fall: m ungerade (m=2k+1):</u>

$$\int \sin^n(x) \cdot \cos^m(x) dx = \int \sin^n(x) \cdot \cos^{2k}(x) \cdot \cos(x) dx = \int u^n \cdot \left(1 - u^2\right)^k du$$

Die Substitution $\begin{cases} u = \sin(x) \\ \dfrac{du}{dx} = \cos(x) \end{cases}$ und die Ausnutzung der Relation

$\cos^2(x) = 1 - \sin^2(x)$ liefern hier die gewünschte Vereinfachung.

Bemerkung: $\cos^{2k}(x) = \left(\cos^2(x)\right)^k = \left(1 - \sin^2(x)\right)^k = \left(1 - u^2\right)^k$.

<u>3.Fall: m und n gerade.</u>

Dieser Fall lässt sich auf die ersten beiden reduzieren, und zwar durch Ausnutzung der Relationen $\cos^2(x) = \dfrac{1}{2} \cdot (\cos(2x) + 1)$ und $\sin^2(x) = \dfrac{1}{2} \cdot (1 - \cos(2x))$.

Bemerkung: $\sin^{2k}(x) = \left(\sin^2(x)\right)^k = \left(\dfrac{1}{2} \cdot (1 - \cos(2x))\right)^k$ und $\cos^{2k}(x) =$

$= \left(\cos^2(x)\right)^k = \left(\dfrac{1}{2} \cdot (\cos(2x) + 1)\right)^k$.

2.3.3. Vereinfachung der Integrale rationaler Ausdrücke von cos(x) und sin(x)

Bei Integranden, die rationale Ausdrücke von $\sin(x)$ und $\cos(x)$ sind, führen häufig die Substitutionen $x = \arctan(t)$ oder $x = 2\arctan(t)$ zum Erfolg. Dies beruht auf folgender Beobachtung: Da $\arctan : \mathbb{R} \to \left]-\dfrac{\pi}{2}, \dfrac{\pi}{2}\right[$ die Umkehrabbildung von $\tan : \left]-\dfrac{\pi}{2}, \dfrac{\pi}{2}\right[\to \mathbb{R}$ ist, gilt $t = \tan(\arctan(t)) = \dfrac{\sin(\arctan(t))}{\cos(\arctan(t))} =$

$\underset{\substack{\text{da } \cos \geq 0 \\ \text{auf }]-\pi/2, \pi/2[}}{=} \dfrac{\sin(\arctan(t))}{\sqrt{\cos^2(\arctan(t))}}$ für alle $t \in \mathbb{R}$ und damit $t^2 = \dfrac{\sin^2(\arctan(t))}{1 - \sin^2(\arctan(t))}$,

also $\sin^2(\arctan(t)) = \dfrac{t^2}{1+t^2}$ und $\cos^2(\arctan(t)) = 1 - \sin^2(\arctan(t)) = \dfrac{1}{1+t^2}$.

Ist nun $f(x)$ ein auf $[a,b] \subset]-\pi/2, \pi/2[$ definierter rationaler Ausdruck in $\sin^2(x)$ und $\cos^2(x)$, so ist demnach $\displaystyle\int_a^b f(x)\,dx = \int_{\tan(a)}^{\tan(b)} f\left(\arctan(t)\right) \cdot \dfrac{1}{1+t^2}\,dt$;

wobei $f(\arctan(t))$ ein rationaler Ausdruck in t^2 ist, der mit Hilfe der Partialbruchzerlegung integriert werden kann.

<u>Beispiel:</u> $\displaystyle\int_{\pi/8}^{\pi/4} \dfrac{dx}{\sin^2(x) \cdot \cos^4(x)} = \int_{\tan(\pi/8)}^{\tan(\pi/4)} \dfrac{\cancel{(1+t^2)}(1+t^2)^2}{\cancel{(1+t^2)}t^2}\,dt =$

$= -\dfrac{1}{t} + 2t + \dfrac{t^3}{3} \Bigg|_{\tan(\pi/8)}^{\tan(\pi/4)}$.

Um auch Integrationsintervalle $[a,b] \subset]-\pi, \pi[$ zulassen zu können, bietet sich der versuchsweise Einsatz der Transformation $x = 2 \cdot \arctan(t)$ an:

Da auf Grund des Additionstheorems $\sin(2 \cdot x) = 2 \cdot \sin(x) \cdot \cos(x) =$

$= 2 \cdot \tan(x) \cdot \cos^2(x)$ und $\cos(2 \cdot x) = \cos^2(x) - \sin^2(x) = \cos^2(x) \cdot (1 - \tan^2(x))$,

erhält man $\sin(2 \cdot \arctan(t)) = 2\sin(\arctan(t)) \cdot \cos(\arctan(t)) =$

$= 2 \cdot \tan(\arctan(t)) \cdot \cos^2(\arctan(t)) = 2 \cdot t / 1 + t^2$ und weiter

$\cos(2 \cdot \arctan(t)) = \cos^2(\arctan(t)) - \sin^2(\arctan(t)) = \dfrac{1}{1+t^2} - \dfrac{t^2}{1+t^2} = \dfrac{1-t^2}{1+t^2}$.

Ist also $f(x)$ ein auf $[a,b] \subset\,]-\pi,\pi[$ definierter rationaler Ausdruck in $\sin(x)$

und $\cos(x)$, so gilt $\int\limits_{a}^{b} f(x)\,dx = \int\limits_{\tan(a)}^{\tan(b)} f\big(2\cdot\arctan(t)\big)\cdot\dfrac{2}{1+t^2}\,dt$.　Dabei ist

$f\big(2\cdot\arctan(t)\big)$ ein rationaler Ausdruck in t, der mit Hilfe der Partialbruchzerlegung integriert werden kann.

<u>Beispiel</u>: $\displaystyle\int\limits_{-3\pi/4}^{3\pi/4} \frac{dx}{2+\cos(x)} = \int\limits_{-\tan(3\pi/4)}^{\tan(3\pi/4)} \frac{2\dfrac{1}{1+t^2}}{2+\dfrac{1-t^2}{1+t^2}}\,dt = \int\limits_{-\tan(3\pi/4)}^{\tan(3\pi/4)} \frac{2}{3+t^2}\,dt$.

Für den späteren Gebrauch sind die wichtigsten Transformationsformeln dieses Abschnitts 2.3.3. noch einmal kurz zusammengefasst:

$x = \arctan(t)$	$x = 2\arctan(t)$
$t = \tan(x)$	$t = \tan\left(\dfrac{x}{2}\right)$
$\dfrac{dx}{dt} = \dfrac{1}{1+t^2}$	$\dfrac{dx}{dt} = \dfrac{2}{1+t^2}$
$\sin(x) = \dfrac{\tan(x)}{\sqrt{1+\tan^2(x)}} = \dfrac{t}{\sqrt{1+t^2}}$	$\sin(x) = \dfrac{2\tan\left(\dfrac{x}{2}\right)}{\sqrt{1+\tan^2\left(\dfrac{x}{2}\right)}} = \dfrac{2t}{1+t^2}$
$\cos(x) = \dfrac{1}{\sqrt{1+\tan^2(x)}} = \dfrac{1}{\sqrt{1+t^2}}$	$\cos(x) = \dfrac{1-\tan^2\left(\dfrac{x}{2}\right)}{1+\tan^2\left(\dfrac{x}{2}\right)} = \dfrac{1-t^2}{1+t^2}$

3. Taylor`sche Entwicklung

3.1. Einführung:

Bekanntlich lassen sich die Koeffizienten a_i eines Polynoms $p(x) = a_0 + a_1 x +$

$+ ... + a_{N-1} x^{N-1} + a_N x^N$ ausdrücken durch die Ableitungen von $p(x)$ an der

Stelle 0 : Es gilt ja $p^{(k)}(0) = k! \cdot a_k$, also $p(x) = \sum_{k=0}^{N} \frac{1}{k!} \cdot p^{(k)}(0) \cdot x^k$. Allein aus

der Kenntnis der Funktions- und Ableitungs-Werte von $p(x)$ an der Stelle 0
können also die Funktionswerte $p(x)$ an allen anderen Stellen x ermittelt werden. Es liegt nun der Verdacht nahe, dass dies nicht nur für Polynome, sondern
auch für andere Elementarfunktionen $f(x)$ gilt, z.B. die mit Potenzreihenent-

wicklung $f(x) = \sum_{k=0}^{\infty} a_k \cdot x^k$. Wir gelangen so zu folgender Frage:

**Wie kann der Funktionswert $f(x)$ an einer von x_0 verschiedenen Stelle x
aus den Werten $f(x_0)$, $f'(x_0)$, $f''(x_0)$ usw. bestimmt werden ?**

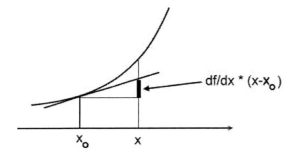

Wegen des
Mittelwertsatzes gilt:

$$f(x) = f(x_0) + f'(\xi) \cdot (x - x_0) \qquad (*)$$

für ein geeignetes $\xi \in [x_0, x]$.

Die Gerade $x \to f(x_0) + f'(\xi) \cdot (x - x_0)$ liefert also eine lineare Annäherung an f in
der Umgebung von x_0 (siehe Bild). Oft wird die lineare Annäherung zu grob
sein. Wir versuchen deshalb, f durch ein Polynom höherer Ordnung anzunähern.
Die Anwendung des Mittelwertsatzes auf f' ergibt:

$$f'(\xi) = f'(x_0) + f''(\xi_1) \cdot (\xi - x_0) = f'(x_0) + f''(\xi_1) \frac{(x - x_0)}{2} - f''(\xi_1) \left(\frac{x + x_0}{2} - \xi \right).$$

Einsetzen dieses Ausdrucks in $(*)$ liefert dann die folgende Gleichung
$(**)$

$$f(x) = f(x_0) + f'(x_0) \cdot (x - x_0) + f''(\xi_1) \frac{(x - x_0)^2}{2} - f''(\xi_1) \left(\frac{x + x_0}{2} - \xi \right) \cdot (x - x_0).$$

Führt man die gleiche Prozedur mit f'' durch, so erhält man zunächst

$$f''(\xi_1) = f''(x_0) + f'''(\xi_2) \cdot (\xi_1 - x_0) \quad \text{und anschließend durch Einsetzen in (**):}$$

$$(\text{***}) \qquad f(x) = \underbrace{f(x_0) + f'(x_0) \cdot (x - x_0) + f''(x_0) \frac{(x - x_0)^2}{2}}_{\text{Taylor - Polynom}} + \underbrace{\left[f'''(\xi_2) \cdot \dots \right]}_{\text{Restglied}}.$$

Diese Plausibilitätsbetrachtung ist zwar kein Beweis des folgenden Taylor'schen Entwicklungssatzes, sie gibt aber eine Vorstellung vom Zusammenhang zwischen Mittelwertsatz und Taylor–Entwicklung.

3.2. Definitionen und Sätze

Satz: (Taylor'sche Formel)

> Es sei $I \subset \mathbb{R}$ ein Intervall und es seien $x_0, x \in I$. Ist dann $f : I \to \mathbb{R}$ $(n+1)$-mal
>
> differenzierbar, so existiert ein ξ zwischen x_0 und x derart, dass
>
> $$f(x) = \sum_{k=0}^{n} \frac{f^{(k)}(x_0)}{k!} \cdot (x - x_0)^k + \underbrace{\frac{f^{(n+1)}(\xi)}{(n+1)!} \cdot (x - x_0)^{n+1}}_{=: \text{Restglied } R_n(x, x_0)}.$$

Eine Herleitung dieses Resultats aus dem Mittelwertsatz kann in Aufgabe 10 nachvollzogen werden.

Beispiel:

$f : [0, \infty[\to \mathbb{R}$ mit $f(x) := \sqrt{1+x}$ ist 3 – mal differenzierbar, weshalb

$$\sqrt{1+x} = f(x) = \sum_{k=0}^{2} \frac{f^{(k)}(0)}{k!} \cdot x^k + \underbrace{\frac{3}{8}(1+\xi)^{-\frac{5}{2}} \cdot \frac{x^3}{3!}}_{R_2(x)} = \left(1 + \frac{x}{2} - \frac{x^2}{8}\right) + R_2(x) \quad \text{für}$$

$x \in \,]0, \infty[$ gilt. Für $x \geq 0$ und $x \ll 1$ (d.h. x sehr viel kleiner als 1) erhält man

also die einfachere Näherungsformel: $\boxed{\sqrt{1+x} \approx 1 + \frac{x}{2} - \frac{x^2}{8}}$.

Wenn die Restglieder in der Taylor'schen Summe für steigendes n gegen 0 konvergieren, dann erhält man natürlich eine Reihendarstellung

$$f(x) = \sum_{k=0}^{\infty} \frac{f^{(k)}(x_0)}{k!} \cdot (x - x_0)^k \text{, die so genannte Taylor-Reihe.}$$

Definition:

Ist $f : I \to \mathbb{R}$ eine beliebig oft differenzierbare Funktion und ist $x_0 \in I$, so heißt

$$\sum_{k=0}^{\infty} \frac{f^{(k)}(x_0)}{k!} \cdot (x - x_0)^k \quad \text{die \textbf{Taylor–Reihe von} } f \text{ mit Entwicklungspunkt } x_0.$$

Es ist zu beachten, dass die Taylor–Reihe nicht notwendig gegen $f(x)$ konvergiert. Bekannt ist das folgende

Beispiel von Cauchy:

Die auf ganz $\mathbb{R}$ definierte Funktion

$$f(x) := \begin{cases} e^{-\left(\frac{1}{x^2}\right)} \\ 0 \end{cases}$$

verläuft in der Umgebung von $x = 0$
so flach, dass alle Ableitungen von f
an der Stelle $x = 0$ Null sind.

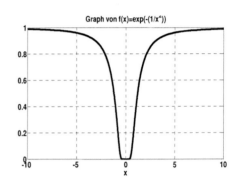
Graph von f(x)=exp(-(1/x⁴))

Es kann also die Darstellung

$$f(x) = \sum_{k=0}^{\infty} \frac{f^{(k)}(x_0)}{k!} \cdot (x - x_0)^k \quad \text{in diesem Fall nicht richtig sein.}$$

Trotzdem ‚funktioniert' die Taylor'sche Reihenentwicklung in vielen anderen Fällen; denn es gilt der

Satz:

Ist $f : I \to \mathbb{R}$ unendlich oft differenzierbar und sind x und x_0 aus I, so ist

$$f(x) = \sum_{k=0}^{\infty} \frac{f^{(k)}(x_0)}{k!} \cdot (x - x_0)^k \quad \text{genau dann, wenn } \lim_{n \to \infty} R_n(x, x_0) = 0 \text{ für die}$$

Restglieder $R_n(x, x_0) := \dfrac{f^{(n+1)}(\xi)}{(n+1)!} \cdot (x - x_0)^{n+1}$ gilt.

Die folgende Liste von Taylor-Entwicklungen soll unter anderem zeigen, wie einfach nun die ursprünglich ohne Differenziation hergeleiteten Reihendarstellungen der Elementarfunktionen aus Kap.III mit Hilfe der Taylor-Formel (d.h. letztlich durch Ableitung) wiedergewonnen werden können. Den Nachweis der angegebenen Konvergenzbereiche wollen wir uns sparen.

Liste wichtiger Taylor-Entwicklungen:

Funktion	Taylor-Reihe	Konvergenzbereich
e-Funktion	$$e^x = \sum_{k=0}^{\infty} \frac{x^k}{k!}$$	$\mathbb{R}$
Cosinus-Funktion	$$\cos(x) = \sum_{k=0}^{\infty} (-1)^k \frac{x^{2k}}{(2k)!}$$	$\mathbb{R}$
Sinus-Funktion	$$\sin(x) = \sum_{k=0}^{\infty} (-1)^k \frac{x^{2k+1}}{(2k+2)!}$$	$\mathbb{R}$
Logarith-mus	$$\ln(1+x) = x - \frac{x^2}{2} + \frac{x^3}{3} \mp \ldots = \sum_{k=1}^{\infty} \frac{(-1)^{k-1}}{k} \cdot x^k$$	$]-1,1[$
Potenz-funktion	$(1+x)^r = 1 + \frac{r}{1} \cdot x + \frac{r(r-1)}{1 \cdot 2} \cdot x^2 + \frac{r(r-1)(r-2)}{1 \cdot 2 \cdot 3} \cdot x^3 + \ldots$ (Binomialreihe)	$]-1,1[$
Arcus-sinus	$$\arcsin(x) = x + \frac{1}{2}\frac{x^3}{3} + \frac{1\,3}{2\,4}\frac{x^5}{5} + \frac{1\,3\,5}{2\,4\,6}\frac{x^7}{7} + \ldots$$	$]-1,1[$
Arcus-tangens	$$\arctan(x) = \sum_{k=0}^{\infty} (-1)^k \frac{x^{2k+1}}{2k+1} = x - \frac{x^3}{3} + \frac{x^5}{5} - \frac{x^7}{7} + \ldots$$	$]-1,1[$

4. Iterationsverfahren zur numerischen Lösung von Gleichungen

Unter der Iteration einer Funktion f versteht man folgenden Vorgang: Ausgehend von einem Anfangswert x_0 bildet man der Reihe nach die Werte $x_1 :=$
$= f(x_0)$, $x_2 := f(x_1)$, $x_3 := f(x_2)$, ... Das Wesentliche an solch einer Iteration besteht also darin, dass der nächste Wert durch Einsetzen des jeweils vorangegangenen bestimmt wird. Ein einfaches Beispiel dieser Art haben wir schon in
III.4.2.2. kennen gelernt: Für $a > 0$ und $f(x) := \dfrac{1}{2}\left(x + \dfrac{a}{x}\right)$ liefert die Iteration

$$x_{n+1} := \left(x_n + \frac{a}{x_n}\right)$$ eine gegen $\sqrt{a}$ konvergierende Folge, egal von welchem Anfangswert $x_0 > 0$ man ausgeht. Damit liegt also ein erstes Iterationsverfahren zur Lösung einer Gleichung vor, hier der Gleichung $x^2 = a$. Natürlich stellt sich die Frage, ob man gezielt zu einer vorgegebenen Gleichung eine passende Iteration finden kann. Antworten liefern die folgenden beiden Abschnitte.

4.1. Iterative Lösung von $f(x) = x$ mit Hilfe eines Fixpunktsatzes

Gegenstand dieses Abschnitts ist die Lösung von Gleichungen der Form
$f(x) = a$; wobei f eine auf einem Intervall vorgegebene reelle Funktion ist. In den seltensten Fällen können wir hierbei –wie bei quadratischen Polynomen- auf explizite Lösungsformeln zurückgreifen. Es sind deswegen Verfahren gesucht, die uns eine Näherungslösung von $f(x) = a$ mit Fehlerabschätzung liefern. Hierbei wird der Mittelwertsatz wieder von Nutzen sein.

Vorüberlegung: Zunächst können wir die gegebene Gleichung stets in die Form
$f(x) = x$ bringen; denn aus $\tilde{f}(x) = a$ wird $f(x) = x$; indem man $f(x) := \tilde{f}(x) -$
$-a + x$ setzt. Ausgehend von einer geschätzten Näherungslösung x_0 für die
Gleichung $f(x) = x$ versucht man nun verbesserte Schätzwerte x_n durch
folgende Iteration zu gewinnen: $x_1 = f(x_0)$, $x_2 = f(x_1), ..., x_n = f(x_{n-1})$.
Konvergiert dann die Folge $(x_n)_{n \in \mathbb{N}}$, und ist f stetig, so erhalten wir aus diesen x_n eine Lösung der Gleichung $f(x) = x$; denn $\xi := \lim\limits_{n \to \infty} x_n =$
$= \lim\limits_{n \to \infty} f(x_{n-1}) = f(\lim\limits_{n \to \infty} x_{n-1}) = f(\xi)$, also $f(\xi) = \xi$. Der Grenzwert der
Folge $(x_n)_{n \in \mathbb{N}}$ liefert

also eine Lösung ξ
von $f(x) = x$.

Dieser Gedanken-
gang hat einen ganz
anschaulichen Hinter-
grund wie aus neben-
stehender Graphik zu
entnehmen ist.

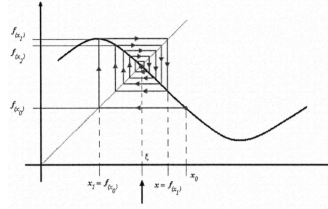

Gesuchte Lösung ξ

Es bleibt also die Frage,
unter welchen Vorraussetzungen $(x_n)_{n \in \mathbb{N}}$ konvergiert. Antwort gibt folgender

Fixpunktsatz:

Es sei $D \subset \mathbb{R}$ ein abgeschlossenes Intervall und $f : D \to \mathbb{R}$ eine differenzierbare Funktion mit: $f(x) \in D$ für alle $x \in D$. Ferner existiere ein $q < 1$ mit:
$|f'(x)| \leq q$ für alle $x \in D$.

Ist nun $x_0 \in D$ beliebig, und setzt man $x_{n+1} := f(x_n)$ für $n \geq 1$, so konvergiert
$(x_n)_{n \in \mathbb{N}}$ gegen die eindeutige Lösung $\xi \in D$ der Gleichung $f(x) = x$. Dabei
gilt die Fehlerabschätzung: $|\xi - x_n| \leq \dfrac{q}{(1-q)} \cdot |x_n - x_{n-1}| \quad (n \in \mathbb{N})$.

Beweisgedanke zum Fixpunktsatz:

Aus dem Mittelwertsatz folgt $\dfrac{|f(x) - f(y)|}{|x - y|} = |f'(x_0)| \leq q$, also $|f(x) - f(y)| \leq$

$\leq q \cdot |x - y|$, also $|x_{n+1} - x_n| = |f(x_n) - f(x_{n-1})| \leq q \cdot |x_n - x_{n-1}|$ und weiter durch

vollständige Induktion: $|x_{n+1} - x_n| \leq q^n \cdot |x_1 - x_0|$ für alle $n \in \mathbb{N}$. Gemäß dem

Majorantenkriterium konvergiert dann $x_0 + \sum\limits_{k=0}^{\infty} (x_{k+1} - x_k)$ und damit auch

$(x_n)_{n \in \mathbb{N}}$.

Beispiele: (A) Gesucht sei eine Lösung der Gleichung $\cos(x) = x$. Man macht
sich leicht klar, dass mit

$D := [0, \frac{\pi}{2} - \frac{1}{10}]$ die Voraussetzungen des Fix-

punktsatzes erfüllt sind, und zwar mit $x_0 = 1$,

$q := \sin(\frac{\pi}{2} - \frac{1}{10}) \leq 0{,}996$ und $\frac{q}{(1-q)} \leq 249$.

Zum Beispiel nach 40 Iterationen ist dann

$x_n = 0.73908$, $\left| x_n - x_{n-1} \right| \leq 9{,}13 \cdot 10^{-8}$, also

$\left| \xi - x_n \right| \leq 249 \cdot 9{,}13 \cdot 10^{-8} \leq 2{,}23 \cdot 10^{-5}$, weshalb das Ergebnis 0.73908 auf

mindestens drei Stellen genau ist.

(B) Nun sei eine positive Nullstelle der Funktion $g(x) := x - e^{-x}$ gesucht, also

ein Fixpunkt

von $f(x) := e^{-x}$.

$D := [\frac{1}{2}, 0.68]$, $x_0 = 0{,}55$, $q := 0.7 \geq e^{-0{,}5} \geq e^{-x} = \left| f'(x) \right|$ $(x \in D)$ genügen den

Voraussetzungen des Fixpunktsatzes. Nach 20 Iterationen ist dann

$x_n = 0.5671430860$, $\left| x_n - x_{n-1} \right| \leq 5.65 \cdot 10^{-7}$, also – wegen $\frac{q}{(1-q)} \leq 2{,}4$ -

$\left| \xi - x_n \right| \leq 2{,}4 \cdot \left| x_n - x_{n-1} \right| \leq 1.4 \cdot 10^{-6}$, weshalb das Ergebnis 0.5671430860 auf

mindestens 5 Stellen genau ist.

Wie in Beispiel (B) demonstriert, kann die Nullstellenbestimmung umformuliert
werden zu einem Fixpunktproblem: ξ genügt der Gleichung $g(\xi) = 0$ genau
dann, wenn $f(\xi) = \xi$ für $f(x) = x + \alpha \cdot g(x)$ mit $\alpha \neq 0$. Da im Fixpunktsatz der
Wert $\left| f'(x) \right|$ für die Konvergenzgeschwindigkeit maßgebend ist, liegt natürlich
der Gedanke nahe, α gerade so zu wählen, dass $\left| f'(x) \right|$ möglichst klein ist.

Wegen $f'(x) = 1 + \alpha \cdot g'(x)$ ist dies der Fall für $\alpha \approx -\frac{1}{g'(x)}$; womit sich die Null-

stellenbestimmung für g reduzieren würde auf die Fixpunktbestimmung von

$f(x) = x - \frac{g(x)}{g'(x)}$, was auf die Rekursionsformel $x_{n+1} = x_n - \frac{g(x_n)}{g'(x_n)}$ des so ge-

nannten Newton'schen Verfahrens führt.

4.2. Das Newton´sche Verfahren zur Nullstellenbestimmung

ist eine Methode zur Lösung von Gleichungen der Form $g(x)=0$. Sie hat folgenden anschaulichen Hintergrund: Ist x_0 eine Schätzung der gesuchten Lösung, so erhält man mit der Nullstelle x_1 der durch den Punkt $(x_0, g(x_0))$ gehenden Tangente einen hoffentlich besseren Schätzwert. Für das zu berechnende x_1 gilt offensichtlich die Relation $f'(x_0) = \dfrac{f(x_0)}{(x_0 - x_1)}$, also $x_1 = x_0 - \dfrac{f(x_0)}{f'(x_0)}$.

Die Fortsetzung dieses Verfahrens liefert dann entsprechend die Iterationsformel

$$x_{n+1} = x_n - \frac{g(x_n)}{g'(x_n)}\ .$$

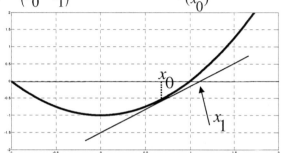

Für die damit gewonnene Folge $(x_n)_{n \in \mathbb{N}}$ muss Konvergenz sichergestellt werden, was folgende Anwendung des Mittelwertsatzes leistet.

Satz:

> Es sei ξ Nullstelle der stetig differenzierbaren Funktion $g:[\xi,b] \to \mathbb{R}$. Außerdem sei $g'>0$ und monoton wachsend auf $]\xi,b]$. Für beliebigen Anfangswert
>
> $x_0 \in \,]\xi,b]$ gibt es dann für die durch $x_{n+1} = x_n - \dfrac{g(x_n)}{g'(x_n)}$ definierte Folge $(x_n)_{n \geq 0}$
>
> zwei Alternativen: Entweder gilt $x_n = \xi$ für eines der n oder $(x_n)_{n \in \mathbb{N}}$ ist streng monoton fallend und konvergent gegen ξ.

Beweis:
Da die Tangente durch $(x_n, g(x_n))$ die
Steigung $g'(x_n)$ hat, gilt auf Grund des
Mittelwertsatzes, dass

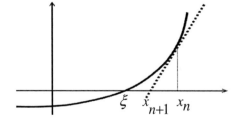

$$0 < \frac{g(x_n) - \overset{=0}{\overbrace{g(\xi)}}}{x_n - \xi} = g'(\alpha) \leq g'(x_n) = \frac{g(x_n)}{x_n - x_{n+1}} \quad \text{für geeignetes } \alpha \in \,]\xi, x_n[\, .$$

Daraus folgt dann im Falle $g'(\alpha) = g'(x_n)$, dass $x_n - x_{n+1} = x_n - \xi$, also

$x_{n+1} = \xi$. Andernfalls folgt, dass x_{n+1} in $]\xi, x_n[$ liegt.   Tritt also nie der Fall

$x_{n+1} = \xi$ ein, so ist $(x_n)_{n \in \mathbb{N}}$ eine streng monoton fallende Folge, die gegen $\xi_1 :=$

$= \inf\{x_n \mid n \in \mathbb{N}\} \geq \xi$ konvergiert. Die Annahme $\xi_1 > \xi$ führt dann wegen

$$\xi_1 = \lim_{n \to \infty} x_{n+1} = \lim_{n \to \infty} x_n - \frac{\lim\limits_{n \to \infty} g(x_n)}{\lim\limits_{n \to \infty} g'(x_n)} = \xi_1 - \frac{g(\xi_1)}{g'(\xi_1)} \quad \text{und } g'(\xi_1) > 0 \text{ zu der Gleichung}$$

$g(\xi_1) = 0$, also - durch Anwendung des Mittelwertsatzes - zur Existenz eines

$\beta \in \,]\xi, \xi_1[$ mit $g'(\beta) = 0$ und damit zu einem Widerspruch zu den Voraussetzungen. Demzufolge gilt $\lim\limits_{n \to \infty} x_n = \xi$, sofern nicht $x_n = \xi$ für eines der n.

Bemerkung: Unter der zusätzlichen Voraussetzung, dass auch $g'(\xi) > 0$ und

dass $g''(x) \leq K$ für $x \in \,]\xi, b]$ lässt sich der Näherungsfehler $|\xi - x_n|$ folgender-

maßen abschätzen: $\left| x_{n+1} - x_n \right| \leq |\xi - x_n| \leq \dfrac{K}{2 \cdot g'(\xi)} \left| x_n - x_{n-1} \right|^2 \quad (n \geq 1)$.

Aus dieser in Aufgabe 11 nachgewiesenen Ungleichung lässt sich im Einzelfall die Anzahl der Iterationen abschätzen, die notwendig ist, um die gesuchte Nullstelle auf k Dezimalstellen genau zu bestimmen. Hierzu nun zwei Beispiele.

Beispiel a) Für die natürliche Zahl $k \geq 2$ und die reelle Zahl $r > 1$ soll $\sqrt[k]{r}$ be-

rechnet werden, also die einzige Nullstelle ξ der Funktion $g(x) := \left(x^k - r \right)$ auf

dem Intervall $[0, r]$. Natürlich genügt g' den Voraussetzungen des obigen

Satzes auf dem Intervall $[\xi, r]$, und auch die Zusatzbedingungen $0 < g'(\xi) =$

$= k \cdot \dfrac{r}{\sqrt[k]{r}}$ sowie $g''(x) \leq K = k(k-1)r^{k-2}$ sind auf $[\xi, r]$ erfüllt. Damit ist die

Konvergenz des Newton'schen Verfahrens im vorliegenden Fall sichergestellt, und die Zusatzbemerkung liefert die Fehlerabschätzung: $\quad |\xi - x_n| \leq$

$$\leq \frac{K}{2 \cdot g'(\xi)} \left| x_n - x_{n-1} \right|^2 = \frac{k(k-1)r^{k-2}}{2 \cdot k \cdot \dfrac{r}{\sqrt[k]{r}}} \cdot \left| x_n - x_{n-1} \right|^2 \leq \frac{k(k-1)r^{k-2}}{2 \cdot k} \cdot \left| x_n - x_{n-1} \right|^2 .$$

Wir gelangen so zu folgendem

Algorithmus zur Bestimmung von $\sqrt[k]{r}$ **mit** $r > 1$ **:**

1. Schritt: Wahl einer Zahl $x_0 \in [0,r]$ mit $\left(x_0\right)^k \geq r$.

2. Schritt: Berechnung der Näherungslösungen x_n gemäß der Formel:

$$x_{n+1} = x_n - \frac{\left(x_n\right)^k - r}{k \cdot \left(x_n\right)^{k-1}} \, .$$

3. Schritt: Fehlerabschätzung: Für die n-te Näherungslösung x_n gilt:

$$\left|\sqrt[k]{r} - x_n\right| \leq \frac{k(k-1)r^{k-2}}{2 \cdot k} \cdot \left|x_n - x_{n-1}\right|^2 \, .$$

Bemerkung: Für den Spezialfall $k=2$, in dem der Newton'sche Algorithmus die Form $x_{n+1} = \frac{1}{2} \cdot \left(x_n + \frac{r}{x_n}\right)$ annimmt, wurde schon in III.4.2.2. die relativ schnelle - quadratische – Konvergenz im Vergleich zur Bisektionsmethode beobachtet, die natürlich auch zur Nullstellenbestimmung für $x^k - r$ eingesetzt werden könnte.

Beispiel b): Ermittlung einer Nullstelle von $g(x) := x - 5 \cdot (1 - e^{-x})$ auf $]0,\infty[$. Wegen $g(4) < 0$ und $g(6) > 0$ muss in $]4,6[$ eine Nullstelle ξ von g vorliegen. Eine weitere kann es dort nicht geben, da andernfalls - wegen des Mittelwertsatzes – $g'(x) = 1 - 5e^{-x}$ eine Nullstelle in $]4,6[$ besitzen müsste, was nicht der

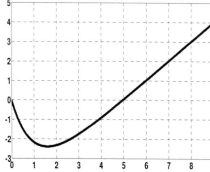

Fall ist. Außerdem ist g' monoton wachsend und größer 0 auf $]\xi,6]$. Auch die Zusatzbedingungen $0 < g'(\xi)$ und $g''(x) \leq$ $\leq K := 5 \cdot e^{-4}$ sind erfüllt; weshalb $\left|\xi - x_n\right| \leq \frac{1}{10} \cdot \left|x_n - x_{n-1}\right|^2$. Nach nur 4 Schritten erhält man so, dass $\xi = 4{,}965114 \pm 10^{-6}$.

Anmerkung zum globalen Verhalten des Newton´schen Verfahrens:
Es ist klar, dass die Voraussetzungen zum Konvergenzsatz des vorliegenden Abschnitts 4.2. meistens nur lokal; d.h. in einer kleinen Umgebung des jeweiligen Nullpunkts erfüllt sind. Deswegen muss vor allzu naiven Erwartungen hinsicht-

lich der Konvergenz des Newton'schen Verfahrens gewarnt werden. Sein so genanntes globales Verhalten soll hier nur an Hand von zwei Beispielen demonstriert werden.

Als erstes betrachten wir die Funktion $g(x):=x^3-x$, die offensichtlich in -1, 0 und 1 Nullstellen hat. Wegen $g'(x)=3x^2-1$ und $g''(x)=6x$ sind dann in einer genügend kleinen Umgebung von 1 die Voraussetzungen des obigen Konvergenz-

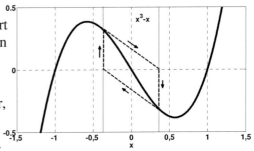

satzes erfüllt, sodass die Newtonfolge gegen 1 konvergiert, wenn der Startwert nahe genug bei 1 liegt. Liegt er dagegen z.B. genau bei $x_0=\dfrac{1}{\sqrt{5}}\approx0,47$, so ist

$$x_1=-\dfrac{1}{\sqrt{5}}, \quad x_2=x_0=\dfrac{1}{\sqrt{5}}$$ und so weiter,

so dass keine Konvergenz mehr vorliegt. Ist der Anfangswert etwas größer

als $\dfrac{1}{\sqrt{5}}\approx0,47$ und kleiner als $\dfrac{1}{\sqrt{3}}\approx0,58$, so konvergiert die Newton-Folge gegen -1. Mit einem noch ungewöhnlicheren Phänomen ist man konfrontiert, wenn man – etwas naiv - den Newton'schen Algorithmus zur Nullstellensuche der in nebenstehendem Graph dargestellten Funktion einsetzt. Außerhalb der Nullstelle $x=\dfrac{3}{4}$ sind ihre Funkti-

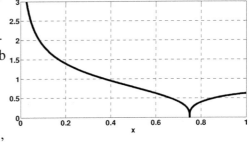

onswerte gegeben durch $g(x)=\sqrt[3]{\dfrac{\left|\dfrac{3}{4}-x\right|}{x}}$,

sodass dann der Newton'sche Algorithmus – wegen $x-\dfrac{g(x)}{g'(x)}=4x(1-x)$ - die

folgende Form annimmt: $x_{n+1}=4x_n(1-x_n)$. Erstaunlicher Weise zeigt die entsprechende Abfolge der x_n nicht die geringste Spur von Konvergenz, wie das nebenstehende Beispiel zeigt. Auch wenn die Startwerte nahe der Nullstelle gewählt werden, weisen die entsprechenden Folgen $(x_n)_{n\geq0}$ ein stark chaotisches Verhalten auf.

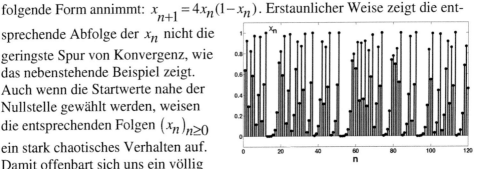

Damit offenbart sich uns ein völlig anderer Aspekt der Iterationen $x_{n+1}=f(x_n)$: Sie erlauben unter Umständen die

Beschreibung zeitlicher Abläufe. In diesem Zusammenhang spricht man dann von der Differenzengleichung $x_{n+1} = f(x_n)$ oder dem zu f gehörenden dynamischen System. Eine detailliertere Darstellung dieser Thematik würde hier zwar zu weit führen. Aber eine kurze Randnotiz muss sie schon wert sein:

4.3. Geschichtliche Notiz zum Thema Differenzengleichungen

Wie man Differenzengleichungen der Form $x_{n+1} = f(x_n)$ zur Beschreibung zeitlicher Abläufe einsetzen kann, lässt sich am einfachsten an so genannten Populationsmodellen erklären. Steht x_n zum Beispiel für den Umfang einer Population in der n-ten Generation, so beschreibt die Gleichung $x_{n+1} = \alpha \cdot x_n$ ein Wachstum, bei dem durch α die Fruchtbarkeitsrate festgelegt ist. Natürlich lassen sich alle möglichen Lösungen dieser Differenzengleichung sofort angeben: $x_n = \alpha^n \cdot x_0$. Je nach Wahl von α ergeben sich dann exponentiell wachsende oder fallende Folgen. Soll allerdings in der Modellbildung eine Beeinflussung der Fruchtbarkeitsrate durch die jeweilige Populationsstärke mit berücksichtigt werden, so bietet sich eher das so genannte **logistische Modell** an. Es wird durch die Iteration $x_{n+1} = (\alpha - \beta \cdot x_n) \cdot x_n$ beschrieben, welche mit $y_n := \frac{\beta}{\alpha} x_n$ die einfache Form $y_{n+1} = \alpha \cdot y_n \cdot (1 - y_n)$ annimmt. Wenn auch Probleme der Populationsdynamik schon um 1200 betrachtet wurden (Fibonacci), so blieb es doch Forschern des 20ten Jahrhunderts vorbehalten, hinter diesen einfachen Differenzengleichungen – für verschiedene Parameterwerte α - eine schier unbegrenzte Fülle von Dynamiken aufzudecken. Und diese Beobachtungen waren nicht beschränkt auf den Fall der logistischen Gleichung. Ganz im Gegenteil: In den verschiedensten Disziplinen von der Meteorologie bis hin zu Physik, Biologie und Chemie nahm man in den 60er Jahren plötzlich wahr, dass einfachste nicht-lineare Differenzengleichungen zu chaotischen Lösungen führen können. Dem entsprechend löste man sich in den Naturwissenschaften zunehmend von der Vorstellung, dass hinter chaotischem Verhalten stets nur eine verrauschte Periodizität stecken müsse. Dies waren die Anfänge der so genannten Chaostheorie. Ihre Pioniere, wie James Yorke und Robert May versuchten mit –zunehmendem Erfolg – auf zwei entscheidende Arbeiten aus den Anfängen der 60er Jahre hinzuweisen: Da war zum einen ein Aufsatz des Meteorologen Edward Lorenz, der um 1963 herum bei der Beschäftigung mit nicht-linearen Wettermodellen auf nicht-periodische Lösungen gestoßen war. Während seine Resultate durch Computer-Experimente gewonnen worden waren, handelte es sich bei der zweiten Arbeit um reine Mathematik: es war Stephen Smale's hoch-abstrakte Analyse nicht-linearer dynamischer Systeme, die - ebenfalls um 1963 herum- nicht-periodische Lösungen zu Tage gefördert hatte. Das sich schon in diesen Ursprüngen der Chaostheorie abzeichnende Spannungsverhältnis zwischen

Computer-Simulationen auf der einen Seite und Mathematik auf der anderen lässt sich an Hand der logistischen Gleichung erläutern. Allerdings können die Probleme hier nur gestreift werden, weshalb ich mich auf die Formulierung einiger weniger Fragen beschränken muss. Wie man an den folgenden Bildern sehen kann, legen Computer-Simulationen der Iteration $y_{n+1} = \alpha \cdot y_n \cdot (1 - y_n)$ z.B. nahe, dass für $\alpha = 1{,}9$ die Folge $(y_n)_{n \geq 0}$ stets gegen den gleichen Fixpunkt konvergiert, und zwar unabhängig vom jeweiligen Anfangswert $y_0 \in \,]0,1[$. Mit zunehmendem α deutet sich eine immer komplexere Dynamik an: Bei $\alpha = 3{,}2$ scheint sich stets eine zwischen zwei Punkten hin und her schwankende periodische Lösung einzupendeln, bei $\alpha = 3{,}5$ eine zwischen 4 Punkten schwankende periodische Lösung und so weiter.

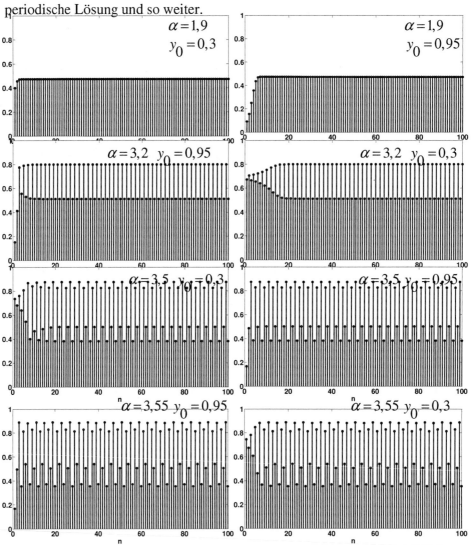

Aus der Sicht der Mathematik stellt sich natürlich die Frage, ob die Lösungen tatsächlich unabhängig von den Anfangswerten sind und weiter, ob die komplexe Dynamik dieser Simulationen nicht auf die begrenzte Zahlengenauigkeit der Computer zurückzuführen ist.

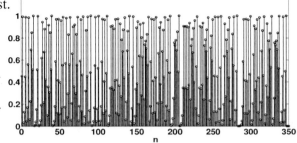

Diese Fragen gelten umso mehr für Simulationen, die zu chaotischen Resultaten führen, wie der anfangs schon erwähnte Fall $\alpha = 4$. Zum Abschluss dieses Paragraphen sei noch erwähnt, dass ein weiterer Aspekt nicht-linearer Dynamik in der Chaostheorie eine wichtige Rolle spielte, die so genannten fraktalen Strukturen. Sie kommen zum Beispiel zum Vorschein bei der Suche nach möglichst großen Bereichen von Anfangswerten, die zu gleichem langfristigen Verhalten führen.

Dies soll hier kurz an Hand der schon diskutierten Newton-Iteration erläutert werden: Das Newton-Verfahren kann auch zur näherungsweisen Bestimmung komplexer Nullstellen verwendet werden, wie z.B. von $p(x) = x^3 - 1$. Nach Wahl des Startpunktes $x_0 \in \mathbb{C}$ führen dann die

komplexen Zahlenwerte $x_{n+1} := x_n - \dfrac{f(x_n)}{f'(x_n)}$ in die Nähe je einer der drei Null-

stellen 1, $e^{j\frac{2\pi}{3}}$ und $e^{j\frac{4\pi}{3}}$. Vor etwa 30 Jahren beschäftigte sich der amerikanische Mathematiker John Hubbard mit der Frage nach den Einzugsbereichen dieser drei Nullstellen; d.h. mit der Frage, zu welcher der Nullstellen die jeweils vorgegebene Startzahl des Newton-Verfahrens führe. Sein überraschendes Ergebnis kann an nebenstehender Graphik abgelesen werden, in der die drei Einzugsgebiete verschieden gefärbt sind. Die drei Bereiche sind offensichtlich kompliziert ineinander verschlungen und liefern auf diese Weise eine ansprechende graphische Struktur. Wenn man bedenkt, dass dieses komplexe Bild mit nur ein paar Zeilen Computerprogramm erstellt werden kann und dementsprechend extrem wenig Speicherplatz benötigt, so wird es nicht überraschen, dass ähnliche Algorithmen in dem heute so wichtigen Bereich der Datenkompression , genauer der fraktalen Datenkompression eingesetzt werden.

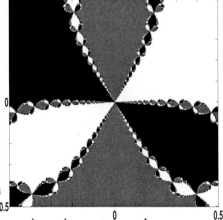

5. Einfache Differenzialgleichungen

Während man mit den Lösungen der im vorigen Abschnitt diskutierten Differenzengleichungen zeitdiskrete Abläufe beschreiben kann, erreicht man das gleiche für zeit-kontinuierliche Vorgänge mit den so genannten Differenzialgleichungen. Zum Beispiel für Bewegungen wie die eines Pendels oder Planeten, gewinnt man in der klassischen Mechanik aus dem Grundgesetz „Kraft=Masse x Beschleunigung" Differenzialgleichungen, durch deren Lösung man dann die entsprechenden Bewegungen vorhersagen kann. Das ist jedenfalls die Methode, die sich schon 60 Jahre nach Newton in der Physik durchzusetzen begann und die in Kapitel VI näher beschrieben werden soll. Das dafür notwendige Rüstzeug wird im vorliegenden Abschnitt zur Verfügung gestellt.

5.1. Differenzialgleichungen mit getrennten Variablen

$$\frac{dy}{dx} = f(x) \cdot g(y)$$

$f : I \to \mathbb{R}$ und $g : J \to \mathbb{R}$ seien hier stetige Funktionen auf offenen Intervallen I und J. Außerdem gelte $g(y) > 0$ für alle $y \in J$.

Definition:

Eine Funktion $y : I \to J$ heißt **Lösung der Differenzialgleichung**

$\frac{dy}{dx} = f(x) \cdot g(y)$, wenn $\frac{dy}{dx}(x) = f(x) \cdot g(y(x))$ für alle $x \in I$ gilt.

Bemerkung: Das Besondere an solch einer Differenzialgleichung ist, dass die Unbekannte keine Zahl sondern eine Funktion ist.

Als Trennung der Variablen bezeichnet man das durch folgendes Resultat beschriebene Lösungsverfahren.

Satz:

Eine differenzierbare Funktion $y : I \to J$ ist genau dann Lösung der Differenzialgleichung $\frac{dy}{dx} = f(x) \cdot g(y)$ mit $y(x_0) = y_0 \in J$, wenn $\int_{y_0}^{y(x)} \frac{1}{g(\tilde{y})} d\tilde{y} = \int_{x_0}^{x} f(\tilde{x}) d\tilde{x}$

für jedes $x \in I$ gilt.

Mit Hilfe der Leibniz`schen Schreibweise kann man diese Lösungsmethode umformulieren zur leicht zu merkenden

Daumenregel zur Lösung der Differenzialgleichung $y' = f(x) \cdot g(y)$

---

1. Differenzialgleichung in Leibnizschreibweise notieren: $\dfrac{dy}{dx} = f(x) \cdot g(y)$

2. Trennen der Variablen: $\dfrac{dy}{g(y)} = f(x)\,dx$

3. Integration: $\displaystyle\int_{y_0}^{y(x)} \dfrac{d\tilde{y}}{g(\tilde{y})} = \int_{x_0}^{x} f(\tilde{x})d\tilde{x} \qquad g(y_0) \neq 0$

4. Auflösen von 3. nach $y(x)$.

Nimmt man zur Begründung dieses Resultats an, dass y Lösung ist mit $y(x_0) = y_0$, so erhält man, dass $\dfrac{y'(\tilde{x})}{g(y(\tilde{x}))} = f(\tilde{x})$ für alle $\tilde{x} \in I$, also dass

$$\int_{x_0}^{x} \frac{y'(\tilde{x})}{g(y(\tilde{x}))}d\tilde{x} = \int_{x_0}^{x} f(\tilde{x})d\tilde{x} \text{ für alle } x \in I, \text{ woraus dann durch die Substitution}$$

$\tilde{y} := y(\tilde{x})$ die Relation $\displaystyle\int_{x_0}^{x} f(\tilde{x})d\tilde{x} = \int_{y(x_0)}^{y(x)} \frac{1}{g(\tilde{y})}d\tilde{y} = \int_{y_0}^{y(x)} \frac{1}{g(\tilde{y})}d\tilde{y}$ folgt.

Erfüllt umgekehrt eine differenzierbare Funktion $y : I \to J$ die Bedingung $\displaystyle\int_{y_0}^{y(x)} \frac{1}{g(\tilde{y})}d\tilde{y} = \int_{x_0}^{x} f(\tilde{x})d\tilde{x}$ für jedes $x \in I$, so gilt auf Grund der Kettenregel, dass

$$f(x) = \frac{d}{dx}\left(\int_{x_0}^{x} f(\tilde{x})d\tilde{x} \right) = \frac{d}{dx} \int_{y_0}^{y(x)} \frac{1}{g(\tilde{y})}d\tilde{y} = y'(x) \cdot \frac{1}{g(y(x))}, \quad \text{also} \quad y' = f(x) \cdot g(y)$$

für jedes $x \in I$. Außerdem folgt aus $0 = \displaystyle\int_{x_0}^{x_0} f(\tilde{x})d\tilde{x} = \int_{y_0}^{y(x_0)} \frac{d\tilde{y}}{g(\tilde{y})}$, dass $y(x_0) = y_0$,

da $\dfrac{1}{g}$ auf J von Null verschieden ist.

Es folgen nun einige einfache

Beispiele:

a) Lösung der Differenzialgleichung $y' = f(x)$

Gesucht ist also eine Funktion $y(x)$, welche die Gleichung $y'(x) = f(x)$ für alle x des Definitionsbereichs von f erfüllt und die Bedingung $y(x_0) = y_0$.

Für die entsprechende Lösung gilt: $y(x) = y_0 + \int\limits_{x_0}^{x} f(\tilde{x})d\tilde{x}$.

Die Umformungen $\dfrac{dy}{dx} = f(x)$, $dy = f(x)dx$, $\int\limits_{y_0}^{y(x)} d\tilde{y} = \int\limits_{x_0}^{x} f(\tilde{x})d\tilde{x}$, $y(x) - y_0 =$

$= \int\limits_{x_0}^{x} f(\tilde{x})d\tilde{x}$ und $y(x) = y_0 + \int\limits_{x_0}^{x} f(\tilde{x})d\tilde{x}$ ergeben einfach eine Stammfunktion

von f (siehe Hauptsatz in 2.2.)

b) Lösung der Differenzialgleichung $y' = y$

Gesucht ist eine Funktion $y(x)$ mit: $y'(x) = y(x)$ für alle $x \in \mathbb{R}$ und $y(x_0) = y_0$.

$y(x) = y_0 \cdot e^{x - x_0}$ ist die entsprechende Lösung.

In diesem Fall ergibt Separation der Variablen die folgenden Umformungen:

$\dfrac{dy}{dx} = y$, $\dfrac{dy}{y} = dx$ und weiter $\int\limits_{y_0}^{y(x)} \dfrac{d\tilde{y}}{\tilde{y}} = \int\limits_{x_0}^{x} d\tilde{x} = x - x_0$, also $\ln(y(x)) - \ln(y_0) =$

$= x - x_0$, woraus $\ln\left(\dfrac{y(x)}{y_0}\right) = x - x_0$ und damit die Behauptung folgt.

c) Lösung der Differenzialgleichung $\dfrac{dr}{d\vartheta} = \pm \dfrac{r^2}{b^2} \cdot \sqrt{c^2 - (a - \dfrac{b^2}{r})^2}$

Auf einer Ellipse mit den Hauptachsenlängen $a > 0$ und $b > 0$ gehört zu jedem Winkel ϑ ein Punkt mit Abstand $\tilde{r}(\vartheta)$ vom 0-Punkt (siehe Graphik).

Man kann nun zeigen, dass $\tilde{r}(\vartheta) = \dfrac{b^2}{a + c \cdot \cos(\vartheta)}$

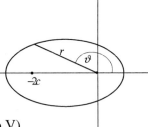

mit $c^2 = a^2 - b^2$ (siehe Beispiel 16 am Ende von Kap.V).

Die so definierte Funktion $\tilde{r}(\vartheta)$

ist differenzierbar, und es gilt

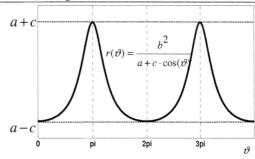

$$\frac{d\tilde{r}}{d\vartheta} = \pm \frac{r^2}{b^2} \cdot \sqrt{c^2 - (a - \frac{b^2}{\tilde{r}})^2}$$

mit + , wenn $\vartheta \in [0, \pi]$ und

$-$ wenn $\vartheta \in [\pi, 2\pi]$ (siehe hierzu

Aufgabe 36). Sie genügt außerdem noch folgender

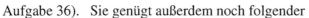

Bedingung (*):
$$\begin{cases} r(\hat{\vartheta}) = a - c & \Leftrightarrow \quad [\frac{dr}{d\vartheta}(\hat{\vartheta}) = 0 \text{ und } \frac{d^2r}{d\vartheta^2}(\hat{\vartheta}) > 0] \\ r(\hat{\vartheta}) = a + c & \Leftrightarrow \quad [\frac{dr}{d\vartheta}(\hat{\vartheta}) = 0 \text{ und } \frac{d^2r}{d\vartheta^2}(\hat{\vartheta}) < 0] \end{cases}$$

Die Funktion $\tilde{r}(\vartheta) := \dfrac{b^2}{a + c \cdot \cos(\vartheta)}$ ist also Lösung der Differenzialgleichung

$\dfrac{dr}{d\vartheta} = \pm \dfrac{r^2}{b^2} \cdot \sqrt{c^2 - (a - \dfrac{b^2}{r})^2}$ und sogar die einzige im Sinne des folgenden Resul-

tats.

Satz 1:

$\tilde{r}(\vartheta) := \dfrac{b^2}{a + c \cdot \cos(\vartheta)}$ definiert die einzige den Bedingungen (*) und $\tilde{r}(0) = a - c$

genügende Lösung der Differenzialgleichung $\dfrac{dr}{d\vartheta} = \pm \dfrac{r^2}{b^2} \sqrt{c^2 - (a - \dfrac{b^2}{r})^2}$.

Man macht sich dies folgendermaßen klar: Ist $r(\vartheta)$ eine weitere Lösung mit

$r(0) = a - c$ und Eigenschaft (*), so gilt $\dfrac{dr}{d\vartheta}(\varepsilon) > 0$ für alle genügend kleinen

$\varepsilon > 0$ und damit $\dfrac{dr}{d\vartheta} = \dfrac{r^2}{b^2} \cdot \sqrt{c^2 - (a - \dfrac{b^2}{r})^2}$ auf dem Intervall $]0, \vartheta_1[$; wobei

$\vartheta_1 := \sup\{ \ \varepsilon > 0 \ \big| \dfrac{dr}{d\vartheta}(\varepsilon) > 0 \ \}$ gesetzt ist. Separation der Variablen ergibt dann

$b^2 \cdot \displaystyle\int\limits_{r(\varepsilon)}^{r(\vartheta)} \dfrac{dr}{r^2 [c^2 - (a - \dfrac{b^2}{r})^2]^{1/2}} = \displaystyle\int\limits_{\varepsilon}^{\vartheta} \tau d\tau = \vartheta - \varepsilon$ für $0 < \varepsilon < \vartheta_1$; woraus durch geeignete Substitutionen (siehe Beispiel 12 aus 2.2.) $arccos\left(\dfrac{b^2}{c\cdot r(\vartheta)}-\dfrac{a}{c}\right)-$

$-arccos\left(\dfrac{b^2}{c\cdot r(\varepsilon)}-\dfrac{a}{c}\right)=\vartheta-\varepsilon$ folgt und weiter – nach einer Grenzwertbildung $\lim\limits_{\varepsilon\downarrow 0}$ -

, dass $arccos\left(\dfrac{b^2}{c\cdot r(\vartheta)}-\dfrac{a}{c}\right)-\underbrace{arccos\left(\dfrac{b^2}{c\cdot r_0}-\dfrac{a}{c}\right)}_{=0}=\vartheta$, also $\dfrac{b^2}{c\cdot r(\vartheta)}-\dfrac{a}{c}=\cos(\vartheta)$ und

damit $r(\vartheta)=\dfrac{b^2}{a+c\cdot\cos(\vartheta)}=\tilde{r}(\vartheta)$ für $\vartheta\in\,]0,\vartheta_1[$. Auf Grund der Wahl von ϑ_1

als erster von Null verschiedener Nullstelle von $\dfrac{dr}{d\vartheta}$ wird nun klar, dass $\vartheta_1=\pi$

und $r(\vartheta_1)=a+c$. Die Fortsetzung der bisherigen Vorgehensweise liefert dann

für ein weiteres Intervall $]\pi,\vartheta_2[$, dass $\dfrac{dr}{d\vartheta}<0$ mit folgenden Konsequenzen:

$\dfrac{dr}{d\vartheta}=-\dfrac{r^2}{b^2}\cdot\sqrt{c^2-(a-\dfrac{b^2}{r})^2}$, $\pi+\varepsilon-\vartheta=-\int\limits_{\pi+\varepsilon}^{\vartheta}\tau\,d\tau=$

$=b^2\cdot\int\limits_{r(\pi+\varepsilon)}^{r(\vartheta)}\dfrac{dr}{r^2\sqrt{c^2-(a-\dfrac{b^2}{r})^2}}$, $arccos\left(\dfrac{b^2}{c\cdot r(\vartheta)}-\dfrac{a}{c}\right)-\underbrace{arccos\left(\dfrac{b^2}{c\cdot r(\pi)}-\dfrac{a}{c}\right)}_{=\pi}=\pi-\vartheta$,

also $\dfrac{b^2}{c\cdot r(\vartheta)}-\dfrac{a}{c}=\cos(-\vartheta+2\pi)=\cos(\vartheta-2\pi)=\cos(\vartheta)$ und damit wieder $r(\vartheta)=$

$=\dfrac{b^2}{a+c\cdot\cos(\vartheta)}=\tilde{r}(\vartheta)$ auch auf $]\pi,\vartheta_2[=\,]\pi,2\pi[$. Es ist klar, wie die Argumen-

tation entsprechend zu Ende geführt werden kann, um die behauptete Eindeutig-
keit zu erhalten.
Auch im Fall $\tilde{r}(0)=a+c$ gibt es nur eine Lösung, was sich nach dem gleichen
Schema begründen lässt (siehe Aufgabe 36e)):

Satz 2:

$\tilde{r}(\vartheta):=\dfrac{b^2}{a+c\cdot\cos(\vartheta-\pi)}$ definiert die einzige den Bedingungen (*) und

$\tilde{r}(0)=a+c$ genügende Lösung der Gleichung $\dfrac{dr}{d\vartheta}=\pm\dfrac{r^2}{b^2}\cdot\sqrt{c^2-(a-\dfrac{b^2}{r})^2}$.

Eine etwas andere Situation liegt
vor, wenn der Anfangswert $\tilde{r}(0)$
echt zwischen $a-c$ und $a+c$
liegt:

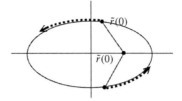

Satz 3:

$\tilde{r}(\vartheta) = \dfrac{b^2}{a+c\cdot\cos(\vartheta+\tilde{\vartheta})}$ und $\tilde{r}(\vartheta) = \dfrac{b^2}{a+c\cdot\cos(\vartheta-\tilde{\vartheta})}$ definieren die einzigen den

Bedingungen (*) und $a-c < \tilde{r}(0) < a+c$ genügenden Lösungen der Differenzi-

algleichung $\dfrac{dr}{d\vartheta} = \pm\dfrac{r^2}{b^2}\cdot\sqrt{c^2-(a-\dfrac{b^2}{r})^2}$; wobei $\tilde{\vartheta}:=ar\cos\left(\dfrac{b^2}{c\cdot\tilde{r}(0)}-\dfrac{a}{c}\right)$.

Da der Nachweis dieses Satzes im wesentlichen wieder nach dem oben verwendeten Argumentationsmuster verläuft, wird er dem Leser als Übungsaufgabe
überlassen (siehe Aufgabe 36 f)).

5.2. Differenzialgleichungen der Form $\dfrac{d^2y}{dx^2} = f(y)$

Definition:

Eine Funktion $y:I \to \mathbb{R}$ **heißt Lösung der Differenzialgleichung** $\dfrac{d^2y}{dx^2} = f(y)$,

wenn $\dfrac{d^2y}{dx^2}(x) = f(y(x))$ für jedes $x \in I$ gilt.

Differenzialgleichungen dieser Art lassen sich auf die der in 5.1. behandelten
Form reduzieren und zwar so:

5.2.1.

Ist f stetig, so ist y Lösung von $\dfrac{d^2y}{dx^2} = f(y)$ genau dann, wenn y Lösung ist

von $\dfrac{dy}{dx} = \pm\sqrt{2\cdot(e-u(y))}$;   wobei $u(y)$ Stammfunktion von $-f(y)$ ist und

$e := \dfrac{1}{2}\left(y(x_0)\right)^2 + u\left(y(x_0)\right)$.

Die Details dieser Aussage sind im folgenden festgehalten.

Satz:

> Ist $y : I \to \mathbb{R}$ Lösung von $\dfrac{d^2 y}{dx^2} = f(y)$ mit $y(x_0) =: y_0$ und $y'(x_0) =: v_0$, so gilt
>
> $\left(\dfrac{dy}{dx}(x) \right)^2 = 2 \left(e - u(y(x)) \right)$ für alle $x \in I$. Insbesondere ist dann y Lösung von
>
> $\dfrac{dy}{dx} = \sqrt{2(e - u(y))}$ auf $I_1 := \left\{ x \left| \dfrac{dy}{dx}(x) > 0 \right. \right\}$ und Lösung von $\dfrac{dy}{dx} = -\sqrt{2(e - u(y))}$
>
> auf $I_2 := \left\{ x \left| \dfrac{dy}{dx}(x) < 0 \right. \right\}$.   Umgekehrt ist jede Lösung von $\dfrac{dy}{dx} = \pm \sqrt{2(e - u(y))}$
>
> auch Lösung von $\dfrac{d^2 y}{dx^2} = f(y)$ auf I_1 (bzw. I_2).

Hier soll nur kurz die dahinter stehende Grundidee erklärt werden:

Aus $\dfrac{d^2 y(x)}{dx^2} = f(y(x))$ folgt $\dfrac{d^2 y}{dx^2}(x) = -\dfrac{du}{dy}(y(x))$, also $\dfrac{dy}{dx}(x) \cdot \dfrac{d^2 y}{dx^2}(x) =$

$= -\dfrac{du}{dy}(y(x)) \cdot \dfrac{dy}{dx}(x)$, und weiter $\dfrac{1}{2} \dfrac{d}{dx} \left(\left(\dfrac{dy}{dx}(x) \right)^2 \right) = -\dfrac{d}{dx}(u(y(x)))$. Dies hat

dann aber zur Folge, dass $\dfrac{d}{dx} \left(\dfrac{1}{2} \left(\dfrac{dy}{dx}(x) \right)^2 + u(y(x)) \right) = 0$, und damit dass

$\dfrac{1}{2} \left(\dfrac{dy}{dx}(x) \right)^2 + u(y(x)) = const = \dfrac{1}{2} \left(\dfrac{dy}{dx}(x_0) \right)^2 + u\left(y(x_0) \right) =: e$,   also

$\dfrac{1}{2} \left(\dfrac{dy}{dx}(x) \right)^2 = e - u(y(x))$.

Abschließende Bemerkung: Für den wichtigen Spezialfall $\dfrac{d^2 y}{dx^2} = -\lambda \cdot y$ mit $\lambda > 0$, auf den wir in Kapitel VI öfters zurückgreifen müssen, hat das obige Resultat folgende Konsequenz:

5.2.2.

> Ist $\lambda > 0$, so sind alle Funktionen der Form $y(x) = A \cdot \sin(\sqrt{\lambda} \cdot x) + B \cdot \cos(\sqrt{\lambda} \cdot x)$
>
> Lösung der Differentialgleichung $\dfrac{d^2 y}{dx^2} + \lambda \cdot y = 0$, und es gibt keine anderen
>
> Lösungen.

Den ersten Teil dieser Aussage bestätigt man leicht durch Einsetzen. Dass es keine weiteren Lösungen gibt, kann genauso nachgewiesen werden wie es in Aufg. 37 für den Fall $\lambda = \frac{g}{l}$ ausgeführt ist.

6. Aufgaben

Aufgabe 1: Gesucht sei die schnellste Verbindung von A zu einem geeigneten Punkt X auf der x-Achse und von X zu B. Es wird dabei davon ausgegangen, dass sowohl auf dem Pfad von A nach X wie auch auf dem Pfad von X nach B die gleiche Geschwindigkeit c vorliegt.

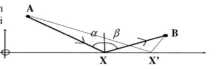

Aufgabe 2: Gesucht sei nun die schnellste Verbindung von A zu einem geeigneten Punkt X auf der x-Achse und von X zu B. Es wird dabei davon ausgegangen, dass auf dem Pfad von A nach X die Geschwindigkeit c1 und auf dem Pfad von X nach B die Geschwindigkeit c2 vorliegt.

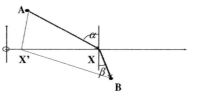

Aufgabe 3: Man bestimme die Extremalstellen der durch $f(x) := 2 \cdot x \cdot \sqrt{r^2 - x^2} + r^2 - 4x^2$ definierten Funktion $f : [-r, r] \to \mathbb{R}$; wobei $r > 0$ vorgegeben sei.

Aufgabe 4: Man bestimme positive Zahlen x und y so, dass die entsprechende Kreuzfläche in nebenstehender Skizze bei festem Radius r maximal sei.

Aufgabe 5

a) Man beweise den Mittelwertsatz für den Fall $f(a) = f(b) = 0$.

b) Leiten Sie den Mittelwertsatz für den Fall $f(a) \neq f(b)$ aus a) her, indem Sie eine Funktion g so bestimmen, dass die Bedingung $\dfrac{f(b) - f(a)}{b - a} = f'(x_0)$ äquivalent ist zur Bedingung $g'(x_0) = 0$.

c) Nutzen Sie die für den Nachweis von b) verwendete Idee zum Nachweis des folgenden verallgemeinerten Mittelwertsatzes: Sind $f : [a, b] \to \mathbb{R}$ und $g : [a, b] \to \mathbb{R}$ stetig und in allen $x \in \,]a, b[$ differenzierbar mit $g'(x) \neq 0$, so existiert ein $x_0 \in \,]a, b[$ mit $\dfrac{f(b) - f(a)}{g(b) - g(a)} = \dfrac{f'(x_0)}{g'(x_0)}$.

Aufgabe 6: Man weise die folgenden Aussagen nach:

a) Für vorgegebenes $k \in \mathbb{N} \setminus \{0\}$ kann $\Delta > 0$ so klein gewählt werden, dass

$$\left(\frac{1 + k \cdot 2 \cdot \pi \cdot \Delta}{k \cdot 2 \cdot \pi} \right)^2 \cdot \underbrace{\frac{1}{6} \cdot \left(\frac{(k \cdot 2 \cdot \pi)^2 \cdot \Delta}{1 + k \cdot 2 \cdot \pi \cdot \Delta} \right)^3}_{=:a} < k \cdot 2 \cdot \pi \cdot \Delta^2.$$

b) Für die durch $f(x) := \begin{cases} x + x^2 \cdot \sin(1/x) & \Leftarrow x \neq 0 \\ 0 & \Leftarrow x = 0 \end{cases}$ definierte Funktion gilt $f'(0) = 1 > 0$, und in jeder noch so kleinen Umgebung $\left] -\dfrac{1}{k}, \dfrac{1}{k} \right[$ von 0 gibt es zwei Werte x_1 und x_2 mit $x_1 < x_2$ und $f(x_1) > f(x_2)$.

Es kann dabei von folgender für $|x| \leq 4$ gültigen Näherungsformel für $\sin(x)$ Gebrauch gemacht werden:

$$\sin(x) = x + \delta \text{ mit } |\delta| \leq \frac{|x|^3}{6}.$$

Aufgabe 7: Es seien $a > 0$, $f : \,]a, \infty[\,\to \mathbb{R}$ und $g : \,]a, \infty[\,\to \mathbb{R}$ differenzierbar mit $g(x) \neq 0$ und $g'(x) \neq 0$

für alle $x \in \left]a,\infty\right[$. Zeigen Sie, dass die durch $\tilde{f}(y) := f(1/y)$ und $\tilde{g}(y) := g(1/y)$ definierten Funktionen

$\tilde{f} : \left]0,1/a\right[\to \mathbb{R}$ und $\tilde{g} : \left]0,1/a\right[\to \mathbb{R}$ ebenfalls den Voraussetzungen des L'Hospital'schen Satzes genügen,

und dass dem entsprechend $\lim\limits_{x \to \infty} \dfrac{f(x)}{g(x)} = \lim\limits_{x \to \infty} \dfrac{f'(x)}{g'(x)}$.

Aufgabe 8: Es seien $f : \left]a,b\right[\to \mathbb{R}$ und $g : \left]a,b\right[\to \mathbb{R}$ differenzierbar mit $g(x) \neq 0$ und $g'(x) \neq 0$ für alle

$x \in \left]a,b\right[$, $\lim\limits_{x \to b} g(x) = \infty$ und $\lim\limits_{x \to b} \dfrac{f'(x)}{g'(x)} =: c \in \mathbb{R}$. Zeigen Sie, dass $\lim\limits_{x \to b} \dfrac{f(x)}{g(x)} = \lim\limits_{x \to b} \dfrac{f'(x)}{g'(x)}$.

Aufgabe 9: Man weise die Riemann-Integrierbarkeit monotoner Funktionen $f : [a,b] \to \mathbb{R}$ nach.

Aufgabe 10: Man beweise die Gültigkeit der Taylor'schen Formel $f(x) = \sum\limits_{k=0}^{n} \dfrac{f^{(k)}(x_0)}{k!} \cdot \left(x - x_0\right)^k +$

$+ \dfrac{f^{(n+1)}(\xi)}{(n+1)!} \cdot \left(x - x_0\right)^{n+1}$ mit Hilfe des verallgemeinerten Mittelwertsatzes aus Aufg. 5 c), und zwar gemäß

der folgenden auf Cauchy zurückgehenden Idee : Machen Sie sich zunächst klar, dass für

$R_k(x) := f(x) - \sum\limits_{i=0}^{k} \dfrac{f^{(i)}(x_0)}{i!} \cdot (x - x_0)^i$ und $S_k(x) := \left(x - x_0\right)^{k+1} / (k+1)!$ die Gleichungen $R_k(x_0) = 0$,

$R_k'(x_0) = 0$, ..., $R_k^{(k)}(x_0) = 0$ und $S_k(x_0) = 0$, $S_k'(x_0) = 0$, ..., $S_k^{(k)}(x_0) = 0$ gelten. Wenden Sie anschlie-

ßend zum Nachweis der Taylor-Formel den verallgemeinerten Mittelwertsatz auf die Funktion $\dfrac{R_k(x)}{S_k(x)}$ an.

Aufgabe 11: $g : [\xi,b] \to \mathbb{R}$ sei zweimal differenzierbare Funktion mit Nullstelle ξ, monoton wachsendem

$g' > 0$ auf $[\xi,b]$ und $g''(x) \le K$ für $x \in \left]\xi,b\right]$. Außerdem sei $\left(x_n\right)_{n \in \mathbb{N}}$ durch $x_{n+1} = x_n - \dfrac{g(x_n)}{g'(x_n)}$ und

$x_0 \in \left]\xi,b\right]$ definiert.

a)   Man zeige mit Hilfe des Mittelwertsatzes, dass $\left|x_n - \xi\right| \le \dfrac{g(x_n)}{g'(\xi)}$.

b)   Durch Taylorentwicklung von g um x_{n-1} herum weise man die Ungleichung $g(x_n) \le$

$\le \dfrac{K}{2} \cdot (x_n - x_{n-1})^2$ nach, womit dann unter Verwendung von a) die Abschätzung $\left|x_n - \xi\right| \le$

$\le \dfrac{K}{2 \cdot g'(\xi)} \cdot (x_n - x_{n-1})^2$ folgt.

Aufgabe 12: a) Berechnen Sie die Ableitung von $f(x) := \left[\tan(4x)\right]^3$ und b) von $g(x) := \cos\left(5 \cdot x^3\right)$.

Aufgabe 13: Wählen Sie (möglichst große) Intervalle D und W in $\mathbb{R}$ so, dass $f : D \to W$ invertierbar ist.

Dabei sei f durch die Vorschrift a) bzw. b), ..., f) definiert. Berechnen Sie die Ableitungen von f und f^{-1}.

a) $f(x) := -\dfrac{3}{2}x + 1$ b) $f(x) := (x-3)^2$ c) $f(x) := \dfrac{x^2+1}{x^2-1}$ d) $f(x) := \sqrt{x^2 - 3}$

e) $f(x) := 3 \cdot \sin(4 \cdot x)$ f) $f(x) := \sin(3 \cdot x + 2)$.

Aufgabe 14: Berechnen Sie $\int\limits_{1}^{2} \dfrac{x}{1+|x|} dx$.

Aufgabe 15: Bestimmen Sie die Ableitung f' von $f : \mathbb{R} \to \mathbb{R}$ mit $f(x) := \dfrac{3}{\ln\left(\sqrt{2x^2+1}\right)}$.

Aufgabe 16: Bestimmen Sie den Wert des Integrals $\int\limits_{6}^{7} \dfrac{2x}{(x-1)\cdot\left(x^2-5x+6\right)} dx$.

Aufgabe 17: Zeigen Sie mit Hilfe partieller Integration, dass $\int\limits_{0}^{T} \sin^2(\omega \cdot t) dt = \dfrac{T}{2}$ für $T := \dfrac{2\pi}{\omega}$ gilt $(\omega \neq 0)$.

Aufgabe 18: Berechnen Sie $\int\limits_{1}^{2} \dfrac{1}{e^x-1} dx$.

Aufgabe 19: Berechnen Sie $\int\limits_{\sqrt{\pi}}^{\sqrt{2\pi}} x \cdot \sin\left(x^2\right) dx$.

Aufgabe 20: Berechnen Sie $\int\limits_{2}^{3} \dfrac{x-1}{\left(x^2-2x+1\right)} dx$ und $\int\limits_{0}^{\sqrt{\pi}} t \cdot \sin\left(t^2\right) dt$.

Aufgabe 21: Berechnen Sie folgende Grenzwerte:

a) $\lim\limits_{x\to\infty} \dfrac{|x-1|}{x}$,   b) $\lim\limits_{x\to\infty} \dfrac{x^5-3x^2}{x^5+3x^3}$,   c) $\lim\limits_{x\to\infty} x \cdot \sin\left(\dfrac{1}{x}\right)$.

Aufgabe 22: $f : [0, \infty[\to \mathbb{R}$ sei definiert durch: $f(x) := x^2 \cdot \sin\left(\sqrt{x}+\pi\right)$. Ermitteln Sie $f'\left(\pi^2\right)$.

Aufgabe 23: Berechnen Sie das folgende Integral: $\int\limits_{\frac{\pi^2}{4}}^{\pi^2} \dfrac{\sin\left(\sqrt{x}+\pi\right)}{3\sqrt{x}} dx$.

Aufgabe 24: a) Man verwende die „Schwebungsformel"

$$\cos(\omega_1 \cdot t) + \cos(\omega_2 \cdot t + \varphi_2) = 2 \cdot \cos\left(\omega \cdot t + \dfrac{\varphi_2}{2}\right) \cdot \cos\left(\bar{\omega} \cdot t - \dfrac{\varphi_2}{2}\right) \quad \text{mit } \omega = \dfrac{\omega_1+\omega_2}{2} \text{ und } \bar{\omega} = \dfrac{\omega_1-\omega_2}{2}$$

(siehe VI.1.2. Beisp.3), um folgendes für $k_1, k_2 \in \mathbb{N} \setminus \{0\}$ zu zeigen:

$$\dfrac{2}{T} \int\limits_{0}^{T} \cos\left(k_1 \cdot \dfrac{2\pi}{T} \cdot t\right) \cdot \cos\left(k_2 \cdot \dfrac{2\pi}{T} \cdot t\right) dt = \begin{cases} 0 \Leftarrow k_1 \neq k_2 \\ 1 \Leftarrow k_1 = k_2 \end{cases} \quad \text{und}$$

$$\dfrac{2}{T} \int\limits_{0}^{T} \sin\left(k_1 \cdot \dfrac{2\pi}{T} \cdot t\right) \cdot \sin\left(k_2 \cdot \dfrac{2\pi}{T} \cdot t\right) dt = \begin{cases} 0 \Leftarrow k_1 \neq k_2 \\ 1 \Leftarrow k_1 = k_2 \end{cases}.$$

b) Auf Grund des Additionstheorems gilt $\sin(\omega_1 \cdot t) + \sin(\omega_2 \cdot t) = 2 \cdot \sin(\omega \cdot t) \cdot \cos(\bar{\omega} \cdot t)$.

Man leite aus dieser Relation ab, dass $\dfrac{2}{T} \int\limits_{0}^{T} \sin\left(k_1 \cdot \dfrac{2\pi}{T} \cdot t\right) \cdot \cos\left(k_2 \cdot \dfrac{2\pi}{T} \cdot t\right) dt = 0$.

Aufgabe 25: Man wähle D und W so, dass $\begin{array}{c} f : D \to W \\ f(x) := \left[\sin(x-3)\right]^2 \end{array}$ invertierbar ist. Man bestimme dann die Ableitungsfunktion von f^{-1}.

Aufgabe 26: a) Man weise durch geeignete Substitution nach, dass $\dfrac{1}{\pi} \cdot \int\limits_{0}^{\pi} \cos(x \cdot \sin(\varphi))\, d\varphi =$

$= \dfrac{1}{\pi} \cdot \int\limits_{-\frac{\pi}{2}}^{\frac{\pi}{2}} \cos(x \cdot \cos(s))\, ds$ und $\dfrac{1}{\pi} \cdot \int\limits_{0}^{\pi} \sin(x \cdot \sin(\varphi)) \cdot \sin(\varphi)\, d\varphi = \dfrac{1}{\pi} \cdot \int\limits_{-\frac{\pi}{2}}^{\frac{\pi}{2}} \sin(x \cdot \cos(s)) \cdot \cos(s)\, ds$　für alle

$x > 0$ und

b) zeige, dass für die durch $f(x) := \dfrac{1}{\pi} \cdot \int\limits_{-\frac{\pi}{2}}^{\frac{\pi}{2}} \cos(x \cdot \cos(s))\, ds$ und $g(x) := \dfrac{1}{\pi} \cdot \int\limits_{-\frac{\pi}{2}}^{\frac{\pi}{2}} \sin(x \cdot \cos(s)) \cdot \cos(s)\, ds$

definierten Funktionen den Gleichungen $f'(x) = -\dfrac{1}{\pi} \cdot \int\limits_{-\frac{\pi}{2}}^{\frac{\pi}{2}} \sin(x \cdot \cos(s)) \cdot \cos(s)\, ds$,

$f''(x) = -f(x) + \dfrac{1}{\pi} \cdot \int\limits_{-\frac{\pi}{2}}^{\frac{\pi}{2}} \cos(x \cdot \cos(s)) \cdot \sin^2(s)\, ds$, $g'(x) = \dfrac{1}{\pi} \cdot \int\limits_{-\frac{\pi}{2}}^{\frac{\pi}{2}} \cos(x \cdot \cos(s)) \cdot \cos^2(s)\, ds$ und

$g''(x) = -g(x) + \dfrac{1}{\pi} \cdot \int\limits_{-\frac{\pi}{2}}^{\frac{\pi}{2}} \sin(x \cdot \cos(s)) \cdot \cos(s) \cdot \sin^2(s)\, ds$ genügen. Dass im vorliegenden Fall die

Differenziation unter das Integral gezogen werden darf, soll hier nicht extra nachgewiesen werden.

c) Man zeige, dass f und g die Differenzialgleichungen $x^2 \cdot f''(x) + x \cdot f'(x) + x^2 \cdot f(x) = 0$ bzw.

$x^2 \cdot g''(x) + x \cdot g'(x) + x^2 \cdot g(x) - g(x) = 0$ lösen. Dabei können die in a) und b) hergeleiteten Gleichungen verwendet werden.

Aufgabe 27: Bestimmen Sie diejenigen Punkte des Graphen von $f : [0, 2\pi] \to \mathbb{R}$

$$f(x) := \cos(2x) + 2 \cdot \cos(x) \ ,$$

an denen die Tangente horizontal anliegt.

Aufgabe 28: Aus einem Baumstamm mit kreisförmigem Querschnitt soll ein Balken mit rechteckigem Querschnitt so herausgeschnitten werden, dass möglichst wenig Abfall entsteht.

Aufgabe 29: Man gebe die Taylorentwicklung von $f(x) = x^3 - x$ um den Punkt $x = 2$ an.

Aufgabe 30: a) Entwickeln Sie die e- Funktion an der Stelle $x = 1$ in ein Taylorpolynom vierter Ordnung (ohne Restglied).

b) Gegeben sei das Polynom $p(x) = 4x^3 - 9x^2 + 8x - 2$. Bestimmen Sie geeignete Koeffizienten

$a, b, c, d \in \mathbb{R}$ so, dass $p(x) = a + b \cdot (x-1) + c \cdot (x-1)^2 + d \cdot (x-1)^3$ für alle $x \in \mathbb{R}$ gilt.

Aufgabe 31: Stellen Sie fest, an welchen Stellen $x \in \mathbb{R}$ die Funktion $f(x) = x^2 \cdot e^x$ ein relatives Extremum besitzt. Bestimmen Sie außerdem möglichst große Intervalle mit monotonem Anstieg bzw. Abstieg von f .

Aufgabe 32: $f : \mathbb{R} \to \mathbb{R}$ sei definiert durch $f(x) := \dfrac{1}{\sqrt{\cos(x^2) + 2}}$.　　　　a) Bestimmen Sie die

Ableitungsfunktion f' , und b) die Taylorentwicklung von f um 0 bis zur zweiten Ordnung.

Aufgabe 33: a) Zeigen Sie, dass $\underline{z} := (1\ 1\ 1)^T$ nicht in der Lösungsmenge E der Gleichung $2x_1 + 3x_2 - x_3 = 1$ liegt. b) Bestimmen Sie denjenigen Punkt aus E, der von $\underline{z}$ den geringst – möglichen Abstand hat.

Aufgabe 34: Entwickeln Sie die durch $f(t) := e^{\sin(t)}$ definierte Funktion $f : \mathbb{R} \to \mathbb{R}$ an der Stelle $t = 0$ in ein Taylor – Polynom zweiter Ordnung.

Aufgabe 35: Linearisieren Sie die durch $g(x) := \sin\left(\dfrac{1}{x}\right) \cdot \ln(x)$ definierte Funktion $g : \,]0,\infty[\, \to \mathbb{R}$ um $x = \dfrac{1}{\pi}$ herum; d.h. bilden Sie die Taylorentwicklung von g um $x = \dfrac{1}{\pi}$ herum, und zwar bis zur ersten Ordnung.

Aufgabe 36: Es wird vorausgesetzt, dass $a, b, c > 0$, $a \geq b$ und $c^2 = a^2 - b^2$.

a) Man weise nach, dass die durch $r(\vartheta) := \dfrac{b^2}{a + c \cdot \cos(\vartheta)}$ definierte Funktion $r : [0, \infty[\, \to \mathbb{R}$ folgende Eigenschaften besitzt: $0 < a - c \leq r(\vartheta) \leq a + c$ $(\vartheta \in [0, \pi])$ und $r(0) = a - c$,

b) dass $\sqrt{c^2 - \left(a - \dfrac{b^2}{r}\right)^2} > 0$ für $r \in \,]a - c, a + c[$ und

c) dass $\dfrac{dr}{d\vartheta} = \dfrac{r^2(\vartheta)}{b^2} \cdot \begin{cases} \sqrt{c^2 - (a - \dfrac{b^2}{r})^2} & \Leftarrow \vartheta \in [0, \pi] \\[2ex] -\sqrt{c^2 - (a - \dfrac{b^2}{r})^2} & \Leftarrow \vartheta \in [\pi, 2\pi]. \end{cases}$

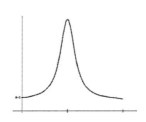

d) dass (*) $\begin{cases} r(\hat{\vartheta}) = a - c \;\Leftrightarrow\; [\dfrac{dr}{d\vartheta}(\hat{\vartheta}) = 0 \text{ und } \dfrac{d^2 r}{d\vartheta^2}(\hat{\vartheta}) > 0] \\[2ex] r(\hat{\vartheta}) = a + c \;\Leftrightarrow\; [\dfrac{dr}{d\vartheta}(\hat{\vartheta}) = 0 \text{ und } \dfrac{d^2 r}{d\vartheta^2}(\hat{\vartheta}) < 0] \end{cases}$

e) dass $\tilde{r}(\vartheta) := \dfrac{b^2}{a + c \cdot \cos(\vartheta - \pi)}$ die einzige den Bedingungen (*) und $\tilde{r}(0) = a + c$ genügende Lösung der

Gleichung $\dfrac{dr}{d\vartheta} = \pm \dfrac{r^2}{b^2} \cdot \sqrt{c^2 - (a - \dfrac{b^2}{r})^2}$ definiert.

f) $\tilde{r}(\vartheta) = \dfrac{b^2}{a + c \cdot \cos(\vartheta + \tilde{\vartheta})}$ und $\tilde{r}(\vartheta) = \dfrac{b^2}{a + c \cdot \cos(\vartheta - \tilde{\vartheta})}$ die einzigen den Bedingungen (*) und

$a - c < \tilde{r}(0) < a + c$ genügenden Lösungen der Differenzialgleichung $\dfrac{dr}{d\vartheta} = \pm \dfrac{r^2}{b^2} \cdot \sqrt{c^2 - (a - \dfrac{b^2}{r})^2}$

definieren; wobei $\tilde{\vartheta} := ar\cos\left(\dfrac{b^2}{c \cdot \tilde{r}(0)} - \dfrac{a}{c}\right)$.

Aufgabe 37: Gegeben sei die Differenzialgleichung $\ddot{\vartheta} + \dfrac{g}{l}\vartheta = 0$.

a) Zeigen Sie, dass $\vartheta(t) = A \cdot \sin(\sqrt{\dfrac{g}{l}} \cdot t) + B \cdot \cos(\sqrt{\dfrac{g}{l}} \cdot t)$ die Differenzialgleichung löst.

b)   Weisen Sie nun nach, dass es keine weiteren Lösungen gibt.(Hinweis: Verwenden Sie, dass jede Lösung

gemäß 5.7.2.1. der Gleichung $\dfrac{1}{2}(\dot{\vartheta})^2 = E - \tilde{F}(\vartheta)$ genügen muss; wobei $\tilde{F}(\vartheta) = \dfrac{g}{l} \cdot \dfrac{\vartheta^2}{2}$. Nutzen Sie dann

die Methode der Trennung der Variablen)

Aufgabe 38:

Zeigen Sie für $\tilde{F} :]0, \infty[\to \mathbb{R}$ mit $\tilde{F}(r) := \dfrac{b^2}{r^2} - \dfrac{2a}{r}$, $(a, b > 0)$,   dass

a) $r := \dfrac{b^2}{2 \cdot a}$ die einzige Nullstelle von $\tilde{F}(r)$ ist.

b) $r := \dfrac{b^2}{a}$ die einzige Nullstelle von $\tilde{F}'(r)$ ist.

c) $f(r) := -\tilde{F}'(r)$ größer (kleiner) als 0, wenn $r < \dfrac{b^2}{a}$ $\left(\text{bzw. } r > \dfrac{b^2}{a} \right)$.

d) $-\dfrac{a^2}{b^2}$ der Minimalwert von $\tilde{F}$ ist.

Im folgenden sei $E \in \left] -\dfrac{a^2}{b^2}, 0 \right[$.

e)   Zeigen Sie, dass es genau zwei Lösungen r_1 , r_2 der Gleichung $\tilde{F}(r) = E$ gibt.

f)   und dass $r_1 < \dfrac{b^2}{a} < r_2$.

V. Erweiterung des Funktionenkatalogs

1. Besselfunktionen und elliptische Funktionen

So vielfältig Einsatz- und Kombinations-Möglichkeiten für die in den vorangegangenen Abschnitten beschriebenen Elementarfunktionen auch sind, so sicher
ist, dass man gerade im Zusammenhang mit naturwissenschaftlich-technischen
Anwendungen noch ganz andere Funktionen wie z.B. die Besselfunktionen oder
die elliptischen Funktionen benötigt. Da es den Rahmen dieses Buchs sprengen
würde, auch diese im Detail zu beschreiben, soll hier lediglich ein Grundmuster
skizziert werden, nach dem diese und andere für die Mathematik und ihre Anwendung wichtige Funktionen kreiert wurden. Dieses Grundmuster besteht
darin, dass Probleme in Anwendungsbereichen wie z.B. der Physik auf Differenzialgleichungen führen, deren Lösung bis dahin unbekannte Funktionen liefern. Dieser Grundgedanke soll zunächst an Hand der Elementarfunktionen wie
$\sin(x)$ usw. erläutert werden.

1.1. Beschreibung elementarer Funktionen durch charakteristi-
sche Differenzialgleichungen

Bekanntlich ist $\exp(x)$ die einzige Lösung der Differenzialgleichung $y'(x) - y(x)$
$= 0$ mit $y(0) = 1$. Würden wir die Potenzreihendarstellung der e-Funktion nicht
schon kennen, so könnten wir sie aus der Differenzialgleichung $y'(x) - y(x) = 0$
ableiten und zwar durch den so genannten

Potenzreihenansatz:

> Man versucht, geeignete c_n zu finden, für die $y(x) := \sum_{n=0}^{\infty} c_n \cdot x^n$ der vorliegen-
>
> den Differenzialgleichung genügt, indem man den Ausdruck $\sum_{n=0}^{\infty} c_n \cdot x^n$ in die
>
> Differenzialgleichung einsetzt und die Differenziation unter die Summe zieht.
> Der anschließende Koeffizientenvergleich ergibt dann Rekursionsgleichungen
> für die c_n.

Konvergenzfragen sollen an dieser Stelle außer Acht gelassen werden.

Im Fall der Differenzialgleichung $y'(x) - y(x) = 0$ sieht das folgendermaßen aus:

a) $\left(\sum\limits_{n=0}^{\infty} c_n \cdot x^n \right)' - \sum\limits_{n=0}^{\infty} c_n \cdot x^n = 0$ b) $\sum\limits_{n=1}^{\infty} n \cdot c_n \cdot x^{n-1} = \sum\limits_{n=0}^{\infty} c_n \cdot x^n$

c) $\sum\limits_{n=0}^{\infty} (n+1) \cdot c_{n+1} \cdot x^n = \sum\limits_{n=0}^{\infty} c_n \cdot x^n$ d) $c_n = c_{n+1} \cdot (n+1)$

Wegen $1 = y(0) = c_0$ folgt dann aus d), dass $c_n = \dfrac{1}{n!}$. Ausgehend von der Differenzialgleichung $y'(x) - y(x) = 0$ kommt man demzufolge zwangsläufig auf eine Funktion mit der Reihendarstellung $\sum\limits_{n=0}^{\infty} \dfrac{1}{n!} \cdot x^n$.

Ganz entsprechend führen andere Differenzialgleichungen auf Sinus, Cosinus usw., wie aus folgender Tabelle zu entnehmen ist.

Potenzreihenansatz für das Anfangswertproblem	liefert	Reihendarstellung von
$y'(x) - y(x) = 0$ $y(0) = 1$		Exponentialfunktion $\exp(x)$
$y''(x) + y(x) = 0$ $y(0) = 0$		Sinusfunktion $\sin(x)$
$y''(x) + y(x) = 0$ $y(0) = 1$		Cosinusfunktion $\cos(x)$
$y''(x) - y(x) = 0$ $y(0) = 0$		Sinus hyperbolikus $\sinh(x)$
$y''(x) - y(x) = 0$ $y(0) = 1$		Cosinus hyperbolikus $\cosh(x)$

1.2. Besselfunktionen erster Art   (von ganzzahliger nicht-negativer Ordnung)

1.2.1. Einführung:

Da viele der Grundgesetze der Physik in Form von Differenzialgleichungen ausgedrückt werden können, ist klar, dass allein schon aus naturwissenschaftlich-technischen Problemstellungen unzählige Differenzialgleichungen hervorgehen, deren Lösung dann zu neuen Funktionen führen. Zum Beispiel im Falle der stehenden Welle $\psi(x,y,t) = g(t) \cdot u(x) \cdot w(y)$ einer quadratischen Membran liefert die Anwendung des Newton'schen Axioms die Differenzialgleichung $u''(x) + u(x) = 0$, deren Lösung unter den gegebenen Randbedingungen auf die bekannte Sinus-Funktion führt. Geht man allerdings zum Fall einer kreisrunden Membran über, so wird man durch das Newton'sche Axiom auf eine Bessel'sche Differenzialgleichung geführt, deren Lösung dann eine Schar bis dahin unbekannter Funktionen liefert.

1.2.2. Definitionen und Sätze

Die Differenzialgleichung $x^2 \cdot y''(x) + x \cdot y'(x) + (x^2 - v^2) \cdot y(x) = 0$ heißt
Bessel'sche Differenzialgleichung v-ter Ordnung .

Der Name geht zurück auf den deutschen Astronomen Bessel, der sich so um 1817 herum mit den heute nach ihm benannten Funktionen systematisch beschäftigte. Nach den Erläuterungen des vorigen Abschnitts 1.1. liegt es nahe, eine Lösung der Bessel'schen Differenzialgleichung durch Ansatz in Potenzreihenform zu versuchen. Es stellt sich allerdings heraus, dass i.a. erst ein modifizierter Ansatz der Form $y(x) = x^r \cdot \sum\limits_{n=0}^{\infty} c_n \cdot x^n$ zu einer Lösung führt; im Falle $v = 0$ soll dies kurz skizziert werden: Indem man $y(x) = x^r \cdot \sum\limits_{n=0}^{\infty} c_n \cdot x^n =$

$$= \sum_{n=0}^{\infty} c_n \cdot x^{n+r} \text{ setzt, erhält man: } x \cdot y'(x) = x \cdot \sum_{n=0}^{\infty} c_n \cdot (r+n) \cdot x^{n+r-1} =$$

$$= \sum_{n=0}^{\infty} c_n \cdot (r+n) \cdot x^{r+n}, \quad x^2 \cdot y''(x) = x^2 \cdot \sum_{n=0}^{\infty} c_n \cdot (r+n) \cdot (r+n-1) x^{n+r-2} =$$

$$= \sum_{n=0}^{\infty} c_n \cdot (r+n) \cdot (r+n-1) x^{n+r} \text{ und weiter } x^2 \cdot y(x) = x^2 \cdot \sum_{n=0}^{\infty} c_n \cdot x^{n+r} =$$

$$= \sum_{n=0}^{\infty} c_n \cdot x^{n+r+2}, \text{ also: } x^2 \cdot y''(x) + x \cdot y'(x) + x^2 \cdot y(x) =$$

$$\sum_{n=0}^{\infty} c_n \cdot (r+n) \cdot (r+n-1) x^{n+r} + \sum_{n=0}^{\infty} c_n \cdot (r+n) \cdot x^{r+n} + \sum_{n=0}^{\infty} c_n \cdot x^{n+r+2} =$$

$$= \sum_{n=0}^{\infty} c_n \cdot (r+n) \cdot (r+n) \cdot x^{n+r} + \sum_{n=0}^{\infty} c_n \cdot x^{n+r+2}$$. Die Besselsche Differenzial-

gleichung 0-ter Ordnung $x^2 \cdot y''(x) + x \cdot y'(x) + x^2 \cdot y(x) = 0$ geht also durch

Potenzreihenansatz über in die Gleichung $\sum_{n=0}^{\infty} c_n \cdot (r+n) \cdot (r+n) \cdot x^{n+r} +$

$+ \sum_{n=0}^{\infty} c_n \cdot x^{n+r+2} = 0 = \sum_{n=0}^{\infty} 0 \cdot x^n$. Man setzt nun willkürlich $c_0 = 1$ und erhält

$r^2 = c_0 \cdot r^2 = 0$, also $r = 0$ und $c_1 = 0$, und zwar durch Vergleich der x^r -Koef-

fizienten bzw. der x^{r+1} -Koeffizienten. Anschließend ergibt der Koeffizienten-

vergleich der x^n mit $n \geq 2$ die Rekursivgleichung: $c_n = -\dfrac{1}{n^2} \cdot c_{n-2}$, aus der

dann folgt, dass $c_n = 0$ für ungerade n und $c_{2m} = \dfrac{(-1)^m}{(2)^{2m} \cdot (m!)^2}$ für m=1,2,3,...

Der Potenzreihenansatz führt also im Falle $\nu = 0$ auf die Lösung $y_0(x) = 1 +$

$+ \sum_{m=1}^{\infty} \dfrac{(-1)^m}{(2)^{2m} \cdot (m!)^2} \cdot x^{2m}$. Ganz entsprechend erhält man für $\nu = 1, 2, 3, ...$ als

Lösung der ν -ten Bessel' schen Differenzialgleichung die Funktion $y_\nu(x) =$

$$= x^\nu \cdot \left[1 + \sum_{m=1}^{\infty} \dfrac{(-1)^m}{2^{2m} \cdot m! \cdot (\nu+1) \cdot ... \cdot (\nu+m)} \cdot x^{2m} \right]$$ und damit auch $J_\nu(x) :=$

$$= \dfrac{1}{2^\nu \cdot \nu!} \cdot y_\nu(x) = \sum_{m=0}^{\infty} \dfrac{(-1)^m}{2^{2m+\nu} \cdot m! \cdot (\nu+m)!} \cdot x^{2m+\nu} = \sum_{m=0}^{\infty} \dfrac{(-1)^m}{m! \cdot (\nu+m)!} \cdot \left(\dfrac{x}{2} \right)^{2m+\nu}$$.

Definition:

Für $\nu = 0, 1, 2, ...$ heißt die durch $J_\nu(x) := \sum_{m=0}^{\infty} \dfrac{(-1)^m}{m! \cdot (\nu+m)!} \cdot \left(\dfrac{x}{2} \right)^{2m+\nu}$ definierte

Funktion $J_\nu : [0, \infty[\to \mathbb{R}$ **Bessel'sche Funktion erster Art der Ordnung** ν .

Wie aus den folgenden Graphen ersichtlich besteht eine gewisse Verwandtschaft
zwischen Bessel- und Sinus-Funktionen.

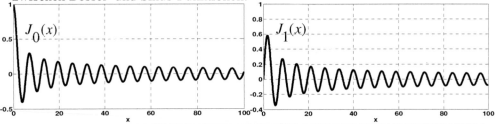

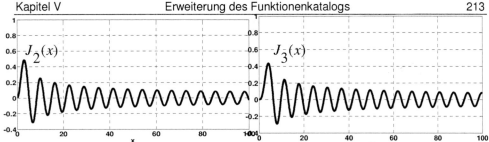

Die obige Definition der Bessel'schen Funktionen erlaubt den Nachweis einer Reihe von Rechengesetzen, von denen hier nur einige aufgelistet werden:

Satz:

Für $x > 0$ und $\nu \in \mathbb{N}$ gilt:

a) $x^2 \cdot J_\nu''(x) + x \cdot J_\nu'(x) + (x^2 - \nu^2) \cdot J_\nu(x) = 0$ (Bessel'sche Differenzialgleichung)

b) $\dfrac{d}{dx}\left[x^\nu \cdot J_\nu(x)\right] = x^\nu \cdot J_{\nu-1}(x)$,   c) $\dfrac{d}{dx}\left[x^{-\nu} \cdot J_\nu(x)\right] = -x^{-\nu} \cdot J_{\nu+1}(x)$,

d) $x \cdot J_{\nu+1}(x) - 2 \cdot \nu \cdot J_\nu(x) + x \cdot J_{\nu-1}(x) = 0$,

e) $2 \cdot \dfrac{d}{dx} J_\nu(x) = J_{\nu-1}(x) - J_{\nu+1}(x)$ und außerdem die folgende

Alternative Darstellung der Bessel-Funktionen:

$J_n(x) = \dfrac{1}{\pi} \cdot \displaystyle\int_0^\pi \cos(x \cdot \sin(\varphi)) \cdot \cos(n \cdot \varphi)\, d\varphi$, wenn n gerade   und

$J_n(x) = \dfrac{1}{\pi} \cdot \displaystyle\int_0^\pi \sin(x \cdot \sin(\varphi)) \cdot \sin(n \cdot \varphi)\, d\varphi$, wenn n ungerade.

Insbesondere haben also $J_0(x)$ und $J_1(x)$ die Integraldarstellung

$$J_0(x) = \frac{1}{\pi} \cdot \int_0^\pi \cos(x \cdot \sin(\varphi))\, d\varphi \quad \text{bzw.} \quad J_1(x) = \frac{1}{\pi} \cdot \int_0^\pi \sin(x \cdot \sin(\varphi)) \cdot \sin(\varphi)\, d\varphi.$$

Dass $f(x) := \dfrac{1}{\pi} \cdot \displaystyle\int_0^\pi \cos(x \cdot \sin(\varphi))\, d\varphi$ und $g(x) := \dfrac{1}{\pi} \cdot \displaystyle\int_0^\pi \sin(x \cdot \sin(\varphi)) \cdot \sin(\varphi)\, d\varphi$

tatsächlich Lösungen der ersten bzw. zweiten Bessel'schen Differenzialgleichung liefern, wird übrigens in Aufgabe 26 von Kapitel IV nachgewiesen.

1.3. Die elliptischen Funktionen Sinus-amplitudinis und Cosinus-amplitudinis

Einführung: Die Zeitabhängigkeit des Auslenkungs-
winkels ϑ eines Pendels lässt sich mit Hilfe der Sinus-
Funktion darstellen, sofern der Fall kleiner Auslenkungen vorliegt (siehe (B7) am Ende von 2.5.5. in Kap. VI).
Will man sich aber von dieser Einschränkung befreien,
so benötigt man eine neue Klasse von Funktionen, welche über die der klassischen trigonometrischen Funktionen hinausgeht, die so genannten elliptischen Funktionen. Ihre Einführung im nächsten Abschnitt ruht auf
den so genannten Amplitudenfunktionen $am(k,t)$, die

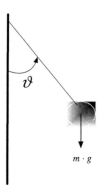

für $k < 1$ als Lösung der Gleichung $\displaystyle\int_{0}^{am(t,k)} \frac{d\vartheta}{\sqrt{1-k^2\cdot\sin^2(\vartheta)}} = t$ definiert werden

und sich physikalisch an Hand eines umlaufenden Pendels folgendermaßen
interpretieren lassen:

Ist die Anfangswinkelgeschwindig-
keit $\dot{\vartheta}(0)$ für einen Überschlag genügend groß, so kann man die t-Funktion
$2 \cdot am(t,k)$ veranschaulichen als die Zeitabhängigkeit des von einem umlaufenden
Pendel zurückgelegten Winkels
(siehe (A3) in Abschnitt 2.5.5. von Kap. VI).

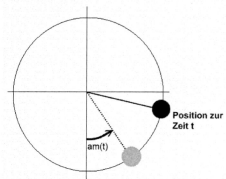

Definitionen und Resultate

Im folgenden sei k stets eine reelle Zahl mit $0 \le k < 1$. Unter dieser Vorausset-
zung ist natürlich $\displaystyle\frac{1}{\sqrt{1-k^2\cdot\sin^2(\vartheta)}} \ge 1$ für alle $\vartheta \in \mathbb{R}$. Dementsprechend ist

dann durch $F(x,k) := \displaystyle\int_{0}^{x} \frac{d\vartheta}{\sqrt{1-k^2\cdot\sin^2(\vartheta)}}$ eine strikt –monotone , also umkehr-

bare Funktion $F : \mathbb{R} \to \mathbb{R}$ definiert, weshalb folgende Festlegung Sinn macht.

Definition:

Ist $0 \le k < 1$, so heißt die durch $\displaystyle\int_0^{am(t,k)} \frac{d\vartheta}{\sqrt{1-k^2 \cdot \sin^2(\vartheta)}} = t$ definierte Funktion

$am(\,\cdot\,,k\,): \mathbb{R} \to \mathbb{R}$ **Amplitude zum Modul k,** und

die durch $sn(t,k) := \sin(am(t,k))$ und $cn(t,k) := \cos(am(t,k))$ definierten

Funktionen $sn(\cdot\,,k\,): \mathbb{R} \to [-1,1]$ bzw. $cn(\,\cdot\,,k): \mathbb{R} \to [-1,1]$ heißen

Sinus-amplitudinis bzw. **Cosinus-amplitudinis** .

Bemerkungen :

a) Im Spezialfall $k = 0$ ist $am(t,k) = t$, $sn(t,k) = \sin(t)$ und $cn(t,k) = \cos(t)$.

b) Offensichtlich ist $\dfrac{d}{dx} F(x,k) = \dfrac{1}{\sqrt{1-k^2 \cdot \sin^2(x)}}$; woraus die Gleichung

$\dfrac{d}{dt} am(t,k) = \sqrt{1-k^2 \cdot \sin^2(am(t,k))}$ für die Umkehrfunktion $am(\,\cdot\,,k)$ von

$F(x,k)$ folgt. Also:

(A1)

$y(t) := am(t,k)$ ist eine Lösung der Differenzialgleichung erster Ordnung

$\dfrac{d}{dt} y(t) = \sqrt{1-k^2 \cdot \sin^2(y(t))}$ mit $y(0) = 0$.

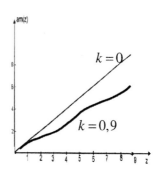

Wie aus der Einleitung hervorgeht, können $am(t,k)$, $sn(t,k)$ und $cn(t,k)$
an Hand eines umlaufenden Pendels veranschaulicht werden. Dem entsprechend liegt dann die Vermutung nahe, dass $am(t,k)$ nach Verstreichen einer
immer gleichen Zeit $T(k)$ jeweils um den Winkel 2π zugenommen haben
muss, dass also die Funktionen $sn(t,k)$ und $cn(t,k)$ $T(k)$-periodisch sind. Und
tatsächlich wird sich diese Vermutung mit

$$T(k) := 2 \cdot \int_0^{\pi} \frac{d\vartheta}{\sqrt{1 - k^2 \cdot \sin^2(\vartheta)}}$$ bestätigen.

Im Interesse einer übersichtlicheren Darstellung soll im folgenden an Stelle des Symbols $T(k)$ einfach T verwendet werden.

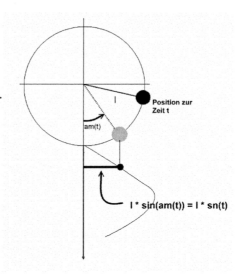

Position zur Zeit t

am(t)

l * sin(am(t)) = l * sn(t)

(A2) Satz:

Für $0 \leq k < 1$ bestehen zwischen $T := 2 \cdot \int_0^{\pi} \frac{d\vartheta}{\sqrt{1 - k^2 \cdot \sin^2(\vartheta)}}$ und den

Funktionen $am(t,k)$, $sn(t,k)$ und $cn(t,k)$ folgende Zusammenhänge:

$$am(t + \frac{T}{2}, k) = am(t,k) + \pi \ , \quad sn(t + \frac{T}{2}, k) = -sn(t,k) \ , \quad sn(t + T, k) = sn(t,k) \ ,$$

$$cn(t + \frac{T}{2}, k) = -cn(t,k) \ , \quad cn(t + T, k) = cn(t,k) \ ,$$

$$am(t,0) = t \ , \qquad\qquad sn(t,0) = \sin(t) \quad \text{und} \quad cn(t,0) = \cos(t) \ .$$

Außerdem gilt die Näherungsformel $T = 2\pi \cdot [1 + \left(\frac{1}{2}\right)^2 \cdot k^2 + \left(\frac{1 \cdot 3}{2 \cdot 4}\right)^2 \cdot k^4 + \ldots]$.

Begründung: An Hand von Aufgabe 1 macht man sich zunächst klar, dass

$$T = 2 \cdot \int_a^{a + \pi} \frac{d\vartheta}{\sqrt{1 - k^2 \cdot \sin^2(\vartheta)}}$$ nicht von a abhängt. Dies hat dann zur Folge, dass

$$t + \frac{T}{2} = \int_0^{am(t)} \frac{ds}{\sqrt{1 - k^2 \cdot \sin^2(s)}} + \int_{am(t)}^{am(t) + \pi} \frac{ds}{\sqrt{1 - k^2 \cdot \sin^2(s)}} =$$

$$= \int_0^{am(t) + \pi} \frac{ds}{\sqrt{1 - k^2 \cdot \sin^2(s)}} \ , \text{ mit der Konsequenz, dass } am(t + \frac{T}{2}) = am(t) + \pi \ ,$$

$$sn(t + \frac{T}{2}) = \sin(am(t + \frac{T}{2})) = \sin(am(t) + \pi) = -\sin(am(t)) = -sn(t) \ ,$$

$sn(t+T) = sn(t)$ und ganz entsprechend $cn(t+\dfrac{T}{2}) = -cn(t)$ und

$cn(t+T) = cn(t)$. Da $T(0) = 2\pi$ und $sn(0,t) = \sin(t)$ gilt, liegt der Verdacht nahe, dass ganz allgemein $T(k) \approx 2\pi$. Und in der Tat führt eine Reihenentwicklung des Integranden $1/\sqrt{1-k^2 \cdot \sin^2(\vartheta)}$ zur angegebenen Näherungsformel, auf deren Beweis hier verzichtet werden soll.

Zum Zweck einer detaillierteren Untersuchung des Graphen von sn halten wir zunächst fest, dass – wie in Aufgabe 2 gezeigt –
(A3)

$$am(0) = 0 \quad , \quad am(\pm\dfrac{T}{4}) = \pm\dfrac{\pi}{2} \quad \text{und} \quad am(\pm\dfrac{T}{2}) = \pm\pi.$$

Aus Sicht der anschaulichen Interpretation der Funktionen $sn(t) = \sin(am(t))$ und $cn(t) = \cos(am(t))$ ist klar, dass sie eine starke Ähnlichkeit zum Sinus bzw. Cosinus aufweisen. Um nun den Graphen von sn näher zu studieren, reicht es, sich dabei auf das Periodenintervall $\left[-\dfrac{T}{2}, \dfrac{T}{2}\right]$ zu konzentrieren. Für diesen Bereich lässt sich aber- mit Hilfe von (A3) - leicht das folgende Ergebnis nachvollziehen.
(A4)

Die strikt monotone Funktion $am(\cdot,k)$ **bildet** $[-\dfrac{T}{2},-\dfrac{T}{4}]$ **auf** $[-\pi,-\dfrac{\pi}{2}]$

ab, $[-\dfrac{T}{4},\dfrac{T}{4}]$ **auf** $[-\dfrac{\pi}{2},\dfrac{\pi}{2}]$ **und** $[\dfrac{T}{4},\dfrac{T}{2}]$ **auf** $[\dfrac{\pi}{2},\pi]$.

Weiter gilt $sn(-\dfrac{T}{4},k) = \sin(-\dfrac{\pi}{2}) = -1$, $sn(\dfrac{T}{4},k) = \sin(\dfrac{\pi}{2}) = 1$ **und dass**

$sn(\cdot,k)$ **auf** $[-\dfrac{T}{4},\dfrac{T}{4}]$
strikt aufsteigt von –1 zu 1,
auf $[-\dfrac{T}{2},-\dfrac{T}{4}]$
strikt fällt von 0 bis –1
und auf $[\dfrac{T}{4},\dfrac{T}{2}]$
strikt fällt von 1 bis 0 .

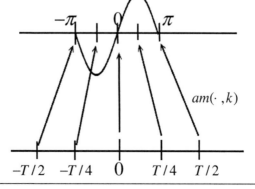

Der unten für den Fall $k=0.9$ dargestellte Graph von $sn(t,k)$ zeigt das Monotonieverhalten von $sn(t,k)$ auf den Intervallen

$[-\frac{T}{2},-\frac{T}{4}]$,. $[-\frac{T}{4},\frac{T}{4}]$ usw..

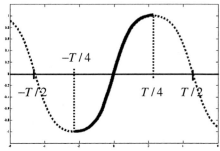

Für das folgende ist es von Nutzen, einige elementare Aussagen über das Verhältnis zwischen Sinus- und Arcussinus-Funktion in Erinnerung zu rufen: Bekanntlich ist der Arcussinus definiert als die Umkehrfunktion, die zu einem

Teilstück der Sinus-Funktion gehört, nämlich zu
$$f:[-\frac{\pi}{2},\frac{\pi}{2}]\to[-1,1]$$
$$t\to sin(t)$$
.

Der Integral-Tabelle ist zu entnehmen, dass der Arcussinus Stammfunktion ist

von $\frac{1}{\sqrt{1-x^2}}$, dass also $\int_{0}^{sin(t)}\frac{dx}{\sqrt{1-x^2}}=\arcsin(sin(t))-\arcsin(0)=t$. Somit kann

man den Sinus-Ast $\qquad$ $f:[-\frac{\pi}{2},\frac{\pi}{2}]\to[-1,1]$ $\qquad$ als Umkehrung der durch
$$t\to sin(t)$$

$g(y)=\int_{0}^{y}\frac{dx}{\sqrt{1-x^2}}$ definierten Funktion $g:[-1,1]\to\left[-\frac{\pi}{2},\frac{\pi}{2}\right]$ betrachten. Es wird

nun nicht überraschen, dass ein entsprechendes Resultat auch für $sn(t,k)$ gezeigt werden kann. Hierzu soll zunächst die dem arcsinus entsprechende Funktion eingeführt werden.

Definition:

Ist $0\le k<1$, so wird die zum aufsteigenden Ast $\quad f:[-\frac{T}{4},\frac{T}{4}]\to[-1,1]$ $\quad$ gehö-
$$t\to sn(t,k)$$
rende Umkehrfunktion mit $sn^{-1}(t,k)$ (oft kurz sn^{-1}) bezeichnet.

Nun lassen sich die oben für den Sinus diskutierten Eigenschaften verallgemeinern zu folgendem Resultat.

(A5) Alternative Darstellung von $sn(t,k)$

Für $0 \leq k < 1$ und $y \in [-1,1]$ gilt $sn^{-1}(k,y) = \int\limits_0^y \dfrac{dx}{\sqrt{1-x^2}\sqrt{1-k^2 \cdot x^2}}$.

Entsprechend liefert die Umkehrung der Funktion $\overset{\in[-1,1]}{\underset{\sim}{y}} \to \int\limits_0^y \dfrac{dx}{\sqrt{1-x^2}\sqrt{1-k^2 \cdot x^2}}$

den Ast von $sn(t,k)$ über $[-\dfrac{T}{4},\dfrac{T}{4}]$. Durch anschließende Spiegelung an $\dfrac{T}{4}$

und $-\dfrac{T}{4}$ und weiter durch T-periodische Fortsetzung ergibt sich dann die

gesamte Funktion $sn(t,k)$.

Man macht sich dieses Resultat klar, indem man für $t \in [-\dfrac{T}{4},\dfrac{T}{4}]$ das Integral

$\int\limits_0^{am(t)} \dfrac{d\vartheta}{\sqrt{1-k^2 \cdot \sin^2(\vartheta)}}$ durch die Substitution $x := \sin(\vartheta)$ mit $\dfrac{dx}{d\vartheta} = \cos(\vartheta) =$

$= \sqrt{1-\sin^2(\vartheta)} = \sqrt{1-x^2}$ in das Integral $\int\limits_0^{\sin(am(t))} \dfrac{dx}{\sqrt{1-x^2}\sqrt{1-k^2 \cdot x^2}}$ umformt.

Die dabei für die Gleichung $\cos(\vartheta) = \sqrt{1-\sin^2(\vartheta)}$ benötigte Positivität der cosi-

nus-Werte ist sichergestellt, weil für $t \in [-\dfrac{T}{4},\dfrac{T}{4}]$ die entsprechenden am(t)-Wer-

te in $[-\dfrac{\pi}{2},\dfrac{\pi}{2}]$ liegen und dort die Cosinus-Funktion nicht negativ ist.

Jedes $t \in [-\dfrac{T}{4},\dfrac{T}{4}]$ ist also von der Form $t = \int\limits_0^{am(t)} \dfrac{d\vartheta}{\sqrt{1-k^2 \cdot \sin^2(\vartheta)}} =$

$= \int\limits_0^{\sin(am(t))} \dfrac{dx}{\sqrt{1-x^2}\sqrt{1-k^2 \cdot x^2}} =$

$= \int\limits_0^{sn(t)} \dfrac{dx}{\sqrt{1-x^2}\sqrt{1-k^2 \cdot x^2}}$ mit $sn(t) \in [-1,1]$.

Auf $[-\dfrac{T}{4},\dfrac{T}{4}]$ ist folglich die Zuordnung $t \to sn(t)$

Umkehrfunktion von $\overset{\in[-1,1]}{\underset{\sim}{y}} \to \int\limits_0^y \dfrac{dx}{\sqrt{1-x^2}\sqrt{1-k^2 \cdot x^2}}$,

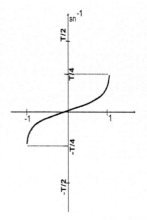

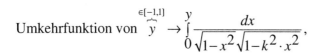

woraus die behauptete Gleichung $sn^{-1}(y,k) = \int\limits_{0}^{y} \dfrac{dx}{\sqrt{1-x^2}\sqrt{1-k^2 \cdot x^2}}$ folgt.

Die nächsten zwei Abbildungen geben abschließend die Graphen von $sn(\cdot\,,k)$ für verschiedene k-Werte wider.

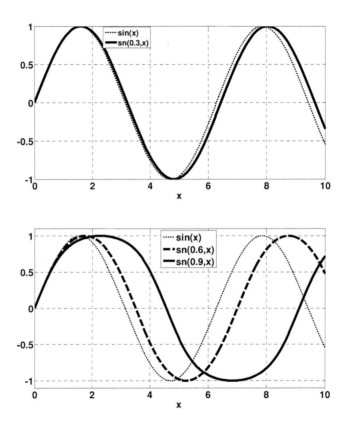

Von den in diesem Abschnitt 1. bereitgestellten Resultaten über Besselsche -und elliptische Funktionen wird in Kapitel VI Gebrauch gemacht werden, wenn es darum geht, die vielfältige Einsetzbarkeit dieser Funktionen zu demonstrieren. (siehe Kap.VI , Abschnitt 2.4. und 2.5.5.)

2. Mengen und Abbildungen

Wie schon in der Einleitung zu Kap.III erwähnt, hatte man sich etwa seit Mitte des 19ten Jahrhunderts daran gewöhnt, Funktionen einer reellen Variablen als Zuordnungsvorschriften zu betrachten. Ebenfalls um diese Zeit herum begann man, auch Paare von reellen Zahlen als eigenständige Objekte und unabhängige Variable einzuführen. Das Interesse an Funktionen von mehreren Variablen hatte schon seit dem 18ten Jahrhundert bestanden, zum Beispiel, wenn es um die Beschreibung der Bewegung einer Saite ging: Die Auslenkung eines jeden Punktes der Saite hängt ja nicht nur vom Ort, sondern auch von der Zeit ab. Die mathematische Darstellung von Kurven in der Ebene machte ebenfalls eine Erweiterung des Funktionsbegriffs erforderlich; denn eine Kurve ordnet jedem reellen Zeitwert einen Punkt, also ein Zahlenpaar zu. Die genannten Beispiele bestätigen wieder einmal die zentrale Rolle der Physik als Quelle neuer mathematischer Fragestellungen. Gleichzeitig muss man aber auch sehen, dass in manchen Phasen ihrer Geschichte die Mathematik ganz aus sich heraus neue und von anderen Wissenschaften losgelöste Probleme aufwarf. Das trifft in ganz besonderem Maße auf die weitere Entwicklung des Funktionsbegriffs Anfang des 20ten Jahrhunderts zu: In der Zeit um 1900 beschäftigten sich Georg Cantor und andere große Mathematiker mit der Frage nach der Mächtigkeit von Zahlenmengen. Man nennt zwei Mengen gleich mächtig, wenn es eine umkehrbare Funktion von der einen auf die andere gibt. So folgt zum Beispiel aus der Umkehrbarkeit der durch $f(x) := c + d \cdot (x-a)/(b-a)$ definierten Funktion $f : [a,b] \to [c,d]$, dass je zwei Intervalle $[a,b]$ und $[c,d]$ gleich mächtig sind. Schon etwas mehr strapaziert wird die Anschauung durch die Tatsache der Gleichmächtigkeit von Intervallen $]c,d[$ und der ganzen reellen Achse $\mathbb{R}$ (siehe Aufg. 9). Georg Cantor gelang damals der Nachweis, dass sogar $\mathbb{N}$ und $\mathbb{Q}$ gleich mächtig sind, was mit unserer Anschauung gar nicht harmoniert. Angetrieben durch solch provozierende Resultate konstruierte er bis dahin völlig ungewohnte Zahlenmengen. Als Beispiel soll hier nur das so genannte Cantor'sche Diskontinuum erwähnt werden. Es entsteht aus dem Einheitsintervall $[0,1]$ durch schrittweise Entfernung zunächst des mittleren Drittels $\left]\dfrac{1}{3}, \dfrac{2}{3}\right[$, dann durch Entfernung des mittleren Drittels der verbliebenen Restintervalle, also von $\left]\dfrac{1}{9}, \dfrac{2}{9}\right[$ und $\left]\dfrac{7}{9}, \dfrac{8}{9}\right[$ usw.. Die sich nach unendlich vielen solcher Schritte dann ergebende, von der Anschauung her sehr dünne, Restmenge ist das Cantor'sche Diskontinuum, von dem übrigens nachgewiesen wurde, dass es die gleiche Mächtigkeit hat wie die ganze reelle Achse $\mathbb{R}$. Angeregt durch diese Anfänge der Mengenlehre – und auch durch die erwähnten physikalischen Fragestellungen – sah man mehr und mehr die Notwendigkeit, den ursprünglichen Begriff der Funktion zu verallgemeinern zu dem der Abbildung von einer Menge in eine andere. Mittlerweile ist die ganze Mathematik in der Sprache der Mengenlehre formuliert, weshalb es auch für den Anwender der Mathematik heutzutage unumgänglich geworden ist, sich wenigstens in groben Zügen mit dieser Mengenlehre auseinanderzusetzen.

2.1. Mengen und ihre Verknüpfungen

Eine um 1895 erschienene Arbeit Georg Cantors beginnt mit folgender Erklärung.

Definition:

> Unter einer Menge versteht man eine Zusammenfassung von bestimmten wohlunterschiedenen Objekten unserer Anschauung oder unseres Denkens zu einem Ganzen.

Die universelle Verwendbarkeit dieses Begriffs sowie des später noch zu behandelnden Abbildungsbegriffs eröffnet heute der Mathematik den Zugang zu den vielfältigsten Lebensbereichen.

Die zu einer Menge M gehörenden Objekte nennt man die Elemente von M.

> Gehört ein Objekt x zu M, so sagt man:
> x **ist Element von** M　　　　　　und schreibt:　　　　　　$x \in M$.
> Gehört x nicht zu M,　　　　　　so schreibt man:　　　　　　$x \notin M$.

Betrachten wir z.B. die Menge A aller im WS 2010 an der HS HN eingeschriebenen Studenten. Man schreibt:

$A := \{x \mid x$ ist im WS 2010 Student an der HS HN$\}$ und liest dies so: A ist definiert (deswegen der Doppelpunkt bei A) als die Menge aller Objekte x, für welche die Aussage „x ist ...HSHN ... Student" zutrifft.

> Ganz allgemein definiert man Mengen M nach folgendem Schema:
> $M := \{x \mid E(x)$ ist wahr$\}$; wobei $E(x)$ eine die Elemente aus M charakterisierende Aussage ist.

Von jedem Objekt x muss klar sein, ob $E(x)$ wahr ist oder nicht. Deswegen die Formulierung „wohlunterschiedene Objekte ...". Manchmal ist es gar nicht so einfach, Aussagen $E(x)$ so zu formulieren, dass für jedes Objekt x klar ist, ob $E(x)$ zutrifft oder nicht, z.B. wenn $E(x) := $ „x ist Heilbronner". Die Situation ist schon übersichtlicher, wenn wir eine uns allen bekannte Menge M

betrachten, z. B. wenn M eine aus roten und schwarzen Kugeln bestehende Menge ist. Dann können wir leicht feststellen, ob z.B. die Aussage $E(x) :=$ „$x \in M$ und x hat Farbe rot" zutrifft oder nicht. $C := \{ x \mid E(x) \text{ ist wahr} \} =$

$= \{ x \mid x \in M \text{ und } x \text{ ist rot} \}$ ist dann nichts anderes als die Menge aller roten Kugeln in M. Man schreibt dafür übrigens kurz: $C := \{ x \in M \mid x \text{ hat Farbe rot} \}$.

Zur späteren Konstruktion weiterer Beispiele sollen zunächst die Begriffe der Teilmenge, des Durchschnitts und der Vereinigung von Mengen eingeführt werden.

Definition:

Sind M und $\tilde{M}$ Mengen, und ist jedes Element von M auch in $\tilde{M}$ enthalten, so schreibt man:

$M \subset \tilde{M}$ und sagt: M ist **Teilmenge** von $\tilde{M}$.

Der **Durchschnitt** $M \cap \tilde{M}$ ist definiert als die Menge aller Objekte, welche sowohl in M als auch in $\tilde{M}$ liegen, also:

$$M \cap \tilde{M} = \left\{ x \mid x \in M \text{ und } x \in \tilde{M} \right\}.$$

Die **Vereinigung** $M \cup \tilde{M}$ ist definiert als die Menge aller Objekte, die in M oder in $\tilde{M}$ liegen, also:

$$M \cup \tilde{M} = \left\{ x \mid x \in M \text{ oder } x \in \tilde{M} \right\}.$$

Dabei ist nicht das „entweder oder" gemeint.

M und $\tilde{M}$ heißen gleich, wenn $M \subset \tilde{M}$ und $\tilde{M} \subset M$; man schreibt dann $M = \tilde{M}$.

Das **kartesische Produkt** $M \times \tilde{M}$ ist definiert als die Menge aller geordneten Paare (a,b), bei denen a zu M gehört und b zu $\tilde{M}$. Man schreibt dafür kurz

$$M \times \tilde{M} = \left\{ (a,b) \mid a \in M \text{ und } b \in \tilde{M} \right\}.$$

Bemerkung: Natürlich könnte man $M \times \tilde{M}$ in der „Aussageform" darstellen und zwar so:

$$M \times \tilde{M} = \left\{ x \;\middle|\; \begin{array}{l} \text{x ist ein geordnetes Paar, dessen erste \quad Komponente aus M} \\ \text{und dessen zweite Komponente aus } \tilde{M} \text{ ist} \end{array} \right\}.$$

Zur Erläuterung folgt nun eine Reihe von Beispielen. Zunächst einige

Beispiele endlicher Mengen:
MW und MS bezeichne jeweils eine aus drei gegebenen weißen bzw. aus vier gegebenen schwarzen Kugeln bestehende Menge.
a) $MW \cap MS$ ist dann offensichtlich gleich der leeren Menge $\varnothing$ und
b) $M := MW \cup MS$ besteht aus drei weißen und vier schwarzen Kugeln.
c) Wir sind in der Lage, alle
Teilmengen von M aufzulisten:

$\varnothing \subset M$, $\{①\} \subset M$, $\{③\} \subset M$,

$\{❹\} \subset M$, $\{①,②\} \subset M$,

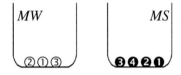

$\{①,③\} \subset M$, $MS \subset M$, $MR \subset M$,

$M \subset M$ usw..

d) $M2T$ bezeichne die Menge aller zwei–elementigen Teilmengen von M.

$M2T = \{ \{①,②\},\{①,③\},\{①,❶\},\{①,❷\},\{①,❸\},\{①,❹\},\{②,③\},\{②,❶\},$
$\{②,❷\}, \{②,❸\},\{②,❹\},\{③,❶\},\{③,❷\},\{③,❸\},\{③,❹\},$
$\{❶,❹\},\{❷,❹\},\{❸,❹\},\{❶,❷\},\{❶,❸\},\{❷,❸\} \quad \}.$

Und nun noch zum Vergleich

e) $MW \times MS = \{ (①,❶), (①,❷), (①,❸), (①,❹), (②,❶),(②,❷),(②,❸),$
$(②,❹),(③,❶), (③,❷), (③,❸), (③,❹) \quad \}$

und weiter

f) $MS \times MW = \{ (❶,①), (❶,②), (❶,③), (❷,①), (❷,②), (❷,③), (❸,①),$
$(❸,②),(❸,③), (❹,①), (❹,②), (❹,③) \quad \}.$

Die eben diskutierten Beispiele gehören zur Kategorie der endlichen Mengen. Sie bilden zusammen mit den uns schon bekannten unendlichen Mengen $\mathbb{R}$, $\mathbb{Z}$, $\mathbb{Q}$ und $\mathbb{N}$ die Bausteine für viele weitere, beliebig komplexe Mengen, wie im folgenden demonstriert werden soll.

Beispiele unendlicher Mengen:

a) $G := \{2 \cdot n \mid n \in \mathbb{N}\}$ ist die Menge aller geraden positiven Zahlen.

b) $U := \{2 \cdot n + 1 \mid n \in \mathbb{N}\}$ ist die Menge aller ungeraden positiven Zahlen.

c) Für $\mathbb{N} \times \mathbb{N}$ verwendet man auch das Symbol $\mathbb{N}^2$, also $\mathbb{N}^2 = \{(n,m) \mid n \in \mathbb{N} \text{ und } m \in \mathbb{N}\}$ und für $(\mathbb{N} \times \mathbb{N}) \times \mathbb{N}$ verwendet man das Symbol $\mathbb{N}^3$, also $\mathbb{N}^3 = \{(n,m,k) \mid n \in \mathbb{N}, m \in \mathbb{N} \text{ und } k \in \mathbb{N}\}$. Ganz entsprechend geht man vor bei der Definition von

d) $\mathbb{R}^2 := \mathbb{R} \times \mathbb{R} = \{(x_1, x_2) \mid x_1 \in \mathbb{R} \text{ und } x_2 \in \mathbb{R}\}$, das man mit Hilfe der Zeichenebene veranschaulichen kann, indem man jedem $(x_1, x_2) \in \mathbb{R}^2$ den Punkt mit den kartesischen Koordinaten x_1 und x_2 zuordnet. Nach **dem** gleichen Schema verfährt man bei den nächsten zwei Fällen.

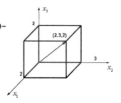

e) $\mathbb{R}^3 = \{(x_1, x_2, x_3) \mid x_1 \in \mathbb{R}, x_2 \in \mathbb{R}, x_3 \in \mathbb{R}\}$ kann als 3–dimensionaler Raum veranschaulicht werden, indem jedem Tupel (x_1, x_2, x_3) der Punkt mit den kartesischen Koordinaten x_1, x_2, x_3 zugeordnet wird.

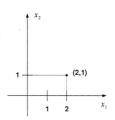

f) $[7,8] \times [1,2] \times [2,3] == \{(x_1, x_2, x_3) \mid 7 \leq x_1 \leq 8, \ 1 \leq x_2 \leq 2, \ 2 \leq x_3 \leq 3\}$

lässt sich als Würfel veranschaulichen:

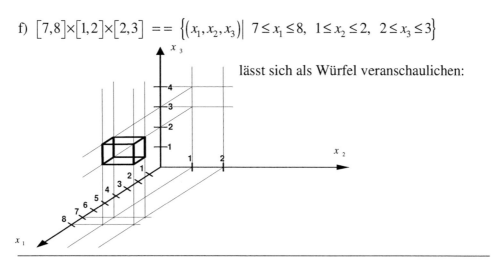

g) Für die Mengen $A := \left\{ \begin{pmatrix} a \\ b \end{pmatrix} \middle| a = b \right\}$ und $B := \left\{ \begin{pmatrix} a \\ b \end{pmatrix} \middle| a^2 = b^2 \right\}$ gilt $A \subset B$ und

$A \neq B$; denn für alle reellen Zahlen a, b folgt aus $a = b$, dass $a^2 = b^2$. Aber es

gibt Paare (a,b) mit $a^2 = b^2$ und $a \neq b$.

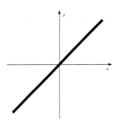
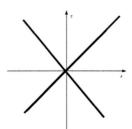

h) Für $C := \left\{ \begin{pmatrix} a \\ b \end{pmatrix} \middle| a > 0 \text{ und } b > 0 \right\}$ und $D := \left\{ \begin{pmatrix} a \\ b \end{pmatrix} \middle| a \cdot b > 0 \right\}$ gilt $C \subset D$ und $C \neq D$;

denn für alle reellen Zahlen a, b folgt aus $(a > 0$ und $b > 0)$, dass $a \cdot b > 0$; aber

es gibt Paare (a,b) mit $a \cdot b > 0$ und $(a < 0$ und $b < 0)$.

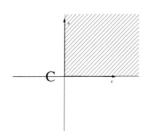
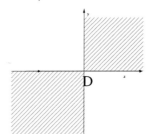

i) $\left\{ \begin{pmatrix} a \\ b \end{pmatrix} \middle| b = 3a - 4 \right\} = \left\{ \begin{pmatrix} a \\ b \end{pmatrix} \middle| a = \frac{1}{3}b + \frac{4}{3} \right\}$; da die Aus-

sagen $b = 3a - 4$ und $a = \frac{1}{3}b + \frac{4}{3}$ äquivalent sind.

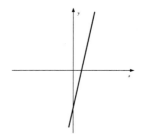

j) Ellipsen

Ellipsen, Parabeln und Hyperbeln, die so genannten Kegelschnitte, sind Teilmengen des $\mathbb{R}^2$, die auch außerhalb der Mathematik zahlreiche Anwendungen
finden. Ellipsen sind definiert als diejenigen Teilmengen des $\mathbb{R}^2$, die aus allen
Punkten bestehen, deren Abstände von 2 vorgegebenen Punkten (hier (-c,0)

und (c,0)) sich zu einer Konstanten l (<2c) aufsummieren; genauer:

$$\text{Ellipse } E = \left\{ \begin{pmatrix} x \\ y \end{pmatrix} \in \mathbb{R}^2 \,\middle|\, \left\| \begin{pmatrix} x \\ y \end{pmatrix} - \begin{pmatrix} -c \\ 0 \end{pmatrix} \right\| + \left\| \begin{pmatrix} x \\ y \end{pmatrix} - \begin{pmatrix} c \\ 0 \end{pmatrix} \right\| = l \right\}.$$

Eine anschauliche Vorstellung gewinnt man, indem man eine Skizze nach der so genannten **Gärtnerkonstruktion** anfertigt:

Befestigung der beiden Enden eines Fadens in 2 Punkten. Faden mit einem Stift spannen und alle Punkte markieren, die so mit dem Stift erreicht werden.

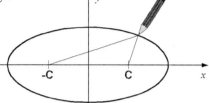

Mit $\; b := \sqrt{\dfrac{l^2}{4} - c^2} \;$ (Bem: Wegen $\dfrac{l}{2} > c$ folgt $\dfrac{l^2}{4} > c^2$) und mit $a := \dfrac{l}{2}$, also

$c^2 = a^2 - b^2$,   erhält man dann, dass

$$E = \left\{ \begin{pmatrix} x \\ y \end{pmatrix} \in \mathbb{R}^2 \,\middle|\, \left\| \begin{pmatrix} x \\ y \end{pmatrix} - \begin{pmatrix} -c \\ 0 \end{pmatrix} \right\| + \left\| \begin{pmatrix} x \\ y \end{pmatrix} - \begin{pmatrix} c \\ 0 \end{pmatrix} \right\| = l \right\} = \left\{ \begin{pmatrix} x \\ y \end{pmatrix} \in \mathbb{R}^2 \,\middle|\, \dfrac{x^2}{a^2} + \dfrac{y^2}{b^2} = 1 \right\}.$$

Versuchen Sie doch einmal, diese Gleichheit nachzuweisen. (siehe Aufg. 3)

Bemerkungen:
a) Es fällt auf, dass a und b der halbe Durchmesser in x-Richtung bzw. y-Richtung sind.

b) Man macht sich leicht klar, dass $\quad \tilde{E} = \left\{ \begin{pmatrix} x \\ y \end{pmatrix} \in \mathbb{R}^2 \,\middle|\, \dfrac{(x-x_0)^2}{a^2} + \dfrac{(y-y_0)^2}{b^2} = 1 \right\}$

eine Ellipse ist, welche aus $\; E = \left\{ \begin{pmatrix} x \\ y \end{pmatrix} \in \mathbb{R}^2 \,\middle|\, \dfrac{x^2}{a^2} + \dfrac{y^2}{b^2} = 1 \right\} \;$ durch eine

Verschiebung um den Vektor $\begin{pmatrix} x_0 \\ y_0 \end{pmatrix}$ hervorgeht.

k) Parabeln
Man kann eine Parabel P charakterisieren als diejenige Menge von Punkten einer Ebene, welche von einer vorgegebenen Geraden (hier mit den

Punkten $\begin{pmatrix} x \\ y_0 \end{pmatrix}$ ($x \in \mathbb{R}$)) den gleichen Abstand

haben wie von einem vorgegebenem Punkt (hier (0,F)).

Mit d:= Abstand zwischen (0,F) und der Gera-

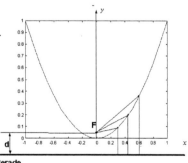

den, $a := \dfrac{1}{2d}$ und $b := F - \dfrac{d}{2}$ gilt dann (siehe Aufg.3b), dass

$$P = \left\{ \begin{pmatrix} x \\ y \end{pmatrix} \in \mathbb{R}^2 \;\middle|\; \left| \begin{pmatrix} x \\ y \end{pmatrix} - \begin{pmatrix} 0 \\ F \end{pmatrix} \right| = |y + d - F| \right\} = \left\{ \begin{pmatrix} x \\ y \end{pmatrix} \in \mathbb{R}^2 \;\middle|\; y = ax^2 + b \right\}.$$

Bemerkung: $\tilde{P} = \left\{ \begin{pmatrix} x \\ y \end{pmatrix} \in \mathbb{R}^2 \;\middle|\; y = a \cdot (x - x_0)^2 + (b + y_0) \right\}$ ist eine Parabel, welche

aus $P = \left\{ \begin{pmatrix} x \\ y \end{pmatrix} \in \mathbb{R}^2 \;\middle|\; y = a \cdot x^2 + b \right\}$ durch eine Verschiebung um den Vektor

$\begin{pmatrix} x_0 \\ y_0 \end{pmatrix}$ hervorgeht.

l) Hyperbeln

Eine Hyperbel H ist charakterisiert als die Menge aller Punkte im $\mathbb{R}^2$, deren Abstände zu 2 vorgegebnen Punkten   (hier$(-c,0)$ und $(c,0)$) sich um einen konstanten Wert unterscheiden. Genauer:

$$H = \left\{ \begin{pmatrix} x \\ y \end{pmatrix} \in \mathbb{R}^2 \;\middle|\; \left| \begin{pmatrix} x \\ y \end{pmatrix} - \begin{pmatrix} -c \\ 0 \end{pmatrix} \right| - \left| \begin{pmatrix} x \\ y \end{pmatrix} - \begin{pmatrix} c \\ 0 \end{pmatrix} \right| = const. \right\}   \text{mit } 2c > const. > 0.$$

Indem man $a := \dfrac{const.}{2} \dfrac{\pi}{2}$ und $b := \dfrac{\sqrt{4c^2 - const.^2}}{2}$ setzt, erhält man dann die

Gleichung $H = \left\{ \begin{pmatrix} x \\ y \end{pmatrix} \in \mathbb{R}^2 \;\middle|\; \dfrac{x^2}{a^2} - \dfrac{y^2}{b^2} = 1 \right\}$, deren Nachweis hier dem

Leser überlassen wird.

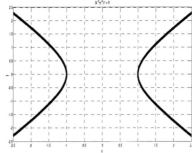

Es folgen noch ein paar Teilmengen von $\mathbb{R}^3$ mit ihren graphischen Darstellungen:

m) $\left\{ \begin{pmatrix} x \\ y \\ z \end{pmatrix} \in \mathbb{R}^3 \middle| \quad \dfrac{x^2}{a^2} + \dfrac{y^2}{b^2} = 1 \right\}$

n) $\left\{ \begin{pmatrix} x \\ y \\ z \end{pmatrix} \in \mathbb{R}^3 \middle| \quad \dfrac{x^2}{a^2} - \dfrac{y^2}{b^2} = 1 \right\}$

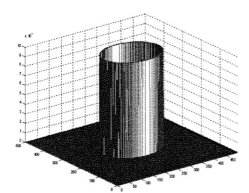

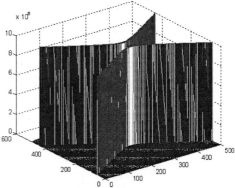

o) $\left\{ \begin{pmatrix} x \\ y \\ z \end{pmatrix} \in \mathbb{R}^3 \middle| \quad \dfrac{x^2}{a^2} + \dfrac{y^2}{b^2} + \dfrac{z^2}{c^2} = 1 \right\}$

(Ellipsoid)

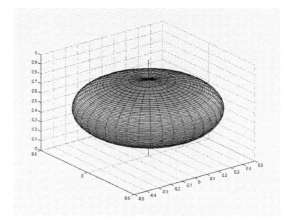

p) $\left\{ \begin{pmatrix} x \\ y \\ z \end{pmatrix} \in \mathbb{R}^3 \middle| \quad \dfrac{x^2}{a^2} + \dfrac{y^2}{b^2} - \dfrac{z^2}{c^2} = 1 \right\}$

(Hyperboloid)

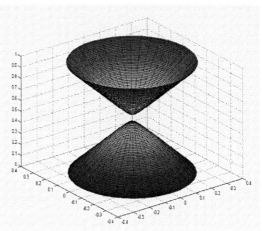

2.2. Abbildungen

Eine ebenso bedeutende Rolle wie der Mengenbegriff spielt der vorhin schon erwähnte Begriff der Abbildung, der nun eingeführt werden soll.

Definition:

Unter einer **Abbildung f von einer Menge A in eine Menge B** versteht man eine Vorschrift, die jedem Element $x \in A$ eindeutig ein Element $y = f(x) \in B$ zuordnet. Für diese Vorschrift schreiben wir:

$$f : A \to B$$
$$x \to f(x)$$

A heißt **Definitionsbereich** und B **Wertebereich** von $f : A \to B$.   Man nennt $f(x)$ den Wert von f an der Stelle x.

f heißt **injektiv**, wenn aus $x_1 \neq x_2$ folgt, dass $f(x_1) \neq f(x_2)$.

f heißt **surjektiv**, wenn jedes $y \in B$ Bildwert ist (; d.h. wenn zu jedem $y \in B$ ein $x \in A$ existiert mit $f(x) = y$).

f heißt **bijektiv** (oder **umkehrbar**), wenn f surjektiv und injektiv ist (; d.h. wenn zu jedem $y \in B$ genau ein $x \in A$ existiert mit $f(x) = y$).

Die so genannte **Umkehrabbildung** $f^{-1} : B \to A$ ist dann definiert durch die Gleichung $f^{-1}(f(x)) = x$.

Beispiel 1: Natürlich sind alle in Kapitel III diskutierten Elementarfunktionen auch Abbildungen.

Beispiel 2: $f : MW \times MS \to MS \times MW$ sei definiert durch folgende Vorschrift: $f(m_W, m_S) := (m_S, ①)$.   Dann ist f nicht injektiv, da z.B. $f((②, ❶)) = (❶, ①) = f((③, ❶))$ und $(②, ❶) \neq (③, ❶)$. f ist auch nicht surjektiv, da z.B. $(❶, ②)$ kein Bildpunkt ist.

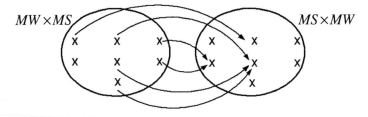

Beispiel 3: Natürlich liefert die Vorschrift $g(m_S, m_W) := (m_W, m_S)$ eine bijektive (d.h. umkehrbare) Abbildung $g : MS \times MW \rightarrow MW \times MS$.

Nun soll noch festgelegt werden, was es heißen soll, dass zwei Mengen die gleiche Anzahl von Elementen haben:

Definition:

> Zwei Mengen M und $\tilde{M}$ heißen **gleichmächtig**, wenn es eine Bijektion (umkehrbare Abbildung) von M auf $\tilde{M}$ gibt.

Wie Beispiel 3 zeigt, sind die Mengen $MR \times MS$ und $MS \times MR$ gleich mächtig. Natürlich wird z.B. auch beim Zählvorgang festgestellt, ob eine geeignete umkehrbare Abbildung (Bijektion) zwischen Mengen vorliegt. Beim Abzählen zum Beispiel einer Menge von Äpfeln geschieht das so: Wir legen eine Bijektion von einer geeigneten Menge von Fingern auf die gegebene Menge von Äpfeln fest.

In dem hier dargestellten Fall sprechen wir dann von fünf Äpfeln. Gelingt das gleiche mit einer entsprechenden Menge von Birnen, so sagen wir dann, dass genau so viele Äpfel wie Birnen vorhanden sind. Mit unserem neuen Vokabular würden wir nun sagen, dass Apfel- und Birnen-Menge gleich mächtig sind. Das selbe Resultat könnte man natürlich auch erzielen, indem man eine Bijektion direkt von der Apfel- auf die Birnen- Menge festlegt, z.B. wie in der nebenstehenden Graphik.

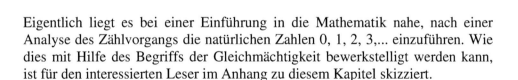

Eigentlich liegt es bei einer Einführung in die Mathematik nahe, nach einer Analyse des Zählvorgangs die natürlichen Zahlen 0, 1, 2, 3,... einzuführen. Wie dies mit Hilfe des Begriffs der Gleichmächtigkeit bewerkstelligt werden kann, ist für den interessierten Leser im Anhang zu diesem Kapitel skizziert.

Beispiel 4: Existiert eine Bijektion von $\mathbb{N}$ auf eine Menge A, so heißt A **abzählbar unendlich**. Betrachten wir z.B. die Menge $G := \{2 \cdot n \mid n \in \mathbb{N}\}$: Sie ist abzählbar unendlich; da $\varnothing : \mathbb{N} \rightarrow G$ mit $\varnothing(n) := 2 \cdot n$ bijektiv ist.

Beilspiel 5: $f : \mathbb{R} \to \mathbb{R}$ mit $f(x) := -2x+3$ lässt sich veranschaulichen durch den $\mathrm{Graph}(f) := \{(x, f(x)) \mid x \in \mathbb{R}\}$

Natürlich ist f umkehrbar, und für die Umkehr-abbildung f^{-1} gilt: $f^{-1}(y) = -\dfrac{1}{2} \cdot y + \dfrac{3}{2}$.

Beilspiel 6: $g :]{-1,1}[\, \to \mathbb{R}$ ist weder injektiv noch surjektiv.

$$g(x) := 1 - |x|$$

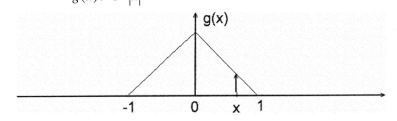

Beilspiel 7: Gemäß der folgenden Skizze soll nun eine Bijektion h von $]{-1,1}[$ auf $\mathbb{R}$ konstruiert werden; womit übrigens die Gleichmächtigkeit des Intervalls $]{-1,1}[$ zur ganzen reellen Achse nachgewiesen ist.

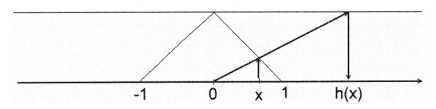

Zu jedem $x \in]{-1,1}[$ gehört der entsprechende Punkt $\begin{pmatrix} x \\ 1-|x| \end{pmatrix}$ auf dem Graphen

der Funktion $g(x) := 1 - |x|$. Durch diesen Punkt und den Punkt $\begin{pmatrix} 0 \\ 0 \end{pmatrix}$ geht dann

die Gerade $g_x = \left\{ \begin{pmatrix} 0 \\ 0 \end{pmatrix} + \lambda \cdot \begin{pmatrix} x \\ 1-|x| \end{pmatrix} \;\middle|\; \lambda \in \mathbb{R} \right\}$. $h(x)$ soll nun einfach die x-

Koordinate des Schnittpunkts S der Geraden g_x und der waagerechten Geraden

$g = \left\{ \begin{pmatrix} \lambda \\ 1 \end{pmatrix} \;\middle|\; \lambda \in \mathbb{R} \right\}$ sein. Dementsprechend gilt dann $S = \begin{pmatrix} h(x) \\ 1 \end{pmatrix} = \lambda \cdot \begin{pmatrix} x \\ 1-|x| \end{pmatrix}$

für geeignetes $\lambda \in \mathbb{R}$. Auflösen der zweiten Zeile der Vektorgleichung nach λ

ergibt $\lambda = \dfrac{1}{1-|x|}$; womit die erste Zeile die Gleichung $h(x) = \dfrac{x}{1-|x|}$ liefert.

Die oben angegebene Konstruktionsvor-
schrift für h sowie (ein bisschen auch)
der Blick auf den nebenstehenden Graph
von h legen nahe, dass es sich um eine
umkehrbare Funktion handelt. Eine genaue Begründung der Umkehrbarkeit von
h wird dem Leser als Übung überlassen
(siehe Aufgabe 9) .

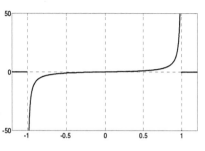

Abbildungen mit $\mathbb{N}$ als Definitionsbereich erhalten einen eigenen Namen:

Definition:

Unter einer Folge in einer Menge A versteht man eine Abbildung f von $\mathbb{N}$ nach
A. An Stelle von $f : \mathbb{N} \to A$ schreibt man meistens $(a_n)_{n \in \mathbb{N}}$; wobei $a_n = f(n)$.

Beispiel 8: Die Abbildungen $\begin{aligned} f &: \mathbb{N} \to \mathbb{N} \\ n &\to n^2 \end{aligned}$ und $\begin{aligned} g &: \mathbb{N} \to \mathbb{N} \\ n &\to 5 \cdot n + 1 \end{aligned}$ sind Folgen in

$\mathbb{R}$, für die man einfach $(n^2)_{n \in \mathbb{N}}$ bzw. $(5n+1)_{n \in \mathbb{N}}$ schreibt.

Für die Konstruktion weiterer Beispiele erweisen sich die folgenden
Vereinbarungen als nützlich.

Definition:

Für Abbildungen $f : M_1 \to M_2$ und $g : M_2 \to M_3$ ist die **Hintereinander-**
schaltung $g \circ f : M_1 \to M_3$ definiert durch die Gleichung $g \circ f(x) = g(f(x))$
$(x \in M_1)$. Für Teilmengen $M_0 \subset M_1$ setzt man $f(M_0) := \{ f(x) \mid x \in M \}$.

Bemerkung: Natürlich gelten für alle umkehrbaren Abbildungen $f : M \to N$
die Relationen $f^{-1} \circ f(m) = m$ und $f \circ f^{-1}(n) = n$ für alle $m \in M$ und alle
$n \in N$. Man schreibt dafür kurz $f^{-1} \circ f = id_M$ und $f \circ f^{-1} = id_N$.

Im allgemeinen gilt: $f \circ g \neq g \circ f$; wie sich zeigt in

Beispiel 9: Für $f : \mathbb{R} \to \mathbb{R}$ und $g : \mathbb{R} \to \mathbb{R}$ mit $f(x) := x^2$ und $g(x) := -x$ erhält man die Gleichungen $f \circ g(x) = (-x)^2 = x^2$ und $g \circ f(x) = -x^2$.

Beilspiel 10: $\begin{array}{l} g : \mathbb{R}^2 \to \mathbb{R} \\ g(x,y) := 3x - 2y + 2 \end{array}$ lässt sich veranschaulichen durch den

$$\text{Graph}(g) := \left\{ \begin{pmatrix} x \\ y \\ g(x,y) \end{pmatrix} \middle| (x,y) \in \mathbb{R}^2 \right\} = \left\{ \begin{pmatrix} x \\ y \\ 3x - 2y + 2 \end{pmatrix} \middle| (x,y) \in \mathbb{R}^2 \right\} =$$

$$= \left\{ \begin{pmatrix} 0 \\ 0 \\ 2 \end{pmatrix} + x \cdot \begin{pmatrix} 1 \\ 0 \\ 3 \end{pmatrix} + y \cdot \begin{pmatrix} 0 \\ 1 \\ -2 \end{pmatrix} \middle| (x,y) \in \mathbb{R}^2 \right\},$$

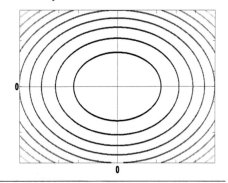

der offensichtlich eine Ebene im $\mathbb{R}^3$ ist.

g ist nicht injektiv, da z.B. $g(2,3) = g(-2,-3)$, und es ist surjektiv, da für jedes $z \in \mathbb{R}$ die Gleichung $z = g(0, -\frac{z}{2} + \frac{1}{2})$ gilt.

Beilspiel 11: Die durch $f(x,y) := x^2 + y^2$ gegebene Abbildung $f : \mathbb{R}^2 \to \mathbb{R}$ kann durch ihren $\text{Graph}(f) = \left\{ (x, y, f(x,y)) \middle| (x,y) \in \mathbb{R}^2 \right\}$ und durch ihre Niveaulinien: $\text{Niveau}(c) := \left\{ (x,y) \in \mathbb{R}^2 \middle| f(x,y) = c \right\}$ veranschaulicht werden.

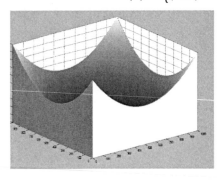

Um Bewegungsabläufe wie zum Beispiel das Entlanggleiten eines Punktes längs einer Kurve mit Hilfe eines Computers zu simulieren, benötigt man eine –dem Computer einzugebende – Vorschrift, die jedem Zeitpunkt den entsprechenden Kurvenpunkt zuordnet. Eine solche Vorschrift ist dann aus mathematischer Sicht nichts anderes als eine Abbildung von einem (Zeit-) Intervall $I = [a,b]$ in den Wertebereich $\mathbb{R}^2$ oder $\mathbb{R}^3$. Von daher ist es verständlich, dass man in der Mathematik ganz allgemein Abbildungen $f : I \to \mathbb{R}^2$ und $g : I \to \mathbb{R}^3$, deren Definitionsbereich I ein Intervall ist, als **Kurven** bezeichnet und dass man sie durch $\{f(t) | \; t \in I\}$ bzw. $\{g(t) | \; t \in I\}$, also durch die Gesamtheit ihrer Bildpunkte, veranschaulicht.

Beispiel 12: Spiralen

Die Abbildung $\quad f : [0, \infty[\to \mathbb{R}^2 \quad$ mit

$$f(t) := \begin{pmatrix} e^{-t} \cdot \cos(3 \cdot t) \\ e^{-t} \cdot \sin(3 \cdot t) \end{pmatrix} \quad \text{kann}$$

veranschaulicht werden durch

$$\{f(t) | t \in [0, \infty[\} = \left\{ \begin{pmatrix} e^{-t} \cdot \cos(3 \cdot t) \\ e^{-t} \cdot \sin(3 \cdot t) \end{pmatrix} \middle| t \geq 0 \right\}.$$

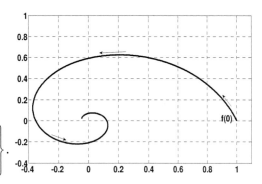

Die Abbildung $\quad f : [0, \infty[\to \mathbb{R}^3 \quad$ mit

$$f(t) := \begin{pmatrix} -\sin(2 \cdot t) \\ \cos(2 \cdot t) \\ t \end{pmatrix} \quad \text{beschreibt}$$

natürlich ebenfalls eine Spirale, und zwar im $\mathbb{R}^3$.

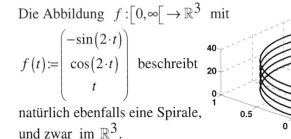

Beispiel 13: Zykloiden

Wenn in einer Ebene ein Kreis (mit Radius r) auf einer Geraden abrollt, dann beschreibt ein mit dem Kreis fest verbundener Punkt P eine Kurve. Zum Zeitpunkt $t = 0$ berühre der Kreis gerade den 0 – Punkt und

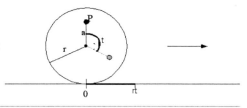

P befinde sich an der Stelle mit den Koordinaten $x_P(0)=0$, $y_P(0)=r+a$.

Die Bewegung von P setzt sich zusammen aus der Bewegung $\begin{pmatrix} r \cdot t \\ r \end{pmatrix}$ des Kreismittelpunktes und der Kreisbewegung (im Uhrzeigersinn) $\begin{pmatrix} a\cos(-t) \\ a\sin(-t) \end{pmatrix} = \begin{pmatrix} a\cos(t) \\ -a\sin(t) \end{pmatrix}$. Um den gewünschten Anfangspunkt der Kreisbewegung zu erhalten, ersetzen wir $\begin{pmatrix} a\cos(t) \\ -a\sin(t) \end{pmatrix}$ durch $\begin{pmatrix} a\cos(t-\pi/2) \\ -a\sin(t-\pi/2) \end{pmatrix} = \begin{pmatrix} a\sin(t) \\ a\cos(t) \end{pmatrix}$. Die Zeitabhängigkeit der x- und y- Koordinaten x_P und y_P des Punktes P wird also durch folgende Kurve $\underline{r}_P$ beschrieben: $\qquad \underline{r}_P : [0, \infty[\to \mathbb{R}^2$

$$\underline{r}_P(t) := \begin{pmatrix} r \cdot t + a\sin(t) \\ r + a\cos(t) \end{pmatrix}.$$

Je nachdem, ob P innerhalb, auf oder außerhalb des Kreises liegt, erhält man dann folgende Graphik.

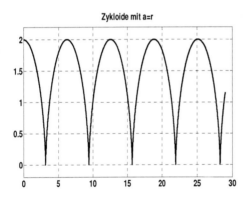

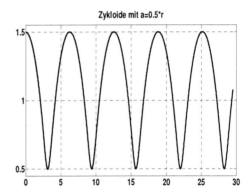

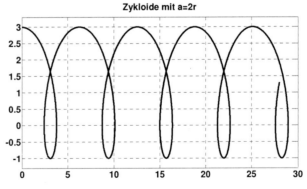

Beispiel 14: Trochoiden

Das sind Kurven, die durch Abrollen eines Kreises auf einem anderen Kreis entstehen. Wir konzentrieren uns zunächst auf die Fälle, bei denen sich die Außenseiten beider Kreise berühren, die Epitrochoiden:

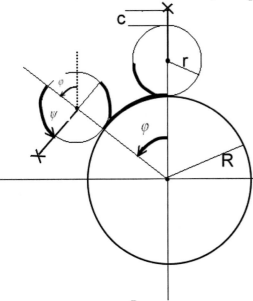

Die auf dem rollenden Kreis befestigte Markierung x rage um die Länge c über den Kreisrand hinaus. Offensichtlich lässt sich die Bewegung der Markierung zusammensetzen aus der Drehung des Mittelpunktes (des rollenden Kreises) um einen Winkel φ einerseits und einer Drehung der Markierung um den Mittelpunkt des rollenden Kreises andererseits. Wird der zu dieser zweiten Drehung gehörende Winkel mit ψ bezeichnet , so muss - wie ein Blick auf die Skizze zeigt- wegen des Abrollens die Relation $R \cdot \varphi =$ =abgerollter Weg auf festem

Kreis=$r \cdot \psi$, also $\psi = \dfrac{R}{r} \cdot \varphi$ gelten. Für den Ortsvektor der Markierung erhält man

demnach $\quad x_P(t) = \underbrace{(R+r) \cdot \begin{pmatrix} -\sin(\varphi(t)) \\ \cos(\varphi(t)) \end{pmatrix}}_{\substack{\text{Mittelpunkt des rollenden Kreises} \\ \text{nach Drehung um Winkel } \varphi}} + \underbrace{(r+c) \cdot \begin{pmatrix} -\sin(\varphi(t)+\psi(t)) \\ \cos(\varphi(t)+\psi(t)) \end{pmatrix}}_{\text{Drehung der Markierung um Winkel } \psi} .$

Dies führt dann wegen $\varphi + \psi = \dfrac{r+R}{r} \cdot \varphi$ zu folgender

Formel für die Rollbewegung auf einem Kreis (mit Berührung beider Außenseiten):

$$x_P(t) = (R+r) \cdot \begin{pmatrix} -\sin(t) \\ \cos(t) \end{pmatrix} + (r+c) \cdot \begin{pmatrix} -\sin(\frac{r+R}{r}t) \\ \cos(\frac{r+R}{r}t) \end{pmatrix} \quad ; \text{ wobei } \varphi(t) = t \text{ gesetzt ist.}$$

Hierzu ein paar Spezialfälle:

Zunächst der Fall c=0, r=2, R=4:

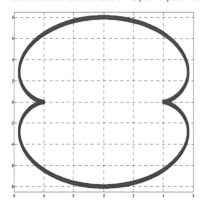 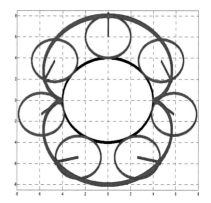

Dann der Fall c=0, r=1, R=3,5:

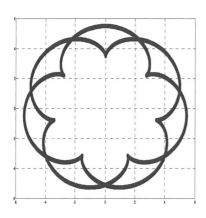 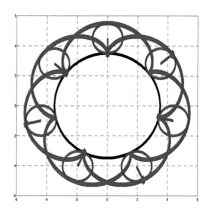

Und schließlich der Fall c=1,r=1, R=4:

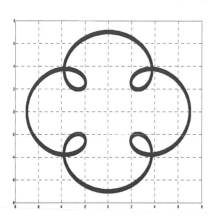 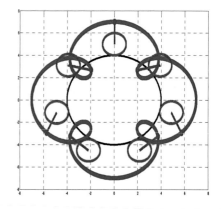

Vergleicht man das Erscheinungsbild solcher Epizykeln z.B. mit der Bahn, welche der Planet Mars vor dem Hintergrund des Fixsternhimmels im Laufe eines Jahres zurücklegt,
so wird verständlich, dass
Ptolemäus vor 2000 Jahren
Epizykeln als Modell der
Planetenbahnen verwendete.

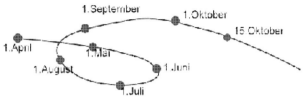

Eine moderne Anwendung von Epizykeln findet sich bei der so genannten Zykloidenverzahnung , einem Verfahren zum Entwurf von Zahnradprofilen.

Bei den bis hierher diskutierten Epitrochoiden wurde nur der Fall betrachtet, bei dem sich die Außenseiten beider Kreise berühren.
Nun wenden wir uns denjenigen Fällen zu, in denen die Innenseite eines Kreises

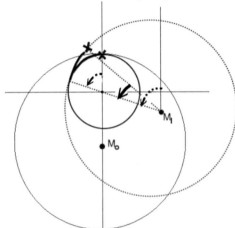

mit Radius R auf der Außenseite eines kleineren Kreises mit Radius r abrollt. Die auf dem rollenden Kreis befestigte Markierung rage um die Länge c über den Kreisrand hinaus (im Bild nicht berücksichtigt). In der Anfangssituation befinde sich der Mittelpunkt des rollenden Kreises in $M_0 = (0, -(R-r))$, die Markierung in $P_0 = (0, R+c)$. Nachdem der rollende Kreis   den Winkel φ abgerollt ist (in Skizze schraffiert), befindet sich der Mittelpunkt des rollenden Kreises in $M_1 = -(R-r)\begin{pmatrix} -\sin(\varphi) \\ \cos(\varphi) \end{pmatrix}$ und die

Markierung in $P_1 = M_1 + (R+c)\begin{pmatrix} -\sin(\varphi - \psi) \\ \cos(\varphi - \psi) \end{pmatrix}$ (ψ ist nicht schraffiert) ; wobei

man aus der Skizze entnehmen kann, dass $R \cdot \psi$ =abgerollter Weg auf großem

Kreis=$r \cdot \varphi$, also $\psi = \dfrac{r}{R} \cdot \varphi$. Indem man nun $\varphi(t) = t$ setzt , erhält man demzu-

folge für die Position x_P der Markierung zum Zeitpunkt t folgende

Formel für Rollbewegung auf einem Kreis (Innenseite auf Außenseite)

$$x_P(t) = (r-R) \cdot \begin{pmatrix} -\sin(t) \\ \cos(t) \end{pmatrix} + (R+c) \cdot \begin{pmatrix} -\sin(t \cdot \dfrac{R-r}{R}) \\ \cos(t \cdot \dfrac{R-r}{R}) \end{pmatrix} \quad .$$

Hier ein paar Spezialfälle:

Zunächst der Fall c=1, r=3, R=4:

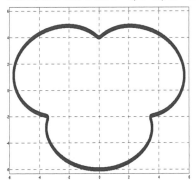 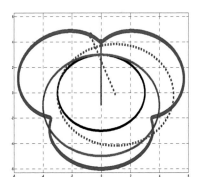

dann c=2,r=4, R=5:

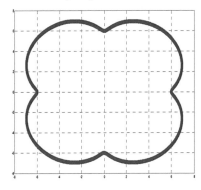 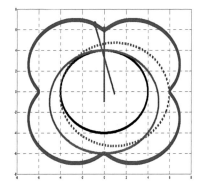

und schließlich c=1,r=2,R=3:

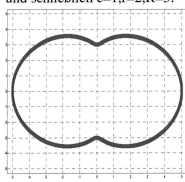 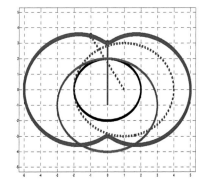

Die letzte Epitrochoide stellt den Querschnitt des Gehäuses eines Wankelmotors dar. Die Arbeitsweise dieses von Felix Wankel in Zusammenarbeit mit NSU entwickelten Motors soll hier nur grob erklärt werden, und zwar an Hand der folgenden Skizze.

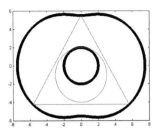
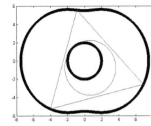
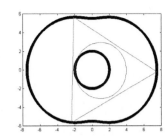

Man kann drei Punkte Z_0, Z_1, Z_2 auf dem Rahmen so wählen, dass das von ihnen aufgespannte Dreieck auch dann noch exakt in den Rahmen der Epitrochoide passt, wenn der Innenkreis des Dreiecks auf dem festen kleineren Kreis abrollt (Begründet wird dieses Resultat übrigens in Aufg.36 von Kap.III)).

Bei dieser Bewegung des dreieckigen Läufers beschreibt der Mittelpunkt des Dreiecks eine Rotation, die auf eine Welle weitergegeben werden kann.

Findet nun in einer der Kammern zwischen dreieckigem Läufer und Rahmen eine Explosion statt, so treibt diese die Abrollbewegung des Läufers und damit die Rotation seines Mittelpunktes voran.

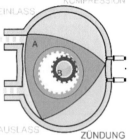

Abschließend wird nun noch das Abrollen eines
Kreises auf der Innenseite eines größeren Kreises betrachtet. Die am größeren Kreis befestigte Markierung rage um die Länge c über den Kreisrand hinaus.

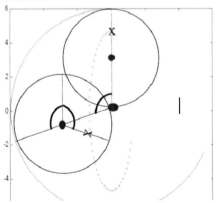

Für die Lage der Markierung $x_P(t)$ zur Zeit t gilt dann, dass $x_P(t) =$

$$= (R-r)\cdot\begin{pmatrix} -\sin(\varphi) \\ \cos(\varphi) \end{pmatrix} + (r+c)\cdot\begin{pmatrix} \sin(\psi) \\ \cos(\psi) \end{pmatrix}.$$

Da nun $\varphi\cdot R =$ abgerollter Weg auf festem Kreis = abgerollter Weg auf kleinem Kreis $=(\varphi+\psi)\cdot r$, also

$$\psi = \frac{R-r}{r}\cdot\varphi,$$ gelangt man zu folgender

Formel für Rollbewegung auf einem Kreis (Außenseite auf Innenseite)

$$x_P(t) = (R-r) \cdot \begin{pmatrix} -\sin(t) \\ \cos(t) \end{pmatrix} + (r+c) \cdot \begin{pmatrix} \sin\left(\dfrac{R-r}{r} \cdot t\right) \\ \cos\left(\dfrac{R-r}{r} \cdot t\right) \end{pmatrix}.$$

Auch hierzu ein paar Spezialfälle:
Zuerst c=0,5,   r=1 und   R=3:

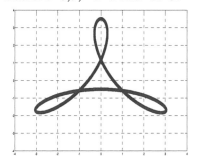 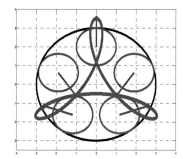

Dann c=1, r=2, R=5

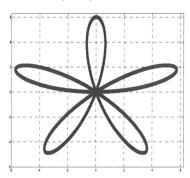 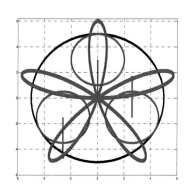

und c=1, r=2, R=4:

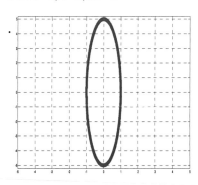 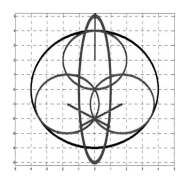

Die letzte Graphik legt den Verdacht nahe, dass im Falle $r = \dfrac{R}{2}$ beim Abrollen

auf der Innenseite stets ellipsenförmige Bahnen entstehen. Dieser Verdacht lässt

sich folgendermaßen bestätigen: Indem man $r = \dfrac{R}{2}$ und $a = c + \dfrac{R}{2}$ setzt, geht

obige Formel über in $x_P(t) = \dfrac{R}{2} \cdot \begin{pmatrix} -\sin(t) \\ \cos(t) \end{pmatrix} + a \cdot \begin{pmatrix} \sin(t) \\ \cos(t) \end{pmatrix} = \begin{pmatrix} \left(a - \dfrac{R}{2} \right)\sin(t) \\ \left(a + \dfrac{R}{2} \right)\cos(t) \end{pmatrix}.$

Für die Koordinaten $x_1(t)$ und $x_2(t)$ gilt dann

$\dfrac{(x_1)^2}{\left(a - \dfrac{R}{2} \right)^2} + \dfrac{(x_2)^2}{\left(a + \dfrac{R}{2} \right)^2} = 1$, weshalb die Kurvenpunkte $x_P(t)$ alle auf ein und

derselben Ellipse liegen (siehe Aufgabe 3).
Dieses Resultat kann man z.B. als Grundlage für den Entwurf eines Ellipsenzirkels
nutzen. Eine weitere Anwendungsmöglich-

keit ergibt sich, wenn man $a = r = \dfrac{R}{2}$,

also c=0 wählt: Wie man leicht nachprüft,
gilt in diesem Falle , dass

$x_P(t) = \dfrac{R}{2} \cdot \begin{pmatrix} -\sin(t) \\ \cos(t) \end{pmatrix} + \dfrac{R}{2} \cdot \begin{pmatrix} \sin(t) \\ \cos(t) \end{pmatrix} = \begin{pmatrix} 0 \\ \cos(t) \end{pmatrix}$; d.h. durch das Abrollen des

kleineren Kreises in dem größeren kann eine völlig gerade Hin- und Her-
Bewegung erzeugt werden; man erreicht also ausschließlich mit Hilfe
rotierender Elemente eine so genannte **exakte Geradführung.** Eine angenäherte
und ganz anders erzeugte Geradführung wurde bereits in Abschnitt 2.4. von
Kap.III angesprochen.

Beispiel 15: Lissajou – Figuren
Für verschiedene Wahl von $A, B, \omega_1, \omega_2, \varphi_1$ und φ_2 liefern die Kurven

$f : [0, \infty[\to \mathbb{R}^2$

$f(t) := \begin{pmatrix} A \cdot \cos(\omega_1 t + \varphi_1) \\ B \cdot \cos(\omega_2 t + \varphi_2) \end{pmatrix}$ die so genannten Lissajou – Figuren $\{ f(t) | t \geq 0 \}$.

Hier ein paar Beispiele:

A	B	C	D
$x(t)=a\cdot\sin(t)$	$x(t)=a\cdot\sin(t)$	$x(t)=\sin(t)$	$x(t)=a\cdot\sin(2t)$
$y(t)=a\cdot\sin\left(t-\dfrac{\pi}{2}\right)$	$y(t)=a\cdot\sin\left(t-\dfrac{\pi}{3}\right)$	$y(t)=\sin\left(2t-\dfrac{\pi}{4}\right)$	$y(t)=a\cdot\sin(3t)$

Man kann diese Figuren auch mit Hilfe eines Oszilloskops sichtbar machen, indem man entsprechende Wechselspannungen für die x- und y-Komponente eingibt.

A

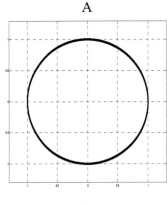

B

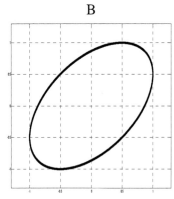

C

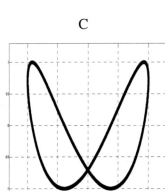

D

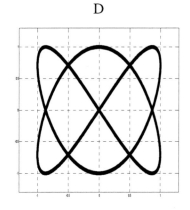

Beispiel 16: Polarkoordinaten – Transformation

Bekanntlich gibt es für jeden Punkt $\begin{pmatrix} x \\ y \end{pmatrix} \in \mathbb{R}^2 \setminus \{\underline{0}\}$ die so

genannte Polarkoordinatendarstellung: $\begin{pmatrix} x \\ y \end{pmatrix} = \begin{pmatrix} r\cdot\cos(\varphi) \\ r\cdot\sin(\varphi) \end{pmatrix}$

mit $r>0$ und $\varphi\in\,]-\pi,\pi]$.

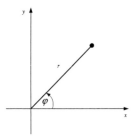

Die Abbildung $T :]0,\infty[\times]-\pi,\pi] \to \mathbb{R}^2 \setminus \{\underline{0}\}$ mit $T(r,\varphi) := (r\cos(\varphi), r\sin(\varphi))$

ist umkehrbar, und für $T^{-1} : \mathbb{R}^2 \setminus \{\underline{0}\} \to]0,\infty[\times]-\pi,\pi]$ gilt:

$$T^{-1}((x,y)) = \left(\sqrt{x^2+y^2}, \varphi(x,y) \right) \qquad \text{mit:} \qquad \varphi(x,y) = \begin{cases} ar\cos\left(\dfrac{x}{r}\right) \Leftarrow y \geq 0 \\ -ar\cos\left(\dfrac{x}{r}\right) \Leftarrow y < 0 \end{cases} .$$

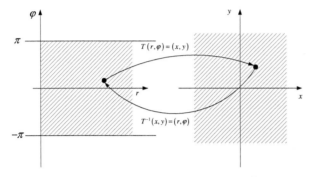

Die Strecke $\left\{ (r_0, \varphi) \,\middle|\, \varphi \in]-\pi,\pi] \right\}$ wird durch T auf einen Kreis mit Radius r_0

abgebildet, und der Strahl $\left\{ (r, \varphi_0) \,\middle|\, r > 0 \right\}$ wird durch T auf den Strahl

$\left\{ r \cdot \begin{pmatrix} \cos(\varphi_0) \\ \sin(\varphi_0) \end{pmatrix} \,\middle|\, r > 0 \right\}$ abgebildet.

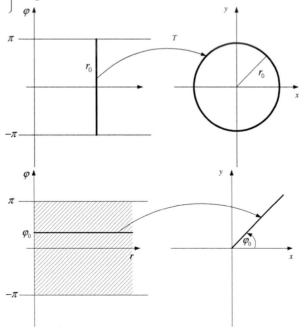

Ein rechtwinkliges Gitter in $]0,\infty[\times]-\pi,\pi]$ wird durch T also auf ein krummliniges Gitter abgebildet. Man spricht deshalb von krummlinigen Koordinaten.

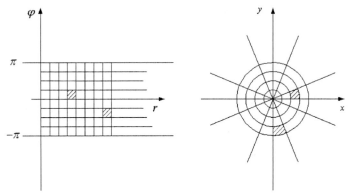

Für die im Kapitel VI. 2.5.3. vorkommende Beschreibung von Planetenbahnen wird noch folgendes Resultat benötigt:

Beschreibung von Ellipsen durch Polarkoordinaten:

Die Polarkoordinaten r und ϑ der Punkte einer Ellipse

$$\tilde{E}=\left\{\binom{x}{y}\in\mathbb{R}^2\,\middle|\,\frac{(x+c)^2}{a^2}+\frac{y^2}{b^2}=1\right\}\ \text{mit}\ \ c^2=a^2-b^2\ \ \text{(d.h. einer Ellipse mit}$$

den Brennpunkten (0,0) und (-2c,0)) sind charakterisiert durch die Gleichung

$$r=\frac{b^2}{a+c\cdot\cos(\vartheta)}.$$

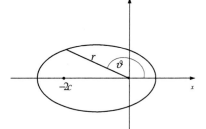

Also $\tilde{E}=\left\{\binom{x}{y}\in\mathbb{R}^2\,\middle|\,\dfrac{(x+c)^2}{a^2}+\dfrac{y^2}{b^2}=1\right\}=$

$$=\left\{\binom{r\cdot\cos(\vartheta)}{r\cdot\sin(\vartheta)}\,\middle|\,r=\frac{b^2}{a+c\cdot\cos(\vartheta)}\ ,\ \vartheta\in[0,2\pi]\right\}.$$

Man kann sich dieses Ergebnis an Hand von Aufgabe 19 klar machen.

3. Anhang zu Abschnitt 2: Konstruktion des reellen Zahlkörpers

Vielfach begnügt man sich damit, die Eigenschaften des Körpers der reellen Zahlen allein axiomatisch zu beschreiben, ohne auf seine Konstruktion einzugehen. Dieser Mangel soll hier wenigstens insoweit behoben werden, als von den verschiedenen Möglichkeiten des mengentheoretischen Aufbaus der reellen Zahlen nur eine Alternative exemplarisch und in groben Zügen vorgestellt wird. Hierzu benötigt man aber das Grundgerüst der natürlichen Zahlen, weshalb wir uns zunächst einmal dem mengentheoretischen Aufbau des Systems der natürlichen Zahlen zuwenden.

3.1. Konstruktion der Menge der natürlichen Zahlen

Entsprechend der heutigen Sichtweise der Mathematik ist man bestrebt, den Zahlbegriff nicht an eine bestimmte physikalische Realität zu binden. Also die Zahl 5 soll nicht dasselbe wie 5 Äpfel oder 5 Birnen sein. Um nun die Menge der natürlichen Zahlen mit einfachsten Grundannahmen quasi aus dem Nichts aufzubauen, folgt man zum Beispiel einer von John v. Neumann entwickelten Methode: Man wählt als Zahl 0 die leere Menge $\emptyset$, dann als Zahl 1 die Menge, die aus der Vorgängerzahl 0 besteht, die Zahl 2 als die aus den Vorgängern 0 und 1 bestehende Menge usw.. Also definiert man

$$0 := \emptyset$$
$$1 := \{0\} = 0 \cup \{0\} = \{\emptyset\}$$
$$2 := \{0,1\} = 1 \cup \{1\} = \{\emptyset\} \cup \{\{\emptyset\}\} = \{\emptyset, \{\emptyset\}\}$$
$$3 := \{0,1,2\} = 2 \cup \{2\} = \{\emptyset, \{\emptyset\}\} \cup \{\{\emptyset, \{\emptyset\}\}\} = \{\emptyset, \{\emptyset\}, \{\emptyset, \{\emptyset\}\}\}$$

$$\vdots$$

$$y = \{y_1, ..., y_k\}$$
$$y' := \{y_1, ..., y_k, y\} = y \cup \{y\},$$

d.h. die Nachfolgemenge y' beinhaltet neben den Elementen von y auch noch y selbst als zusätzliches Element.

Im wesentlichen definiert man dann $\mathbb{N}$ als die kleinste Menge, die $0 = \emptyset$ als Element enthält und mit jedem y auch den Nachfolger $y' := y \cup \{y\}$. Mit Hilfe der Nachfolgeoperation $y \to y'$ lassen sich in $\mathbb{N}$ Addition und Multiplikation nach folgendem Schema einführen:
Man setzt

$$0+1:=0'=1$$
$$n+1:=n'$$
$$n+2:=(n+1)'$$
$$\dots$$
$$n+(m+1):=(n+m)+n \qquad \text{und} \quad \text{weiter}$$

$$0 \cdot n:=0$$
$$n \cdot 1:=n$$
$$n \cdot 2 = n \cdot (1+1) := n \cdot 1 + n \cdot 1 = n+n$$
$$\dots\dots$$
$$n \cdot (m+1):=n \cdot m + n.$$

Außerdem legt man fest, dass

$$n < m \ , \text{wenn} \ n \subset m \ \text{und} \ n \neq m.$$

Damit ist dann zum Beispiel sichergestellt, dass $n+1 > n$; denn $n+1 = n' = n \cup \{n\}$ enthält n als echte Teilmenge. Mit der auf diesem Wege eingeführten Addition und Multiplikation genügt $\mathbb{N}$ sowohl dem Induktionsgesetz als auch den anderen in Kapitel II aufgelisteten Regeln. Die Einzelheiten des Nachweises wollen wir uns an dieser Stelle sparen. Liegt nun erst einmal die die Menge $\mathbb{N}$ als Grundgerüst vor, so kann man als nächstes die Konstruktion der reellen Zahlen in Angriff nehmen. Von den verschiedenen dafür zur Verfügung stehenden Methoden soll hier allein die von W. Rautenberg stammende zur Sprache kommen, da sie als relativ anschaulich empfunden werden dürfte.

3.2. Konstruktion des Körpers der reellen Zahlen (nach W. Rautenberg)

Nehmen wir die reellen Zahlen zunächst einmal als durch unsere intuitive Vorstellung gegeben hin, so haben wir keine Schwierigkeit, jede von ihnen mit ihrer Dezimaldarstellung und damit mit einer unendlichen Folge von natürlichen Zahlen zu identifizieren. Dreht man nun die Reihenfolge in diesem Identifikationsprozess um, so landet man beim Grundgedanken der Rautenberg'schen Methode: Er besteht im Wesentlichen darin, den Körper der reellen Zahlen als Menge bestimmter, unendlicher Folgen natürlicher Zahlen zu definieren. Diese Konstruktion soll nun in ihren Gründzügen skizziert werden:

Eine Folge $(m_n)_{n \in \mathbb{N}}$ natürlicher Zahlen m_n wird **Dezimalfolge** genannt, wenn sie für $n \geq 1$ die Zusatzbedingung $0 \leq m_n \leq 9$ erfüllt. Sie wird außerdem als **nicht zulässig** bezeichnet, wenn $m_n = 9$ für schließlich alle n gilt.

Bei den Folgen $\underbrace{343}_{m_0,\ m_1 \dots}, \underbrace{1}_{} 42111\dots$ sowie $\underbrace{3}_{m_0,}, \underbrace{1}_{m_1} 781000\dots$ handelt es sich also um zulässige Dezimalfolgen, während dagegen $\underbrace{3}_{m_0,}, \underbrace{1}_{m_1} 780999\dots$ nicht zulässig ist.

Man nennt nun jede zulässige Dezimalfolge eine **nicht–negative reelle Zahl**; womit der erste Konstruktionsschritt vollzogen ist:

$$\mathbb{R}_+ := \left\{ (m_n)_{n \in \mathbb{N}} \mid (m_n)_{n \in \mathbb{N}} \text{ ist zulässige Dezimalfolge} \right\}$$

Nun führt man für Dezimalfolgen $a = m_0, m_1 m_2 m_3 \dots$ und $a' = m_0', m_1' m_2' m_3' \dots$ eine Relation $a < a'$ ein, indem man festlegt, dass

$$a < a' \ , \quad \text{wenn} \quad m_n < m_n' \quad \text{für den kleinsten Index n mit} \quad m_n \neq m_n' \text{ gilt.}$$

Also: $0{,}3147321 < 0{,}3148990$.

Relativ einfach zu handhaben sind die so genannten **endlichen Dezimalfolgen**, d.h. die Dezimalfolgen $(m_n)_{n \geq 0}$ mit $m_n = 0$ ab einem bestimmten n. Glücklicher Weise gibt es davon genügend viele; denn

zwischen je zwei Dezimalfolgen a und b mit $a < b$ liegt mindestens eine endliche Dezimalfolge c : $\quad a < c < b$.

Auf einen Nachweis wollen wir hier wieder verzichten. Stattdessen sollen zwei Zahlenbeispiele dem Resultat eine gewisse Plausibilität verleihen:
$0{,}31241 < \quad 0{,}313 \quad < 0{,}32999 \qquad \text{und} \qquad 0{,}76184 < \ 0{,}7619 \ < 0{,}762$.

Nimmt man die reellen Zahlen als durch die Intuition gegeben, wie wir das in Kap.II getan haben, so muss man eingestehen, dass z.B. das Supremums-Prinzip für unsere Anschauung eine ziemliche Herausforderung darstellt. Umso mehr darf man dann natürlich gespannt sein, wie es im Rahmen einer Konstruktion der reellen Zahlen bewiesen wird. Deshalb verdient sein Nachweis auch in der vorliegenden groben Skizze etwas mehr Aufmerksamkeit. Was den Beschränktheits- und den Supremums-Begriff angeht, können praktisch die schon bekannten Definitionen auch hier verwendet werden:
Eine Teilmenge M von $\mathbb{R}_+$, der Menge aller Dezimalfolgen heißt **beschränkt**,

wenn ein $b \in \mathbb{R}$ derart existiert, dass $x \leq b$ für alle $x \in M$ gilt. b heißt dann **obere Schranke** von M. Die kleinste obere Schranke von M heißt **Supremum** von M, in Zeichen $\sup(M)$. Also gilt $x \leq \sup(M)$ für alle $x \in M$ und $\sup(M) \leq b$ für jede obere Schranke b von M.

Und nun zum **Supremums-Prinzip**:

> Jede nicht – leere beschränkte Teilmenge M von $\mathbb{R}_+$ besitzt ein Supremum.

Begründung:
Auf dem Weg zum gesuchten Supremum führen zunächst die folgenden Festlegungen zur Konstruktion einer Folge $(z_n)_{n \geq 0}$:

Zuerst wird z_0 als die größte aller natürlichen Zahlen gewählt, für die ein $x \in M$ mit $z_0,000... \leq x$ existiert. Dass hierfür nur endlich viele Zahlen in Frage kommen, ist der Beschränktheit von M zu verdanken.

Nun zu z_1: Es wird als die größte Zahl aus $\{0,1,...9\}$ gewählt, für die ein $y \in M$ existiert mit $z_0, z_1 000... \leq y$. Ganz entsprechend wird z_2 als die größte Zahl aus $\{0,1,...9\}$ gewählt, für die ein $x \in M$ existiert mit $z_0, z_1 z_2 000... \leq x$, usw. .

Für die auf diese Weise eindeutig definierte Folge $(z_n)_{n \geq 0}$ sind zwei Fälle denkbar: Entweder ist $(z_n)_{n \geq 0}$ zulässig oder nicht.

Nehmen wir zuerst an, dass es von der Form $z_0, z_1 z_2 ... z_{k-1} z_k 999...$ ist. Dann liegt offensichtlich jede der Folgen $z_0, z_1 z_2 ... z_k \underbrace{999...9}_{m} 000...$ unter einem geeigneten $xm \in M$, während $z_0, z_1 z_2 ... z_{k-1}(z_k + 1)000...$ obere Schranke von M ist. Die Annahme einer echt kleineren oberen Schranke $\hat{z}$ führt dann für beliebiges $m \geq 1$ zur Ungleichung $z_0, z_1 z_2 ... z_k \underbrace{999...9}_{m} \leq xm \leq \hat{z} < z_0, z_1 z_2 ... z_{k-1}(z_k + 1)000...$, was

aber die Unzulässigkeit von $\hat{z}$ zur Folge hat. Wir können also festhalten: Ist $(z_n)_{n \geq 0}$ nicht zulässig, so liefert $z_0, z_1 z_2 ... z_{k-1}(z_k + 1)000...$ das gesuchte Supremum von M . Ist dagegen $(z_n)_{n \geq 0}$ zulässig, so ist es selbst eine obere Schranke; denn andernfalls gäbe es ein $a \in M$ mit $z < a$, also $z_k < a_k$ für ein erstes k, also mit $z_0, z_1 ... z_{k-1}(z_k + 1)000... \leq a_0, a_1 a_2 ... a_k a_{k+1} ... = a$, im Widerspruch zur Wahl von z_k (als größtem Element aus $\{0,1,2,...,9\}$ mit $z_0, z_1 ... z_k 000... \leq y$ für geeignetes $y \in M$). z ist sogar kleinste obere Schranke; denn gäbe es eine weitere obere Schranke $\tilde{z}$ mit $\tilde{z} < z$, so erhielte man die Relationen $\tilde{z}_0, \tilde{z}_1 ... \tilde{z}_m = z_0, z_1 ... z_m$ und $\tilde{z}_{m+1} < z_{m+1}$ für geeignetes m. Gemäß der Konstruktion von z müsste außerdem ein $x \in M$ existieren mit $z_0, z_1 z_2, ... z_{m+1} 000... \leq x$, was dann wegen $x \leq \tilde{z} = z_0, z_1, ... z_m \tilde{z}_{m+1} \tilde{z}_{m+2} ... < z_0, z_1, ... z_m z_{m+1} 000... \leq x$ zum Widerspruch $x < x$ führt.

Nun zur **Arithmetik der reellen Zahlen** in $\mathbb{R}_+$:

1. Schritt: Rechnen mit endlichen Dezimalfolgen

Die Beschäftigung mit dieser Thematik lohnt sich schon deshalb, weil all unsere Taschenrechner und Computer **nur** mit endlichen Dezimalzahlen arbeiten. Mit der Notation $\xrightarrow{\;n\;}$ und $\xleftarrow{\;n\;}$ für n – fache Kommaverschiebung nach rechts bzw. nach links kann man die Addition endlicher Dezimalzahlen folgendermaßen definieren:

Definition:
Sind a und b nicht–negative endliche Dezimalzahlen mit Stellenzahl m bzw. k, so ist $a+b$ definiert durch

$$a+b := \left(\left(a \xrightarrow{\;n\;} \right) + \left(b \xrightarrow{\;n\;} \right) \right) \xleftarrow{\;n\;} \quad \text{mit } n = \max(m,k) \ .$$

Das Produkt $a \cdot b$ ist definiert durch

$$a \cdot b := \left(\left(a \xrightarrow{\;m\;} \right) \cdot \left(b \xrightarrow{\;k\;} \right) \right) \xleftarrow{\;m+k\;} \ .$$

Bemerkungen:
1.) Mit der obigen Definition werden Addition und Multiplikation endlicher Dezimalzahlen reduziert auf Addition und Multiplikation natürlicher Zahlen $a \xrightarrow{\;n\;}$ und $b \xrightarrow{\;n\;}$, bzw. $a \xrightarrow{\;m\;}$ und $b \xrightarrow{\;k\;}$.
2.) Man kann leicht zeigen, dass die obige Definition nicht von der Wahl der Stellenzahlen n, m, k abhängt.

Beispiele:
$$3430,001 + 20,002 = (3430001 + 20002) \xleftarrow{\;3\;} = (3450003) \xleftarrow{\;3\;} = 3450,003 \ ,$$

$$3,1571 + 2,82 = (31571 + 28002) \xleftarrow{\;4\;} = (59573) \xleftarrow{\;4\;} = 5,9573 \ ,$$

$$3,157 \cdot 2,8 = (3157 \cdot 28) \xleftarrow{\;4\;} = (88396) \xleftarrow{\;4\;} = 8,8396 \ ,$$

$$43,007 \cdot 3,01 = (43007 \cdot 301) \xleftarrow{\;5\;} = (12945107) \xleftarrow{\;5\;} = 129,45107$$

Ohne Nachweis soll hier einfach festgehalten werden, dass

für alle endlichen Dezimalfolgen a, b, gilt:

(*)

$a+0=a$,	$a \cdot 1 = a$,	$a+b = b+a$,

$a+(b+a) = (a+b)+c$,	$a+(b+a) = (a+b)+c$

Entweder $a = b$ oder $a < b$ oder $a > b$.

Es gibt eine endliche Dezimalzahl d mit $a + d = b$ genau dann, wenn $a < b$.

$a \cdot b \neq 0$, wenn $a \neq 0$ und $b \neq 0$.

Bemerkung:

Es gibt genau eine Dezimalzahl x mit $10^n \cdot x = 1$,   nämlich $x = 0,0...010..\underset{n}{}$;

denn $10^n \cdot 0,0...010 = \underset{n+1}{1\ 0...0,0} \cdot 0,0...0\underset{n+1}{1\ 0} = \left(\underset{n+1}{1\ 0...0} \cdot 1\right)\underset{n}{\longleftarrow} = 1.$

Für jedes weitere y mit $10^n \cdot y = 1$ erhält man offensichtlich, dass

$$y = 1 \cdot y = \left(10^n \cdot x\right) \cdot y = \left(x \cdot 10^n\right) \cdot y = x \cdot \left(10^n \cdot y\right) = x \cdot 1 = x.$$

Für die demzufolge eindeutig bestimmte Dezimalzahl x, welche der Gleichung

$10^n \cdot x = 1$ genügt, schreibt man $\dfrac{1}{10^n}$, also $\dfrac{1}{10^n} := 0,0...01000...\underset{n}{}$.

Es ist klar, dass dann jede endliche nicht-negative Dezimalzahl z in der Form

$$z = z_0, z_1 z_2 ... z_k = z_0 + \frac{z_1}{10} + \frac{z_2}{10^2} + ... + \frac{z_k}{10^k} =: \sum_{n=0}^{k} \frac{z_n}{10^n} \quad \text{dargestellt werden kann.}$$

Es folgt nun der

2. Schritt: Rechnen mit nicht–endlichen Dezimalfolgen

Für eine nicht–endliche Dezimalfolge $z = z_0, z_1 z_2 ...$ definieren wir $\left(a_n\right)_{n \in \mathbb{N}_0}$ als die

Folge der endlichen $a_n := z_0, z_1 ... z_n 000....$ $\left(a_n\right)_{n \in \mathbb{N}_0}$ ist dann beschränkt nach oben

und monoton aufsteigend, hat also ein Supremum, welches mit z überein-

stimmt. Man schreibt dafür

$$z = \lim_{N \to \infty} \left(z_0, z_1 z_2 ... z_N 000...\right) := \lim_{N \to \infty} \left(\sum_{n=0}^{N} \frac{z_n}{10^n}\right) := \sup\left\{a_n \,\middle|\, n \in \mathbb{N}\right\}.$$

Sind a und b nicht–negative reelle Zahlen, so sind $\left(a_0, a_1 ... a_n 000...\right)_{n \in \mathbb{N}}$ und

$(b_0, b_1...b_n 000...)_{n \in \mathbb{N}}$ und damit auch $((a_0, a_1...a_n 000...) + (b_0, b_1...b_n 000...))_{n \in \mathbb{N}}$ und

$((a_0, a_1...a_n 000...) \cdot (b_0, b_1...b_n 000...))_{n \in \mathbb{N}}$ monotone beschränkte Folgen, so dass folgende Definition Sinn macht:

Definition:

Für nicht–negative reelle Zahlen a und b sind $a + b$ und $a \cdot b$ definiert durch

$$(a + b) := \lim_{n \to \infty} \left((a_0, a_1...a_n 000...) + (b_0, b_1...b_n 000...) \right) \quad \text{bzw.}$$

$$(a \cdot b) := \lim_{n \to \infty} \left((a_0, a_1...a_n 000...) \cdot (b_0, b_1...b_n 000...) \right).$$

Dementsprechend lassen sich die Rechenregeln (*) auch für alle nicht–endlichen Zahlen aus $\mathbb{R}_+$ nachweisen und unter anderem auch folgendes Resultat:

Für je zwei Elemente a, b aus $\mathbb{R}_+$ mit $b \neq 0$ gibt es genau ein $c \in \mathbb{R}_+$ mit $b \cdot c = a$.

Begründung:

Es reicht natürlich, den Fall $a = 1$ zu betrachten. Offensichtlich folgt aus $b \cdot c = 1$ und $b \cdot \tilde{c} = 1$, dass $\tilde{c} = 1 \cdot \tilde{c} = (b \cdot c) \cdot \tilde{c} = (c \cdot b) \cdot \tilde{c} = c \cdot (b \cdot \tilde{c}) = c \cdot 1 = c$, womit schon die Eindeutigkeit geklärt ist. Wegen $b \neq 0$ muss es ein erstes k geben mit $b_k > 0$, sodass für $m := k + 1$ die Relation $\varepsilon_m := 0,0...0\underset{m}{1} < b$ gilt und weiter für

$x \in M := \left\{ x \in \mathbb{R}_+ \mid b \cdot x \leq 1 \right\}$ die Relation $\varepsilon_m \cdot x \leq b \cdot x \leq 1 = \varepsilon_m \cdot 10^m$, also $x \leq 10^m$.

Damit ist dann die Beschränktheit von M und die Existenz von $c := \sup(M)$ nachgewiesen. Es bleibt jetzt nur noch zu zeigen, dass $b \cdot c = 1$.

Angenommen $b \cdot c < 1$: Dann ist $1 - b \cdot c$ definiert und man findet ein genügend großes n, für das $b \cdot \varepsilon_n = b \xleftarrow{n} \leq 1 - b \cdot c$ gilt, also $b \cdot (c + \varepsilon_n) \leq 1$ und damit $c + \varepsilon_n \in M$, im Widerspruch zur Definition von c. Also ist $b \cdot c \geq 1$. Aus der Annahme, dass $b \cdot c > 1$, folgt, dass $b \cdot c - 1$ definiert ist, und dass ein genügend großes n mit $b \cdot \varepsilon_n \leq b \cdot c - 1$ und $\varepsilon_n < c$ existiert. Infolgedessen erhält man für alle $x \in M$, dass $b \cdot x \leq 1 \leq b \cdot c - b \cdot \varepsilon_n = b \cdot (c - \varepsilon_n)$, also $x \leq (c - \varepsilon_n)$, weshalb $c - \varepsilon_n$ obere Schranke von M ist, im Widerspruch zur Definition von c. Also gilt: $b \cdot c = 1$.

Die für $b \neq 0$ eindeutig bestimmte Lösung x der Gleichung $b \cdot x = a$ heißt **Quotient von a und b** und wird mit $\frac{a}{b}$ bezeichnet. Die Quotienten $\frac{m}{n}$ mit $m \in \mathbb{N}$ und $n \in \mathbb{N}$ heißen **rationale Zahlen**. Somit enthält die Menge $\mathbb{R}_+$ der zulässigen Dezimalfolgen neben den natürlichen auch die nicht-negativen rationalen Zahlen. Fügt man jetzt noch zu den positiven $r \in \mathbb{R}_+ \cup \{0\}$ entsprechende Elemente

$-r$ hinzu, so erhält man den gesamten Körper $\mathbb{R}$ der reellen Zahlen; wobei die Rechenoperationen $+$ und $\cdot$ durch die folgenden Vereinbarungen auf ganz $\mathbb{R}$ ausgedehnt werden:

$$a+(-b) := \begin{cases} a-b, \text{ wenn } a \geq b \\ -(b-a), \text{ wenn } a \leq b \end{cases} \qquad \text{und} \qquad \begin{aligned} (-a)+(-b) &:= -(a+b) \\ a \cdot (-b) &:= -(a \cdot b) \\ (-a) \cdot (-b) &:= a \cdot b \end{aligned} \quad .$$

Das Ziel einer jeden Konstruktion von $\mathbb{R}$ besteht ja nun eigentlich darin, über einen Zahlkörper verfügen zu können, der neben den rationalen Zahlen auch z.B. $\sqrt{2}$ enthält. Dass der auf den zulässigen Dezimalfolgen aufbauende Körper $\mathbb{R}$ dies tatsächlich leistet, soll nun abschließend durch den Nachweis des folgenden Resultats demonstriert werden.

> Für jedes a aus $\mathbb{R}_+$ gibt es genau ein $c \in \mathbb{R}_+$ mit $c^2 = a$.

Begründung:
Um zu sehen, dass die Lösungsmenge der Gleichung $x^2 = a$ nicht leer ist, betrachtet man zunächst die Lösungsmenge der Ungleichung $x^2 \leq a$. Diese Menge enthält ja wenigstens die Null und ist auch beschränkt, wie man sich leicht klar macht: Jedes $x \in \hat{M} := \{ x \in \mathbb{R}_+ \,|\, x^2 \leq a \}$ ist ja entweder kleiner als 1 oder aber es genügt der Ungleichung $1 \leq x \leq x^2 \leq a$. Damit ist dann schon die Existenz von $\hat{c} := \sup(\hat{M})$ - wegen des Supremums-Prinzips – sichergestellt, und tatsächlich gilt dann $\hat{c}^2 = a$, was man zeigt, indem man gegenteilige Annahmen zum Widerspruch führt.

Zuerst soll $\hat{c}^2 > a$ angenommen werden. In diesem Fall gibt es ein genügend kleines ε, welches der Relation $0 < \varepsilon \cdot (2\hat{c} - \varepsilon) < \hat{c}^2 - a$ genügt. Außerdem muss es zu diesem ε ein $x_\varepsilon \in \hat{M}$ geben mit $x_\varepsilon > \hat{c} - \varepsilon$. Beide Ungleichungen zusammen haben zur Folge, dass $(x_\varepsilon)^2 > (\hat{c} - \varepsilon)^2 = \hat{c}^2 - 2\hat{c}\varepsilon + \varepsilon^2 = \hat{c} - \varepsilon \cdot (2\hat{c} - \varepsilon) > a$, was im Widerspruch zu $x_\varepsilon \in \hat{M}$ steht. Nun zum Fall $\hat{c}^2 < a$: Indem man ein genügend kleines ε wählt mit $0 < \varepsilon \cdot (2\hat{c} + \varepsilon) < a - \hat{c}^2$, also mit $(\hat{c} + \varepsilon)^2 = \hat{c}^2 + 2\hat{c}\varepsilon + \varepsilon^2 \leq a$, erhält man $\hat{c} + \varepsilon \in \hat{M}$, also einen Widerspruch zur Definition von $\hat{c}$.

Nachdem nun klar ist, dass $\hat{c}^2 = a$, bleibt nur noch die Eindeutigkeit der Lösung von $x^2 = a$ zu zeigen. Die aber ergibt sich sofort, indem man aus der Annahme einer Ungleichung wie z.B. $\tilde{c} < \hat{c}$ den Widerspruch $a = (\tilde{c})^2 < (\hat{c})^2 = a$ ableitet.

4. Aufgaben

Aufgabe 1: Weisen Sie nach, dass der Wert von $T(k) = 2 \cdot \displaystyle\int_{a}^{a+\pi} \frac{d\vartheta}{\sqrt{1 - k^2 \cdot \sin^2(\vartheta)}}$ nicht von dem für a einge-

setzten Wert abhängt.

Aufgabe 2: Zeigen Sie, dass $am(0) = 0$, $am(\pm\dfrac{T}{4}) = \pm\dfrac{\pi}{2}$, und $am(\pm\dfrac{T}{2}) = \pm\pi$.

Aufgabe 3: a) Zeigen Sie, dass man mit $b := \sqrt{\dfrac{l^2}{4} - c^2}$ (Bem: Wegen $\dfrac{l}{2} > c$ folgt $\dfrac{l^2}{4} > c^2$) und mit $a := \dfrac{l}{2}$

, also $c^2 = a^2 - b^2$ folgende Gleichheit erhält.

$$E = \left\{ \begin{pmatrix} x \\ y \end{pmatrix} \in \mathbb{R}^2 \;\middle|\; \left| \begin{pmatrix} x \\ y \end{pmatrix} - \begin{pmatrix} -c \\ 0 \end{pmatrix} \right| + \left| \begin{pmatrix} x \\ y \end{pmatrix} - \begin{pmatrix} c \\ 0 \end{pmatrix} \right| = l \right\} = \left\{ \begin{pmatrix} x \\ y \end{pmatrix} \in \mathbb{R}^2 \;\middle|\; \frac{x^2}{a^2} + \frac{y^2}{b^2} = 1 \right\}.$$

b) Weisen Sie nach, dass $P = \left\{ \begin{pmatrix} x \\ y \end{pmatrix} \in \mathbb{R}^2 \;\middle|\; \left| \begin{pmatrix} x \\ y \end{pmatrix} - \begin{pmatrix} c \\ F \end{pmatrix} \right| = |y + d - F| \right\} = \left\{ \begin{pmatrix} x \\ y \end{pmatrix} \in \mathbb{R}^2 \;\middle|\; y = ax^2 + b \right\}$;

wobei d:= Abstand zwischen (0,F) und der Geraden, $a := \dfrac{1}{2d}$ und $b := F - \dfrac{d}{2}$.

Aufgabe 4: Bestimmen Sie für jedes $x \in \{0, 1, 2, 3, 4, 5\}$ einen Wert $\Phi(x) \in \{0, 1, 2, 3, 4, 5\}$ gemäß der Vor-

schrift $\Phi(x) = 2 \cdot x \mod 5$.   Ist die so gewählte Zuordnung Φ
a)   eine Abbildung?
b)   eine injektive Abbildung?
c)   eine surjektive Abbildung?
Anmerkung zu den Aufgaben 4 bis 6:
Sind n und m natürliche Zahlen, so schreiben wir $n = m \mod 5$ (in Worten: n gleich m modulo 5), wenn n
und m bei Teilung durch 5 den gleichen Rest (< 5) ergeben.

Aufgabe 5:
Ist $\psi : \{0, 1, 2, 3, 4, 5\} \to \{0, 1, 2, 3, 4\}$ mit $\psi(x) := 2 \cdot x \mod 5$
a)   eine Abbildung?
b)   eine injektive Abbildung?
c)   eine surjektive Abbildung?

Aufgabe 6:
Ist $\chi : \{0, 1, 2, 3, 4\} \to \{0, 1, 2, 3, 4\}$ mit $\chi(x) := 2 \cdot x \mod 5$ eine umkehrbare Abbildung (Bijektion)?

Wenn ja, bestimmen Sie die Umkehrabbildung χ^{-1}.

Aufgabe 7: Untersuchen Sie die Abbildung $\Phi : \mathbb{N}^3 \to \mathbb{N}^3$ mit $\Phi((n_1, n_2, n_3)) := (n_3, n_2, n_1)$ auf

Surjektivität, ..., Bijektivität und ermitteln Sie gegebenenfalls Φ^{-1}.

Aufgabe 8: Untersuchen Sie die Abbildung $\tilde{\Phi} : \mathbb{N}^3 \to \mathbb{N}^3$ mit $\tilde{\Phi}((n_1, n_2, n_3)) := (1, n_2, n_3)$ auf

Surjektivität, ..., Bijektivität und ermitteln Sie gegebenenfalls $\tilde{\Phi}^{-1}$.

Aufgabe 9: Weisen Sie nach, dass $h : \,]{-1,1}[\,\to \mathbb{R}$ mit $h(x) := \dfrac{x}{1-|x|}$ eine Bijektion ist.

Aufgabe 10: Bestimmen Sie alle von 1 und -1 verschiedenen reellen Zahlen x, für die $\dfrac{x}{7x-7} - \dfrac{x}{7x+7} = 0$ gilt.

Aufgabe 11: Stellen Sie $M := \left\{ x \in \mathbb{R} \,\middle|\, x \cdot \left(x^2 - 1 \right) > 0 \right\}$ als Vereinigung von Intervallen dar.

Aufgabe 12: Stellen Sie die Lösungsmengen der Ungleichungen a) $x + 2 \geq 2x + 3$, b) $x^2 - 5x + 6 \geq 0$,

c) $\dfrac{3}{x+1} \leq 1$, d) $\dfrac{x}{x-1} + \dfrac{1}{x+2} < \dfrac{9}{3x-2}$ als Vereinigung geeigneter Intervalle dar.

Aufgabe 13: Charakterisieren Sie die im schraffierten (unendlich langen)

Streifen S liegenden Punkte $\begin{pmatrix} x_1 \\ x_2 \end{pmatrix}$ durch geeignete Relationen zwischen

x_1 und x_2 z.B. $S = \left\{ \begin{pmatrix} x_1 \\ x_2 \end{pmatrix} \,\middle|\, x_1 \leq x_2 \right\}$?

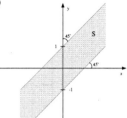

Aufgabe 14: Charakterisieren Sie die Punkte $\left(x_1, x_2 \right)$, die im Durchschnitt $S \cap g$ von S

(aus Aufgabe 13) und $g := \left\{ \begin{pmatrix} 1 \\ 2 \end{pmatrix} + \lambda \begin{pmatrix} -3 \\ 4 \end{pmatrix} \,\middle|\, \lambda \in \mathbb{R} \right\}$ liegen.

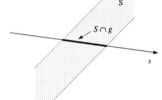

Aufgabe 15: Skizzieren Sie die graphische Darstellung
folgender Mengen:

a) $\left\{ \begin{pmatrix} x \\ y \end{pmatrix} \in \mathbb{R}^2 \,\middle|\, x^2 = 2y^2 \right\}$ b) $\left\{ \begin{pmatrix} x \\ y \end{pmatrix} \in \mathbb{R}^2 \,\middle|\, x = 2y \right\}$ c) $\left\{ \begin{pmatrix} x \\ y \end{pmatrix} \in \mathbb{R}^2 \,\middle|\, x = y^3 \right\}$ d) $\left\{ \begin{pmatrix} x \\ y \end{pmatrix} \in \mathbb{R}^2 \,\middle|\, x = 2y^2 - 5 \right\}$

a) $\left\{ \begin{pmatrix} x \\ y \end{pmatrix} \in \mathbb{R}^2 \,\middle|\, x > 5y \right\}$.

Aufgabe 16: Bestimmen Sie zu vorgegebenem f und g eine Formel für die Hintereinanderschaltung $f \circ g$ und

$g \circ f$.

a) $g : \mathbb{R} \to \mathbb{R}$, $f : \mathbb{R} \to \mathbb{R}$ b) $g : \mathbb{R} \to \mathbb{R}$, $f : \mathbb{R} \to \mathbb{R}$

    $g(x) := x^2 - 10$ $f(x) := x^2$, $g(x) := 5 - 3x$ $f(x) := x^4$

c) $g : \mathbb{R} \to \mathbb{R}$, $f : \mathbb{R} \to \mathbb{R}$ d) $g : \mathbb{R} \to \mathbb{R}$, $f : \mathbb{R} \to \mathbb{R}$

    $g(x) := 3 + 5x^3$ $f(x) := x^4$, $g(x) := 3x + 6x^2 - 9$ $f(x) := x^4$

Aufgabe 17: Wie viele 5-elementige Teilmengen besitzt die Menge $\{10, 11, 13, 14, 15, 16\}$?

Aufgabe 18: Wählen Sie (möglichst große) Intervalle D und W in $\mathbb{R}$ so, dass $f : D \to W$ invertierbar ist. Dabei sei f durch die Vorschrift a) bzw. b), ..., g) definiert. Weisen Sie in jedem der Fälle die Invertierbarkeit nach und bestimmen Sie f^{-1}.

a) $f(x) := -\dfrac{3}{2}x + 1$ b) $f(x) := (x-3)^2$ c) $f(x) := \dfrac{x^2 + 1}{x^2 - 1}$ d) $f(x) := \sqrt{x^2 - 3}$

e) $f(x) := 3 \cdot \sin(4 \cdot x)$ f) $f(x) := \sin(3 \cdot x + 2)$ g) $f(x) := \dfrac{x}{1 + |x|}$.

Aufgabe 19:

Man zeige, dass $\left\{ \begin{pmatrix} x \\ y \end{pmatrix} \in \mathbb{R}^2 \left| \dfrac{(x+c)^2}{a^2} + \dfrac{y^2}{b^2} = 1 \right. \right\} = \left\{ \begin{pmatrix} r \cdot \cos(\vartheta) \\ r \cdot \sin(\vartheta) \end{pmatrix} \left| r = \dfrac{b^2}{a + c \cdot \cos(\vartheta)} , \vartheta \in [0, 2\pi] \right. \right\}$;

wobei $c^2 = a^2 - b^2$.

VI. Anwendungen

Der Einsatz von Elementarmathematik und Infinitesimalrechnung in den verschiedensten Bereichen von Naturwissenschaft und Technik ist Gegenstand dieses Kapitels. Größtes Gewicht liegt dabei auf der Herleitung der Kepler'schen Gesetze aus dem Newton'schen Axiom im letzten Abschnitt. Die Platzierung der klassischen Mechanik am Ende des Kapitels soll so zu sagen seinen Höhepunkt markieren; denn die Mechanik war es ja, die als erste – vor allem in den Händen von Euler und den Bernoullis- die Schlagkraft der Differenzialrechnung am eindrucksvollsten demonstrierte und deren Siegeszug durch Naturwissenschaft und Technik einleitete. Die klassische Mechanik als Höhepunkt des letzten Kapitels soll außerdem die Spannung des Bogens unterstreichen, welchen die Mathematik von den anwendungsfernen Fragestellungen des ersten Kapitels zu denen der physikalischen Realität schlägt. Konnte man denn bei der Formulierung der abstrakten Konstruktionsprinzipien des reellen Zahlkörpers wirklich schon ahnen, dass darauf eine anwendbare Mathematik aufbauen würde, eine Mathematik, die in bestimmten Bereichen in höchstem Maße mit der physikalischen Realität im Einklang steht?

1. Zur Elementarmathematik

1.1. Summenformeln und Polynomrechnung:

Beispiel 1: Binomialkoeffizienten zur Darstellung von Verteilungsdichten
Mit den Beispielen 12 bis 15 aus Kap.V, Abschnitt 2.2. wurde bereits demonstriert, wie man kontinuierliche Bewegungsabläufe durch mathematische Abbildungen beschreiben kann. Etwas anders ist der Fall des so genannten **Gal-ton`schen Nagelbrett-Experiments** gelagert, bei dem Kugeln zur Bewegung durch ein Gitter mit n Nagelreihen gezwungen werden. Bei diesem Experiment steht nicht so sehr die Form der von den Kugeln zurückgelegten Bahnen im Vordergrund. Diese ist ja insofern stark eingeschränkt, als die Kugeln an jedem Nagel nur nach links oder rechts ausweichen können; weshalb man diese Bahnen durch entsprechende 0-1-Tupel mit n Komponenten , z.B. (1, 0, 0, 1, 1, 0,1) vereinfacht beschreiben kann. Vielmehr interessiert hier die Frage nach dem prozentualen Anteil der im k-ten Fach landenden Kugeln, was sich natürlich reduziert auf die Frage nach dem prozentualen Anteil

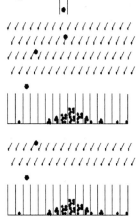

der 0-1-Kombinationen mit genau k Einsen. Da es $\binom{n}{k}$ Möglichkeiten gibt, aus n Positionen k (für eine 1) auszuwählen (siehe Kap.II, 2.4.1.), und da 2^n die Zahl aller 0-1-Tupel mit n Komponenten ist, erhält man $\binom{n}{k}/2^n$ als den gesuchten prozentualen Anteil der im k-ten Fach landenden Kugeln.

Beispiel 2: Formeln als Quelle von Algorithmen

Bekanntlich besteht das so genannte Pascal'sche Dreieck in der n-ten Zeile aus den Binomialkoeffizienten $\binom{n}{k}$ (siehe Kap.II, 2.4.1.). Man stelle sich nun vor, dass ein Pascal'sches Dreieck mit z.B. 1000 Zeilen in eine Graphik umgesetzt werden soll, indem die ungeraden Binomialkoeffizienten durch kleine schwarze Quadrate und die anderen durch weiße Quadrate ersetzt werden, und zwar nach folgendem Schema:

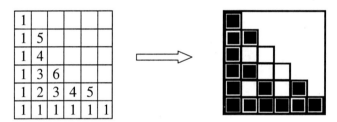

Natürlich lässt sich schnell ein Programm schreiben, das die $\binom{n}{k}$ gemäß ihrer Definition $\binom{n}{k} = \dfrac{n \cdot (n-1) \cdot (n-2) \cdot \ldots \cdot (n-k+1)}{k!}$ berechnet und anschließend auf Geradheit überprüft, aber zum Laufen wird man das Programm nicht bringen; da die Computerarithmetik sehr schnell an ihre Grenzen stößt, bei den riesigen Werten für $k!$, z.B. $10! = 3628800$ und $12! = 479001600$. Viel besser kommt man dagegen voran, wenn man ausgehend von n=0 schrittweise die Rekursivgleichung $\binom{n+1}{k} = \binom{n}{k-1} + \binom{n}{k}$ aus Kap.II, 2.4.1. anwendet, um so der Reihe nach die Binomialkoeffizienten der $(n+1)$-ten Stufe durch simple Addition aus denen der n-ten Stufe zu gewinnen. Allerdings stellt sich dann heraus, dass auch die so errechneten Binomialkoeffizienten sehr schnell große Werte annehmen, sodass sich die Frage nach einer Rekursivbeziehung für die Geradheit dieser

Werte stellt. Tatsächlich erhält man aus der Gleichung $\binom{n+1}{k}=\binom{n}{k-1}+\binom{n}{k}$

leicht die folgende Tabelle, in der die Zahl 1 für ‚ungerade', die Zahl 0 für ‚gerade' steht.

$\binom{n}{k-1}$	$\binom{n}{k}$	$\binom{n+1}{k}$
0	0	0
1	0	1
0	1	1
1	1	0

Der Inhalt der k-ten Zelle in der n-ten Zeile ist also allein bestimmt durch den Inhalt von k-ter und (k-1)-ter Zelle in der (n-1)-ten Zeile. Die lineare Anordnung der N Zellen zusammen mit der obigen Regel ist ein so genannter **eindimensionaler zellulärer Automat**, bei dem die schrittweise Veränderung seiner Zustände veranschaulicht ist durch die aufeinander folgenden Zeilen. Geht man davon aus, dass am Anfang lediglich die erste Zelle schwarz gefärbt ist, so ergibt der Rekursivalgorithmus z.B. für N=1000 folgendes Bild. Das Verblüf-

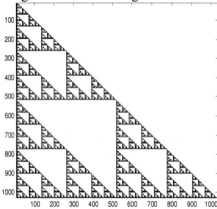

fende an diesem Ergebnis ist, dass die es erzeugenden Regeln jeweils nur die allernächste Umgebung einer jeden Zelle betreffen, sich aber trotzdem global auswirken und sichtbare Strukturen erzeugen. Mit dieser so genannten Selbstorganisation von zellulären Automaten versucht man heute, Mechanismen lebendiger Systeme künstlich nachzubilden und so z.B. die typischen Pigmentierungsmuster von Tierfellen -wie die bekannten Zebrastreifen – besser zu verstehen.

Beispiel 3: Anwendung des Horner-Schemas in der Signalverarbeitung:

Wie das Horner-Schema zum Entwurf von Schaltungen eingesetzt werden kann, soll an Hand der folgenden aus Addierern, Multiplizierern und Registern aufgebauten Schaltung demonstriert werden.

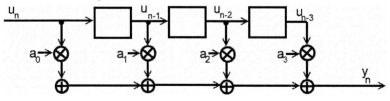

Während Addierer $\overset{x}{\underset{y}{\searrow}}\bigoplus\overset{x+y}{\longrightarrow}$ und Multiplizierer $\overset{x}{\underset{y}{\searrow}}\bigotimes\overset{x\cdot y}{\longrightarrow}$ zu je zwei Eingangswerten x und y die entsprechende Summe bzw. das Produkt liefern, speichert ein Register $\overset{u_n}{\longrightarrow}\boxed{}\overset{u_{n-1}}{\longrightarrow}$ seinen Eingangswert einen Zeitschritt lang, um ihn dann beim nächsten Takt als Ausgangswert auszugeben.

Offensichtlich ist beim n-ten Takt der Ausgangswert der obigen Schaltung gegeben durch $y_n = a_0 \cdot u_n + a_1 \cdot u_{n-1} + a_2 \cdot u_{n-2} + a_3 \cdot u_{n-3}$. Die Ausgangsfolge $(y_n)_{n\geq 0}$ setzt sich also aus der Eingangsfolge $(u_n)_{n\geq 0}$ und ihren verzögerten Versionen $(u_{n-1})_{n\geq 0} =: Verz((u_n)_{n\geq 0})$, $(u_{n-2})_{n\geq 0} = Verz(Verz((u_n)_{n\geq 0})) = Verz^2((u_n)_{n\geq 0})$ usw. zusammen, und zwar gemäß der Summenbildung

$$(y_n) = a_0 \cdot (u_n) + a_1 \cdot Verz((u_n)) + a_2 \cdot Verz^2((u_n)) + a_3 \cdot Verz^3((u_n)).$$ Formt man dieses Polynom nach dem Horner-Schema um zu

$$(y_n) = a_0(u_n) + Verz\left[a_1(u_n) + Verz\left[a_2(u_n) + Verz\left[a_3 \cdot (u_n)\right]\right]\right],$$ so erhält man

folgende **Alternativ-Schaltung mit den gleichen Ausgangswerten**:

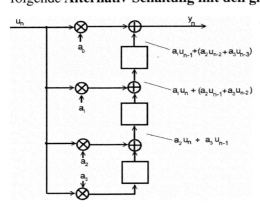

Diese Schaltungsalternative liefert zwar aus mathematischer Sicht die gleichen Ausgangswerte wie die vorhergehende, kann sich aber hinsichtlich der Gesamtwirkung der Rundungen, die ja in einem Prozessor stets vorkommen, deutlich unterscheiden.

Beispiel 4: Polynominterpolation in der Signalverarbeitung

Die digitale Aufzeichnung von Audiosignalen wird oft mit einer Abtastrate von 44 kHz ausgeführt; das heißt, dass vom ursprünglichen Analogsignal $s(t)$ pro Sekunde 44000 Abtastwerte $s(n\cdot T)$ erzeugt werden. Für spezielle Zwecke der Signalverarbeitung besteht nun manchmal das Interesse, aus den dann vorliegenden 44kHz-Daten nachträglich entsprechende Abtastwerte mit höherer, z.B. 4-facher Abtastrate zu erzeugen (4-faches oversampling). Natürlich wäre denkbar, aus den mit einer Rate von 44kHz gewonnenen Abtastwerten zunächst das ursprüngliche Analogsignal zu reproduzieren und es anschließend erneut abzutasten, z.B. mit einer Rate von 176 kHz. Um sich diesen aufwendigen Prozess zu ersparen, errechnet man die zusätzlichen Abtastwerte aus den bereits vorliegenden durch Interpolation. Der einfacheren Darstellung halber soll hier nur der Fall einer Abtastratenverdopplung erläutert werden. Wir bezeichnen hierzu die mit einer Rate von 44 kHz erzeugte Folge von Abtastwerten mit $(y_0, y_1, y_2, y_3, \ldots)$

Die entsprechende –mit doppelter Rate erzeugte- Folge ist dann von der Form $(\tilde{y}_n)_{n \geq 0} = (y_0, \hat{y}_0, y_1, \hat{y}_1, y_2, \hat{y}_2, y_3, \hat{y}_3, y_4, \ldots)$; wobei zwischen zwei alte Abtastwerte $y_n = s(n \cdot T)$ und

$y_{n+1} = s((n+1) \cdot T)$ ein neuer, zusätzlicher Wert $\hat{y}_n$ eingefügt ist. Dieser neue Wert $\hat{y}_n$ soll natürlich den Abtastwert $s(n \cdot T + \dfrac{T}{2})$ des Analogsignals $s(t)$ möglichst gut annähern. Deswegen erzeugt man periodisch aus den jeweils letzten

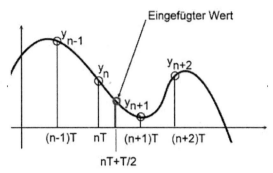

alten Abtastwerten ein Interpolationspolynom als lokale Näherung des Analogsignals $s(t)$ und wertet dieses Näherungspolynom an der Stelle $n \cdot T + T/2$ aus. Zum Zeitpunkt $(n+2) \cdot T$ liegen die letzten 4 Abtastwerte y_{n+2}, y_{n+1}, y_n und y_{n-1} vor. Wie in Kap.III, 2.3. gezeigt ist das zu den Stützstellen $(n-1)T$, nT, $(n+1)T$ und $(n+2)T$ und den entsprechenden Stützwerten y_{n-1}, y_n, y_{n+1}, y_{n+2} gehörende Lagrange-Interpolationspolynom gegeben durch

$y(t) = y_{n-1} \cdot L_0(t) + y_n \cdot L_1(t) + y_{n+1} \cdot L_2(t) + y_{n+2} \cdot L_3(t)$. Der zwischen y_n und y_{n+1} einzufügende Wert $\hat{y}_n$ kann also folgendermaßen berechnet werden:

$$\hat{y}_n = y_{n-1} \cdot \underbrace{L_0(nT + \tfrac{T}{2})}_{=-\frac{1}{16}} + y_n \cdot \underbrace{L_1(nT + \tfrac{T}{2})}_{=\frac{9}{16}} + y_{n+1} \cdot \underbrace{L_2(nT + \tfrac{T}{2})}_{=\frac{9}{16}} + y_{n+2} \cdot \underbrace{L_3(nT + \tfrac{T}{2})}_{-\frac{1}{16}}.$$

Man sieht, dass sich für jedes n der n-te Zwischenwert $\hat{y}_n$ aus y_{n-1}, y_n, y_{n+1} und y_{n+2} durch den Algorithmus $\hat{y}_n = -\dfrac{1}{16} \cdot y_{n-1} + \dfrac{9}{16} \cdot y_n + \dfrac{9}{16} \cdot y_{n+1} - \dfrac{1}{16} \cdot y_{n+2}$ ermitteln lässt. Eine entsprechende Schaltung ist in der Graphik nebenan skizziert. An ihrem Ausgang liefert sie wechselweise die Werte y_n (an der oberen Leitung) und $\hat{y}_n$ (an der unteren) .

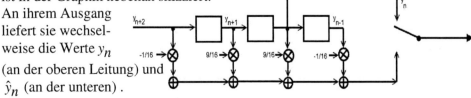

1.2. Trigonometrische Funktionen

Beispiel 1: Beschreibung von Schwingungen

Ist eine „Masse" an einer Feder (wie in neben stehendem
Bild) aufgehängt, so führt sie nach kleiner Auslenkung eine
Hin-und Her-Bewegung um die ursprüngliche Ruhelage aus.
Die entsprechende Auslenkung $x(t)$ zur Zeit t lässt sich nä-
herungsweise durch die cosinus–Funktion beschrieben:

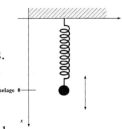

$x(t) = a \cdot \cos(\omega_0 \cdot t + \varphi)$.

Die so genannte Kreisfrequenz ω_0 kann man aus der beobach-
teten Frequenz λ (= Anzahl der Schwingungen pro Sekunde) folgendermaßen
bestimmen: Ist T Sekunden die Zeit, die für eine Schwingung benötigt wird, also

$T = \dfrac{1}{\lambda}$, so muss $\omega_0 \cdot T = 2\pi$, also $\omega_0 = \dfrac{2\pi}{T} = \lambda \cdot 2\pi$ gelten.

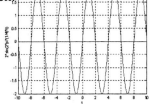

Natürlich sehen mechanische Schwingungen nicht
immer so einfach aus wie in dem vorliegenden Fall.
Man betrachte z.B. die folgende mit einem Laser-
vibrometer aufgezeichnete Schwingung, die an einem
geschleppten Verbrennungsmotor („geschleppt,,
heißt : durch einen Elektromotor angetrieben) in der
Nähe der Nockenwelle aufgenommen wurde.

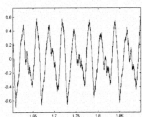

Erstaunlicher Weise lassen sich solche (fast)
periodischen Daten näherungsweise mit Hilfe der
cosinus-Funktion nachbilden; denn grob gesprochen können alle genügend glatten, T-periodischen Funktionen $x(t)$ näherungsweise in der

Form $\qquad x(t) = A_0 + A_1 \cdot \cos(\omega_0 \cdot t + \varphi_1) +$

$+A_2 \cdot \cos(2 \cdot \omega_0 \cdot t + \varphi_2) + \ldots + A_N \cdot \cos(N \cdot \omega_0 \cdot t + \varphi_N)$ mit $\omega_0 = \dfrac{2\pi}{T}$ dargestellt

werden. Damit haben wir schon einen ersten Blick in das weite Feld der so
genannten Fourier-Analyse gewagt, mit dem wir uns aber an dieser Stelle begnügen müssen.

Beispiel 2: Zeigerrechnung in der Elektrotechnik

Bei der Analyse elektrischer Netzwerke geht man oft von der Annahme aus,
dass die vorhandenen Spannungsquellen das Netzwerk rein sinusförmig erregen;
das heißt, dass die Spannung der jeweiligen Quelle zur Zeit $t[s]$ den Wert
$f(t) := A \cdot \cos(\omega \cdot t + \varphi)$ $[V]$ hat. Dabei heißt $A \geq 0$ die Amplitude, $\omega > 0$ die
Kreisfrequenz und φ die Phase der Schwingung. Will man nun die über der
Hintereinanderschaltung zweier Wechselspannungsquellen liegende Gesamt-

spannung berechnen, so stößt man auf die Frage nach dem Aussehen der Summenfunktion $A_1 \cdot \cos(\omega \cdot t + \varphi_1) + A_2 \cdot \cos(\omega \cdot t + \varphi_2)$. Glücklicher Weise stellt sich heraus, dass die Summe gleichfrequenter harmonischer Schwingungen wieder eine harmonische Schwingung mit derselben Frequenz ist; genauer: Es gilt:

$A_1 \cdot \cos(\omega \cdot t + \varphi_1) + A_2 \cdot \cos(\omega \cdot t + \varphi_2) = A_3 \cdot \cos(\omega \cdot t + \varphi_3)$; wobei A_3 und φ_3 folgendermaßen aus den so genannten Zeigern

$$\underline{Z_1} := A_1 \cdot \begin{pmatrix} \cos(\varphi_1) \\ \sin(\varphi_1) \end{pmatrix} \quad \text{und} \quad \underline{Z_2} := A_2 \cdot \begin{pmatrix} \cos(\varphi_2) \\ \sin(\varphi_2) \end{pmatrix} \quad \text{ermittelt werden können,}$$

und zwar so : $\underline{Z_1} + \underline{Z_2} = A_3 \cdot \begin{pmatrix} \cos(\varphi_3) \\ \sin(\varphi_3) \end{pmatrix}$ mit geeignetem φ_3 aus $[0, 2\pi[$.

Begründung: Auf Grund des Additionstheorems gilt: $A_i \cdot \cos(\omega \cdot t + \varphi_i) =$
$= A_i \cdot \left[\cos(\omega \cdot t) \cdot \cos(\varphi_i) - \sin(\omega \cdot t) \cdot \sin(\varphi_i)\right]$. Die behauptete Gleichung nimmt also folgende Form an: $A_1 \cdot \left[\cos(\omega \cdot t) \cdot \cos(\varphi_1) - \sin(\omega \cdot t) \cdot \sin(\varphi_1)\right] +$
$+ A_2 \cdot \left[\cos(\omega \cdot t) \cdot \cos(\varphi_2) - \sin(\omega \cdot t) \cdot \sin(\varphi_2)\right] =$
$= A_3 \cdot \left[\cos(\omega \cdot t) \cdot \cos(\varphi_3) - \sin(\omega \cdot t) \cdot \sin(\varphi_3)\right]$

und nach Ausmultiplikation usw. schließlich die Form

$$\underbrace{\left[A_1 \cdot \cos(\varphi_1) + A_2 \cdot \cos(\varphi_2)\right]}_{=: a} \cdot \cos(\omega \cdot t) - \underbrace{\left[A_1 \cdot \sin(\varphi_1) + A_2 \cdot \cos(\varphi_2)\right]}_{=: b} \cdot \sin(\omega \cdot t) =$$

$= A_3 \cdot \cos(\varphi_3) \cdot \cos(\omega \cdot t) - A_3 \cdot \sin(\varphi_3) \cdot \sin(\omega \cdot t)$.

Demnach müssen A_3 und φ_3 so bestimmt werden, dass $A_3 \cdot \cos(\varphi_3) = a$ und $A_3 \cdot \sin(\varphi_3) = b$,

also so, dass $A_3 \cdot \begin{pmatrix} \cos(\varphi_3) \\ \sin(\varphi_3) \end{pmatrix} = A_1 \cdot \underbrace{\begin{pmatrix} \cos(\varphi_1) \\ \sin(\varphi_1) \end{pmatrix}}_{\underline{Z_1}} + A_2 \cdot \underbrace{\begin{pmatrix} \cos(\varphi_2) \\ \sin(\varphi_2) \end{pmatrix}}_{\underline{Z_2}}$.

Als Konsequenz dieses Ergebnisses lassen sich Amplitude und Phase der Summe zweier Wechselspannungen gleicher Frequenz nach folgendem einfachen

„Kochrezept" bestimmen:

Zeigerrechnung zur Bestimmung von Amplitude und Phase der Summe von Sinusschwingungen gleicher Frequenz:

Es gilt $\quad A_1 \cdot \cos(\omega t + \varphi_1) + A_2 \cdot \cos(\omega t + \varphi_2) = A_3 \cdot \cos\left(\omega t + \varphi_3\right)$; $\quad$ wobei man

A_3 und φ_3 herausbekommt durch

1.) Addition der Zeiger $\quad \underline{Z}_1 := A_1 \cdot \begin{pmatrix} \cos(\varphi_1) \\ \sin(\varphi_1) \end{pmatrix}$ und $\quad \underline{Z}_2 := A_2 \cdot \begin{pmatrix} \cos(\varphi_2) \\ \sin(\varphi_2) \end{pmatrix}$ $\quad$ und

2.) Bestimmung von Betrag und Winkel des Summenzeigers

$$A_3 = \left| Z_1 + Z_2 \right| \quad \text{und} \quad \varphi_3 = \sphericalangle\left(Z_1 + Z_2 \right)$$

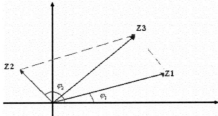

Beispiel 3: Überlagerung zweier Schwingungen verschiedener Frequenz

Für die Überlagerung zweier Schwingungen gleicher Amplitude und verschiedener Frequenz - z.B. mit $\omega_1 > \omega_2$ - gilt:

$$A \cdot \cos\left(\omega_1 \cdot t\right) + A \cdot \cos\left(\omega_2 \cdot t + \varphi\right) = 2 \cdot A \cdot \cos\left(\omega \cdot t + \frac{\varphi}{2}\right) \cdot \cos\left(\bar{\omega} \cdot t - \frac{\varphi}{2}\right) ;$$

wobei $\omega = \dfrac{\omega_1 + \omega_2}{2}$ und $\bar{\omega} = \dfrac{\omega_1 - \omega_2}{2}$.

Es handelt sich also um eine Schwingung der Kreisfrequenz ω, deren Amplitude sich mit der langsameren Kreisfrequenz $\bar{\omega}$ harmonisch ändert. Eine solche Schwingung heißt **Schwebung**.

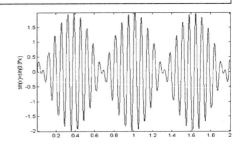

Die obige Formel lässt sich aus den folgenden einfachen Konsequenzen des Additionstheorems herleiten:

$$\cos(x) = \cos\left(\frac{x+y}{2} + \frac{x-y}{2}\right) = \cos\left(\frac{x+y}{2}\right)\cos\left(\frac{x-y}{2}\right) - \sin\left(\frac{x+y}{2}\right)\sin\left(\frac{x-y}{2}\right) \quad \text{und}$$

$$\cos(y) = \cos\left(\frac{-(x+y)}{2} + \frac{(x-y)}{2}\right) = \cos\left(\frac{x+y}{2}\right)\cos\left(\frac{x-y}{2}\right) + \sin\left(\frac{x+y}{2}\right)\sin\left(\frac{x-y}{2}\right)$$

Durch Einsetzen von $x := \omega_1 t$ und $y := \omega_2 \cdot t + \varphi_2$ führt dies zu

$$\cos\left(\omega_1 \cdot t\right) + \cos\left(\omega_2 \cdot t + \varphi\right) = \cos(x) + \cos(y) = \cos\left(\frac{x+y}{2}\right)\cos\left(\frac{x-y}{2}\right) -$$

$$-\sin\left(\frac{x+y}{2}\right)\sin\left(\frac{x-y}{2}\right) + \cos\left(\frac{x+y}{2}\right)\cos\left(\frac{x-y}{2}\right) + \sin\left(\frac{x+y}{2}\right)\sin\left(\frac{x-y}{2}\right) =$$

$$= 2 \cdot \cos\left(\frac{\omega_1 + \omega_2}{2} \cdot t + \frac{\varphi_2}{2}\right)\cos\left(\frac{\omega_1 - \omega_2}{2} \cdot t - \frac{\varphi_2}{2}\right) \text{, woraus die behauptete Formel}$$

folgt.

Das Phänomen der Schwebung kann in einem Experiment sichtbar gemacht werden: Zwei gleich gebaute, vertikal schwingende Federpendel mit etwas verschiedenen Gewichten werden durch eine leichte Stange verbunden. Der Mittelpunkt dieser Stange wird an die Wand projiziert. Die Auslenkung dieses Mittelpunktes ist der Mittelwert der beiden Auslenkungen. Werden nun beide Federpendel mit der gleichen Amplitude angeregt, so beobachtet man periodische Zu- und Abnahme der Amplitude des Mittelpunktes.

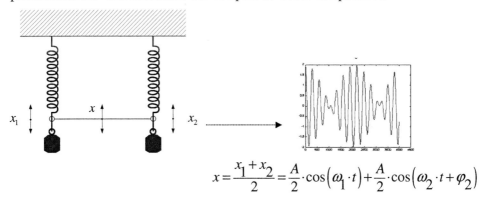

$$x = \frac{x_1 + x_2}{2} = \frac{A}{2} \cdot \cos\left(\omega_1 \cdot t\right) + \frac{A}{2} \cdot \cos\left(\omega_2 \cdot t + \varphi_2\right)$$

Beispiel 4: Konstruktion der Tschebyscheffschen Polynome
In Abschnitt 2.4. von Kap.III wurde auf die Bedeutung der Tschebyscheffschen Polynome -zum Beispiel im Bereich der Mechanik- hingewiesen. Es soll hier kurz in Erinnerung gerufen werden, durch welche Vorschrift diese Polynome definiert wurden: $T_1(x) := x$, $T_2(x) := x^2 - \frac{1}{2}$, $T_3(x) := x^3 - \frac{3}{4} \cdot x$ und weiter

$T_{n+1}(x) := x \cdot T_n(x) - \frac{1}{4} \cdot T_{n-1}(x)$ für $n \geq 2$. Es war aufgefallen, dass sich das n-te

Polynom auf dem Bereich $[-1,1]$ in eigenar-

tiger Weise durch einen „Schlauch" der Breite $\frac{1}{2^{n-1}}$

schlängelt. Es liegen nunmehr genügend Kenntnisse
über cosinus-Funktionen vor, um dies zu begründen:

Ausgehend vom Additionstheorem macht man sich leicht klar, dass
$\cos(2\varphi) = 2\cos(\varphi)^2 - 1$ $\cos(3\varphi) = 4\cos(\varphi)^3 - 3\cos(\varphi)$ und weiter
$\cos((n+1)\varphi) = 2\cos(\varphi)\cos(n\varphi) - \cos((n-1)\varphi)$;   wobei sich die letzte Gleichung
durch Aufsummieren von $\cos((n+1)\varphi) = \cos(n\varphi)\cos(\varphi) - \sin(n\varphi)\sin(\varphi)$ und
$\cos((n-1)\varphi) = \cos(n\varphi)\cos(\varphi) + \sin(n\varphi)\sin(\varphi)$ ergibt.

Für die Polynome $p_2(x) := 2x^2 - 1$, $p_3(x) := 4x^3 - 3x$ und die weiteren durch

die Rekursivformel $p_{n+1}(x) = 2 \cdot x \cdot p_n(x) - p_{n-1}(x)$ definierten Polynome gilt

dann offensichtlich, dass $\cos(2\varphi) = p_2(\cos(\varphi))$, $\cos(3\varphi) = p_3(\cos(\varphi))$ und

$\cos((n+1)\varphi) = p_{n+1}(\cos(\varphi))$. Mit anderen Worten: Das n-te Polynom $p_n(x)$ ist

so (mit Hilfe des Additionstheorems) konstruiert, dass es die folgenden Eigenschaften hat:

$p_n(x)$ ist ein Polynom n-ten Grades mit

a) 2^{n-1} als Koeffizientem der höchsten Potenz von $p_n(x)$,

b) $p_1(x) := x$, $p_2(x) := 2x^2 - 1$, $p_3(x) := 4x^3 - 3x$,

c) $p_{n+1}(x) = 2 \cdot x \cdot p_n(x) - p_{n-1}(x)$ und   c) $p_{n+1}(\cos(\varphi)) = \cos((n+1)\varphi)$.

Damit ist dann klar, dass die Tschebyscheff'schen Polynome $T_n(x)$ durch die

Normierung $T_n(x) := \frac{1}{2^{n-1}} p_n(x)$ aus den $p_n(x)$ hervorgehen und dem entspre-

chend folgende Eigenschaften haben:

Für jedes $x \in [-1,1]$ gilt: $T_n(x) \in [-\frac{1}{2^{n-1}}, \frac{1}{2^{n-1}}]$;   denn   aus $x = \cos(\varphi_x)$ mit

$\varphi_x = ar\cos(x) \in [0,\pi]$ folgt $T_n(x) = T_n(\cos(\varphi_x)) = \frac{1}{2^{n-1}}\cos(n \cdot \varphi_x) \in \frac{1}{2^{n-1}} \cdot [-1,1]$.

Es ist $T_n(x_k) = 0$ für $x_k := \cos(k \cdot \frac{\pi}{2n})$ (k=1,3,5,...,2n-1) ;   denn

$$T_n(x_k) = T_n(\cos(k \cdot \frac{\pi}{2n})) = \frac{1}{2^{n-1}} \cos(n \cdot k \cdot \frac{\pi}{2n}) = \frac{1}{2^{n-1}} \cos(k \cdot \frac{\pi}{2}) = 0.$$

$T_n(x_m)$ ist extremal; d.h. $T_n(x_m) = \pm \frac{1}{2^{n-1}}$ für $x_m = \cos(m \cdot \frac{\pi}{n})$ $(m = 0, 1, 2, ..., n)$

; denn $T_n(x_m) = T_n(\cos(m \cdot \frac{\pi}{n})) = \frac{1}{2^{n-1}} \cdot \cos(n \cdot m \cdot \frac{\pi}{n}) = \frac{1}{2^{n-1}} \cdot \cos(m \cdot \pi) = \pm \frac{1}{2^{n-1}}$.

Als Konsequenz aus den obigen Eigenschaften ergibt sich, dass

$$\max_{x \in [-1,1]} |T_n(x)| = \frac{1}{2^{n-1}}.$$

Alle Eigenschaften der $T_n(x)$, die sich in ihrer graphischen Darstellung schon andeuteten, haben sich nun bestätigt: $T_n(x)$ schlängelt sich über dem Intervall [-1,1] durch einen „Schlauch" der Dicke $\frac{1}{2^{n-2}}$. Aber damit noch nicht genug: Die Tschebyscheffschen Polynome sind in dieser Hinsicht optimal; denn es gilt auch noch das folgende Resultat:

Es gibt kein Polynom $p(x)$ vom Grad n mit 1 als Koeffizient von x^n und mit

$$\max_{x \in [-1,1]} |p(x)| < \frac{1}{2^{n-1}} \quad .$$

Nimmt man nämlich an, es gäbe ein

$p(x) = x^n + ...$ mit $\max_{x \in [-1,1]} |p(x)| < \frac{1}{2^{n-1}}$,

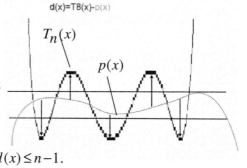
d(x)=T8(x)-p(x)

$T_n(x)$

$p(x)$

dann läge die in nebenstehender Graphik skizzierte Situation vor; d.h. die Differenz $d(x) := T_n(x) - p(x)$ würde von einem x_m zum nächsten das Vorzeichen wechseln, hätte also mindestens n Nullstellen, was nicht der Fall sein kann, da der Grad von $d(x) \leq n-1$.

Beispiel 5: Einsatz des Sinus in der sphärischen Geometrie
Das Resultat zur Winkelberechnung im sphärischen Dreieck aus III, 6.5. soll hier zur Bestimmung der Entfernung Heilbronn- Buenos Aires eingesetzt werden: Von Heilbronn und Buenos Aires liegen folgende Längen- und Breiten –Angaben vor:

Geogr. Länge(HN)= 9°13' E
Geogr. Breite(HN)=49°08' N
Geogr. Länge(BuenAi)=58°27' W
Geogr. Breite(BuenAi)=34°36' S

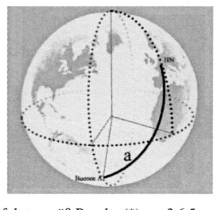

Gesucht ist die kürzeste Entfernung
zwischen beiden Orten, also die Länge
des Bogens a.

Lösung: Aus Winkel A = 58,5° − 9,2° =
67,7° =0,3761 π,
b = 90° - 49,13° = 40,87° =0,2271 π
und c = 90° + 34,5° = 124,5° =0,6917 π folgt gemäß Resultat(*) aus 3.6.5.,
dass $\cos(a)=\cos(b)\cdot\cos(c)+\cos(A)\cdot\sin(b)\cdot\sin(c)\approx$

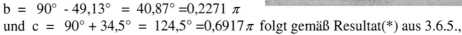

$\approx 0,7561\cdot(-0,5665)+0,3795\cdot 0,6545\cdot 0,8241\approx -0,2236$,

also dass $a \approx ar\cos(-0,2236)\approx 1,7963$.

Geht man von einem Erdumfang von 40000 km aus,
so erhält man für die gesuchte Entfernung den Wert

$\dfrac{40000}{2\pi}km\cdot 1,7963\approx 11436km$.

Eine ganz entsprechende Rechnung wie die eben ausgeführte wäre erforderlich,
wenn man auf hoher See seinen Standort durch Messung von Gestirnspositionen
bestimmen wollte: Man würde an Hand der Uhrzeit und des Datums einem nautischen Jahrbuch entnehmen, an welchem Ort z.B. die Sonne gerade im Zenit
steht. Außerdem würde man die derzeitige Höhe der Sonne und ihren Winkel
mit der Südrichtung messen. Daraufhin wäre man in der Lage, die eigene Position durch eine Dreiecksberechnung nach obigem Schema zu bestimmen. Hierzu
bräuchte man allerdings einen Taschenrechner, wenn man sich nicht gleich von
vornherein dem GPS anvertrauen will oder kann. Aber GPS ist ja viel aufwendi-
ger, auch und gerade hinsichtlich der dem GPS zu Grunde liegenden Mathematik!

Beispiel 6: Digitale Oszillatoren.

Als Einsatzbereiche von Algorithmen zur Sinus-Berechnung wie z.B. dem
Cordic wurden bisher nur Navigationshilfen und Taschenrechner erwähnt (siehe
Kap.III, 6.4.). Darüber hinaus werden solche Algorithmen heute auch zur Erzeu-
gung von Sinus-Schwingungen eingesetzt, was man früher ausschließlich mit
Hilfe von Analogschaltungen, so genannten Oszillatoren bewerkstelligte. In den
letzten Jahren wurden sie zunehmend durch ihre digitalen Verwandten ersetzt;
wobei in einem digitalen Oszillator in schnellem Takt eng bei einander liegende
Werte der Sinus-Funktion berechnet und anschließend zu einer durchgehenden

Schwingung geglättet werden. Diese Oszillatoren finden dann ihre Anwendung im nachrichtentechnischen Bereich und auch in der Medizintechnik, zum Beispiel bei Ultraschallgeräten zur Messung von Blutgeschwindigkeiten.

1.3. Komplexe Zahlen

Beispiel 1: Zeigerrechnung

Dass die Summe zweier cosinus-förmiger Funktionen $A_1 \cdot \cos(\omega t + \varphi_1)$ und $A_2 \cdot \cos(\omega t + \varphi_2)$ wieder von der Form $A_3 \cdot \cos\left(\omega t + \varphi_3\right)$ ist, und wie man A_3 und φ_3 bestimmt, wurde bereits in Beispiel 2 von 1.2. gezeigt. Das gleiche Ergebnis lässt sich auch wesentlich eleganter mit Hilfe komplexer Zahlen gewinnen: $A_1 \cdot \cos(\omega t + \varphi_1) + A_2 \cdot \cos(\omega t + \varphi_2) =$

$$= A_1 \cdot \mathrm{Re}\left(e^{i\left(\omega t + \varphi_1\right)}\right) + A_2 \cdot \mathrm{Re}\left(e^{i\left(\omega t + \varphi_2\right)}\right) = \mathrm{Re}\left(A_1 \cdot e^{i\omega t} \cdot e^{i\varphi_1} + A_2 \cdot e^{i\omega t} \cdot e^{i\varphi_2}\right) =$$

$$= \mathrm{Re}\left(e^{i\omega t} \cdot \left[\underbrace{A_1 \cdot e^{i\varphi_1}}_{Z_1} + \underbrace{A_2 \cdot e^{i\varphi_2}}_{Z_2}\right]\right) = \mathrm{Re}\left(e^{i\omega t} \cdot \underbrace{A_3 \cdot e^{i\varphi_3}}_{Z_3 = Z_1 + Z_2}\right) =$$

$$= A_3 \cdot \mathrm{Re}\left(e^{i\left(\omega t + \varphi_3\right)}\right) = A_3 \cdot \cos\left(\omega t + \varphi_3\right). \quad \text{Dies führt auf folgendes Resultat:}$$

Zeigerrechnung: $\quad A_1 \cdot \cos(\omega t + \varphi_1) + A_2 \cdot \cos(\omega t + \varphi_2) = A_3 \cdot \cos\left(\omega t + \varphi_3\right)$

Man erhält A_3 und φ_3 durch

1.) Addition der Zeiger: $Z_1 = A_1 \cdot e^{i\varphi_1}$ und $Z_2 = A_2 \cdot e^{i\varphi_2}$ und

2.) Bestimmung von Betrag und Winkel des Summenzeigers

$$A_3 = \left| A_1 \cdot e^{i\varphi_1} + A_2 \cdot e^{i\varphi_2} \right| = \left| Z_1 + Z_2 \right|$$

$$\varphi_3 = \sphericalangle\left(A_1 \cdot e^{i\varphi_1} + A_2 \cdot e^{i\varphi_2} \right) = \sphericalangle\left(Z_1 + Z_2 \right).$$

Beispiel 2: Wurzeln aus komplexen Zahlen

Die zu vorgegebenem $b \in \mathbb{C}$ gehörenden Lösungen der Gleichung $z^n = b$ heißen komplexe Wurzeln von b. Um sie zu bestimmen, bedienen wir uns der Polarkoordinatendarstellung von z und b. Mit $z = |z| \cdot e^{i \sphericalangle z}$ und $b = r \cdot e^{i\varphi}$ nimmt die Gleichung $z^n = b$ folgende Form an: $(|z|)^n \cdot e^{i \cdot n \cdot \sphericalangle z} = r \cdot e^{i \cdot \varphi}$. Es muss demnach $(|z|)^n = r$ also $|z| = \sqrt[n]{r}$ gelten und weiter $n \cdot \sphericalangle z = \varphi + 2 \cdot \pi \cdot k$ $(k \in \mathbb{Z})$, also $\sphericalangle z = \dfrac{\varphi}{n} \varphi + \dfrac{2 \cdot \pi}{n} \cdot k$. Da ein Polynom n-ten Grades höchstens n verschiedene Nullstellen haben kann, sind also $\sqrt[n]{r} \cdot e^{i \cdot \frac{\varphi}{n}}$, $\sqrt[n]{r} \cdot e^{i \cdot (\frac{\varphi}{n} + \frac{2\pi}{n})}$, $\sqrt[n]{r} \cdot e^{i \cdot (\frac{\varphi}{n} + 2 \cdot \frac{2\pi}{n})}$,...

$...,\sqrt[n]{r} \cdot e^{i \cdot (\frac{\varphi}{n} + (n-1) \cdot \frac{2\pi}{n})}$ die gesuchten Wurzeln. Also:

Für jede komplexe Zahl $b \neq 0$ hat die Gleichung $z^n = b$ $\left(= r \cdot e^{i\varphi}\right)$ genau n verschiedene Lösungen, die so genannten

n-ten Wurzeln aus b: $z_k = \sqrt[n]{r} \cdot e^{i \cdot \left(\frac{\varphi}{n} + k \cdot \frac{2\pi}{n}\right)}$ $(k = 1,...,n)$.

Im Falle $b = 1$, spricht man von den n-ten Einheitswurzeln $z_k = e^{i \cdot k \cdot \frac{2\pi}{n}}$.

6-te Einheitswurzeln

Es mag so scheinen, dass das Thema „Komplexe Nullstellen" nur für die innermathematische Anwendung von Interesse wäre. Diesem Eindruck sollen kurze Exkursionen in den Bereich der Elektrotechnik und der Kinematik vorbeugen.

Beispiel 3:Entwurf von Analogfiltern

Analogfilter sind elektrische Schaltungen , welche zu vorgegebener Eingangsspannung

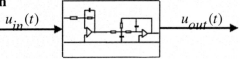

$u_{in}(t)$ eine entsprechende Ausgangsspannung $u_{out}(t)$ liefern. Der mathematische Zusammenhang zwischen $u_{in}(t)$ und $u_{out}(t)$ wird durch so genannte

Übertragungsfunktion $H(s)$ des Filters beschrieben. Zum Beispiel gehört zu
dem nebenstehenden Schaltplan
eine Übertragungsfunktion der

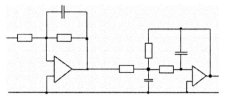

Form $H(s) = \dfrac{k}{p(s)} =$

$$= \frac{k}{(s-\alpha_1)\cdot(s-\alpha_2)\cdot(s-\alpha_3)}.$$

Dabei ist $p(s)$ ein Polynom 3-ten Grades, dessen Nullstellen $\alpha_1, \alpha_2, \alpha_3$ von der
Wahl der Widerstands- und Kapazitäts-Werte abhängt. Unter gewissen Voraussetzungen (wie Stabilität und Linearität) gehört dann zu jeder sinus-förmigen
Eingangsgröße $u_{in}(t) = \sin(\omega \cdot t)$ eine sinus-förmige Ausgangsgröße $u_{out}(t) =$
$= A(\omega)\cdot\sin(\omega \cdot t + \varphi(\omega))$ der gleichen Frequenz ω. Der Dämpfungsfaktor $A(\omega)$
gibt dabei an, wie stark das Signal der Frequenz ω
herausgefiltert wird. Da nun der Dämpfungsfaktor
$A(\omega)$ mit der Übertragungsfunktion $H(s)$ durch die
Gleichung $A(\omega) = |H(j \cdot \omega)|$ verbunden ist, kann man
durch geeignete Wahl der Widerstands- und Kapazitäts-Werte über eine Lagesteuerung der Nullstellen
$\alpha_1, \alpha_2, \alpha_3$ den Verlauf der ω-Funktion $A(\omega) = |H(j \cdot \omega)|$
beeinflussen.
Wählt man z.B. die Widerstands- und Kapazitäts-Werte
derart, dass $\alpha_1, \alpha_2, \alpha_3$ die in der linken Hälfte der komplexen Ebene liegenden
6-ten Einheitswurzeln sind, so erhält man für den so genannten Betragsfre-
quenzgang $A(\omega)$ die folgende Gleichung: $A^2(\omega) = |H(i \cdot \omega)|^2 =$

$$= H(i \cdot \omega) \cdot \overline{H(i \cdot \omega)} = \left[\frac{k^2}{(s-\alpha_1)(s-\alpha_2)(s-\alpha_3)(s+\alpha_1)(s+\alpha_2)(s+\alpha_3)} \right]_{s=i\omega} =$$

$$= \left[\frac{k^2}{1-s^6} \right]_{s=i\omega} = \frac{k^2}{1-j^6\omega^6} = \frac{k^2}{1+\omega^6}.$$ Man erhält also einen Betragsfrequenzgang,

der dem Wunschverlauf einer idealen; d.h. rechteckigen Tiefpasscharakteristik
zumindest ähnelt. Bei dem so entworfenen
Filter handelt es sich übrigens um das so genannte Butterworth-Filter 3-ter Ordnung.
In logarithmischem Maßstab sieht sein
Betragsfrequenzgang wie in nebenstehender Graphik aus.

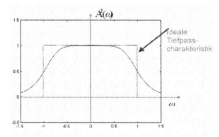

Verwendet man übrigens zum Filterentwurf an Stelle des oben eingesetzten Polynoms s^6 eines der in Kap.III, 2.4. eingeführten Polynome, so erhält man ein so genanntes Tschebyscheffsches Filter.

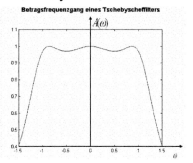

Seine Frequenzcharakteristik weist dann die für Tschebyscheffsche Polynome typische wellige Struktur auf, wie aus folgender Graphik zu ersehen. Was also ursprünglich eher als Hilfsmittel im Zusammenhang mit dem Entwurf von Gelenkmechanismen gedacht war, fand so erst Jahrzehnte später seinen Weg in die Elektrotechnik.

Beispiel 4: Komplexe Zahlen in der Kinematik

Die Anwendbarkeit der komplexen Zahlen im Bereich der ebenen Kinematik beruht auf der Tatsache, dass eine Translation um einen Vektor $\underline{a}$ in der Ebene durch die Addition $\underline{z} \to \underline{z} + \underline{a}$ beschrieben werden kann und eine Drehstreckung, d.h. eine φ–Drehung um 0 und anschließende Streckung um Faktor A, durch die Multiplikation $\underline{z} \to \underline{z} \cdot A \cdot e^{i\varphi}$:

$$\underline{\text{Drehstreckung }} \underline{z} \to \underline{z} \cdot A \cdot e^{i\varphi}$$
$$= |\underline{z}| \cdot e^{i\angle\underline{z}} \cdot A \cdot e^{i\varphi} =$$
$$= |\underline{z}| \cdot A \cdot e^{i(\angle\underline{z}+\varphi)}$$

Das nun folgende Beispiel soll demonstrieren, wie komplexe Zahlen die Beschreibung ebener Bewegungsabläufe erleichtern können: Es wird eine Kurve betrachtet, die durch Abrollen der Innenseite eines Kreises auf einem festen Kreis erzeugt wurde. Sie kann, wie in Beispiel 14 von Kap.V, 2.2. gezeigt, durch

die Formel $x_P(t) = (r-R) \cdot \begin{pmatrix} -\sin(t) \\ \cos(t) \end{pmatrix} + (R+c) \cdot \begin{pmatrix} -\sin(t \cdot \frac{R-r}{R}) \\ \cos(t \cdot \frac{R-r}{R}) \end{pmatrix} =$

$= (r-R) \cdot (-\sin(t) + j\cos(t)) + (R+c) \cdot \left(-\sin(t \cdot \frac{R-r}{R}) + j\cos(t \cdot \frac{R-r}{R}) \right)$

beschrieben werden. Mit $m := r/R$, $a := R$ und $b := R+c$ gilt dann offensicht-

lich, dass $\boxed{x_P(t) = i \cdot (m-1) \cdot a \cdot e^{i \cdot t} + b \cdot i \cdot e^{i \cdot (1-m) \cdot t}}$, was im Fall $m = \frac{2}{3}$, $c = 1$

zu folgender Kurve führt:

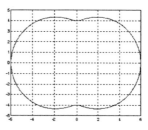

Setzt man nun

$$Z_0(t) := x_P(t) = i \cdot (m-1) \cdot a \cdot e^{i \cdot t} + b \cdot i \cdot e^{i \cdot (1-m) \cdot t} \ ,$$

$$Z_1(t) := x_P(t-2\pi) = i \cdot (m-1) \cdot a \cdot e^{i \cdot t} + b \cdot i \cdot e^{i2\pi m} \cdot e^{i \cdot (1-m) \cdot t} \ ,$$

$$Z_2(t) := x_P(t-4\pi) = i \cdot (m-1) \cdot a \cdot e^{i \cdot t} + b \cdot i \cdot e^{i4\pi m} \cdot e^{i \cdot (1-m) \cdot t} \ ,$$

so erhält man für jedes $t \in \mathbb{R}$ ein Dreieck mit den Eckpunkten $Z_0(t), Z_1(t)$ und

$Z_2(t)$. Es ist klar, dass diese Ecken

für jedes $t \in \mathbb{R}$ auf der durch $x_P(t)$ er-

zeugten Kurve liegen. Erstaunlicher

Weise bleibt dabei die Form des Drei-

ecks unverändert, wie man sich mit

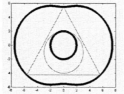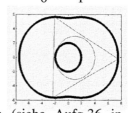

einer einfachen komplexen Rechnung klarmachen kann (siehe Aufg.36 in Kap.III).

2. Zur Infinitesimalrechnung

2.1. Tangentenproblem

Historisches: Die Erfindung der Differenzialrechnung wird heute Isaak Newton und Gottfried W. Leibniz zugesprochen. Trotzdem gab es hierzu schon vorher Ansätze, zum Beispiel bei Descartes. Dieser französische Philosoph des 17ten Jahrhunderts gilt als Begründer der analytischen Geometrie, unter anderem auch deshalb, weil er z.B. die Kegelschnitte durch algebraische Gleichungen beschrieb (wie in Beispiel j) bis l) am Ende von Kap.II, 2.1. dargestellt). In die Nähe der Differenzialrechnung wurde er durch eine eher technische Fragestellung geführt: Wie muss eine Sammellinse geschliffen werden, damit sie alle einfallenden Parallelstrahlen in ein und den selben Punkt zusammenführt? Diese Thematik stellte einen neuen Ansporn für seine theoretischen Studien der Ovale dar. In seiner „Dioptrique" ging es ihm zunächst um eine algebraische Beschreibung von Ellipsen (siehe Kap.V, 2.1.), dann um eine algebraische Methode zur Bestimmung von Tangenten einer Kurve. Die von ihm dabei verwendete Methode stellte einen der ersten Ansätze zur Grundlegung der Differenzialrechnung dar.

Von daher bietet es sich an dieser Stelle an, die Differenziation, so wie sie in Kapitel IV bereitgestellt wurde, zur Bestimmung von Tangenten heranzuziehen.

Beispiel 1:Tangenten an eine Ellipse

Satz:

$$\text{Ist } P_0 = (x_0, y_0) \text{ ein Punkt mit } y_0 \neq 0 \text{ auf Ellipse } E = \left\{ \begin{pmatrix} x \\ y \end{pmatrix} \in \mathbb{R}^2 \,\middle|\, \frac{x^2}{a^2} + \frac{y^2}{b^2} = 1 \right\},$$

$$\text{so ist } \left\{ \begin{pmatrix} x_0 \\ y_0 \end{pmatrix} + \lambda \cdot \begin{pmatrix} -a^2 \cdot y_0 \\ b^2 \cdot x_0 \end{pmatrix} \,\middle|\, \lambda \in \mathbb{R} \right\} \text{ die Tangente an } E \text{ in } P_0.$$

Begründung: In einer Umgebung von $P_0 = \begin{pmatrix} x_0 \\ y_0 \end{pmatrix}$ lässt sich die Ellipse darstel-

len als Graph der Funktion $y(x) = b \cdot \sqrt{1 - \dfrac{x^2}{a^2}}$ bzw. $y(x) = -b \cdot \sqrt{1 - \dfrac{x^2}{a^2}}$ (die man

durch Auflösen der Ellipsengleichung $\dfrac{x^2}{a^2} + \dfrac{y^2}{b^2} = 1$ nach y erhält), je nachdem,

ob $y_0 > 0$ oder nicht. Natürlich ist dann die Steigung der zur Diskussion stehen-

den Tangente gleich der Ableitung $y'(x_0) = \dfrac{-b \cdot x_0}{a^2 \cdot \dfrac{y_0}{b}} = \dfrac{-b^2 \cdot x_0}{a^2 \cdot y_0}$, und zwar in

beiden Fällen $y_0 > 0$ und $y_0 < 0$. In beiden Fällen hat also die Tangente den

Richtungsvektor $\begin{pmatrix} -a^2 \cdot y_0 \\ b^2 \cdot x_0 \end{pmatrix}$, womit die Aussage des Satzes klar ist.

Mit der Kenntnis der Parameterdarstellung der Tangenten ist es nicht schwer, das folgende bekannte Resultat nachzuweisen (siehe Aufgabe 1).

Satz:

Ist P_0 Punkt einer Ellipse mit den Brennpunkten F_1 und F_2 , so halbiert die Normale (= Orthogonale zur Tangente) in P_0 den Winkel zwischen $\overline{PF_1}$ und $\overline{PF_2}$.

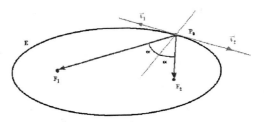

Die in obigem Satz beschriebene
Eigenschaft von Ellipsen hat folgende einfache Konsequenzen:

1. Die Brennpunkteigenschaft:

Denkt man sich die Innenseite der Ellipse als Licht reflektierenden, „eindi-
mensionalen" Spiegel, so werden alle von einem Brennpunkt ausgehenden
Lichtstrahlen im anderen Brennpunkt gesammelt. Anwendung findet dieser Gedanke bei Flüstergewölben, Nierensteinzertrümmerern und beim Pumplicht-
reflektor des YAG-Lasers.

2. Eine alternative Methode zur Konstruktion von Ellipsen:

Ist P beliebiger Punkt einer Ellipse E mit den Brennpunkten F' und F, so
erhält man P auch durch folgende elementare geometrische Konstruktion:

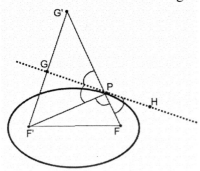

a) Lot fällen von F' auf Tangente t mit
   Lotfußpunkt G

b) das Lot um dieselbe Länge bis zum Punkt
   G' verlängern. Damit sind dann $F'P$ und
   $G'P$ gleich lang, und die Winkel $F'PG$,
   FPH und GPG' stimmen alle überein,
   weshalb G', P und F auf einer Geraden
   liegen. Außerdem gilt: $|G'F|=|G'P|+|PF|=$
   $=|F'P|+|PF|=:$"Fadenlänge der Gärtner-
   konstruktion ", also $|G'F|=$"Fadenlänge".

   Offensichtlich ist also P Schnittpunkt von t
   und der durch G' und F definierten Geraden. Für alle Punkte P der Ellipse liegen
   demzufolge die entsprechenden Punkte G'
   auf einem Kreis um F mit der "Fadenlänge"
   als Radius .

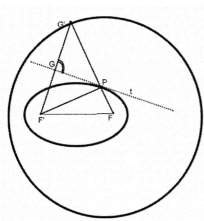

Dieser Gedanke führt dann offensichtlich zu
folgender Konstruktionsmethode für
Ellipsen:

Alternative Konstruktion einer Ellipse mit Brennpunkten F' und F und „Fadenlänge" = L :

1.Schritt: Konstruktion eines Kreises mit Mittelpunkt F und Radius L.

2.Schritt: Wahl eines Punktes G' auf dem Kreis, anschließendes Errichten einer Mittelsenkrechten t auf $F'G'$ und Schneiden dieser Mittelsenkrechten t mit der durch G' und F bestimmten Geraden ergibt einen Punkt P. Indem man G' auf dem Kreis wandern lässt, erzeugen die entsprechenden Punkte P eine Ellipse mit den Brennpunkten F und F' und der „Fadenlänge" L.

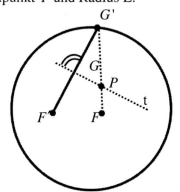

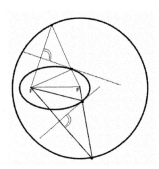

Dieses so genannte **Leitkreisverfahren** zur Konstruktion von Ellipsen wurde von dem bekannten Nobel-Preisträger Richard P. Feynman verwendet, um – in Anlehnung an Newton's Vorgehensweise – die Keplerschen Gesetze aus dem Gravitationsgesetz abzuleiten. Mehr darüber in Abschnitt 2.5.4.(C).

Beispiel 2: Tangenten an eine Parabel

Denkt man sich dem einen Brennpunkt einer Parabel einen „unendlich weit entfernten Punkt" als künstlichen zweiten Brennpunkt hinzugefügt, so kann man für Parabeln das gleiche Tangentenverhalten konstatieren wie für Ellipsen . Dies zeigt das folgende Resultat.

Satz:

Ist P_0 Punkt einer Parabel mit dem Brennpunkt F, so halbiert die Normale in P_0 den Winkel $\sphericalangle FPP_\infty$; wobei $\overline{PP_\infty}$ eine Strecke parallel zur Hauptachse mit Richtung zur Öffnung der Parabel ist.

Die Begründung wird dem Leser als Übungsaufgabe überlassen.

Praktische Konsequenz:

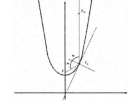

Eine parabelförmige reflektierende Oberfläche lenkt alle parallel zur Hauptachse einfallenden Lichtstrahlen in den Brennpunkt. Dieser Grundgedanke wurde von Newton beim Entwurf seines Spiegelteleskops verwendet. Nach dem gleichen Prinzip werden bei Radioteleskopen schwache Radiosignale zu energiereicheren fokussiert.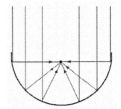
Umgekehrt wird z.B. beim Autoscheinwerfer die Lichtquelle im Brennpunkt einer parabolischen glänzenden Fläche installiert, um die aus dem Scheinwerfer austretenden Lichtstrahlen möglichst parallel zu halten.

2.2. Extremalpunktbestimmung und Optimierung

Unzählige Optimierungsaufgaben lassen sich zurückführen auf das Problem der Bestimmung von Extremalstellen jeweils geeigneter Funktionen f.

Wie in Kap.IV, 1.2. gezeigt, kommen als Kandidaten für eine Extremalstelle von f meist nur die Nullstellen der entsprechenden Ableitungsfunktion f' in Frage; mit anderen Worten: ist x_e Extremalstelle von f – und liegt kein Ausnahmefall vor-, so muss die

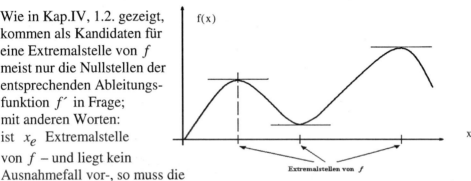

Extremalstellen von f

Tangente an den Graph von f in $(x_e, f(x_e))$ die Steigung 0 aufweisen. Übrigens geht dieser anschauliche Grundgedanke wohl auf Fermat zurück. Im Rahmen seiner Extremalpunktbestimmung kam er, so heißt es, dem Newton´schen Ableitungsbegriff schon sehr nahe. Heute ist die Zahl der mit Fermat's Methode lösbaren Optimierungsprobleme schier unbegrenzt. Stellvertretend für viele Standardbeispiele wurde in Kap.IV, 1.2. ja schon die so genannte Fermat'sche

Vermutung angesprochen, nach der ein dem Brechungsgesetz gehorchender Lichtstrahl zwischen zwei Punkten A und B einen Weg zurücklegt, der unter allen vergleichbaren Alternativen der schnellste ist. Ähnliche Optimierungsfragen werden in den Aufgaben 1 bis 4 von Kapitel IV behandelt.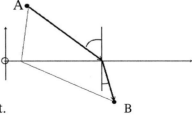

Sie demonstrieren wie auch die folgenden zwei zusätzlichen Beispiele die Effizienz der Ableitungsmethode bei der Extremwertsuche.

1.Beispiel: Maximierung einer Rechteckfläche in kreisförmigem Querschnitt.

Aus einem Baumstamm mit kreisförmigem Querschnitt soll ein Balken mit rechteckigem Querschnitt so herausgeschnitten werden, dass möglichst wenig Abfall entsteht. Das führt auf folgendes mathematische Problem: Einem Kreis vom Durchmesser δ ist ein Rechteck maximaler Fläche einzuschreiben. Ist dabei h die Höhe des eingeschriebenen Rechtecks, so gilt für die entsprechende Fläche $F(h) = g \cdot h = \left(\sqrt{\delta^2 - h^2}\right) \cdot h$.

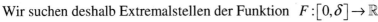

Wir suchen deshalb Extremalstellen der Funktion $F : [0, \delta] \to \mathbb{R}$

$$h \mapsto \sqrt{\delta^2 - h^2} \cdot h .$$

Es kommen nur die Nullstellen von $F'(h) = \sqrt{\delta^2 - h^2} - \dfrac{2h^2}{2\sqrt{\delta^2 - h^2}}$ in Frage:

Auf Grund der der Äquivalenz der Gleichungen

$$F'(h) = 0 \quad , \quad \sqrt{g^2 - h^2} = -\frac{h^2}{\sqrt{\delta^2 - h^2}} \quad , \quad g^2 - h^2 = h^2 \text{ und } \delta^2 = 2h^2 \quad \text{ist also}$$

$h_0 := \dfrac{1}{\sqrt{2}} \cdot \delta$ die einzige Zahl in $]0, \delta[$, die als Extremalstelle von F in Frage

kommt. Außerdem gilt: $F''(h_0) = -\dfrac{3h_0}{\sqrt{\delta^2 - h_0^2}} - \dfrac{h_0^3 \cdot 2h_0}{\left(\sqrt{\delta^2 - h_0^2}\right)^3} < 0$, weshalb

$h_0 := \dfrac{1}{\sqrt{2}} \cdot \delta$ ein relatives Maximum von F ist und damit absolutes Maximum

von F auf $]0, \delta[$. Der optimale Querschnitt ist also durch $g_0 = h_0 = \dfrac{\delta}{\sqrt{2}}$

gegeben.

2.Beispiel: Bestimmung des Kurbelwinkels bei maximaler Kolbengeschwindigkeit

Für die im Bild rechts dargestellte Kurbel liege eine konstante Winkelgeschwindigkeit Ω vor. $\Omega \cdot t$ ist also der Kurbelwinkel zum Zeitpunkt t . Im Bereich des Maschinenbaus begegnet man z.B. folgender Problemstellung: Gesucht ist derjenige Kurbelwinkel, bei dem die Kolbengeschwindigkeit maximal ist. Bezüglich eines orthogonalen Achsenkreuzes mit 0-Punkt im

Zentrum der Kurbel und mit der x-Achse
in Längsrichtung des Kolbens habe der
Kolbenschwerpunkt zum Zeitpunkt t die
x-Koordinate $x(t)$. An Hand der Graphik
macht man sich nun leicht klar, dass
$x(t)=r\cdot\cos(\Omega\cdot t)+l\cdot\cos(\alpha(t))$ und

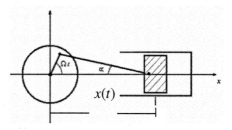

$r\cdot\sin(\Omega\cdot t)=l\cdot\sin(\alpha(t))$. Der Einfachheit
halber wird $\Omega=1$ angenommen, weshalb
diese Gleichungen die folgende Form annehmen: $x(t)=r\cdot\cos(t)+$

$+l\cdot\cos(\alpha(t))$ und $r\cdot\sin(t)=l\cdot\sin(\alpha(t))$. Da $\cos(\alpha(t))$ hier stets positiv ist, und

wegen $\sin^2(\alpha)+\cos^2(\alpha)=1$ folgt, dass $\quad\cos(\alpha(t))=\sqrt{1-\sin^2(\alpha(t))}=$

$$=\sqrt{1-\frac{r^2}{l^2}\cdot\sin^2(t)}\ ,\ \text{also}\quad x(t)=r\cdot\cos(t)+l\cdot\sqrt{1-\frac{r^2}{l^2}\cdot\sin^2(t)}.$$

Durch Ableitung erhält man dann für die Kolbengeschwindigkeit $v(t)$:

$$v(t)=-r\cdot\sin(t)\cdot\left[1+\frac{r}{l}\cdot\frac{\cos(t)}{\sqrt{1-\frac{r^2}{l^2}\cdot\sin^2(t)}}\right]\qquad\text{und durch nochmaliges Ableiten die}$$

Kolbenbeschleunigung

$$a(t)=-r\cdot\cos(t)-\frac{r^2}{l}\cdot\left(\frac{\cos^2(t)-\sin^2(t)}{\sqrt{1-\frac{r^2}{l^2}\cdot\sin^2(t)}}\right)-\frac{r^4}{l^3}\cdot\frac{\sin^2(t)\cdot\cos^2(t)}{\sqrt{1-\frac{r^2}{l^2}\cdot\sin^2(t)}^3}.$$

Nullsetzen von $a(t)$ muss dann diejenigen Winkel $t_{\max}$ liefern, bei denen
eventuell eine betragsmäßig maximale Kolbengeschwindigkeit vorliegt.
Auflösen der Gleichung

$$(*)\quad 0=\cos(t)+\frac{r}{l}\cdot\left(\frac{\cos^2(t)-\sin^2(t)}{\sqrt{1-\frac{r^2}{l^2}\cdot\sin^2(t)}}\right)+\underbrace{\frac{r^3}{l^3}\cdot\frac{\sin^2(t)\cdot\cos^2(t)}{\sqrt{1-\frac{r^2}{l^2}\cdot\sin^2(t)}^3}}_{=:\varepsilon}\qquad\text{nach }t$$

erscheint zumindest problematisch (soweit ich weiß, gibt es keine einfache
Formel für die Lösungen dieser Gleichung). Geht man allerdings davon aus,

dass $\frac{r}{l}$ klein ist, und dass dementsprechend dann ε vernachlässigt und

$\sqrt{1-\frac{r^2}{l^2}\cdot\sin^2(t)}$ durch 1 ersetzt werden kann, dann nimmt die Gleichung mit

$\lambda:=\frac{r}{l}$ folgende Form an: $0=\cos(t)+\lambda\cdot\left(\cos^2(t)-\sin^2(t)\right)=$

$=\cos(t)+\lambda\cdot\left[\cos^2(t)-\left(1-\cos^2(t)\right)\right]=\cos(t)+\lambda\cdot\left(2\cos^2(t)-1\right)=$

$=2\cdot\lambda\cdot\cos^2(t)+\cos(t)-\lambda$. Bei kleinem λ vereinfacht sich also Gleichung (*)

zu $\boxed{\cos^2(t)+\frac{1}{2\lambda}\cdot\cos(t)-\frac{1}{2}=0}$. Indem man nun $z:=\cos(t)$ setzt, erhält man

daraus die Gleichung $z^2+\frac{1}{2\lambda}\cdot z-\frac{1}{2}=0$ mit den Lösungen:

$z_1=-\frac{1}{4\lambda}+\sqrt{\frac{1}{2}+\frac{1}{(4\lambda)^2}}>0$ und $z_2=-\frac{1}{4\lambda}-\sqrt{\frac{1}{2}+\frac{1}{(4\lambda)^2}}<0$. Als Winkel t_{max}

im Bereich $\left[0,\frac{\pi}{2}\right[$ kommt also nur (**) $t_{max}=\arccos\left(-\frac{1}{4\lambda}+\sqrt{\frac{1}{2}+\frac{1}{(4\lambda)^2}}\right)$ in

Frage. Kandidaten für einen Kurbelwinkel mit maximaler Kolbengeschwindig-

keit sind also z.B. bei $\lambda=\frac{1}{9}$: $t_{max}\approx 1,4621\approx 0,4654\cdot\pi$ und bei $\lambda=\frac{1}{3}$:

$t_{max}\approx 1,2862\approx 0,4094\cdot\pi$. Freilich war die Formel $^{(**)}$ für t_{max} durch eine
Vernachlässigung kleiner Größen gewonnen worden, so dass wir klären müssen,
in wie weit die obigen Winkel tatsächlich Nullstellen von $a(t)$ liefern:
Um die obigen Näherungswinkel herum erhält man,

dass im Falle $\lambda=\frac{1}{9}$ $a(0,4634\cdot\pi)<0$ und $a(0,4637\cdot\pi)>0$, also dass $a(t)$

tatsächlich im Intervall $]0,4634\cdot\pi,\ 0,4637\cdot\pi[$ eine Nullstelle besitzt.

Ganz entsprechend liefern im Falle $\lambda=\frac{1}{3}$ die Ungleichungen $a(0,398\pi)<0$

und $a(0,3985\pi)>0$ die Existenz einer Nullstelle in $]0,398\cdot\pi,\ 0,3985\cdot\pi[$.
Natürlich müsste aus mathematischer Sicht jetzt noch sichergestellt werden, dass
die obigen Beschleunigungsnullstellen auch wirklich Extremalstellen der Geschwindigkeit sind. Wir sparen uns diesen Schritt und entnehmen den folgenden Graphiken –mathematisch natürlich etwas zu großzügig-, dass tatsächlich

die Extremalstellen der Geschwindigkeit bei kleinem λ in der Nähe von $\frac{\pi}{2}$

liegen und mit größer werdendem λ immer mehr von $\frac{\pi}{2}$ wegrücken.

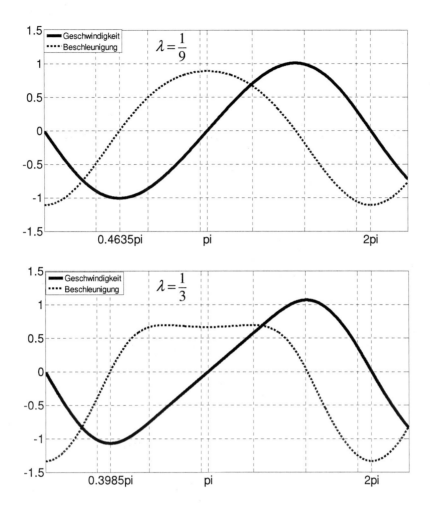

2.3. Taylor`sche Entwicklung

Beispiel 1: Vereinfachte Formel für die Kolbenbewegung

Im Rahmen der Beschäftigung mit der Kolbenbewegung im vorangegangenen Abschnitt war für die Kolbenposition die Formel

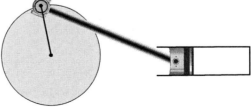

$$x(t) = r \cdot \cos(t) + l \cdot \sqrt{1 - \frac{r^2}{l^2} \cdot \sin^2(t)}$$

gefunden worden. Es stellte sich heraus, dass die Suche nach einfachen Formeln durch die Annahme eines kleinen Schubstangenverhältnisses $\lambda = \dfrac{r}{l}$ erleichtert wurde. Von daher liegt der Versuch nahe, den Wurzelausdruck in der Formel $x(t) = r \cdot \cos(t) + l \cdot \sqrt{1 - \lambda^2 \cdot \sin^2(t)}$ durch eine einfache Näherung zu ersetzen. Solch eine Vereinfachung liefert die Taylor`sche Entwicklung von $\sqrt{x}$ um $x = 1$ herum: Es ist die Relation $\sqrt{x} \approx 1 + \dfrac{1}{2}(x-1)$, die für nahe bei 1 liegende x-Werte gilt. Auf diese Weise erhält man für kleine λ die Näherungsformeln

$$\sqrt{1 - \lambda^2 \cdot \sin^2(t)} \approx 1 - \frac{\lambda^2}{2} \underbrace{\sin^2(t)}_{= \frac{1}{2} - \frac{1}{2}\cos(2t)} = (1 - \frac{\lambda^2}{4}) + \frac{\lambda^2}{4}\cos(2t) \text{ und}$$

$x(t) \approx r \cdot \cos(t) + l \cdot (1 - \dfrac{\lambda^2}{4}) + \dfrac{r \cdot \lambda}{4}\cos(2t)$, die zum Vorschein bringen, dass in der Kolbenbewegung neben der Grundschwingung $r \cdot \cos(t)$ eine – wenn auch sehr kleine – Schwingung der doppelten Frequenz enthalten ist.

Beispiel 2: Lineare Ersatzschaltung für Sperrschichtdioden

Bei einer Sperrschichtdiode

$$\xrightarrow{\hspace{3cm}} \quad I \quad \vdash \hspace{3cm}$$
$$\xrightarrow{\hspace{2cm}} \quad U$$

besteht zwischen Gleichstrom I und Gleichspannung U folgender Zusammenhang: (*) $I = I_S \cdot \left(e^{\frac{U}{U_T}} - 1 \right)$. Dabei ist $I_S > 0$ der so genannte Sättigungsstrom

$(-I_S$ stellt sich ein, wenn U negativ ist; denn in diesem Fall gilt $e^{\frac{U}{U_T}} \approx 0$, also $I \approx I_S \cdot (0 - 1) = -I_S)$. Näherungsweise gilt auch für Wechselstrom $i(t)$ und Wechselspannung $u(t)$ die Gleichung $i(t) = I_S \cdot \left(e^{\frac{u(t)}{U_T}} - 1 \right)$. Die Nichtlinearität

dieses Zusammenhangs zwischen u und i erschwert die Analyse von Schaltungen, welche Dioden enthalten. Aber der Einsatz des Newton-Verfahrens oder

der Taylor-Formel kann hier manchmal weiterhelfen, was die folgenden zwei Beispielfälle demonstrieren sollen.

1:Fall: In der unten angegebenen Schaltung soll die zu vorgegebener konsanter Spannung E gehörende Diodenspannung U_0 ermittelt werden:

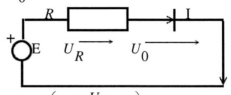

Für das gesuchte U_0

gilt: $E = U_R + U_0$, $U_R = R \cdot I$ und $E = R \cdot \left(I_S \cdot e^{\frac{U}{U_T}} - I_S \right) + U_0$, also :

$$\frac{E - U_0}{R} = I_S \cdot \left(e^{\frac{U_0}{U_T}} - 1 \right)$$. U_0 ist demnach die U-Komponente des Schnitt-

punkts der Graphen von $f(U) := \frac{E - U}{R}$ und

$$g(U) := I_S \cdot \left(e^{\frac{U}{U_T}} - 1 \right)$$. Es versteht sich von selbst,

dass das gesuchte U_0 die Nullstelle der Differenz

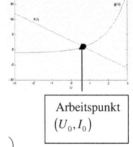

Arbeitspunkt (U_0, I_0)

von f und g ist, also die Nullstelle von $\frac{E}{R} - \frac{U}{R} - I_S \cdot \left(e^{\frac{U}{U_T}} - 1 \right)$.

Sie kann näherungsweise z.B. mit Hilfe des Newton-Verfahrens bestimmt

werden: $U_{n+1} = U_n - \dfrac{E - U_n - R \cdot I_S \cdot [e^{U_n / U_T} - 1]}{-1 - I_S \cdot (R / U_T) \cdot e^{U_n / U_T}}$.

2.Fall: Im Gegensatz zum ersten Fall sollen nun auch zeitliche Schwankungen in der Versorgungsspannung zuge-lassen sein. Genauer: Es wird an-genommen, dass der konstanten Spannung E eine relativ kleine, sich nur langsam ändernde Span-nung e(t) überlagert ist.

Natürlich besteht prinzipiell wieder die Möglichkeit, zu jedem Spannungswert $E+e(t)$ die entsprechende Diodenspannung $u(t)$ z.B. mit dem Newton-Verfahren zu berechnen. Was wir aber in diesem Fall brauchen, ist eine Formel für den Zusammenhang zwischen $e(t)$ und $u(t)$. Wie dies mit Hilfe des Taylor'schen Satzes erreicht werden kann, soll im folgenden erläutert werden: Man geht – wie gesagt - davon aus, dass die Quellenspannung nur kleinen Schwankungen ΔE um einen festen Wert E herum unterliegt. Eine solche Änderung um ΔE verschiebt natürlich den Arbeitspunkt von $\left(U_0, I_0\right)$ nach $\left(U_0 + \Delta U(\Delta E), I_0 + \Delta I(\Delta E)\right)$; wobei $\Delta U(\Delta E)$ und $\Delta I(\Delta E)$ die ΔE-Abhängigkeit der Größen ΔU und ΔI beschreibt. Um nun eine Formel für $\Delta U(\Delta E)$ und $\Delta I(\Delta E)$ zu finden, liegt es nahe, die Kennlinie $g(U)$ für kleine ΔU durch die Taylor-Näherung erster Ordnung zu ersetzen:

$$g(U) \approx g(U_0) + g'(U_0) \cdot \Delta U = I_0 + \underbrace{I_s \cdot e^{U_0/U_T}}_{\substack{wegen(*) \\ = \ I_0 + I_s \approx I_0 \ für \ I_0 \gg I_s}} \cdot \frac{1}{U_T} \cdot \Delta U \approx$$

$$\approx I_0 + \frac{I_0}{U_T} \cdot \Delta U .$$ Zur Bestimmung des zu $E+\Delta E$ gehörenden Arbeitspunktes

wird nun die krumme Kennlinie $g(U)$ durch $\tilde{g}(U) = I_0 + \frac{I_0}{U_T} \cdot \left(U - U_0\right)$ ersetzt.

Der Schnittpunkt der Geraden $f(U) := \dfrac{(E+\Delta E) - U}{R}$ und $\tilde{g}(U)$ ergibt sich dann

durch Lösen der Gleichungen $\quad \dfrac{(E+\Delta E) - (U_0 + \Delta U)}{R} = \tilde{g}(U_0 + \Delta U) =$

$$= I_0 + \frac{I_0}{U_T} \cdot \Delta U = I_0 + \Delta I :$$ Und zwar folgt aus der rechten Seite, dass

$\Delta I = \Delta U \cdot \dfrac{I_0}{U_T}$. Mit $I_0 = \dfrac{E}{R} - \dfrac{U_0}{R}$ (hergeleitet aus $E = U_R + U_0$ und $U_R = R \cdot I_0$)

erhält man aus der linken Seite, dass $\dfrac{E}{R} + \dfrac{\Delta E}{R} - \dfrac{U_0}{R} - \dfrac{\Delta U}{R} = I_0 + \dfrac{I_0}{U_T} \cdot \Delta U,$ also

$\underbrace{\left(\dfrac{E}{R} - \dfrac{U_0}{R} \right)}_{I_0} + \dfrac{\Delta E}{R} - \dfrac{\Delta U}{R} = I_0 + \dfrac{I_0}{U_T} \cdot \Delta U,$ und damit $\quad \Delta U = \dfrac{\Delta E}{\left(R \cdot \dfrac{I_0}{U_T} + 1 \right)}$ und

$\Delta I = \Delta U \cdot \dfrac{I_0}{U_T}$. Mit der Abkürzung G_D für $\dfrac{I_0}{U_T}$ lässt sich der gesuchte Zusammenhang zwischen ΔU und ΔE ,bzw. ΔI und ΔE folgendermaßen schreiben:

$$\Delta U = \frac{1}{\left(G_D \cdot R + 1\right)} \cdot \Delta E \quad \text{und} \quad \Delta I = \left(R + \frac{1}{G_D}\right)^{-1} \cdot \Delta E.$$

Also: $i(t) = I_0 + i_1(t)$ und $u(t) = U_0 + u_1(t)$

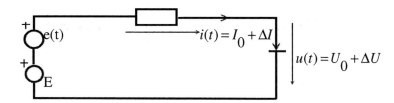

mit $i_1(t) = \left(R + \frac{1}{G_D}\right)^{-1} \cdot e(t)$ und $u_1(t) = \frac{1}{\left(G_D \cdot R + 1\right)} \cdot e(t).$

Diese Zusammenhänge zwischen $i_1(t)$, $u_1(t)$ und e(t) kann man sich auch an Hand der folgenden Ersatzschaltung merken, in welcher der künstlich eingeführte Widerstand R_D durch $R_D = \frac{1}{G_D}$ definiert ist.

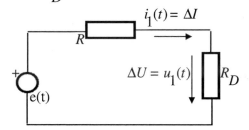

2.4. Spektralanalyse

In Beispiel 1 von 1.2. wurde bereits auf das mathematische Faktum hingewiesen, dass alle genügend glatten, T-periodischen Funktionen $s(t)$ sich näherungsweise in der Form $s(t) = A_0 + A_1 \cdot \cos(\omega_0 \cdot t + \varphi_1) + A_2 \cdot \cos(2 \cdot \omega_0 \cdot t + \varphi_2) + ..$ $.. + A_N \cdot \cos(N \cdot \omega_0 \cdot t + \varphi_N) = A_0 + a_1 \cdot \cos(\omega_0 \cdot t) + b_1 \cdot \sin(\omega_0 \cdot t) + a_2 \cdot \cos(2 \cdot \omega_0 \cdot t) +$ $+ b_2 \cdot \sin(2 \cdot \omega_0 \cdot t) + ... + a_N \cdot \cos(N \cdot \omega_0 \cdot t) + b_N \cdot \sin(N \cdot \omega_0 \cdot t)$ darstellen lassen;

wobei ω_0 für die so genannte Kreisgrundfrequenz $\omega_0 = 2\pi/T$ steht. Schreibt man diesen Sachverhalt in der übersichtlicheren Form

$$s(t) = A_0 + \sum_{k=1}^{N} a_k \cdot \cos(k \cdot \omega_0 \cdot t) + b_k \cdot \sin(k \cdot \omega_0 \cdot t),$$ so wird klar, dass die T-periodischen Funktionen $\cos(k \cdot \omega_0 \cdot t)$ und $\sin(k \cdot \omega_0 \cdot t)$ Bausteine darstellen, aus denen alle (genügend glatten, aber ansonsten) beliebigen periodischen Funktionen zusammengesetzt werden können. Eine der Grundfragen der Spektralanalyse besteht nun darin, zu vorgegebener T-periodischer Funktion $s(t)$ geeignete Koeffizienten a_k und b_k zu finden, für die (wenigstens näherungsweise) die

Darstellung $s(t) = A_0 + \sum_{k=1}^{N} a_k \cdot \cos(k \cdot \omega_0 \cdot t) + b_k \cdot \sin(k \cdot \omega_0 \cdot t)$ gilt. Die Antwort fällt ziemlich leicht, wenn man das folgende zentrale Resultat kennt, das sich ziemlich schnell mit Hilfe der ‚Schwebungsformel' aus 1.2. Beispiel 3 herleiten lässt (siehe Aufg. 24 aus Kap.IV).

(A)

---

die Orthogonalität der cosinus- und sinus-Funktionen: Für $k, \tilde{k} \in \mathbb{N}$ gilt

$$\frac{2}{T} \cdot \int_0^T \cos(k \cdot \omega_0 \cdot t) \cdot \cos(\tilde{k} \cdot \omega_0 \cdot t)\, dt = \begin{cases} 0 & , \text{ wenn } k \neq \tilde{k} \\ 1 & , \text{ wenn } k = \tilde{k} \end{cases},$$

$$\frac{2}{T} \cdot \int_0^T \sin(k \cdot \omega_0 \cdot t) \cdot \sin(\tilde{k} \cdot \omega_0 \cdot t)\, dt = \begin{cases} 0 & , \text{ wenn } k \neq \tilde{k} \\ 1 & , \text{ wenn } k = \tilde{k} \end{cases} \quad \text{und}$$

$$\frac{2}{T} \cdot \int_0^T \sin(k \cdot \omega_0 \cdot t) \cdot \cos(\tilde{k} \cdot \omega_0 \cdot t)\, dt = 0.$$

Diese Orthogonalität liefert nun die entscheidenden Formeln zur Bestimmung der so genannten Fourier-Koeffizienten a_k und b_k. Um dies zu sehen, sei angenommen, dass $s(t)$ irgendeine vorgegebene periodische Funktion ist, für welche

die Darstellung $s(t) = A_0 + \sum_{k=1}^{N} a_k \cdot \cos(k \cdot \omega_0 \cdot t) + b_k \cdot \sin(k \cdot \omega_0 \cdot t)$ gilt.

Unbekannt seien lediglich die a_k und b_k. Malnehmen von $s(t)$ mit $\cos(\tilde{k} \cdot \omega_0 \cdot t)$

und anschließende Integration ergibt dann, dass $\quad \dfrac{2}{T} \cdot \int_0^T s(t) \cdot \cos(\tilde{k} \cdot \omega_0 \cdot t)\, dt =$

$$= \frac{2}{T} \int_0^T \sum_{k=1}^{N} [a_k \cdot \cos(k \cdot \omega_0 \cdot t) + b_k \cdot \sin(k \cdot \omega_0 \cdot t)] \cdot \cos(\tilde{k} \cdot \omega_0 \cdot t)\, \mathrm{dt} =$$

$$= \sum_{k=1}^{N} a_k \cdot \underbrace{\frac{2}{T} \cdot \int_0^T \cos(k \cdot \omega_0 \cdot t) \cdot \cos(\tilde{k} \cdot \omega_0 \cdot t) dt}_{= \begin{cases} 0, \text{wenn } k \neq \tilde{k} \\ 1 \end{cases}} + b_k \cdot \underbrace{\frac{2}{T} \cdot \int_0^T \sin(k \cdot \omega_0 \cdot t) \cdot \cos(\tilde{k} \cdot \omega_0 \cdot t) dt}_{=0} = a_{\tilde{k}}$$

wobei die letzte Gleichheit auf die Orthogonalitätsrelationen in (A) zurückgeht. Damit ist die erste der beiden folgenden Formeln gezeigt. Die zweite erhält man ganz entsprechend durch Multiplikation von $s(t)$ mit $\sin(\tilde{k} \cdot \omega_0 \cdot t)$ und anschließende Integration. Also:

(B)

Die Fourier-Koeffizienten a_k und b_k einer T-periodischen Funktion $s(t)$ lassen sich bestimmen durch die Gleichungen

$$a_k = \frac{2}{T} \cdot \int_0^T s(t) \cdot \cos(\tilde{k} \cdot \omega_0 \cdot t) \, dt \qquad \text{und} \qquad b_k = \frac{2}{T} \cdot \int_0^T s(t) \cdot \sin(k \cdot \omega_0 \cdot t) \, dt .$$

Wie sich diese Formeln nutzen lassen, soll nun demonstriert werden an einem

Beispiel aus der Nachrichtentechnik:
Im Rahmen der so genannten Frequenzmodulation interessiert man sich in der Nachrichtentechnik z.B. für die Frage, wie die Spektren der Signale $\cos(\eta \cdot \sin(\omega_0 \cdot t))$ und $\sin(\eta \cdot \sin(\omega_0 \cdot t))$ vom Modulationsindex η abhängen.
Da es sich in beiden Fällen um T-periodische Signale handelt, lässt sich die Fragestellung folgendermaßen formulieren:

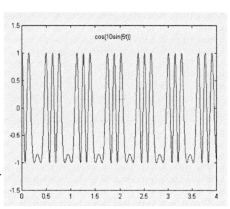

Problem:

Wie hängen die Fourier-Koeffizienten a_k und b_k der Signale $\cos(\eta \cdot \sin(\omega_0 \cdot t))$ und $\sin(\eta \cdot \sin(\omega_0 \cdot t))$ vom Modulationsindex η ab?

Zunächst sollen die Fourier-Koeffizienten von $\cos(\eta \cdot \sin(\omega_0 \cdot t))$ bestimmt werden: Offensichtlich gilt $b_k = \dfrac{2}{T} \cdot \displaystyle\int_{-T/2}^{T/2} \cos(\eta \cdot \sin(\omega_0 \cdot t)) \cdot \sin(k \cdot \omega_0 \cdot t)\, dt = 0$, da es sich bei dem Integranden um eine ungerade Funktion (d.h. mit $f(-t) = -f(t)$) handelt, während $a_k = \dfrac{2}{T} \cdot \displaystyle\int_{-T/2}^{T/2} \cos(\eta \cdot \sin(\omega_0 \cdot t)) \cdot \cos(k \cdot \omega_0 \cdot t)\, dt =$

$$= \frac{1}{\pi} \cdot \int_{-\pi}^{\pi} \underbrace{\cos(\eta \cdot \sin(\varphi)) \cdot \cos(k \cdot \varphi)}_{\text{gerade Funktion; d.h. } f(-\varphi)=f(\varphi)}\, d\varphi = \frac{2}{\pi} \cdot \int_{0}^{\pi} \cos(\eta \cdot \sin(\varphi)) \cdot \cos(k \cdot \varphi)\, d\varphi =$$

$$= \begin{cases} 2 \cdot J_k(\eta) & \text{,wenn } k \text{ gerade} \\ 0 & \text{,wenn } k \text{ ungerade} \end{cases}. \text{ Dabei wurde die in Kap.V, 1.2.2. präsentierte}$$

und für gerade n gültige Alternativdarstellung

$J_n(x) = \dfrac{1}{\pi} \cdot \displaystyle\int_{0}^{\pi} \cos(x \cdot \sin(\varphi)) \cdot \cos(n \cdot \varphi)\, d\varphi$ der Bessel'schen Funktion $J_n(x)$ verwendet. Dass $a_k = 0$ für ungerade k, sieht man so:

$$a_k = \frac{2}{\pi} \cdot \int_{0}^{\pi} \cos(\eta \cdot \sin(\varphi)) \cdot \cos(k \cdot \varphi)\, d\varphi \underset{\substack{\text{Substitution} \\ z = \varphi - \pi/2}}{=}$$

$$= \frac{2}{\pi} \cdot \int_{-\pi/2}^{\pi/2} \cos(\eta \cdot \sin(z + \frac{\pi}{2})) \cdot \cos(k \cdot z + k \cdot \frac{\pi}{2})\, dz \underset{\text{bei ungeradem } k}{=}$$

$$= \frac{2}{\pi} \cdot \underbrace{\int_{-\pi/2}^{\pi/2} \cos(\eta \cdot \sin(z + \frac{\pi}{2})) \cdot (\pm\sin(k \cdot z))\, dz}_{\text{ungerader Integrand}} = 0. \text{ Dies zusammen mit einer ganz}$$

entsprechenden Argumentation für $\sin(\eta \cdot \sin(\omega_0 \cdot t))$ liefert dann folgende

Lösung für das oben formulierte Problem:

$$\boxed{\begin{aligned} \cos(\eta \cdot \sin(\omega \cdot t)) &= J_0(\eta) + 2 \cdot J_2(\eta) \cdot \cos(2 \cdot \omega_0 \cdot t) + 2 \cdot J_4(\eta) \cdot \cos(4 \cdot \omega_0 \cdot t) + \dots \\[1em] \text{und} & \\[1em] \sin(\eta \cdot \sin(\omega_0 \cdot t)) &= 2 \cdot J_1(\eta) \cdot \sin(\omega_0 \cdot t) + 2 \cdot J_3(\eta) \cdot \sin(3 \cdot \omega_0 \cdot t) + \dots \, . \end{aligned}}$$

2.5. Mechanik

Im August 1684 wurde Isaac Newton von Edmund Halley, einem der berühmten Astronomen seiner Zeit, mit der Frage konfrontiert, welche Bahnkurve ein Planet beschreiben würde, auf den die Sonne eine zum Abstandsquadrat umgekehrt proportionale Anziehungskraft ausübe. Newton soll damals sofort geantwortet haben, die Umlaufbahnen seien unter solchen Umständen notwendiger Weise elliptisch und er könne dies auch begründen. Noch im November schickte er einen entsprechenden Beweis an Halley. Es war wohl zu dieser Zeit, dass Newton zunehmend bewusst wurde, mit dem bewiesenen Resultat den Schlüssel für ein gemeinsames Verständnis von irdischer Mechanik und Himmelsmechanik in der Hand zu haben. Jedenfalls begann er in der Folgezeit eine umfangreiche, mathematische Analyse von Kräften und Bewegungen. Nach nur zwei Jahren gipfelte diese Detailarbeit in der Veröffentlichung seines berühmten Werks „Philosophiae Naturalis Principia Mathematica", in dem er tatsächlich Galilei'sche und Kepler'sche Gesetze unter einen Hut brachte. Allerdings darf man sich hinsichtlich der Verständlichkeit der mathematischen Ausführungen Newtons keinen Illusionen hingeben. Zum einen beruht seine Argumentation in hohem Maße auf Resultaten zur Ellipsengeometrie, die nicht zum Standardrepertoir eines heutigen Mathematikers gehören. Zudem beruft er sich oft auf die von ihm erfundene Mathematik der unendlich kleinen Größen, die zwar ein Vorgänger der Differenzialrechnung ist, sich aber für einen heutigen, auf die so genannte Epsilontik getrimmten Mathematiker auch nicht ganz leicht verstehen lässt. Was haben nun die Bahnen irdischer Projektile und die der Planeten gemeinsam? Gibt es überhaupt einen Zusammenhang zwischen beiden?
Antwort: Galilei's wie auch Kepler's Gesetze lassen sich aus der Annahme ableiten, dass es sowohl zwischen Projektil und Erde sowie zwischen Planet und Sonne eine Anziehungskraft gibt, die so genannte Gravitation, und dass diese umgekehrt proportional ist zum jeweiligen Abstandsquadrat. Genauer besagt das **Gravitationsgesetz** folgendes: Zwischen je zwei Körpern mit den Massen m_1, m_2 und Abstand r wirkt eine Kraft und für diese gilt

$$(**) \text{ die Gravitationsformel } \quad |\text{Kraft}| = \gamma \cdot \frac{m_1 \cdot m_2}{r^2} \quad \text{ mit Gravitationskonstante } \gamma.$$

Dabei wird stets

$$(*) \text{ das Newton'sche Axiom } \quad „\text{Kraft} = \text{Masse mal Beschleunigung"}$$

als gültig vorausgesetzt.

Im folgenden sollen nun mit Hilfe der Differenzialrechnung die Galilei'schen und die Kepler'schen Gesetze hergeleitet werden aus dem Gravitationsgesetz.

2.5.1. Herleitung der Galilei'schen Bewegungsgesetze

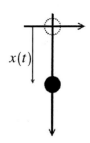

Galilei zufolge erfahren senkrecht und reibungsfrei fallende Körper eine konstante Beschleunigung. Ihre Geschwindigkeit und der von ihnen zurückgelegte Weg hängen linear bzw. quadratisch von der Zeit ab. Natürlich sind diese drei Aussagen äquivalent; denn bezeichnet $x(t)$ den zur Zeit t zurückgelegten Weg, so bedeutet konstante Beschleunigung g einfach, dass $\ddot{x} = g$, woraus sich dann durch Integration die folgenden Relationen ergeben: Geschwindigkeit zur Zeit $t = \dot{x}(t) = g \cdot t + v_0$

$$\text{und zurückgelegter Weg zur Zeit } t = x(t) = \frac{g}{2}t^2 + v_0 t + x_0.$$

Neben diesen Fallgesetzen gehört zu Galileis Bewegungsgesetzen auch noch die Aussage, dass sich Projektile – wenn keine Reibung vorliegt – auf parabelförmigen Bahnen bewegen, was heute ebenfalls als einfache Konsequenz der konstanten Erdbeschleunigung gesehen werden kann; denn bezeichnen $x(t)$ und $y(t)$ die Koordinaten des Projektils zur Zeit t, so gilt

$\ddot{x}(t) =$ Beschleunigung in x-Richtung $= 0$, $\dot{x}(t) = v_x(0) \neq 0$,

$\ddot{y}(t) =$ Beschleunigung in y-Richtung $= -g$,   also: $\dot{y}(t) = -g \cdot t + v_y(0)$

und weiter   a) $x(t) = v_x(0) \cdot t$ b) $y(t) = -\frac{g}{2}t^2 + v_y(0) \cdot t$. Der Einfachheit halber ist hier $x(0) = y(0) = 0$ angenommen. Auflösen von Gleichung a) nach t und anschließendes Einsetzen von t in Gleichung b) liefert dann

$$t = \frac{x(t)}{v_x(0)} \quad \text{und} \quad y(t) = -\frac{g}{2}\left(\frac{x(t)}{v_x(0)}\right)^2 + v_y(0) \cdot \left(\frac{x(t)}{v_x(0)}\right) \quad \text{also folgenden}$$

Zusammenhang zwischen $x = x(t)$ **und** $y = y(t)$ **beim Projektil mit Anfangsgeschwindigkeit** $\left(v_x(0), v_y(0)\right)$**:**

$$y = \alpha \cdot x^2 + \beta x \qquad \text{mit} \qquad \alpha = -\frac{g}{2\left(v_x(0)\right)^2} \quad \text{und} \quad \beta = \frac{v_y(0)}{v_x(0)}.$$

Die Galilei'schen Bewegungsgesetze lassen sich also aus der Konstanz der Erdbeschleunigung und damit auch aus dem Gravitationsgesetz ableiten; denn für fallenden Stein und irdisches Projektil ist der Abstand zum Erdmittelpunkt von der Form $\left(R_E + x\right)$; wobei x gegenüber dem Erdradius R_E vernachlässigt werden kann. Für die entsprechende Anziehungskraft gilt dann die Formel

$\gamma \cdot \dfrac{m \cdot m_E}{\left(R_E + x\right)^2} \approx \gamma \cdot \dfrac{m \cdot m_E}{R_E^2}$, weshalb eine (näherungsweise) konstante Kraft und damit

–wegen Newtons Axiom(*)– eine (näherungsweise) konstante Erdbeschleunigung vorliegt.

2.5.2. Herleitung der Bewegungsgleichungen für Planeten aus dem Gravitationsgesetz

Denkt man sich im Sonnenmittelpunkt den Nullpunkt eines rechtwinkligen Achsenkreuzes befestigt, so lässt sich zu jedem Zeitpunkt die Position der Erde durch drei Koordinaten $x(t)$, $y(t)$ und $z(t)$ beschreiben.
Dem Gravitationsgesetz entsprechend ist dann zu jedem

Zeitpunkt t der Beschleunigungsvektor $\ddot{\underline{r}}(t) = \begin{pmatrix} \ddot{x}(t) \\ \ddot{y}(t) \\ \ddot{z}(t) \end{pmatrix}$

-wie auch die auf die Erde wirkende Anziehungskraft-

Kraftfeld der Sonne

von der Form $\begin{pmatrix} \ddot{x}(t) \\ \ddot{y}(t) \\ \ddot{z}(t) \end{pmatrix} = \lambda(t) \cdot \underline{r}(t) = \begin{pmatrix} \lambda(t) \cdot x(t) \\ \lambda(t) \cdot y(t) \\ \lambda(t) \cdot z(t) \end{pmatrix}$, was zur Folge hat, dass die Erd-

bahn in einer festen Ebene liegt (zur Begründung siehe Aufgabe 3).
Es reicht also, davon auszugehen, dass die gesuchte Bahnkurve in der x,y-Ebene

liegt, sodass nur noch Ortsvektoren der Form $\underline{r}(t) = \begin{pmatrix} x(t) \\ y(t) \end{pmatrix}$ betrachtet werden

brauchen. Setzt man $r(t) := \sqrt{x^2(t) + y^2(t)}$, so ist $\dfrac{\underline{r}(t)}{r(t)}$ ein zur Erde gerichteter

Vektor der Länge 1, weshalb das Gravitationsgesetz zusammen mit (*) die Glei-

chung $-\dfrac{\gamma \cdot m_E \cdot m_S}{r(t)^2} \cdot \dfrac{\underline{r}(t)}{r(t)} = m_E \cdot \ddot{\underline{r}}(t) = m_E \cdot \begin{pmatrix} \ddot{x}(t) \\ \ddot{y}(t) \end{pmatrix}$ liefert, also die

(A1) Bewegungsgleichung in kartesischen Koordinaten

$$\begin{pmatrix} \ddot{x}(t) \\ \ddot{y}(t) \end{pmatrix} = \dfrac{-k}{r^3(t)} \cdot \begin{pmatrix} x(t) \\ y(t) \end{pmatrix} \quad \text{mit} \quad r(t) = \sqrt{x^2(t) + y^2(t)} \quad \text{und} \quad k = \gamma \cdot m_S.$$

Da der Bruch $1/r^3 = 1/\sqrt{x^2 + y^2}^3$ in kartesischen Koordinaten relativ kompliziert aussieht, liegt es nahe, Resultat (A1) allein durch die Polarkoordinaten r und ϑ auszudrücken. Man erreicht dies, indem man $x(t) = r(t) \cdot \cos(\vartheta(t))$,

$\dot{x}(t) = \dot{r}(t) \cdot \cos(\vartheta(t)) - r(t) \sin(\vartheta(t)) \dot{\vartheta}(t)$, $\ddot{x}(t) = \ddot{r}(t) \cdot \cos(\vartheta(t)) -$

$-2\dot{r}(t) \sin(\vartheta(t)) \dot{\vartheta}(t) - r(t) \cdot \cos(\vartheta(t)) \left(\dot{\vartheta}(t)\right)^2 - r(t) \sin(\vartheta(t)) \ddot{\vartheta}(t)$ und die entspre-

chenden Resultate für $y(t)$ (siehe Aufgabe 4a)) in die Gleichung

$\begin{pmatrix} \ddot{x}(t) \\ \ddot{y}(t) \end{pmatrix} = \dfrac{-k}{r^3(t)} \cdot \begin{pmatrix} x(t) \\ y(t) \end{pmatrix}$ einsetzt und dann alle $\sin(\vartheta)-$ bzw. $\cos(\vartheta)-$ Terme zu

sammenfasst; und zwar mit folgendem Ergebnis (siehe Aufgabe 4b)) :

$$\cos(\vartheta) \cdot \left[\ddot{r} - r \left(\dot{\vartheta}\right)^2 \right] - \sin(\vartheta) \cdot \left[2\dot{r}\dot{\vartheta} + r\ddot{\vartheta} \right] = -\frac{k}{r^2} \cos(\vartheta),$$

$$\cos(\vartheta) \cdot \left[2\dot{r}\dot{\vartheta} + r\ddot{\vartheta} \right] + \sin(\vartheta) \cdot \left[\ddot{r} - r \left(\dot{\vartheta}\right)^2 \right] = -\frac{k}{r^2} \sin(\vartheta). \quad \text{Anschließende Multipli-}$$

kation mit $\cos(\vartheta)$ bzw. $\sin(\vartheta)$ ergibt dann der Reihe nach vier neue Gleichungen, aus denen durch geeignete Addition und Differenzbildung (siehe Aufg.4b) folgendes Resultat hervorgeht:

(A2) Bewegungsgleichungen in Polarkoordinaten

$$\boxed{\text{(I)} \quad \ddot{r}(t) - r(t) \cdot \left(\dot{\vartheta}(t)\right)^2 = -\frac{k}{r^2(t)} \qquad , \qquad \text{(II)} \quad r(t) \cdot \ddot{\vartheta}(t) + 2\dot{r}(t) \cdot \dot{\vartheta}(t) = 0.}$$

2.5.3. Herleitung des zweiten Kepler'schen Gesetzes

Es fällt auf, dass die oben hergeleitete Gleichung (II) fast so aussieht wie die Ableitungsregel für das Produkt $r(t) \cdot \dot{\vartheta}(t)$; leider nur fast. Aber versuchen wir einfach einmal die Ableitung von $r(t) \cdot \dot{\vartheta}(t)$. Dann erhalten wir mit der Produkt-

regel und Gleichung(II), dass $\left(r^2 \cdot \dot{\vartheta} \right)^{\cdot} = 2 \cdot r \cdot \dot{r} \cdot \dot{\vartheta} + r^2 \cdot \ddot{\vartheta} = r \cdot \underbrace{\left(2 \cdot \dot{r} \cdot \dot{\vartheta} + r\ddot{\vartheta} \right)}_{=0 \ \text{wegen II}} = 0$

also $\left(r(t)\right)^2 \cdot \dot{\vartheta}(t) = \left(r(0)\right)^2 \cdot \dot{\vartheta}(0) =: C$ und damit das 2te Kepler'sche Gesetz; denn

$\boxed{\text{das } \textbf{zweite Kepler'sche Gesetz} \text{ besagt, dass } \left(r(t)\right)^2 \cdot \dot{\vartheta}(t) = const. = C,}$

was anschaulich folgendes bedeutet:

Der Fahrstrahl zwischen Sonne und Planet überstreicht in gleichen Zeiten gleiche Flächen. Diese anschauliche Interpretation von $r^2 \cdot \dot\vartheta = const$ als Flächensatz wird am ehesten plausibel durch Verwendung der Leibniz'schen Schreibweise $r^2 \cdot \dfrac{d\vartheta}{dt} = const$: Macht man aus $\dfrac{d\vartheta}{dt}$ einen Bruch $\dfrac{\Delta\vartheta}{\Delta t}$ mit kleinen Größen $\Delta\vartheta$ und Δt (, was mathematisch nicht korrekt ist, aber der Intuition oft auf die Sprünge hilft), so erhält man $r^2 \cdot \Delta\vartheta \approx const \cdot \Delta t$.

Ein Blick auf nebenstehende Graphik

zeigt, dass $\dfrac{r^2 \cdot \Delta\vartheta}{2} = \dfrac{r \cdot (r \cdot \Delta\vartheta)}{2}$

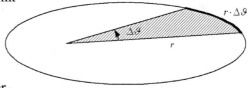

als die Fläche eines rechtwinkligen Dreiecks interpretiert werden kann, welches näherungsweise übereinstimmt mit dem vom Fahrstrahl in der Zeit Δt überstrichenen Bereich.

Wie man sieht, folgt das zweite Kepler'sche Gesetz in der Form $r^2 \cdot \dot\vartheta = const$ relativ einfach durch mehrfache Anwendung von Ketten- und Produkt-Regel aus der Gravitationsformel.

2.5.4. Herleitung des ersten Kepler'schen Gesetzes

Es soll nun gezeigt werden, dass bei passender Wahl der Anfangswerte die einzigen existierenden Lösungen $r(t)$ und $\vartheta(t)$ der Gleichungen (I) und (II) notwendiger Weise eine ellipsenförmige Bahn beschreiben.

Zunächst vereinfacht sich Gleichung (I) unter Ausnutzung des Flächensatzes zu $\ddot r = \underbrace{\dfrac{1}{r^3} \cdot r^4 \cdot \left(\dot\vartheta\right)^2}_{C^2} - \dfrac{k}{r^2} = \dfrac{C^2}{r^3} - \dfrac{k}{r^2}$, also zu

(I')

$$\ddot r = f(r) = -\frac{du}{dr}(r) \qquad \text{mit} \quad f(r) := \frac{C^2}{r^3} - \frac{k}{r^2} \quad \text{und} \quad u(r) := \frac{C^2}{2 \cdot r^2} - \frac{k}{r}$$

und damit gemäß Kap.IV, 5.2.1. zu folgender Differenzialgleichung erster Ordnung:

(I'')

$$(\dot r)^2 = 2 \cdot (e - u(r)) \qquad \text{mit} \quad e := \frac{((\dot r(0))^2}{2} - u\big(r(0)\big) \, .$$

[Physikalische Anmerkung: Gleichung (I'') stimmt mit dem Energieerhaltungs-satz $\underbrace{E}_{m \cdot e} = \underbrace{T}_{m \cdot (\vartheta)^2/2} + \underbrace{U_{\mathit{eff}}}_{m \cdot u(\vartheta)}$ bis auf den Faktor m überein].

Für mögliche Lösungen der Gleichung (I'') kommen offensichtlich nur Funktionen $r(t)$ in Frage, für deren r-Werte die Bedingung $e - u(r) \geq 0$ erfüllt ist, sodass die Wahl der Konstanten e für die Art der Lösungen $r(t)$ eine maßgebliche Rolle spielt. Ist zum Beispiel e gerade so gewählt, dass es mit dem Minimalwert $-k^2/2C^2$ der Funktion $u(r)$ übereinstimmt, so kommt für

r nur der Wert $\hat{r} = C^2/k$ in Frage und damit für $\dot{\vartheta}(t)$ -wegen des Flächensatzes - nur der konstante Wert

$$\dot{\vartheta}(t) = \frac{C}{\hat{r}^2} = \frac{k^2}{C^3} .$$ Im Falle $e = -k^2/2C^2$ beschreiben also die Funktionen $r(t)$ und ϑ(t) eine Kreisbahn.

Für den Rest dieses Abschnitts seien nun die Anfangswerte $r(0)$ und $\dot{r}(0)$ so gewählt, dass $-\dfrac{k^2}{2C^2} < e < 0.$

Wegen Gleichung (I'') muss wieder die Bedingung $e - u(r) \geq 0$ erfüllt sein; weshalb dann nur r-Werte aus dem Intervall $\left[r_1, r_2 \right]$ in Frage kommen, wie

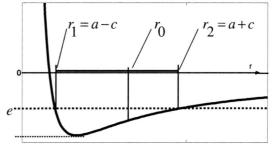

aus nebenstehender Graphik zu ersehen. Dabei kann man r_1 und r_2 als die Null-stellen von $e - u(r)$ berechnen.

Mit den **Notationen** a für $\dfrac{k}{2|e|}$ bzw. b für $\dfrac{C}{\sqrt{2|e|}}$ und c für $\sqrt{a^2 - b^2}$ lassen sich nun die für den Rest dieses Abschnitts relevanten Resultate am übersicht-lichsten formulieren:

1.) $e - u(r) = e - \dfrac{C^2}{2r^2} + \dfrac{k}{r} = e \cdot [1 - \dfrac{2a}{r} + \dfrac{b^2}{r^2}] = e \cdot [(1 - \dfrac{a^2}{b^2}) + \dfrac{a^2}{b^2} - \dfrac{2a}{r} + \dfrac{b^2}{r^2}] =$

$= e \cdot [\dfrac{b^2 - a^2}{b^2} + (\dfrac{a}{b} - \dfrac{b}{r})^2] = \dfrac{e}{b^2} \cdot [\underbrace{(b^2 - a^2)}_{= -c^2} + (a - \dfrac{b^2}{r})^2] = \dfrac{e}{b^2} \cdot [-c^2 + (a - \dfrac{b^2}{r})^2]$, also

$e - u(r) = \dfrac{|e|}{b^2} \cdot [c^2 - (a - \dfrac{b^2}{r})^2]$ mit den Nullstellen

2.) $r_{1/2} = a \pm c$.

3.) Der ‚Energieerhaltungssatz' (I'') liefert außerdem die Äquivalenz der folgenden Aussagen: $\dot{r}(t) = 0$, $e - u(r(t)) = 0$ und $r(t) = r_{1/2} = a \pm c$; weshalb $\dot{r}(t)$ genau dann verschwindet, wenn $r(t) = r_1$ oder $r(t) = r_2$.   Wegen $\ddot{r}(t) =$

$= f(r(t)) = -\dfrac{du}{dr}(r(t))$ entnimmt man zudem aus der obigen Graphik, dass

$\ddot{r}(t) > 0$, wenn $r(t) = r_1$ und weiter, dass $\ddot{r}(t) < 0$, wenn $r(t) = r_2$ (siehe hierzu Aufg. 38 aus Kap.IV). Die folgende Tabelle fasst den Stand der bisherigen Zwischenergebnisse zusammen:

Erste Konsequenzen des ‚Energieerhaltungssatzes' (I'') und der Voraussetzung $-\dfrac{k^2}{2C^2} < e < 0$ für die gesuchte Funktion $r(t)$:

a) $r(t)$ ist Lösung der Differenzialgleichung $(\dot{r})^2 = \dfrac{2|e|}{b^2} \cdot [c^2 - (a - \dfrac{b^2}{r})^2]$.

b) Alle $r(t)$-Werte liegen im Intervall $\left[r_1, r_2 \right]$; wobei $r_{1/2} = a \pm c > 0$.

c) $\dot{r}(t) = 0$ gilt genau dann, wenn $r(t) = r_1$ oder $r(t) = r_2$.

d) $\ddot{r}(t) > 0$, wenn $r(t) = r_1 = a - c$ und $\ddot{r}(t) < 0$, wenn $r(t) = r_2 = a + c$.

Die nochmalige Anwendung des Flächensatzes liefert zusammen mit b), dass $\dot{\vartheta}(t) = C / r^2 \geq C / r_2^2 > 0$. Jede Lösung $\vartheta : I \to J$ der Bewegungsgleichungen (I) und (II) ist demzufolge streng isotone Abbildung des Intervalls I auf das Intervall J, ist somit umkehrbar. Definiert man nun $\tilde{r} : J \to I$ durch die Gleichung $\tilde{r}(\varphi) := r(\vartheta^{-1}(\varphi))$, so liefert $\tilde{r}$ den r-Wert in Abhängigkeit – nicht von der Zeit t wie bisher – sondern allein vom Winkel.   Wegen $r(t) = \tilde{r}(\vartheta(t))$, $\dot{r}(t) =$

$= \dfrac{d\tilde{r}}{d\varphi}(\vartheta(t)) \cdot \dot{\vartheta}(t) \underset{\text{Flächensatz}}{=} \dfrac{d\tilde{r}}{d\varphi}(\vartheta(t)) \cdot \dfrac{C}{(\tilde{r}(\vartheta(t)))^2}$ und $(\dot{r})^2 = \dfrac{2|e|}{b^2} \cdot [c^2 - (a - \dfrac{b^2}{r})^2]$

lassen sich die unter a) bis d) aufgelisteten Eigenschaften von $r(t)$ übersetzen zu entsprechenden Eigenschaften der Winkelfunktion $\tilde{r}(\varphi)$:

a) $\dot{\tilde{r}} = \pm \dfrac{\tilde{r}^2}{b^2} \cdot \sqrt{c^2 - (a - \dfrac{b^2}{\tilde{r}})^2}$.

b) Alle $\tilde{r}(\varphi)$-Werte liegen im Intervall $[a-c, a+c]$.

c) $\begin{cases} \tilde{r}(\hat{\vartheta}) = a-c \iff [\dfrac{d\tilde{r}}{d\vartheta}(\hat{\vartheta}) = 0 \text{ und } \dfrac{d^2\tilde{r}}{d\vartheta^2}(\hat{\vartheta}) > 0] \\[4mm] \tilde{r}(\hat{\vartheta}) = a+c \iff [\dfrac{d\tilde{r}}{d\vartheta}(\hat{\vartheta}) = 0 \text{ und } \dfrac{d^2\tilde{r}}{d\vartheta^2}(\hat{\vartheta}) < 0] \end{cases}$

Separation der Variablen zeigt schließlich – wie in Kap.IV, 5.1.c) genau ausgeführt-, dass als Lösungen nur Funktionen der Form $\tilde{r}(\varphi) = \dfrac{b^2}{a + c \cdot \cos(\varphi + \hat{\varphi})}$ in Frage kommen und damit für $r(t)$ nur Funktionen der Form

$r(t) = \dfrac{b^2}{a + c \cdot \cos(\vartheta(t) + \hat{\vartheta})}$. Es folgt also

> das **erste Keplersche Gesetz:** Die Planeten beschreiben ellipsenförmige Bahnen um die Sonne.

Mit Hilfe der Formel $r(t) = \dfrac{b^2}{a + c \cdot \cos(\vartheta(t) + \hat{\vartheta})}$ lässt sich dann $\vartheta(t)$ so

bestimmen, dass der Flächensatz $(r(t))^2 \cdot \dot{\vartheta}(t) = C$ erfüllt ist, und zwar durch Separation der Variablen (siehe Aufg.8). Für die nach der Umlaufzeit T überstrichene Fläche gilt demnach: $\pi \cdot a \cdot b = $ Ellipsenfläche $= \int\limits_0^T (r(t))^2 \cdot \dot{\vartheta}(t)\, dt =$

$= \int\limits_0^T C\, dt = T \cdot C$, also $T^2 = \dfrac{\pi^2 \cdot a^2 \cdot b^2}{C^2} = \dfrac{\pi^2 \cdot a^2 \cdot \cancel{c^2}}{\cancel{c^2} \cdot 2|e|} = \dfrac{\pi^2 \cdot a^2}{\underbrace{2|e|}_{=k/a}} = \dfrac{\pi^2 \cdot a^3}{k}$ und

damit

> Das **dritte Kepler'sche Gesetz:** Die Quadrate der Umlaufzeiten zweier Planeten verhalten sich wie die Kuben der großen Halbachsen: $\dfrac{T_1^2}{T_2^2} = \dfrac{a_1^3}{a_2^3}$.

Abschließende Bemerkungen:

(A) Eigentlich hätte man den 0-Punkt des Koordinatensystems nicht in den Mittelpunkt der Sonne, sondern in den gemeinsamen Schwerpunkt von Erde und Sonne legen müssen; mit der Konsequenz, dass $\underline{0} = Schwerpunkt = m_E \underline{r}_E +$

$+m_S \underline{r}_S$, also $\underline{r}_S = -\dfrac{m_E}{m_S} \underline{r}_E \approx \underline{0}$; da $m_S \gg m_E$.

Für den Differenzvektor $\underline{r} := \underline{r}_E - \underline{r}_S$ hätte man dann die Relation $\underline{r} = \underline{r}_E +$

$+\dfrac{m_E}{m_S} \cdot \underline{r}_E = \dfrac{m_E + m_S}{m_S} \cdot \underline{r}_E$ erhalten. Aus der Newton'schen Gleichung $m_E \cdot \underline{\ddot{r}}_E =$

$= -\dfrac{k \cdot m_E \cdot m_S}{r^3} \cdot \underline{r}$ wäre dann für den Differenzvektor $\underline{r}$ die Gleichung

$m_E \cdot \dfrac{m_S}{m_E + m_S} \cdot \underline{\ddot{r}} = -k \cdot \dfrac{m_E \cdot m_S}{r^3} \cdot \underline{r}$ gefolgt, welche bis auf den modifizierten

Masseterm $m_E \cdot \dfrac{m_S}{m_E + m_S}$ $\left(\approx m_E \right)$ mit der in 2.5.2. verwendeten Ausgangs-

gleichung übereinstimmt.

(B) Benötigt man – z.B. für die Erstellung eines nautischen Jahrbuchs- die Zeitabhängigkeit der Planetenposition, so hilft einem der oben entwickelte Zusammenhang zwischen r und ϑ, die so

genannte Polargleichung $r(\vartheta) = \dfrac{b^2}{a + c \cdot \cos(\vartheta)}$

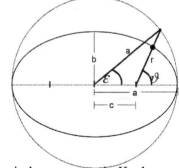

allein nicht weiter. Aber zusammen mit dem Flächensatz $r^2 \cdot \dot{\vartheta} = C$ gelingt es, die Zeitabhängigkeit des Winkels ϑ zu bestimmen, und zwar, indem man - wie Kepler – den Hilfswinkel ε - in die Betrachtung mit einbezieht: Dann gehört zu jedem Zeitpunkt t ein eindeutig bestimmter Winkel $\varepsilon(t)$ und zu diesem ein entsprechender Winkel $\vartheta(\varepsilon(t))$. Demzufolge reicht es aus, für jedes t den Winkel $\varepsilon(t)$ bestimmen zu können. Und dies geht mit Hilfe der **Keplersche Gleichung**

$\varepsilon(t) - \tilde{e} \cdot \sin(\varepsilon(t)) = \dfrac{C}{a^2 \cdot \sqrt{1 - \tilde{e}^2}} \cdot (t - t_0)$, die für alle $t \in \mathbb{R}$ gilt (Nachweis siehe

Aufg. 8). Dabei steht a für die Länge der großen Halbachse , $\tilde{e}$ für $\dfrac{c}{a}$ und t_0 für

die Perizentrumszeit (; d.h. die Zeit t_0 mit $\varepsilon(t_0) = 0$). Man muss also zu vorgegenem t nur die Gleichung $\varepsilon(t) - \tilde{e} \cdot \sin(\varepsilon(t)) = \dfrac{C}{a^2 \cdot \sqrt{1 - \tilde{e}^2}} \cdot (t - t_0)$ nach $\varepsilon(t)$ auflö-

sen , um $\varepsilon(t)$ - und damit auch $\vartheta(t)$ - zu bestimmen.

(C) Man merkt, dass es auch heute noch, fast 3 Jahrhunderte nach Newton be-
achtliches Geschick und einige Kenntnisse erfordert, um aus der Gravitationsformel die Kepler'schen Gesetze abzuleiten. Kein Wunder, denn immerhin ist
dazu ja die Lösung von Differenzialgleichungen erforderlich. Auch wenn aus
heutiger Sicht diese Differenzialgleichungen zu den einfachen – auf Integration
und Substitution rückführbaren – gehören, so muss man doch bedenken, dass zu
Newtons Zeit in der Mathematik der Begriff der Differenzialgleichung noch gar
nicht existierte. Mehr noch: Newton's Herleitung des ersten Keplerschen Geset-
zes beruhte auf einer geometrischen Argumentation, welche tiefere Kenntnisse
der Kegelschnittgeometrie erfordert. Um auch ohne den Rückgriff auf solche
Spezialkenntnisse ein Gefühl für Newtons geometrische Methode vermitteln zu
können, wurde sie von dem bekannten Physiker Richard Feynman etwas modifi-
ziert. Auf diese Weise gelang ihm die Herleitung der Planetenbahnen aus dem
Gravitationsgesetz mit Hilfe der relativ übersichtlichen Leitkreiskonstruktion
von Ellipsen, die in 2.1. näher beschrieben wurde und zumindest erahnen
lässt, wie stark sich Newtons Vorgehensweise
von der heute üblichen unterscheidet. Da Feynman's Herleitung auch für sich alleine von Interesse ist, soll sie in diesem Abschnitt wenigstens
skizziert werden: Seine Argumentation beginnt
wie die Newtons mit der folgenden geometrischen
Begründung des Flächensatzes.
Man denke sich nach immer gleichen, kleinen Zeitschritten erfolgte Momentaufnahmen $A, B, C, D, \ldots$
der Planetenbahn verbunden durch gerade Linien.
Der Weg von A nach B erfolge beschleunigungsfrei; d.h. ohne die Anziehungskraft der Sonne.
Der Weg von B nach C erfolge zunächst auch
wieder beschleunigungsfrei von B nach c und dann unter Einfluss der Anziehungskraft der Sonne von c nach C - parallel zu SB. Durch diese Parallelität
haben c und C die gleiche Höhe über SB; weshalb die Dreiecke SBC und SBc
die gleiche Fläche (Grundlinienlänge *Höhe*1/2) besitzen.

Das Dreieck SBc ist außerdem flächen-
gleich zu SAB, wie aus nebenstehender
Graphik ersichtlich; denn die Punkte A
und c haben die gleiche Höhe über SB,
was auf der Gleichheit von AB und Bc

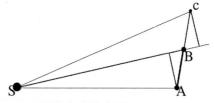

beruht, die sich aus der Annahme der Beschleunigungsfreiheit ableitet (; denn
aus Beschleunigung=0 folgt konstante Geschwindigkeit und daraus in gleichen
Zeitschritten auch gleiche Wege AB und Bc). Ganz entsprechend erhält man
auch für die nächsten Dreiecke SCD usw. die immer gleiche Fläche. Durch
Übergang zu kleineren Zeitschritten nähern sich die Momentaufnahmen A,B,C,..
mehr und mehr der tatsächlichen Planetenbahn und aus der Aussage über die
Gleichheit der Dreiecke wird der Flächensatz. Erst ab diesem Punkt wird nun
die Gravitationsformel verwendet, um die Ellipsenform der Planetenbahn herzu-
leiten.

In Abweichung von Newtons Methode denkt sich Feynman nun die Planetenbahn in Momentaufnahmen nach immer gleichen Winkelschritten zerlegt. Zu jedem solchen Winkelschritt gehört eine entsprechende Planetengeschwindigkeit,
die sich schrittweise um einen
zur Sonne gerichteten Vektor
ändert, und zwar wegen der
durch die Gravitation verursachten Beschleunigung. Die
Richtung der Geschwindigkeit
ändert sich also jedes Mal um

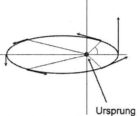

Geschwindigkeitsdiagramm

Ursprung

den gleichen Winkelschritt, um den sich auch der Fahrstrahl ändert. Mehr noch:
Die Geschwindigkeitsänderung hat bei jedem Schritt den gleichen Betrag, was
man sich folgendermaßen klarmacht: Bei immer gleichem Schrittwinkel ist die
vom Fahrstrahl überstrichene Fläche proportional zu R^2 und damit – wegen des
Flächensatzes – proportional zur (für den Winkelschritt) benötigten Zeit Δt ;
wobei R für die Länge des Fahrstrahls steht. Also $\Delta t \sim R^2$. Weiter gilt für die

Gravitationskraft F, dass $F \sim \dfrac{1}{R^2}$ und damit - wegen Geschwindigkeitsände-

rung $\Delta v \sim F \cdot \Delta t$ (Kraft=Masse *Beschleunigung) – die Konstanz von Δv ; denn

$\Delta v \sim F \cdot \Delta t \sim \dfrac{1}{R^2} \cdot R^2 = 1$. Wenn nun aber die Geschwindigkeitsänderung von

Winkel und Betrag her immer gleich ist, muss sich ein sehr symmetrisches – und
nach Übergang zu immer kleineren Winkelschritten - sogar kreisförmiges Geschwindigkeitsdiagramm ergeben. Genauer:
Der zu jedem Winkel ϑ gehörende Geschwindigkeitsvektor ist von der Form

$$\underline{v}(\vartheta) = \frac{k}{C} \cdot \begin{pmatrix} -\sin(\vartheta) \\ \cos(\vartheta) \end{pmatrix} + \underline{M} \quad , \text{ wie in nebenstehen-}$$

der Graphik dargestellt (siehe auch Aufg. 7):

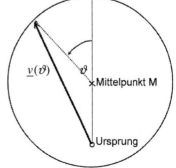

$\underline{v}(\vartheta)$ ϑ

×Mittelpunkt M

Ursprung

Das Problem besteht nun darin, aus diesem
kreisförmigen Geschwindigkeitsdiagramm
die Form der Planetenbahn abzuleiten.

Dreht man zu diesem Zweck das Achsenkreuz um 90 Grad im Uhrzeigersinn, so muss der zu ϑ gehörige Bahnpunkt P auf dem ϑ-Strahl liegen und gleichzeitig auf der Bahntangenten in P, also auf einer zu $\underline{v}(\vartheta)$ senkrechten Geraden wie in der nächsten Zeichnung dargestellt.

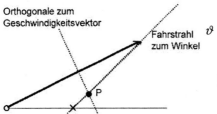

Man sieht an Hand dieser Skizze, dass

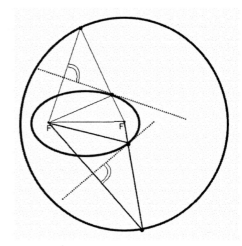

das in 2.1. beschriebene Leitkreisverfahren Bahnpunkte P liefert, welche den obigen Bedingungen genügen. Die damit konstruierte Ellipse ist also eine Bahnkurve, die mit dem kreisförmigen Geschwindigkeitsdiagramm in Einklang steht.

2.5.5. Pendelbewegung

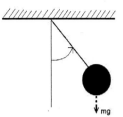

Bekanntlich gilt für den Auslenkungswinkel ϑ
eines mathematischen Pendels im reibungsfreien
Fall die folgende Differenzialgleichung

$$\text{(i)} \quad \vartheta'' = -\omega^2 \cdot \sin(\vartheta)$$

, die hier für die Anfangsbedingungen

$$\vartheta(0) := 0 \text{ und } \vartheta'(0) := v_0 > 0$$

gelöst werden soll. ω steht dabei für $\sqrt{\dfrac{g}{l}}$ mit

Erdbeschleinigung g und Pendellänge l. Gemäß Kap.IV.5.2.1. reduziert man
die Lösung der Gleichung (i) auf die einer Differenzialgleichung erster
Ordnung, nämlich

$$\text{(ii)} \quad (\dot{\vartheta})^2 = 2 \cdot (e - u(\vartheta))$$

mit

$$u(\vartheta) := -\omega^2 \cdot \cos(\vartheta) \text{ und } e := \frac{1}{2}v_0^2 + u(\vartheta(0)) = \frac{1}{2}v_0^2 - \omega^2 .$$

Welche Form die Lösungen der Differenzialgleichung $(\dot{\vartheta})^2 = 2 \cdot (e - u(\vartheta))$ annehmen, hängt von der Größe der Anfangsgeschwindigkeit $\vartheta'(0)$ ab: Je nachdem, ob $\vartheta'(0) > 2 \cdot \omega$ ist oder nicht, kommt es zum Überschlag oder zur Pendel-
schwingung. In jedem Falle lassen sich die Lösungen durch die in Kap.V.1.3.
eingeführten Funktionen $am(t)$ und $sn(t)$ beschreiben:

(A) Wenn $\vartheta'(0) = v_0 > 2 \cdot \omega$, dann gilt $\vartheta(t) = 2 \cdot am(\dfrac{\omega}{k} \cdot t, k)$ für $t \ge 0$, und

(B) wenn $0 < \vartheta'(0) = v_0 < 2\omega$, dann gilt $\vartheta(t) = 2 \arcsin(\dfrac{1}{k} sn(\omega t, \dfrac{1}{k}))$ für $t \ge 0$.

Dabei ist $k := \dfrac{\sqrt{2} \cdot \omega}{\sqrt{(e + \omega^2)}} = \dfrac{2 \cdot \omega}{|v_0|}$ gesetzt.

Beide Fälle sollen im folgenden näher erläutert werden.

[Physikalische Anmerkung: Gleichung (ii) stimmt mit dem Energieerhaltungs-
satz $\underbrace{E}_{l^2 \cdot m \cdot e} = \underbrace{T}_{l^2 \cdot m \cdot (\dot{\vartheta})^2 / 2} + \underbrace{U}_{l^2 \cdot m \cdot u(\vartheta)}$ bis auf den Faktor $l^2 \cdot m$ überein].

1.Fall $v_0 > 2 \cdot \omega$, also $e > \omega^2$ und damit $k < 1$ (**Überschlag**):

$e > \omega^2$ hat zur Folge, dass $e - u(\vartheta) > \omega^2 + \underbrace{\omega^2 \cdot \cos(\vartheta)}_{\geq -1} \geq 0$; weshalb für $\vartheta(t)$

kein Vorzeichenwechsel in Frage kommt; denn sonst gäbe es ein $\hat{t}$ mit $0 = \vartheta'(\hat{t})$, also mit $0 = (\vartheta'(\hat{t}))^2 = 2 \cdot (e - u(\vartheta(\hat{t}))) > 0$. Offensichtlich ist dann nur eine Lösung mit $\dot{\vartheta}(t) = \sqrt{2 \cdot (e - u(\vartheta(t)))}$ für alle $t \geq 0$ denkbar. Das heißt, es kommt im Falle $e > \omega^2$ zu einer permanenten Zunahme des Winkels. Die genaue Zeitfunktion $\vartheta(t)$ erhält man durch Lösung der Gleichung

$$\boxed{\text{(A1)} \quad \vartheta'(t) = \sqrt{2 \cdot (e - u(\vartheta(t)))}}$$, und zwar mit Hilfe einer Separation der Vari-

ablen und der Relation $\cos(\varphi) = 1 - 2 \cdot \sin^2(\varphi/2)$: Wie in Aufgabe 9 näher ausgeführt, ist $\vartheta(t)$ genau dann Lösung von (A1) , wenn

$$\boxed{\text{(A2)} \quad t = \int_0^{\vartheta(t)} \frac{d\varphi}{\sqrt{2 \cdot (e + \omega^2 \cdot \cos(\varphi))}} = \frac{k}{\omega} \cdot \int_0^{\vartheta(t)/2} \frac{d\chi}{\sqrt{1 - k^2 \cdot \sin^2(\chi)}} \quad \text{für alle } t \geq 0 \,.}$$

(A2) wiederum ist gemäß Kap.V., 1.3.1. äquivalent zu

$$\int_0^{am(\frac{\omega}{k} \cdot t, k)} \frac{d\chi}{\sqrt{1 - k^2 \cdot \sin^2(\chi)}} = \frac{\omega}{k} \cdot t = \int_0^{\vartheta(t)/2} \frac{d\chi}{\sqrt{1 - k^2 \cdot \sin^2(\chi)}} \quad , \text{ sodass } \vartheta(t) \text{ genau}$$

dann Lösung ist von $\vartheta'' = -\omega^2 \cdot \sin(\vartheta)$, wenn

$$\boxed{\text{(A3)} \quad \vartheta(t) = 2 \cdot am(\frac{\omega}{k} \cdot t, k) \quad \text{für alle } t \geq 0}\,.$$

2.Fall $0 < v_0 < 2\omega$, also $e < \omega^2$ und damit $k > 1$ (**Schwingung**) :

Wieder vom ‚Energiesatz' (ii) $(\dot{\vartheta})^2 = 2 \cdot (e - u(\vartheta))$ ausgehend macht man sich klar, dass nur solche $\vartheta(t)$ in Frage kommen, für die $e - u(\vartheta(t)) \geq 0$, also $e \geq -\omega^2 \cdot \cos(\vartheta(t))$. Dem entsprechend müssen dann alle $\vartheta(t)$ in einem Intervall $[-\vartheta_{ex}, \vartheta_{ex}]$ liegen mit $\vartheta_{ex} < \pi$, $-\omega^2 \cdot \cos(\vartheta_{ex}) = e$, und damit

$$e = -\omega^2 \cdot \cos(\vartheta_{ex}) = -\omega^2 \cdot \underbrace{[1 - 2 \cdot \sin^2(\vartheta_{ex}/2)]}_{\cos(\vartheta_{ex})} = -\omega^2 + 2 \cdot \omega^2 \cdot \sin^2(\vartheta_{ex}/2) \ ,$$

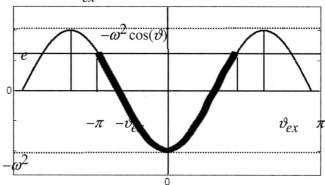

$$\sin^2(\vartheta_{ex}/2) = \frac{e+\omega^2}{2\omega^2} = \frac{1}{k^2} \ , \quad \text{also}$$

(B1) $k \cdot \sin(\vartheta_{ex}/2) = 1$.　　　　　Wir machen uns nun folgendes klar:

(B2) Wenn es eine Lösung von $\vartheta'' = -\omega^2 \cdot \sin(\vartheta)$ mit $\vartheta(0) = 0$ und $0 < \vartheta'(0) =$
$= v_0 < 2\omega$ gibt, dann muss $\vartheta(t) = 2\arcsin(\frac{1}{k}\mathrm{sn}(\omega \cdot t, \frac{1}{k}))$ zumindest auf einem Intervall $\left[0, T_1\right[$ gelten.

Tatsächlich ist ja wegen $\vartheta'(0) > 0$ für alle t aus einem Intervall $\left[0, T_1\right[$ die Relation $\vartheta'(t) > 0$ erfüllt; wobei T_1 die erste Nullstelle der Funktion $\vartheta'(t)$ ist und $\vartheta(T_1) = \vartheta_{ex}$ - wegen $0 = \vartheta'(T_1) = \sqrt{2 \cdot (e - u(\vartheta(T_1)))}$. Auf $\left[0, T_1\right[$ gilt dann natürlich $\vartheta'(t) = \sqrt{2 \cdot (e - u(\vartheta(t)))}$, was wie im ersten Fall nach Separation der Variablen wieder zu folgender Gleichung (siehe Aufg. 9) führt:

(B3) $t = \int\limits_{0}^{\vartheta(t)} \dfrac{d\varphi}{\sqrt{2 \cdot (e + \omega^2 \cdot \cos(\varphi))}} = \dfrac{k}{\omega} \cdot \int\limits_{0}^{\vartheta(t)/2} \dfrac{d\chi}{\sqrt{1 - k^2 \cdot \sin^2(\chi)}}$.

Allerdings ist dieses Mal $k > 1$, sodass man nicht wieder direkt auf die – nur für $k < 1$ definierten - Funktionen $am(\cdot, k)$ zugreifen kann. Andererseits gilt aber wegen (B1) im vorliegenden Fall für alle $\chi \in [0, \frac{\vartheta(t)}{2}]$ die Abschätzung

$0 \le k \cdot \sin(\chi) \le k \cdot \sin(\frac{\vartheta(t)}{2}) \le k \cdot \sin(\frac{\vartheta_{ex}}{2}) = 1$. Dieses Ergebnis legt die Vermutung

nahe, dass man im Integral $\displaystyle\int_0^{\vartheta(t)/2} \frac{d\chi}{\sqrt{1-k^2 \cdot \sin^2(\chi)}}$ die Winkel χ durch größere

Winkel ψ, genauer durch Winkel ψ mit $\sin(\psi) = k \cdot \sin(\chi)$ ersetzen kann, um

auf diese Weise einen kleineren Faktor vor $\sin^2(\psi)$ zu erhalten. Tatsächlich

führt die Substitution $\psi := \arcsin(k \cdot \sin(\chi))$ weiter; denn wegen

$\dfrac{d\psi}{d\chi} = \dfrac{k \cdot \cos(\chi)}{\sqrt{1-(k \cdot \sin(\chi))^2}} = \dfrac{k \cdot \sqrt{1-\sin^2(\chi)}}{\sqrt{1-(k \cdot \sin(\chi))^2}}$ liefert sie folgende Umformulierung

von (B3):

$$\frac{\omega}{k} \cdot t = \int_0^{\vartheta(t)/2} \frac{d\chi}{\sqrt{1-k^2 \cdot \sin^2(\chi)}} = \int_0^{\arcsin(k \cdot \sin(\vartheta(t)/2))} \frac{\sqrt{1-k^2 \sin^2(\chi)}\, d\psi}{k \cdot \cos(\chi) \cdot \sqrt{1-k^2 \sin^2(\chi)}}$$

$$= \frac{1}{k} \cdot \int_0^{\arcsin(k \cdot \sin(\vartheta(t)/2))} \frac{d\psi}{\sqrt{1-\frac{1}{k^2} \cdot \sin^2(\psi)}}. \quad \text{Da } \frac{1}{k} < 1, \text{ hat dies zur Folge, dass}$$

$\arcsin(k \cdot \sin(\vartheta(t)/2)) = am(\omega \cdot t, \frac{1}{k})$, also $k \cdot \sin(\vartheta(t)/2) = \sin(am(\omega \cdot t, \frac{1}{k})) =$

$= sn(\omega \cdot t, \frac{1}{k})$ und damit $\vartheta(t) = 2 \arcsin(\frac{1}{k} sn(\omega \cdot t, \frac{1}{k}))$ auf dem Intervall $[0, T_1[$.

Ein Blick auf den Funktionsgraph von $\vartheta(t) = 2 \arcsin(\frac{1}{k} sn(\omega \cdot t, \frac{1}{k}))$ für $k = \sqrt{2}$

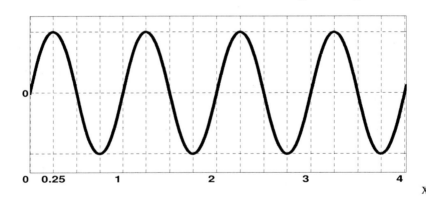

legt den Verdacht nahe, dass $\vartheta(t) = 2 \arcsin(\frac{1}{k} sn(\omega \cdot t, \frac{1}{k}))$ nicht nur auf $[0, T_1[$

eine Lösung liefert, sondern auf ganz $\mathbb{R}$, was folgendes Resultat bestätigt.

B(5) Durch $\vartheta(t) := 2\arcsin(\frac{1}{k}\operatorname{sn}(\omega \cdot t, \frac{1}{k}))$ ist auf jedem der Intervalle

$I_n := [n \cdot \frac{T}{2\omega} - \frac{T}{4\omega}, n \cdot \frac{T}{2\omega} + \frac{T}{4\omega}]$ ($n = 0, 1, 2, ...$) eine Lösung der Diffe-

renzialgleichung $\vartheta'(t) = (-1)^n \cdot \sqrt{2 \cdot (e + u(\vartheta(t)))}$ definiert. Damit genügt

dann die durch $\vartheta(t) := 2\arcsin(\frac{1}{k}\operatorname{sn}(\omega \cdot t, \frac{1}{k}))$ auf ganz $[0, \infty[$ definierte

Funktion der Bewegungsgleichung $\vartheta'' = -\omega^2 \cdot \sin(\vartheta)$ und den Anfangsbe-

dingungen $\vartheta(0) = 0$ und $\vartheta'(0) = v_0$.

Besserer Übersichtlichkeit halber werden ab hier die Notationen $\operatorname{sn}(\omega \cdot t)$ und

$am(\omega \cdot t)$ für $\operatorname{sn}(\omega \cdot t, \frac{1}{k})$ bzw. $am(\omega \cdot t, \frac{1}{k})$ verwendet. Um nun Resultat (B5) zu

überprüfen, braucht man nur die Ableitung der Funktion $2\arcsin(\frac{1}{k}\operatorname{sn}(\omega \cdot t))$

unter Ausnutzung der in Kap.5, 1.3. erarbeiteten Regeln berechnen: Gemäß der

Kettenregel gilt $\vartheta'(t) = 2 \cdot \dfrac{1}{\sqrt{1 - [\frac{1}{k}sn(\omega t)]^2}} \cdot \dfrac{1}{k} \cdot \dfrac{dsn(\omega t)}{dt}$ und – wieder wegen

Kap.V, 1.3.1 $-\dfrac{dsn(\omega t)}{dt} = \cos(am(\omega t)) \cdot am'(\omega t) \cdot \omega = \omega \cdot \cos(am(\omega \cdot t)) \cdot$

$\sqrt{1 - \dfrac{1}{k^2} \cdot \sin^2(am(\omega \cdot t))}$, also $\vartheta'(t) = 2 \cdot \dfrac{\omega}{k} \cdot \dfrac{\cos(am(t)) \cdot \sqrt{1 - \frac{1}{k^2}sn^2(\omega t)}}{\sqrt{1 - \frac{1}{k^2}sn^2(\omega t)}} =$

$2 \cdot \dfrac{\omega}{k} \cdot \cos(am(\omega \cdot t)) = 2 \cdot \dfrac{\omega}{k} \cdot (-1)^n \sqrt{1 - \sin^2(am(\omega \cdot t))}$; wobei sich die letzte Glei-

chung aus der Tatsache ableitet, dass $\cos(am(\omega \cdot t))$ positives Vorzeichen nur für

$t \in [n \cdot \dfrac{T}{2\omega} - \dfrac{T}{4\omega}, n \cdot \dfrac{T}{2\omega} + \dfrac{T}{4\omega}]$ mit geradem n hat.

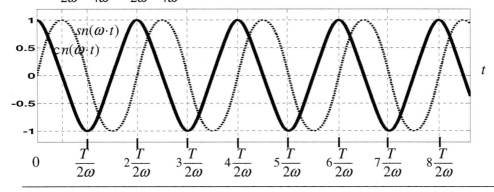

Mit Hilfe der Ergebnisse von Kap. V, 1.3. lassen sich nun folgende, im Einklang mit der Anschauung stehende Resultate leicht (siehe Aufg. 10) herleiten.

(B5) Für die durch $\vartheta(t) := 2\arcsin(\frac{1}{k}\mathrm{sn}(\omega \cdot t, \frac{1}{k}))$ definierte Lösung der Differen-

zialgleichung $\vartheta'' = -\omega^2 \cdot \sin(\vartheta)$ gilt:

a) Periode von $\vartheta(t) = \dfrac{T}{\omega}$; wobei $T = T(1/k)$ die Periode von $\mathrm{sn}(t, \frac{1}{k})$ ist.

b) $\vartheta(n \cdot \dfrac{T}{2\omega} + \dfrac{T}{4\omega}) = (-1)^n \cdot \vartheta_{ex}$ für $n = 0,1,2,\ldots$,

c) $\vartheta'(n \cdot \dfrac{T}{2\omega} + \dfrac{T}{4\omega}) = (-1)^n \cdot \underbrace{\sqrt{2 \cdot (e + u(\pm\vartheta_{ex}))}}_{=0} = 0$, und

d) $\vartheta''(n \cdot \dfrac{T}{2\omega} + \dfrac{T}{4\omega}) = -\omega^2 \cdot \sin\left((-1)^n \cdot \vartheta_{ex}\right) = \begin{cases} >0 &\text{,wenn } n \text{ ungerade} \\ <0 &\text{,wenn } n \text{ gerade} \end{cases}$

$$\vartheta(t) = 2\arcsin(\frac{1}{k}\mathrm{sn}(\omega \cdot t, \frac{1}{k}))$$

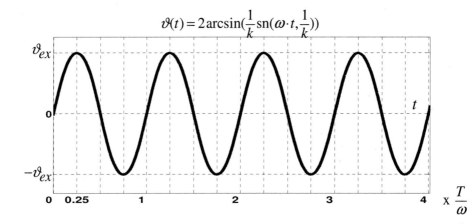

Es stellt sich schließlich noch die Frage, ob es weitere Lösungen der Gleichung $\vartheta'' = -\omega^2 \cdot \sin(\vartheta)$ gibt, welche den Anfangsbedingungen $\vartheta(0) = 0$ und $0 < \vartheta'(0) = v_0 < 2\omega$ genügen. In (B2) wurde dies schon für das Intervall $\left[0, T_1\right[$ negativ beantwortet; wobei inzwischen klar ist, dass $T_1 = \dfrac{T}{4\omega}$. Die entsprechen-de Argumentation lässt sich auch auf die anderen Intervalle $[a,b]$ mit $a = n \cdot \dfrac{T}{2\omega} - \dfrac{T}{4\omega}$ und $b = n \cdot \dfrac{T}{2\omega} + \dfrac{T}{4\omega}$ und $n = 1,2,3,\ldots$ ausdehnen (s. Aufg. 11).

Zum Abschluss dieses Unterabschnitts soll noch folgendes festgehalten werden:

(B6) Im Schwingungsfall $0 < v_0 < 2\omega$ hängt die Periode von der jeweiligen Amplitude ϑ_{ex} der Schwingung ab. Je größer ϑ_{ex}, desto größer ist –wegen

(B1) – der Parameter $\frac{1}{k}$ und damit die Periode $T / \omega = \frac{2\pi}{\omega} \cdot [1 + \left(\frac{1}{2}\right)^2 \cdot \frac{1}{k^2} + $.

$+ \left(\frac{1 \cdot 3}{2 \cdot 4}\right)^2 \cdot \frac{1}{k^4} + \dots]$.

Bei kleinen Amplituden ϑ_{ex} dagegen gilt näherungsweise $T / \omega = \frac{2\pi}{\omega}$ und damit näherungsweise Unabhängigkeit der Periode von der Amplitude.

Abschließende Bemerkung: Sind die Auslenkungen ϑ_{ex} des vorliegenden Pendels klein, so verwendet man oft – wegen $\sin(\vartheta) \approx \vartheta$ - an Stelle der Bewegungsgleichung $\vartheta'' = -\omega^2 \cdot \sin(\vartheta)$ ihre so genannte linearisierte Version $\vartheta'' = -\omega^2 \cdot \vartheta$.

(B7) Unter den Anfangsbedingungen $\vartheta(0) = 0$ und $\vartheta'(0) = v_0 > 0$ ist durch

$\vartheta(t) := \frac{v_0}{\omega} \cdot \sin(\omega \cdot t) \approx \vartheta_{ex} \cdot \sin(\omega \cdot t)$ eine Lösung der linearisierten Differenzialgleichung $\vartheta'' = -\omega^2 \cdot \vartheta$ definiert.

Man prüft dies leicht durch Einsetzen nach. Von der Eindeutigkeit der Lösung, d.h. davon, dass es keine weitere Lösung gibt, kann man sich mit Hilfe der Trennung der Variablen überzeugen (siehe Kap.IV, Aufg. 37). Die folgende Graphik zeigt, wie stark sich die Lösungen $\vartheta_{ex} \cdot \sin(\omega \cdot t)$ und $2 \arcsin(\frac{1}{k} sn(\omega \cdot t, \frac{1}{k}))$ von linearisierter (gestrichelter Graph), bzw. nicht-linearisierter Differenzialgleichung im Falle $\vartheta_{ex} = \frac{\pi}{2}$ unterscheiden.

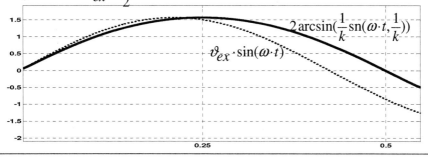

2.5.6. Huygens Zykloidenpendel

Historisches: Der Überlieferung nach wurde der 20–jährige Galilei 1584 auf die Schwingungen von Kronleuchtern aufmerksam. Waren sie an gleichlangen Ketten aufgehängt, so schwangen sie mit gleicher Periode, und zwar auch dann, wenn sie verschiedener Größe und Masse waren. Diese Beobachtung habe dann Galilei auf die Idee gebracht, ein Pendel zur Gangregulierung einer Uhr zu nutzen. Zwar gab es schon seit 200 Jahren Uhren (Henleins Uhr um 1500), aber sie waren recht ungenau, was damals niemanden störte; denn bis zu Galileis Zeiten bestand kein dringendes Bedürfnis nach präziser Zeitmessung. Nun aber, mit dem Aufkommen naturwissenschaftlicher Experimente änderte sich dies grundlegend. 1638 veröffentlichte Galilei seine Pendelgesetze und entwarf eine Pendeluhr. Die erste wirklich brauchbare Uhr stellte der große Physiker Christian Huygens 1657 vor. Hinter seinen theoretischen wie praktischen Versuchen zur Entwicklung dieser Uhr stand die Absicht, einen genauen Zeitmesser für die geographische Längenbestimmung zu Lande und zu Wasser zur Verfügung zu stellen. Im Rahmen dieser Entwicklungsarbeit entwarf er ein Pendel, dessen Periode – im Gegensatz zu der des mathematischen Pendels – nicht von der Schwingungsamplitude abhing.

Dahinter stand folgende Idee: Zwingt man ein Pendel auf eine Zykloidenbahn, so ist seine Periode unabhängig von der Amplitude. Huygens' Argumentation soll und kann hier nicht nachvollzogen werden. Stattdessen soll sein Resultat im folgenden aus Newtons Axiom mit den heutigen Mitteln der Differenzialrechnung abgeleitet werden. Hier also

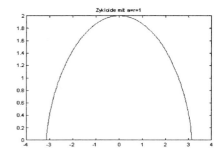

Huygens' Resultat:

Schwingt ein Körper im Schwerefeld auf einer Zykloiden–Bahn hin- und her, so ist die Periode der Schwingung unabhängig von ihrer Amplitude.

Begründung:
Zunächst sei daran erinnert, dass der erste Bogen der Zykloide durch die Kurve

$$\alpha:[-\pi,\pi] \to \mathbb{R}^2$$

$$\alpha(\varphi) := \begin{pmatrix} r\varphi + r\sin(\varphi) \\ r + r\cos(\varphi) \end{pmatrix} = r \cdot \begin{pmatrix} \varphi + \sin(\varphi) \\ 1 + \cos(\varphi) \end{pmatrix}$$

beschrieben wird (siehe Beispiel 13 aus Kap.V. 2.2.).

Dementsprechend wird nun davon ausgegangen, dass sich das untere Ende des

Zykloidenpendels auf einer Bahn bewegt, welche für $\varphi \in [-\pi, \pi]$ durch die Gleichung

$$K(\varphi) = \begin{pmatrix} K_1(\varphi) \\ K_2(\varphi) \end{pmatrix} = r \cdot \begin{pmatrix} \varphi + \sin(\varphi) \\ -1 - \cos(\varphi) \end{pmatrix}$$ beschrie-

ben wird. Offensichtlich gilt dann:

$$\frac{dK}{d\varphi}(\tilde{\varphi}) = \begin{pmatrix} \dfrac{dK_1}{d\varphi}(\tilde{\varphi}) \\ \dfrac{dK_2}{d\varphi}(\tilde{\varphi}) \end{pmatrix} = r \cdot \begin{pmatrix} 1 + \cos(\tilde{\varphi}) \\ \sin(\tilde{\varphi}) \end{pmatrix} \quad , \quad \frac{d^2K}{d\varphi^2}(\tilde{\varphi}) = \begin{pmatrix} \dfrac{d^2K_1}{d\varphi^2}(\tilde{\varphi}) \\ \dfrac{d^2K_2}{d\varphi^2}(\tilde{\varphi}) \end{pmatrix} = r \cdot \begin{pmatrix} -\sin(\tilde{\varphi}) \\ \cos(\tilde{\varphi}) \end{pmatrix}$$

und damit $(1) \left\langle \dfrac{d^2K}{d\varphi^2}(\tilde{\varphi}), \dfrac{dK}{d\varphi}(\tilde{\varphi}) \right\rangle = -r^2 \cdot \sin(\tilde{\varphi})$ und

$(2) \quad \left\langle \dfrac{dK}{d\varphi}(\tilde{\varphi}), \dfrac{dK}{d\varphi}(\tilde{\varphi}) \right\rangle = 2 \cdot r^2 \cdot (1 + \cos(\tilde{\varphi}))$, wobei $\langle a, b \rangle$ für das

Skalarprodukt der Vektoren $\underline{a}$ und $\underline{b}$ steht.

Bewegt sich nun ein Teilchen auf der K-Kurve, so weiß man, dass zu jedem Zeitpunkt t die Position $\underline{\gamma}(t)$ des Teilchens von der Form

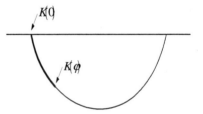

$\underline{\gamma}(t) = K(\varphi(t))$ mit bisher unbekanntem Zeitverlauf $\varphi(t)$ ist. Um die Periode der Schwingung herauszubekommen, braucht man aber gerade diese Zeitabhängigkeit $\varphi(t)$. Sie soll nun aus der Newton'schen „Kraft=Masse *Beschleunigung"- Relation abgeleitet werden, die im vorliegenden Fall die Form $m \cdot \underline{\ddot{\gamma}}(t) = \begin{pmatrix} 0 \\ -mg \end{pmatrix} + \underline{F}_{St\ddot{u}tz}(t)$ annimmt; wobei $\underline{F}_{St\ddot{u}tz}(t)$ diejenige Stützkraft sei, welche das schwingende Teilchen auf der K-Bahn hält. Aus dieser Newton'schen Gleichung folgt sofort, dass $\left\langle \underline{\ddot{\gamma}}(t), \underline{\dot{\gamma}}(t) \right\rangle = \left\langle \begin{pmatrix} 0 \\ -g \end{pmatrix}, \underline{\dot{\gamma}}(t) \right\rangle + \underbrace{\frac{1}{m} \cdot \left\langle \underline{F}_{St\ddot{u}tz}(t), \underline{\dot{\gamma}}(t) \right\rangle}_{=0} = \left\langle \begin{pmatrix} 0 \\ -g \end{pmatrix}, \underline{\dot{\gamma}}(t) \right\rangle$, also

$(3) \quad \left\langle \underline{\ddot{\gamma}}(t), \underline{\dot{\gamma}}(t) \right\rangle = \left\langle \begin{pmatrix} 0 \\ -g \end{pmatrix}, \underline{\dot{\gamma}}(t) \right\rangle$ für alle t gilt;   wobei hier für die Stützkraft

angenommen wurde, dass sie keine in Tangentialrichtung wirkende Komponente hat. Da nun $\underline{\gamma}(t) = K(\varphi(t))$, $\underline{\dot{\gamma}}(t) = \dfrac{dK}{d\varphi}(\varphi(t)) \cdot \dot{\varphi}(t)$ und

$$\underline{\ddot{\gamma}}(t) = \frac{d^2 K}{d\varphi^2}(\varphi(t)) \cdot (\dot{\varphi}(t))^2 + \frac{dK}{d\varphi}(\varphi(t)) \cdot \ddot{\varphi}(t) \,, \text{ nimmt die linke Seite von Gleichung}$$

(3) unter Verwendung der Gleichungen (1) und (2) folgende Form an:

$$\langle \underline{\ddot{\gamma}}(t), \underline{\gamma}(t) \rangle = \left\langle \frac{d^2 K}{d\varphi^2}(\varphi(t)), \frac{dK}{d\varphi}(\varphi(t)) \right\rangle \cdot (\dot{\varphi}(t))^3 + \left\langle \frac{dK}{d\varphi}(\varphi(t)), \frac{dK}{d\varphi}(\varphi(t)) \right\rangle \cdot \dot{\varphi}(t) \cdot \ddot{\varphi}(t) =$$

$$= -r^2 \cdot \sin(\varphi(t)) \cdot (\dot{\varphi}(t))^3 + 2 \cdot r^2 \cdot (1 + \cos(\varphi(t))) \cdot \dot{\varphi}(t) \cdot \ddot{\varphi}(t) \,; \text{ während für die rechte}$$

Seite gilt, dass $\left\langle \begin{pmatrix} 0 \\ -g \end{pmatrix}, \underline{\dot{\gamma}}(t) \right\rangle = -g \cdot \sin(\varphi(t)) \cdot r \cdot \dot{\varphi}(t)$.   Somit hat Gleichung (3)

folgende Konsequenz: $-r^2 \cdot \sin(\varphi(t)) \cdot (\dot{\varphi}(t))^3 + 2 \cdot r^2 \cdot (1 + \cos(\varphi(t))) \cdot \dot{\varphi}(t) \cdot \ddot{\varphi}(t) =$

$= g \cdot \sin(\varphi(t)) \cdot r \cdot \dot{\varphi}(t)$ und weiter unter der Annahme $\dot{\varphi} \neq 0$:

$$(4) \quad -\sin(\varphi(t)) \cdot (\dot{\varphi}(t))^2 + 2 \cdot (1 + \cos(\varphi(t))) \cdot \ddot{\varphi}(t) = \frac{g}{r} \cdot \sin(\varphi(t)) \,.$$

Mit Hilfe der Relationen $1 + \cos(\varphi) = 2\cos^2(\frac{\varphi}{2})$ und $\sin(\varphi) = 2\sin(\frac{\varphi}{2})\cos(\frac{\varphi}{2})$

kann nun Gleichung (4) umgeschrieben werden zu (5) und dann (6)

$$(5) -\sin(\frac{\varphi(t)}{2}) \cdot \cos(\frac{\varphi(t)}{2}) \cdot (\dot{\varphi}(t))^2 + 2 \cdot \cos^2(\frac{\varphi(t)}{2}) \cdot \ddot{\varphi}(t) = \frac{g}{r} \cdot \sin(\frac{\varphi(t)}{2})\cos(\frac{\varphi(t)}{2}) \,,$$

$$(6) \quad \frac{r}{g} \cdot \underbrace{\left[-\sin(\frac{\varphi(t)}{2}) \cdot (\dot{\varphi}(t))^2 + 2 \cdot \cos(\frac{\varphi(t)}{2}) \cdot \ddot{\varphi}(t) \right]}_{=f''(t)} = \underbrace{\sin(\frac{\varphi(t)}{2})}_{=f(t)} \qquad \text{(siehe Aufg.7 in}$$

Kap.III). Die durch $f(t) := \sin(\frac{\varphi(t)}{2})$ definierte Funktion f genügt also der Dif-

ferenzialgleichung

$$(7) \quad f''(t) = -\frac{g}{4r} f(t) \text{ und der Anfangsbedingung } f(0) = \sin(\frac{\varphi_0}{2}) \,.$$

Da andererseits in Aufg.37 aus Kap.IV gezeigt wurde, dass $f(0) \cdot \cos(\frac{1}{2}\sqrt{\frac{g}{r}}t)$

die einzige Lösung dieses Anfangswertproblems ist, muss also $\sin(\frac{\varphi(t)}{2}) =$

$= f(t) = f(0) \cdot \cos(\frac{1}{2}\sqrt{\frac{g}{r}}t)$ gelten und damit $\frac{\varphi(t)}{2} = \arcsin(f(0) \cdot \cos(\frac{1}{2}\sqrt{\frac{g}{r}}t))$.

Dies hat zur Folge, dass die $\frac{\varphi(t)}{2}$ im Bereich $\left[\frac{\varphi_0}{2}, \frac{-\varphi_0}{2} \right]$ liegen , und dass mit

$\varphi(t)$ auch $\underline{\gamma}(t) = K(\varphi(t))$ periodisch sein muss. Offensichtlich kehrt $\varphi(t)$ zum ersten mal zum Anfangswert φ_0 zurück, wenn $\cos(\frac{1}{2}\sqrt{\frac{g}{r}}t)$ zum ersten mal wieder den Wert 1 erreicht, also zum Zeitpunkt $T = 4\pi\sqrt{\frac{r}{g}}$. Damit ist dann die behauptete Unabhängigkeit der Periode T von der Anfangsauslenkung φ_0 gezeigt.

Huygen's Uhr hatte einen gravierenden Nachteil: Sie war auf schwankendem Schiffsboden nicht verwendbar, und gerade auf See benötigte man für die Längengradmessung präzise Uhren. Obwohl das Längengradproblem den seefahrenden Nationen, besonders natürlich den Engländern, auf den Nägeln brannte, kam man bei der Entwicklung einer genau gehenden Uhr jahrzehntelang keinen Schritt voran. Gleichzeitig häuften sich die Meldungen von Schiffen, ja ganzen Flotten, die durch Fehlnavigation verloren gingen. Dies veranlasste das englische Parlament, 1714 ein „Board of Longitude" einzurichten und eine Belohnung von 20000 Pfund Sterling für eine Navigationsuhr auszusetzen. Bedingung war, dass bei einer Seefahrt von England nach Westindien der Messfehler 0,5 Längengrade nicht überschreiten durfte. Die Schwierigkeit des Baus einer solchen Uhr lag darin, die Auswirkungen von Seebewegung, Temperatur-, Luftdruck-, und Feuchtigkeits-Schwankungen zu eliminieren. Dass dies letztendlich gelang, ist dem damals unbekannten schottischen Uhrmacher John Harrison zu verdanken, der sich sein Leben lang der Entwicklung und Verbesserung von Präzisionsuhren verschrieben hatte. Trotzdem musste er um das Preisgeld jahrelang kämpfen, bis er es schließlich erst nach Intervention des Königs bekam. Einflussreiche Astronomen im „Board of Longitude" hatten ihm das Leben schwer gemacht, weil sie felsenfest davon überzeugt waren, am besten sei die Längengradbestimmung mit Hilfe der astronomischen Methode der Monddistanzen zu bewerkstelligen. Zu allem Unglück waren Harrison's Rivalen auch noch von renommierten Fürsprechern wie z.B. Isaac Newton unterstützt worden, welche die Idee einer seetüchtigen Präzisionsuhr schlichtweg für aussichtslos hielten. Wie sich schließlich der geniale Erfinder gegen die Übermacht seiner Rivalen durchsetzte, ist eine packende Geschichte, die in dem 1995 erschienenen Roman „Longitude" von Dava Sobel eindringlich geschildert wird.

2.5.7. Die schwingende Saite

Geschichtliches: Zwischen 600 und 500 vor Christus gab es in Griechenland eine Reihe von philosophischen Denkschulen, welche die Welt nicht mehr durch Götterhandlungen erklärten, sondern durch einfache Grundprinzipien. So hielt z.B. eine dieser Denkschulen Feuer, Wasser, Luft und Erde für die Grundelemente, aus denen sie sich die ganze Welt aufgebaut dachte, während die Atomisten glaubten, dass die Welt aus Atomen, unteilbaren Teilchen zusammengesetzt sei. Im Gegensatz zu diesen Gruppierungen glaubten die so genannten Pythagoräer nicht an einen materiellen Urstoff. Ihrer Meinung nach war die letzte, alles begründende Realität nicht Materie, sondern Zahlen. Heute, wo weite Bereiche der Naturwissenschaft und der Technik von Mathematik durchdrungen sind, könnte man einer solchen Philosophie durchaus Verständnis entgegenbringen. Aber damals? Was hatte die Pythagoräer vor über 2000 Jahren bewogen, an die große Bedeutung der Zahlen für die Erklärung der Welt zu glauben? Es waren unter anderem ihre Experimente mit dem Monochord, durch welche sie sich bestätigt fühlten.

Monochord ist der Name für ein Instrument, bei dem eine Saite über einen länglichen Resonanzkörper gespannt ist. Diese Saite kann dann durch Anzupfen in eine Schwingung versetzt werden, die sich auf den Resonanzkörper über- 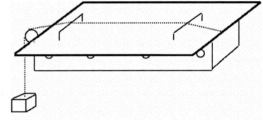 trägt und dadurch als Ton wahrnehmbar wird. Durch Einschieben eines Steges konnte man nun die Länge der gespannten Saite variieren und auf diese Weise einen Zusammenhang zwischen Saitenlänge und Tonempfindung herstellen. Je kürzer die Saitenlänge, desto höher die empfundene Tonhöhe. Und -was besonders gut in das pythagoräische Weltbild passte- zu angenehmen Tonkombinationen gehören besonders einfache ganzzahlige Saitenlängenverhältnisse.

Zum Beispiel entsteht durch Halbieren der Saitenlänge aus dem Grundton ein Oberton. Das entsprechende Tonintervall wird in der Musiktheorie als Oktav bezeichnet und entspricht also dem Zahlenverhältnis $\frac{1}{(1/2)} = 2$. Reduziert man den schwingenden Anteil auf zwei Drittel der ursprünglichen Saitenlänge, so entsteht wieder ein Ton, der zusammen mit dem Ausgangston einen angenehmen Zusammenklang erzeugt. Zum entsprechenden Tonintervall – einer Quinte – gehört also das Zahlenverhältnis $1/(2/3) = 3/2$.   Und weiter: Macht die Saitenlänge drei Viertel der ursprünglichen Länge aus, so entsteht ein Ton, der mit dem Grundton eine Quarte bildet. Einer Quarte entspricht demnach das Zahlenverhältnis $1/(3/4) = 4/3$. Heutzutage gehen natürlich die Beobachtungsmöglichkeiten weit über eine bloße Bestimmung von Tonhöhenempfindungen hinaus. Nimmt man z.B. – wie ich das getan habe – die Monochordklänge mit Hilfe von Mikrophon, Soundkarte und PC auf, so erhält man z.B. durch Zupfen der C-Saite (128 Hz), bzw, der halbierten C-Saite die folgenden Graphiken:

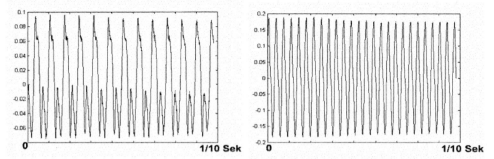

Diese Aufzeichnungen legen den Verdacht nahe, dass das Auf und Ab jedes Punktes der Saite cosinus-förmig von der Zeit abhängt – zumindest unter idealen Bedingungen wie z.B. vernachlässigbarer Reibung - , und dass dabei die entsprechende Frequenz umgekehrt proportional zur Saitenlänge ist. Tatsächlich lässt sich ein solcher Zusammenhang aus dem Newton'schen Axiom ableiten, was der folgende Abschnitt demonstrieren soll.

Anwendung des Newton'schen Satzes auf die Transversalbewegung einer Saite

Eine Saite werde zwischen zwei Punkten mit Abstand L eingespannt. Die Auslenkung der Saite an der Stelle x und zur Zeit t werde mit $\psi(x,t)$ bezeichnet. Der Einfachheit halber wird hier davon ausgegangen, dass eine so genannte stehende Welle vorliegt ; d.h. es wird angenommen, dass $\psi(x,t) = g(t) \cdot y(x)$, dass also die Auslenkung in allen Punkten x die gleiche Zeitabhängigkeit aufweist, wenn man einmal von der ortsabhängigen Amplitude $y(x)$ absieht. Um nun Formeln für $g(t)$ und $y(x)$ aus dem Newton'schen Satz zu gewinnen, kann man folgendermaßen vorgehen:

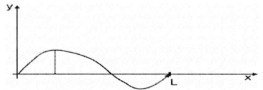

Man denkt sich die Saite zunächst in der durch $x \rightarrow y(x)$ gegebenen Lage in Segmente der Masse ΔM und der horizontalen Breite Δ zerlegt und wendet auf jedes der

Segmente das Newton'sche Axiom an. Indem man annimmt, dass auf das Segment, dessen Mittelpunkt an der Stelle x_0 liegt, von links und rechts eine –von x_0 unabhängige – horizontale Saitenspannung T_0 wirkt, erhält man für die entsprechende in y-Richtung resultierende Gesamtkraft:

$$T_0 \cdot \tan(\vartheta_1) - T_0 \cdot \tan(\vartheta_2) = T_0 \cdot \left(\tan(\vartheta_1) - \tan(\vartheta_2)\right) = T_0 \cdot \left(y'(x_0 + \tfrac{\Delta}{2}) - y'(x_0 - \tfrac{\Delta}{2})\right),$$

also den $g(t)$-fachen Wert $T_0 \cdot \left(g(t) \cdot y'(x_0 + \tfrac{\Delta}{2}) - g(t) \cdot y'(x_0 - \tfrac{\Delta}{2})\right)$, wenn sich die Saite in der durch $x \to g(t) \cdot y(x)$ beschriebenen Lage befindet. Da die y-Komponente der Beschleunigung des Segmentes an der Stelle x_0 durch $y(x_0) \cdot g''(t)$ gegeben ist, liefert das Newton'sche Axiom in diesem Fall die

Gleichung: $\quad \Delta M \cdot y(x_0) \cdot g''(t) = T_0 \cdot g(t) \cdot \left(y'(x_0 + \tfrac{\Delta}{2}) - y'(x_0 - \tfrac{\Delta}{2})\right)$; aus der

dann $\quad \dfrac{\Delta M}{\Delta} \cdot y(x_0) \cdot g''(t) = T_0 \cdot g(t) \cdot \left(\dfrac{y'(x_0 + \tfrac{\Delta}{2}) - y'(x_0 - \tfrac{\Delta}{2})}{\Delta}\right)$ und weiter

$$\lim_{\Delta \to 0} \frac{\Delta M}{\Delta} \cdot y(x_0) \cdot g''(t) = T_0 \cdot g(t) \cdot \lim_{\Delta \to 0} \left(\frac{y'(x_0 + \tfrac{\Delta}{2}) - y'(x_0 - \tfrac{\Delta}{2})}{\Delta}\right)$$ folgen. Hängt

die Massendichte $\rho = \lim\limits_{\Delta \to 0} \dfrac{\Delta M}{\Delta}$ nicht von x ab, so erhält man schließlich folgende

Konsequenz aus dem Newton'schen Axiom:

> Lässt sich die momentane Schwingung einer Saite als stehende Welle $\psi(x,t) = g(t) \cdot y(x)$ beschreiben, so gilt für die Funktionen $g(t)$ und $y(x)$ folgende Gleichung:
>
> (*) $\quad \rho \cdot y(x) \cdot g''(t) = T_0 \cdot g(t) \cdot y''(x) \qquad (t \in \mathbb{R}, x \in \,]0, L[\,).$

Durch die Wahl eines geeigneten $x_m \in \,]0, L[$ (Details in Aufg.14) folgt daraus sofort, dass die gesuchte Zeit-Funktion $g(t)$ Lösung der Differenzialgleichung

$$\boxed{g''(t) + \lambda \cdot g(t) = 0}$$ sein muss; wobei $\lambda := -\dfrac{y''(x_m) \cdot T_0}{y(x_m) \cdot \rho}$ gesetzt ist.

Gemäß Kap.IV, 5.2.2. ist dann $g(t)$ notwendiger Weise von der Form

$$g(t) = a \cdot \cos(\sqrt{\lambda} \cdot t) + b \cdot \sin(\sqrt{\lambda} \cdot t)$$.   Nun zu $y(x)$:

Einsetzen von $g''(t) + \lambda \cdot g(t) = 0$ in Gleichung (*) ergibt $-\lambda \cdot \rho \cdot y(x) \cdot g(t) =$
$= T_0 \cdot g(t) \cdot y''(x)$, was eine Bestimmungsgleichung für $y(x)$ liefert, und zwar
durch die Wahl eines t_0 mit $g(t_0) \neq 0$: $-\lambda \cdot \rho \cdot y(x) \cdot g(t_0) = T_0 \cdot g(t_0) \cdot y''(x)$.
Die gesuchte Funktion $y(x)$ muss also die Differenzialgleichung

$$y''(x) + (\frac{\rho}{T_0} \cdot \lambda) \cdot y(x) = 0$$ lösen und damit -wieder wegen Kap.IV, 5.2.2.- von

der Form

$$y(x) = A \cdot \cos(\sqrt{\frac{\rho}{T_0} \cdot \lambda} \cdot x) + B \cdot \sin(\sqrt{\frac{\rho}{T_0} \cdot \lambda} \cdot x)$$ sein. Die Randbedingungen $y(0) =$

$= y(L) = 0$ liefern außerdem die folgenden Gleichungen zur Bestimmung von
A und B: $A = A \cdot \cos(\sqrt{\frac{\rho}{T_0} \cdot \lambda} \cdot 0) + B \cdot \sin(\sqrt{\frac{\rho}{T_0} \cdot \lambda} \cdot 0) = 0$, $B \cdot \sin(\sqrt{\frac{\rho}{T_0} \cdot \lambda} \cdot L) = 0$.

Für λ kommen demnach nur Werte mit $\sqrt{\frac{\rho}{T_0} \cdot \lambda} \cdot L = k \cdot \pi$, also mit $\sqrt{\lambda} =$

$= k \cdot \frac{\pi \cdot \sqrt{T_0}}{\sqrt{\rho} \cdot L} = k \cdot \frac{const.}{L}$ ($k \in \mathbb{Z}$) in Frage, was zeigt, dass die Frequenz $\sqrt{\lambda}$ von

$g(t)$ umgekehrt proportional zur Saitenlänge L ist.

Die zu erwartenden Momentaufnahmen einer stehenden Welle $\psi(x,t) = g(t) \cdot y(x)$
lassen sich nun leicht mit den oben erarbeiteten Formeln
$g(t) = a \cdot \cos(\sqrt{\lambda} \cdot t) + b \cdot \sin(\sqrt{\lambda} \cdot t)$ und

$y(x) = A \cdot \cos(\sqrt{\frac{\rho}{T_0} \cdot \lambda} \cdot x) + B \cdot \sin(\sqrt{\frac{\rho}{T_0} \cdot \lambda} \cdot x)$

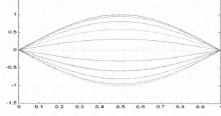

graphisch darstellen, wie z.B. im rechten
Diagramm für den Fall k=1 zu sehen ist
Und in den folgenden für k=2 und k=3.

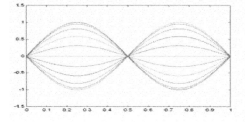

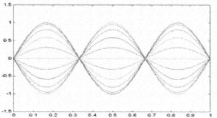

Es wird deutlich, dass bei jeder dieser stehenden Wellen jeweils nur ganz bestimmte Positionen für die Schwingungsknoten in Frage kommen.

2.5.8. Seilschwingungen: In diesem Abschnitt soll das Newton'sche Axiom auf ein lotrecht hängendes Seil angewandt werden. Es wird sich herausstellen, dass dies unter gewissen vereinfachenden Annahmen auf eine Besselsche Differenzialgleichung führt.

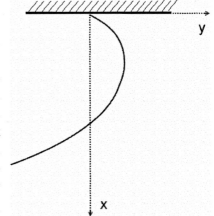

Die Auslenkung des Seils an der Stelle x und zur Zeit t werde mit $\psi(x,t)$ bezeichnet, und der Einfachheit halber wird wieder davon ausgegangen, dass eine stehende Welle vorliegt ;d.h. dass $\psi(x,t) = g(t) \cdot y(x)$. Man kann nun die für die Saite in 2.5.7. verwendete Argumentation und Graphik – gedreht um 90Grad - auch auf das Seil anwenden, muss jetzt allerdings berücksichtigen, dass T_0 von x abhängt. Es werde hier angenommen, dass $T_0(x)$ proportional zur Länge des

unterhalb von x verbliebenen Seilstücks ist; d.h. dass - bei einer hier angenommenen –gleichmäßigen Masseverteilung ρ die Relation $T_0(x) =$

$= \rho \cdot A \cdot (L-x) \cdot g$ gilt; wobei A für die Querschnittsfläche und g für die Erdbeschleunigung steht.

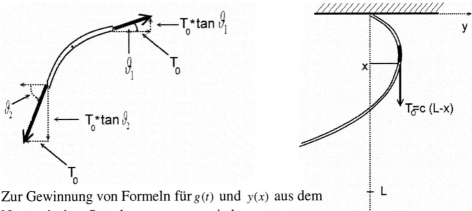

Zur Gewinnung von Formeln für $g(t)$ und $y(x)$ aus dem Newton'schen Satz kann man nun wieder genau so vorgehen wie im Fall der gespannten Saite (in 2.5.7.): Man denkt sich das Seil in Segmente der Masse ΔM und der vertikalen Breite Δ zerlegt und wendet auf jedes der Segmente das Newton'sche Axiom an. Indem man annimmt, dass auf das Segment, dessen Mittelpunkt an der Stelle x_0 liegt, von oben und unten die Kraft $T_0(x-\frac{\Delta}{2})=\rho\cdot A\cdot(L-(x-\frac{\Delta}{2}))\cdot g$ bzw. $T_0(x+\frac{\Delta}{2})=$

$=\rho\cdot A\cdot(L-(x+\frac{\Delta}{2}))\cdot g$ wirkt, erhält man für die entsprechende in y-Richtung

resultierende Gesamtkraft:

$$T_0\cdot\tan(\vartheta_2)-T_0\cdot\tan(\vartheta_1)=T_0(x_0+\frac{\Delta}{2})\cdot y'(x_0+\frac{\Delta}{2})-T_0(x_0-\frac{\Delta}{2})\cdot y'(x_0-\frac{\Delta}{2}).$$

Da die y-Komponente der Beschleunigung des Segmentes durch $y(x_0)\cdot g''(t)$

gegeben ist, liefert das Newton'sche Axiom die Gleichung

$$\Delta M\cdot y(x_0)\cdot g''(t)=T_0(x_0+\frac{\Delta}{2})\cdot y'(x_0+\frac{\Delta}{2})-T_0(x_0-\frac{\Delta}{2})\cdot y'(x_0-\frac{\Delta}{2}),\text{ also}$$

$$\frac{\Delta M}{\Delta}\cdot y(x_0)\cdot g''(t)=\frac{T_0(x_0+\frac{\Delta}{2})\cdot y'(x_0+\frac{\Delta}{2})-T_0(x_0-\frac{\Delta}{2})\cdot y'(x_0-\frac{\Delta}{2})}{\Delta}\text{ , woraus}$$

durch Grenzwertbildung folgt, dass

$$\lim_{\Delta\to0}\frac{\Delta M}{\Delta}\cdot y(x_0)\cdot g''(t)=g(t)\cdot\lim_{\Delta\to0}\left(\frac{T_0(x_0+\frac{\Delta}{2})\cdot y'(x_0+\frac{\Delta}{2})-T_0(x_0-\frac{\Delta}{2})\cdot y'(x_0-\frac{\Delta}{2})}{\Delta}\right),$$

also $\rho\cdot A\cdot y(x)\cdot g''(t)=g(t)\cdot\left(T_0(x)\cdot y'(x)\right)'$ und weiter

$\cancel{\rho}\cancel{A}\cdot y(x)\cdot g''(t)=g(t)\cdot\cancel{\rho}\cancel{A}\cdot g\cdot((L-x)\cdot y'(x))'$. So erhält man schließlich als

Konsequenz aus dem Newton'schen Axiom:

Für jeden Zeitpunkt t und jedes $x\in\,]0,L[$ gilt:

(**) $y(x)\cdot g''(t)=g(t)\cdot g\cdot((L-x)\cdot y'(x))'$.

Es sei nun x_m eine Stelle mit $y(x_m)\neq0$ und t_m ein (Umkehr-) Zeitpunkt z.B.

mit $g(t_m)>0$ und $g''(t_m)<0$, also mit $\frac{g''(t_m)}{g(t_m)}<0$.

Dann gilt wegen Gleichung (**) mit $\lambda:=-\frac{g\cdot((L-x_m)\cdot y'(x_m))'}{y(x_m)}=-\frac{g''(t_m)}{g(t_m)}>0$,

dass $g''(t)=g(t)\cdot\underbrace{\frac{g\cdot((L-x_m)\cdot y'(x_m))'}{y(x_m)}}_{-\lambda}$, also $g''(t)+\lambda\cdot g(t)=0$ für alle $t\in\mathbb{R}$,

und damit – wieder wegen Kap.IV, 5.2.2.- $g(t)=a\cdot\cos(\sqrt{\lambda}\cdot t)+b\cdot\sin(\sqrt{\lambda}\cdot t)$.

Einsetzen von $g''(t) + \lambda \cdot g(t) = 0$ in Gleichung (**) ergibt dann die Gültigkeit

von $(L-x) \cdot y''(x) - y'(x) + \dfrac{\lambda}{g} \cdot y(x) = 0$ für alle $x \in \,]0, L[$. Indem man nun

$t = t_m$ setzt, erhält man wegen $g(t_m) \neq 0$, dass

$-\lambda \cdot y(x) \cdot \cancel{g(t_m)} = g \cdot \cancel{g(t_m)} \cdot ((L-x) \cdot y'(x))'$, also dass

(***) $\boxed{(L-x) \cdot y''(x) - y'(x) + \dfrac{\lambda}{g} \cdot y(x) = 0}$ für alle $x \in \,]0, L[$ gilt. Um nun

einen deutlicheren Bezug zur Besselschen Differenzialgleichung herzustellen, liegt es nahe, an Stelle von x eine neue Variable s so einzuführen, dass aus

dem (L-x)-Term s^2 wird: Setzt man $s = \dfrac{2}{\sqrt{g}}\sqrt{L-x}$, so erhält man für x die

folgende Relation: $x = L - \dfrac{g}{4} \cdot s^2$. Durch Einsetzen dieses Ausdrucks wird obige

Differenzialgleichung umgeformt zu

$\dfrac{g}{4} \cdot s^2 \cdot y''(L - \dfrac{g}{4} \cdot s^2) - y'(L - \dfrac{g}{4} \cdot s^2) + \dfrac{\lambda}{g} \cdot y(L - \dfrac{g}{4} \cdot s^2)$; weshalb dann die neue

Funktion $\tilde{y}(s) := y(L - \dfrac{g}{4} \cdot s^2)$ der Gleichung

$s^2 \cdot \dfrac{d^2}{ds^2} \tilde{y}(s) + s \cdot \dfrac{d}{ds} \tilde{y}(s) + s^2 \cdot \lambda \cdot \tilde{y}(s) = 0$ genügt. Leicht prüft man nun nach,

dass $\tilde{y}(s) := J_0(\sqrt{\lambda} \cdot s)$ diese Differenzialgleichung löst (, da $J_0(s)$ Lösung der

Besselschen Differenzialgleichung $s^2 \cdot \dfrac{d^2}{ds^2} y(s) + s \cdot \dfrac{d}{ds} y(s) + s^2 \cdot y(s) = 0$ ist)

und weiter, dass $y(x) := J_0\left(2 \cdot \sqrt{\dfrac{\lambda}{g}} \cdot \sqrt{L-x}\right)$ Gleichung (***) löst.

Damit ist gezeigt , dass die stehende Welle der Form

$$\boxed{\psi(x,t) = J_0\left(2 \cdot \sqrt{\dfrac{\lambda}{g}} \cdot \sqrt{L-x}\right) \cdot \left(a \cdot \cos(\sqrt{\lambda} \cdot t) + b \cdot \sin(\sqrt{\lambda} \cdot t)\right)}$$

im Einklang mit dem Newton'schen Axiom ist. Jetzt muss lediglich λ so gewählt werden, dass die Randbedingung $\psi(0,t) = 0$, also die Bedingung

$J_0\left(2 \cdot \sqrt{\dfrac{\lambda}{g}} \cdot \sqrt{L-0}\right) = 0$ erfüllt ist .

Bezeichnet man die Nullstellen von J_0 mit $\xi_1, \xi_2, \xi_3, ...$, so kommen offensichtlich für $\sqrt{\lambda}$ nur die Werte $\quad \sqrt{\lambda} = \dfrac{1}{2} \cdot \sqrt{\dfrac{g}{L}} \cdot \xi_k \quad$ in Frage.

Zusammenfassend kann also folgendes festgehalten werden:

Die für ein schweres Seil ermittelten stehenden Wellen

$$\psi(x,t) = J_0\left(2 \cdot \sqrt{\frac{\lambda_k}{g}} \cdot \sqrt{L-x}\right) \cdot \left(a \cdot \cos(\sqrt{\lambda_k} \cdot t) + b \cdot \sin(\sqrt{\lambda_k} \cdot t)\right) \quad \text{mit} \quad x \in \,]0, L[$$

stehen in Einklang mit dem Newton'schen Axiom; wobei $\sqrt{\lambda_k} = \dfrac{1}{2} \cdot \sqrt{\dfrac{g}{L}} \cdot \xi_k$

und ξ_k die k-te Nullstelle der Besselschen Funktion $J_0(x)$ ist.

Das nebenstehende Bild zeigt die ersten drei Nullstellen der Besselschen Funktion $J_0(x)$. Macht man sich jetzt noch klar, dass $\sqrt{L-x} < \sqrt{L}$ für $x \in \,]0, L[$ gilt und dass

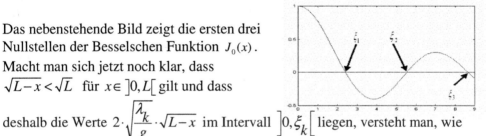

deshalb die Werte $2 \cdot \sqrt{\dfrac{\lambda_k}{g}} \cdot \sqrt{L-x}$ im Intervall $\,]0, \xi_k[$ liegen, versteht man, wie

die folgenden Momentaufnahmen einer stehenden Welle $\psi(x,t) = g(t) \cdot y(x)$ für die Fälle $k = 1, 2$ und 3 zustande kommen.

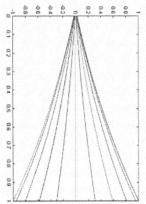
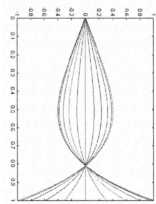
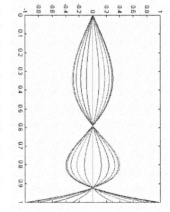

3. Aufgaben

Aufgabe 1: Man begründe mit Hilfe der Differenzialrechnung das folgende Resultat:
Ist P_0 Punkt einer Ellipse mit den Brennpunkten F_1 und F_2, so
halbiert die Normale (= Orthogonale zur Tangente) in P_0 den

Winkel zwischen $\overrightarrow{PF_1}$ und $\overrightarrow{PF_2}$.

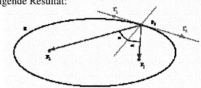

Aufgabe 2: Weisen Sie das folgende Resultat nach:
Ist P_0 Punkt einer Parabel mit dem Brennpunkt F,
so halbiert die Normale in P_0 den Winkel $\sphericalangle FPP_\infty$;

wobei $\overline{PP_\infty}$ eine Strecke parallel zur Hauptachse
mit Richtung zur Öffnung der Parabel ist.

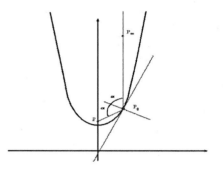

Aufgabe 3: Zeigen Sie, dass der Vektor $\underline{D} := \begin{pmatrix} \dot{z}(t)y(t) - z(t)\dot{y}(t) \\ \dot{x}(t)z(t) - \dot{z}(t)x(t) \\ \dot{y}(t)x(t) - \dot{x}(t)y(t) \end{pmatrix}$ nicht von der Zeit abhängt und auf allen

Ortsvektoren $\underline{r}(t) := \begin{pmatrix} x(t) \\ y(t) \\ z(t) \end{pmatrix}$ orthogonal ist, sofern die Bedingung $\begin{pmatrix} \ddot{x}(t) \\ \ddot{y}(t) \\ \ddot{z}(t) \end{pmatrix} = \lambda(t) \cdot \underline{r}(t) = \begin{pmatrix} \lambda(t) \cdot x(t) \\ \lambda(t) \cdot y(t) \\ \lambda(t) \cdot z(t) \end{pmatrix}$ für alle

t erfüllt ist.

Aufgabe 4:

a) Bestimmen Sie für $x(t) := r(t) \cdot \cos\big(\vartheta(t)\big)$ und $y(t) := r(t) \cdot \sin\big(\vartheta(t)\big)$ die Ableitungen $\dot{x}(t)$, $\ddot{x}(t)$,
$\dot{y}(t)$, $\ddot{y}(t)$.

b) Formulieren Sie die Gleichung $\begin{pmatrix} \ddot{x}(t) \\ \ddot{y}(t) \end{pmatrix} = \dfrac{-k}{r^3(t)} \cdot \begin{pmatrix} x(t) \\ y(t) \end{pmatrix}$ mit Hilfe der Polarkoordinaten

$r(t) = \sqrt{x^2(t) + y^2(t)}$ und $\vartheta(t) := \sphericalangle \begin{pmatrix} x(t) \\ y(t) \end{pmatrix}$.

Aufgabe 5:

Zeigen Sie durch eine geeignete Substitution, dass $\displaystyle \int_{r_1}^{r_2} \dfrac{1}{u^2 \cdot \sqrt{c^2 - (a - \dfrac{b^2}{u})^2}} \, du =$

$$= \frac{1}{b^2} \cdot [\, ar\cos\left(\frac{b^2}{c \cdot r_2} - \frac{a}{c} \right) - ar\cos\left(\frac{b^2}{c \cdot r_1} - \frac{a}{c} \right)]$$ gilt für alle $r_1, r_2 \in \,]a - c, a + c[\,$; wobei $a, b, c > 0$ und

$a^2 - b^2 = c^2$ vorausgesetzt wird.

Aufgabe 6: Angenommen, eine vorgegebene Zentralkraft genügt für punktförmige Körper, die sich unter dem Einfluss dieser Zentralkraft auf ebenen Kreisbahnen mit konstanter Winkelgeschwindigkeit bewegen, der folgenden Gesetzmäßigkeit: $T^2 = A \cdot R^3$ mit Bahnradius R, Umlaufzeit T und Proportionalitätskonstante A (Übrigens behauptet dies das 3te Keplersche Gesetz für die Planeten der Sonne).

Man zeige, dass dann der Betrag B der Beschleunigung des kreisenden Körpers und Bahnradius R der Relation

$$B = \tilde{A} \cdot \frac{1}{R^2}$$ mit Proportionalitätskonstante $\tilde{A}$ genügen. (<u>Bemerkung</u>: Durch eine ganz ähnliche Überlegung soll

Newton aus der Annahme, dass auf die Planeten eine Zentralkraft wirkt, die zur Beschleunigung proportional ist (Kraft = Masse x Beschleunigung), die Gravitationsformel (Betrag der Gravitation ist umgekehrt proportional zum Abstandsquadrat) abgeleitet haben.

Aufgabe 7:
Ein punktförmiger Körper sei einer Zentralkraft ausgesetzt, die

a) dem Gravitationsgesetz $\begin{pmatrix} \ddot{x}(t) \\ \ddot{y}(t) \\ \ddot{z}(t) \end{pmatrix} = \frac{-k}{r^3(t)} \cdot \begin{pmatrix} x(t) \\ y(t) \\ z(t) \end{pmatrix}$ (mit $r(t) = \sqrt{x^2(t) + y^2(t) + z^2(t)}$)

und

b) dem Flächensatz $r^2 \dot{\vartheta} = C$ mit $C > 0$ genüge. Außerdem wird vorausgesetzt, dass $r(t)$ beschränkt ist.

Zeigen Sie, dass unter diesen Voraussetzungen das Geschwindigkeitsdiagramm kreisförmig ist; genauer, dass

$$\left\{ \underline{v}(\vartheta) \,\middle|\, \vartheta \geq 0 \right\} = \left\{ \underline{M} + \frac{k}{C} \begin{pmatrix} -\sin(\vartheta) \\ \cos(\vartheta) \end{pmatrix} \,\middle|\, \vartheta \geq 0 \right\} ;$$

wobei $\underline{v}(\vartheta)$ der zum Winkel ϑ gehörende Geschwindigkeitsvektor sei und $\underline{M}$ ein geeigneter (Mittelpunkts-) Vektor.

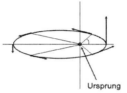

Geschwindigkeitsdiagramm

Ursprung

Aufgabe 8:
Bewegt sich ein Planet bewege sich auf einer Ellipse mit Halbachsenlängen a und b um die Sonne, welche in einem der Ellipsenbrennpunkte gelegen sei. Die Bewegung des Planeten genügt der

Polargleichung $r(\vartheta(t)) = \dfrac{p|}{1 + \tilde{e} \cdot \cos(\vartheta(t))}$ (mit $p := \dfrac{b^2}{a}$ und $\tilde{e} := \dfrac{c}{a}$) und dem Flächensatz $r^2 \cdot \dot{\vartheta} = C$. Es

ist klar, dass zu jedem Hilfswinkel ε (siehe Graphik) ein entsprechender Winkel $\vartheta(\varepsilon)$ gehört.

a) Man zeige nun, dass $\cos(\vartheta(\varepsilon)) = \dfrac{\cos(\varepsilon) - \tilde{e}}{1 - \tilde{e} \cdot \cos(\varepsilon)}$,

$\dfrac{d}{d\varepsilon} \cos(\vartheta(\varepsilon)) = \dfrac{-\sin(\varepsilon) \cdot (1 - \tilde{e}^2)}{(1 - \tilde{e} \cdot \cos(\varepsilon))^2}$ und $\dfrac{d}{d\varepsilon} \vartheta(\varepsilon) = \dfrac{\sqrt{1 - \tilde{e}^2}}{(1 - \tilde{e} \cdot \cos(\varepsilon))}$.

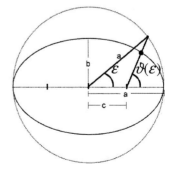

b) Durch die Substitution $\cos(\vartheta(\varepsilon)) = \dfrac{\cos(\varepsilon) - \tilde{e}}{1 - \tilde{e} \cdot \cos(\varepsilon)}$

forme man die Gleichung $\displaystyle\int_{\vartheta(t_0)}^{\vartheta(t)} \dfrac{p^2}{(1 + \tilde{e} \cdot \cos(\vartheta))^2} d\vartheta = C \cdot (t - t_0)$

um zu $\quad \varepsilon(t) - \tilde{e} \cdot \sin(\varepsilon(t)) = \dfrac{C \cdot (1 - \tilde{e}^2)^{\frac{3}{2}}}{p^2} \cdot (t - t_0)$; wobei t_0 ein Zeitpunkt mit $\varepsilon(t_0) = 0$ sei.

Aufgabe 9:

Das Intervall $[a,b]$ sei so gewählt, dass $(e + \omega^2 \cdot \cos(\varphi)) > 0$ für alle $\varphi \in [a,b]$. Man zeige durch Ausnutzung der Gleichung $\cos(\varphi) = 1 - 2 \cdot \sin^2(\varphi/2)$,

a) dass $(e + \omega^2) > 0$ und

b) durch Substitution $\chi = \varphi/2$, dass

$$\int_a^b \frac{d\varphi}{\sqrt{2 \cdot (e + \omega^2 \cdot \cos(\varphi))}} = \frac{k}{\omega} \cdot \int_{a/2}^{b/2} \frac{d\chi}{\sqrt{1 - k^2 \cdot \sin^2(\chi)}} \ ; \ \text{wobei } k := \frac{\sqrt{2} \cdot \omega}{\sqrt{(e + \omega^2)}}.$$

Aufgabe 10: Man zeige, dass für die durch $\vartheta(t) := 2 \arcsin(\frac{1}{k} \operatorname{sn}(\omega \cdot t, \frac{1}{k}))$ definierte Lösung der Differenzialgleichung $\vartheta'' = -\omega^2 \cdot \sin(\vartheta)$ gilt:

a) Periode von $\vartheta(t) = \dfrac{T}{\omega}$; wobei $T = T(1/k)$ die Periode von $\operatorname{sn}(t, \frac{1}{k})$ ist.

b) $\vartheta(n \cdot \dfrac{T}{2\omega} + \dfrac{T}{4\omega}) = (-1)^n \cdot \vartheta_{ex}$ für $n = 0, 1, 2, \ldots$,

Aufgabe 11:

Man zeige, dass es außer $\vartheta(t) = 2 \arcsin(\frac{1}{k} \operatorname{sn}(\omega \cdot t, \frac{1}{k}))$ keine weiteren Lösungen der Gleichung

$\vartheta'' = -\omega^2 \cdot \sin(\vartheta)$ gibt, welche den Anfangsbedingungen $\vartheta(0) = 0$ und $0 < \vartheta'(0) = v_0 < 2\omega$ genügen.

Aufgabe 12:

Formulieren Sie den Newtonschen Algorithmus zur näherungsweisen Bestimmung der Nullstellen von

$f(U) = \dfrac{E}{R} - \dfrac{U}{R} - I_s \cdot [e^{\frac{U}{U_T}} - 1]$; wobei U_T, E, R und I_S Konstante sind.

Aufgabe 13: Bestimmen Sie erste und zweite Ableitung von $x(t) = r \cdot \cos(t) + l \cdot \sqrt{1 - \dfrac{r^2}{l^2} \cdot \sin^2(t)}$.

Aufgabe 14:

Man leite aus der Schwingungsgleichung (*) $\rho \cdot y(x) \cdot g''(t) = T_0 \cdot g(t) \cdot y''(x)$ (in 2.5.7.) die Existenz eines λ her, für das dann $g(t)$ der Differenzialgleichung $g''(t) + \lambda \cdot g(t) = 0$ genügt.

VII. Lösungen zu den Aufgaben von Kap.II bis Kap.VI

Lösungen zu Aufgaben von Kap.II

Lösung zu 1.:

Für jedes $n \geq 0$ ist $a_{n+1} = \dfrac{3(n+1)-1}{(n+1)+2} = \dfrac{3n+2}{n+3}$. Angenommen, für irgendein n ist

$a_{n+1} < a_n$, dann muss $\dfrac{3n+2}{n+3} < \dfrac{3n-1}{n+2}$, also $(3n+2)(n+2) < (3n-1)(n+3)$ und

damit $4 < -3$ sein. Aus diesem Widerspruch folgt dann, dass $a_{n+1} \geq a_n$ für jedes

$n \geq 0$ gilt. Damit ist gezeigt, dass die Folge $\left(\dfrac{3n-1}{n+2} \right)_{n \geq 0}$ monoton aufsteigend

ist. Aus der für jedes $n \geq 1$ gültigen Abschätzung $\dfrac{3n-1}{n+2} = \dfrac{3-\dfrac{1}{n}}{1+\dfrac{2}{n}} \leq \dfrac{3}{1+\dfrac{2}{n}} \leq \dfrac{3}{1}$ und

aus $a_0 = \dfrac{3 \cdot 0 - 1}{0+2} \leq 3$ ergibt sich dann, dass 3 obere Schranke der Menge aller a_n

ist.

Lösung zu 2.:

a): Wegen $a_{n+1} = 2-6(n+1) = -4-6n \leq 2-6n = a_n$ ist $(a_n)_{n \geq 0}$ monoton fallend.

Außerdem ist 2 obere Schranke von $\{a_n| \ n \geq 0\}$, da die Abschätzung

$a_n = 2-6n \leq 2$ für jedes $n \geq 0$ gilt.

b): Aus der Annahme $a_{n+1} \leq a_n$ folgt offensichtlich $3 \leq 0$. Es muss also $a_{n+1} > a_n$

für jedes n gelten; weshalb $(a_n)_{n \geq 0}$ strikt monoton steigend ist.   Wegen

$a_n = \dfrac{3n}{2n+1} \leq \dfrac{3n}{2n} = \dfrac{3}{2}$ ist 3/2 obere Schranke von $\{a_n| \ n \geq 0\}$.

c): Man erhält die Ungleichung $5 \leq 3$ als Konsequenz der Annahme $a_{n+1} \leq a_n$,

weshalb $(a_n)_{n \geq 0}$ strikt monoton aufsteigend sein muss. Auf Grund der Abschät-

zung $a_n = \dfrac{4n+1}{1+2n} = \dfrac{4+\dfrac{1}{n}}{\dfrac{1}{n}+2} \leq \dfrac{5}{2}$ ist $\{a_n| \ n \geq 0\}$ nach oben beschränkt.

d): Für $n \geq 0$ führt die Annahme $a_{n+1} > a_n$ zu der Ungleichung $2n > 6n$ und

damit zu einem Widerspruch. Es liegt demnach eine monoton fallende Folge

vor; offensichtlich mit 0 als unterer Schranke und $a_0 = 1$ als oberer Schranke

Lösung zu 3.:

a): $\dfrac{4n+1}{n+7} \geq 3 \Leftrightarrow 4n+1 \geq 3n+21 \Leftrightarrow n \geq 20$. Also ist $n = 20$ der gesuchte Index.

b): $\dfrac{2n+1}{n} < 2{,}0001 \Leftrightarrow 2n+1 < 2{,}0001 \cdot n \Leftrightarrow 1 < 0{,}0001 \cdot n \Leftrightarrow 10000 < n$. Der gesuchte Index ist also $n = 10001$.

c): Wenn $n = 1$ oder $n = 2$, dann kann $\dfrac{n^2}{n-2{,}5}$ nicht größer als 10 sein. Wenn

aber $n \geq 3$, dann gilt $\dfrac{n^2}{n-2{,}5} > 10 \Leftrightarrow n^2 > 10n - 25 \Leftrightarrow n^2 - 10n + 25 > 0 \Leftrightarrow$

$\Leftrightarrow (n-5)^2 > 0$. Die Bedingung $\dfrac{n^2}{n-2{,}5} > 10$ ist also für alle $n \geq 3$ außer der 5

erfüllt. $n = 3$ ist demzufolge der gesuchte Index.

Lösung zu 4.:

a): Die Bedingung $4 - \varepsilon < \dfrac{4n+1}{n+1} < 4 + \varepsilon$

ist äquivalent zur Bedingung

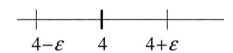

$$4-\varepsilon \qquad 4 \qquad 4+\varepsilon$$

$4n+4-\varepsilon n-\varepsilon < 4n+1 < 4n+4+n\varepsilon+\varepsilon$, die äquivalent ist zu
$-\varepsilon(n+1) < -3 < (n+1)\varepsilon$ und damit zu $(n+1)\varepsilon > 3$, also zu $n > 2999$. Demzufolge

ist der Abstand der ersten 2999 Folgenglieder $a_1, ..., a_{2999}$ von 4 größer als

0,001. Die obige Äquivalenz von $4 - \varepsilon < \dfrac{4n+1}{n+1} < 4 + \varepsilon$ und $(n+1)\varepsilon > 3$ zeigt,

dass man bei noch so kleinem ε ein $n(\varepsilon)$ derart findet, dass$((n(\varepsilon)+1) > \dfrac{3}{\varepsilon}$, also

$(n+1) > \dfrac{3}{\varepsilon}$ für jedes $n > n(\varepsilon)$ und damit) $4 - \varepsilon < \dfrac{4n+1}{n+1} < 4 + \varepsilon$ für jedes

$n > n(\varepsilon)$; womit die Konvergenz von $\left(\dfrac{4n+1}{n+1}\right)_{n \geq 1}$ gegen 4 nachgewiesen ist.

b): $[3 - \varepsilon < \dfrac{3n-2}{n} < 3 + \varepsilon] \Leftrightarrow [-\varepsilon n < -2 < \varepsilon n] \Leftrightarrow [2 < \varepsilon n] \Leftrightarrow [n > \dfrac{2}{\varepsilon} = 200]$. Also

haben die ersten 200 Folgenglieder von 3 einen größeren Abstand als 0,01.

Die Äquivalenz von $3 - \varepsilon < \dfrac{3n-2}{n} < 3 + \varepsilon$ und $n > \dfrac{2}{\varepsilon}$ zeigt, dass man bei noch so

kleinem ε ein $n(\varepsilon)$ derart findet, dass $(n(\varepsilon) > 3/\varepsilon$, also $n > 3/\varepsilon$ für jedes

$n > n(\varepsilon)$ und damit) $3 - \varepsilon < \dfrac{3n-2}{n} < 3 + \varepsilon$ für jedes $n > n(\varepsilon)$; womit die Konvergenz von $\left(\dfrac{3n-2}{n}\right)_{n\geq 1}$ gegen 3 nachgewiesen ist.

Lösung zu 5.:

a) $\lim\limits_{n\to\infty}\left(\dfrac{4n^3-6}{6n^3+2n^2}\right)=\lim\limits_{n\to\infty}\left(\dfrac{4-6n^{-3}}{6+2n^{-1}}\right)=\dfrac{4-\lim\limits_{n\to\infty}6n^{-3}}{6+\lim\limits_{n\to\infty}2n^{-1}}=\dfrac{4}{6}.$

b) $\lim\limits_{n\to\infty}\left(\dfrac{1+5n^4-7n^3}{4500+7n^{-3}-10n^4}\right)=\lim\limits_{n\to\infty}\left(\dfrac{n^{-4}+5-7n^{-1}}{4500n^{-4}+7n^{-7}-10}\right)=-\dfrac{5}{10}.$

c) $\lim\limits_{n\to\infty}\left(1+\dfrac{1}{n}\right)=\lim\limits_{n\to\infty}1+\lim\limits_{n\to\infty}(\dfrac{1}{n})=1.$

d) $\lim\limits_{n\to\infty}\left(\dfrac{1}{n}+\dfrac{1}{n^2}\right)=\lim\limits_{n\to\infty}\dfrac{1}{n}+\lim\limits_{n\to\infty}\dfrac{1}{n^2}=0 \qquad \Rightarrow \lim\limits_{n\to\infty}\left(\dfrac{1}{n}+\dfrac{1}{n^2}\right)^3=0 \Rightarrow$

Für beliebig großes $m\in\mathbb{N}$ ist $1/\left(\dfrac{1}{n}+\dfrac{1}{n^2}\right)^3\geq m$ für schließlich alle n, also

$(4n^3-1)/\left(\dfrac{1}{n}+\dfrac{1}{n^2}\right)^3\geq m$ für schließlich alle n.

Bemerkung: Man schreibt dafür: $\lim\limits_{n\to\infty}\dfrac{4n^3-1}{\left(\dfrac{1}{n}+\dfrac{1}{n^2}\right)^3}=\infty$.

e) Wenn ein Grenzwert a existierte, müsste $|a-2|<0,1$ und $|a-0|<0,1$ gelten. Ein solches a gibt es nicht.

f) $\lim\limits_{n\to\infty}\left(1+(0,1)^n\right)=\lim\limits_{n\to\infty}1+\lim\limits_{n\to\infty}(0,1)^n=1.$

g) $\lim\limits_{n\to\infty}\left(\dfrac{3n}{n^2+4n+5}\right)=0,$ \qquad also \qquad $\lim\limits_{n\to\infty}\left((-1)^{n+1}\cdot\dfrac{3n}{n^2+4n+5}\right)=0.$

Lösung zu 6.:

a) Es ist $y_0>0$, und aus $y_n>0$ folgt $y_{n+1}>0$; denn:

$y_n>0\Rightarrow\left(y_n>0 \text{ und } \dfrac{x}{y_n}>0\right)\Rightarrow y_{n+1}=\dfrac{1}{2}\cdot y_n+\dfrac{1}{2}\cdot\dfrac{x}{y_n}>0.$

b) Für $n\geq 1$ gilt $y_n\geq\sqrt{x}$; denn andernfalls wäre $y_n=\dfrac{1}{2}\cdot y_{n-1}+\dfrac{1}{2}\cdot\dfrac{x}{y_{n-1}}<\sqrt{x}$,

woraus $\left(\dfrac{1}{2}\cdot y_{n-1}+\dfrac{1}{2}\cdot\dfrac{x}{y_{n-1}}\right)^2<x$, also $\left(y_{n-1}\right)^2+2x+\left(\dfrac{x}{y_{n-1}}\right)^2<4x$ und damit

der Widerspruch

$$\left(y_{n-1} - \frac{x}{y_{n-1}}\right)^2 = \left(y_{n-1}\right)^2 - 2x + \left(\frac{x}{y_{n-1}}\right)^2 < 0 \text{ folgt.}$$

c) Wegen b) gilt für $n \geq 1$, dass $y_n \geq \sqrt{x}$, also $\left(y_n\right)^2 \geq x$ und damit $y_n \geq \dfrac{x}{y_n}$.

Daraus folgen der Reihe nach die Ungleichungen $\dfrac{1}{2}y_n \geq \dfrac{1}{2}\dfrac{x}{y_n}$, $y_n \geq \dfrac{1}{2}\dfrac{x}{y_n} + \dfrac{1}{2}y_n$

und $y_n \geq y_{n+1}$.

d) Offensichtlich erfüllt die Folge $\left(y_n\right)_{n\geq 1}$ die Voraussetzungen des Monotonieprinzips in II.2.1.(H), ist also konvergent. Damit ist auch die Folge $\left(y_n\right)_{n\geq 0}$ konvergent.

Lösung zu 7.:

O.B.d.A. sei $\left(a_n\right)_{n\in\mathbb{N}}$ monoton steigend. Wegen der Beschränkt- heit von $\left\{a_n \mid n\in\mathbb{N}\right\}$ existiert also $r := \sup\left\{a_n \mid n\in\mathbb{N}\right\}$. Es muss demzufolge (da r kleinste obere Schranke der a_n) für jedes (beliebig kleine) $\varepsilon > 0$ ein $n(\varepsilon)\in\mathbb{N}$ mit $a_{n(\varepsilon)} > r - \varepsilon$ geben.

Auf Grund der Monotonie der Folge gibt es demnach für jedes $\varepsilon > 0$ ein

$n(\varepsilon)$ mit $r \geq a_n > r - \varepsilon$ für alle $n \geq n(\varepsilon)$, also mit $\left|r - a_n\right| < \varepsilon$ für alle $n \geq n(\varepsilon)$.

Damit ist dann $\lim\limits_{n\to\infty} a_n = \sup\left\{a_n \mid n\in\mathbb{N}\right\}$ gezeigt.

Lösung zu 8.:

a) $0{,}111... = \displaystyle\sum_{k=1}^{\infty}\left(\frac{1}{10}\right)^k = \sum_{k=0}^{\infty}\left(\frac{1}{10}\right)^k - 1 = \frac{1}{1-\left(\frac{1}{10}\right)} - 1 = \frac{10}{9} - 1 = \frac{1}{9}.$

b) $0{,}999... = 9 \cdot 0{,}111... = 9 \cdot \dfrac{1}{9} = 1.$

c) $0{,}\overline{01} = 0{,}010101... = \left(\dfrac{1}{10^2} + \dfrac{1}{10^4} + \dfrac{1}{10^6} + ...\right) = \displaystyle\sum_{k=1}^{\infty}\frac{1}{10^{2k}} = \sum_{k=1}^{\infty}\left(\frac{1}{10^2}\right)^k$

$= \displaystyle\sum_{k=0}^{\infty}\left(\frac{1}{10^2}\right)^k - 1 = \frac{1}{1-\left(\dfrac{1}{10^2}\right)} - 1 = \frac{10^2}{99} - 1 = \frac{1}{99}.$

d) $0{,}\underset{k_0}{\underline{0...0}}\,\underset{k_0}{\underline{1\,0...0}}\,\underset{2k_0}{\underline{1\,0...0}}10.... = \displaystyle\sum_{k=1}^{\infty}\frac{1}{10^{k \cdot k_0}} = \sum_{k=1}^{\infty}\left(\frac{1}{10^{k_0}}\right)^k = \sum_{k=0}^{\infty}\left(\frac{1}{10^{k_0}}\right)^k - 1$

$$= \frac{10^{k_0}}{10^{k_0}-1}-1 = \frac{1}{10^{k_0}-1}.$$

e) Aus d) folgt sofort, dass jede periodische Dezimaldarstellung eine rationale Zahl liefert; denn

$$0,\overline{p_1 p_2 \cdots p_m} = p_1 \cdot 0,10...010...10... + p_2 \cdot 0,010...010...010... + ...$$
$$...+ p_m \cdot 0,0...010...010...$$

$$= p_m \cdot \frac{1}{10^m-1} + p_{m-1} \cdot \frac{1}{10^{m-1}-1} + ... + p_1 \cdot \frac{1}{10-1} \text{ ist offensichtlich rational.}$$

f) $(0,\overline{1})_2 = \sum_{k=1}^{\infty} \frac{1}{2^k} = \sum_{k=0}^{\infty} \frac{1}{2^k} - 1 = \frac{1}{1-\frac{1}{2}} - 1 = 1.$

g) $(0,\overline{10})_2 = (0,101010....)_2 = \sum_{k=0}^{\infty} \frac{1}{2^{2k+1}} = \frac{1}{2} \cdot \sum_{k=0}^{\infty} \frac{1}{2^{2k}} = \frac{1}{2} \cdot \sum_{k=0}^{\infty} \frac{1}{2^{2k}} =$

$$= \frac{1}{2} \cdot \frac{1}{1-\frac{1}{2^2}} = \frac{2}{3}.$$

h) $(0,\overline{000111})_2 = (0,0001110001110....)_2 = (0,\overline{000001})_2 + 2 \cdot (0,\overline{000001})_2 +$

$$+ 4 \cdot (0,\overline{000001})_2 = 7 \cdot (0,\overline{000001})_2 = 7 \cdot \sum_{k=1}^{\infty} \frac{1}{2^{6k}} =$$

$$= 7 \cdot \left(\left(\sum_{k=0}^{\infty} \frac{1}{2^{6k}} \right) - 1 \right) = 7 \cdot \left(\frac{1}{1-\frac{1}{2^6}} - 1 \right) = \frac{1}{9}.$$

Lösung zu 9.:

Wie im Fall der Dezimalbrüche ist auch die Folge der

$a_n := \frac{q_1}{g} + \frac{q_2}{g^2} + ... + \frac{q_n}{g^n}$ monoton aufsteigend. Außerdem gilt die Abschätzung

$$a_n = \frac{q_1}{g} + \frac{q_2}{g^2} + ... + \frac{q_n}{g^n} \le \frac{g-1}{g} + \frac{g-1}{g^2} + ... + \frac{g-1}{g^n} \le (g-1) \cdot \sum_{k=0}^{\infty} \left(\frac{1}{g} \right)^k =$$

$$= (g-1) \cdot \frac{1}{1-(1/g)} = g. \text{ Mit dem so erbrachten Nachweis der Beschränktheit der}$$

aufsteigenden Folge $(a_n)_{n \ge 1}$ ist auch ihre Konvergenz gesichert.

Lösung zu 10.:

$\sqrt{2} = 1,414213 + \Delta$ mit $\Delta < 10^{-6}$. Also:

$$\left| S - \tilde{S} \right| = \left| \sqrt{2} + 77,349 - \left(1,414213 + 77,349 \right) \right| = \left| \sqrt{2} - 1,414213 \right| < 10^{-6}.$$

$$\left| P - \tilde{P} \right| = \left| \sqrt{2} \cdot 77,349 - 1,414213 \cdot 77,349 \right| =$$

$$= 77{,}349 \cdot \left| \sqrt{2} - 1{,}414213 \right| < 77{,}349 \cdot 10^{-6} \leq 100 \cdot 10^{-6} = 10^{-4}.$$

Lösung zu 11.:

$\sqrt{2} = a + \Delta_1$ mit $\quad 0 \leq \Delta_1 < 10^{-6}, \quad \sqrt{3} = b + \Delta_2$ mit $\quad 0 \leq \Delta_2 < 10^{-6}$ und

$\dfrac{1}{3} = c + \Delta_3 \quad$ mit $\quad 0 \leq \Delta_3 < 10^{-4}.$

$$\left| \left(\sqrt{2} + \frac{1}{3} \right) - (a + c) \right| = \left| \left(\sqrt{2} - a \right) + \left(\frac{1}{3} - c \right) \right| \leq \left| \sqrt{2} - a \right| + \left| \frac{1}{3} - c \right| < 10^{-6} + 10^{-4} < 10^{-3}.$$

$$\left| \left(\sqrt{2} + \sqrt{3} \right) - (a + b) \right| = \left| \left(\sqrt{2} - a \right) + \left(\sqrt{3} - b \right) \right| \leq \left| \sqrt{2} - a \right| + \left| \sqrt{3} - b \right| < 10^{-6} + 10^{-6} =$$

$$= 2 \cdot 10^{-6} < 10^{-5}.$$

$$\left| \sqrt{2} \cdot \frac{1}{3} - a \cdot c \right| = \left| (a + \Delta_1) \cdot (c + \Delta_3) - a \cdot c \right| = \left| a \cdot c + a \cdot \Delta_3 + c \cdot \Delta_1 + \Delta_1 \cdot \Delta_3 - a \cdot c \right| \leq$$

$$\leq \left| a \cdot \Delta_3 + c \cdot \Delta_1 + \Delta_1 \cdot \Delta_3 \right| \leq a \cdot \Delta_3 + c \cdot \Delta_1 + \Delta_1 \cdot \Delta_3 < 2 \cdot \Delta_3 + 1 \cdot \Delta_1 + \Delta_1 \cdot \Delta_3 <$$

$$\leq 2 \cdot 10^{-4} + 10^{-6} + 10^{-10} < 10^{-3}.$$

$$\left| \sqrt{2} \cdot \sqrt{3} - a \cdot b \right| = \left| (a + \Delta_1) \cdot (b + \Delta_2) - a \cdot b \right| = \left| a \cdot b + a \cdot \Delta_2 + \Delta_1 \cdot b + \Delta_1 \cdot \Delta_2 - a \cdot b \right| \leq$$

$$\leq 2 \cdot 10^{-6} + 2 \cdot 10^{-6} + 10^{-12} < 10^{-5}.$$

Lösung zu 12.:

Für a) und b) sind nur alle möglichen Vorzeichenkombinationen durchzuspielen und $|a| = -a$ für $a < 0$ zu beachten.

c) Es reicht $|a| > |b|$ anzunehmen, da sonst die linke Seite negativ und damit die behauptete Ungleichung richtig ist.

1.Fall: $a \geq 0$, $b \geq 0$ und $a = |a| > |b| = b$: Es gilt dann $|a| - |b| = a - b \leq |a - b|$.

2.Fall: $a \leq 0$, $b \leq 0$ und $-a = |a| > |b| = -b$ also $a < b$: In diesem Fall erhält man

$\quad |a| - |b| = -a + b \leq b - a = |a - b|.$

3.Fall: $a < 0$, $b \geq 0$ und $-a = |a| > |b| = b$ also $-a > b$: Aus $-a > b$ folgt hier ,

$\quad$ dass $|a - b| = |b - a| = |b + |a|| = |a| + |b|$, also dass

$\quad |a| - |b| = |a| + |b| - 2|b| = |a - b| - 2|b| \leq |a - b|.$

4.Fall: $a \geq 0$, $b < 0$ und $a = |a| > |b| = -b$ also $a > -b$: Offensichtlich gilt in die-

$\quad$ sem Fall $|a - b| = a - b = |a| + |b| \geq |a| + |b| - 2|b| = |a| - |b|.$

Lösung zu 13.:

a) Fehler $= 0{,}\underbrace{00\ldots 0}_{\text{10 Stellen}}\overline{3} = 10^{-10} \cdot 3 \cdot 0{,}11\ldots =$

$$= \frac{3}{10^{10}} \cdot \left(\frac{1}{1-\frac{1}{10}} - 1 \right) = \frac{3}{10^{10}} \cdot \left(\frac{10}{9} - 1 \right) = \frac{3}{10^{10}} \cdot \frac{1}{9} = \frac{1}{3 \cdot 10^{10}} < \frac{1}{10^{10}}.$$

b) Fehler $= \left(0,\underbrace{00\ldots0}_{10 \text{ Stellen}}0101\ldots \right)_b = \frac{1}{2^{10}} \cdot (0,0101\ldots)_b = \frac{1}{2^{10}} \cdot \left(0,\overline{01} \right)_b = \frac{1}{2^{10} \cdot 3}.$

Bemerkung: $\dfrac{1}{3 \cdot 10^{10}} < \dfrac{1}{2^{10} \cdot 3}.$

Lösung zu 14.:

a) Für $n \geq 2$ gilt: $1 - \dfrac{1}{n} = \dfrac{n-1}{n} = \dfrac{1}{\dfrac{n}{n-1}} = \dfrac{1}{1 + [\dfrac{n}{n-1} - 1]} = \dfrac{1}{1 + [\dfrac{n-n+1}{n-1}]} = \dfrac{1}{1 + \dfrac{1}{n-1}}.$

Also $(1 - \dfrac{1}{n})^n = \dfrac{1}{\left(1 + \dfrac{1}{n-1} \right)^n} = \dfrac{1}{\left(1 + \dfrac{1}{n-1} \right)^{n-1} \cdot \left(1 + \dfrac{1}{n-1} \right)}$ und

$$\lim_{n \to \infty} (1 - \frac{1}{n})^n = \lim_{n \to \infty} \frac{1}{\left(1 + \dfrac{1}{n-1} \right)^{n-1} \cdot \left(1 + \dfrac{1}{n-1} \right)} = \frac{1}{\lim\limits_{n \to \infty} \left(1 + \dfrac{1}{n-1} \right)^{n-1} \cdot \lim\limits_{n \to \infty} \left(1 + \dfrac{1}{n-1} \right)} =$$

$$= \frac{1}{e \cdot 1} = \frac{1}{e}.$$

b) Aus $\lim\limits_{n \to \infty} \dfrac{1}{(1 + \dfrac{1}{n})^n} = \dfrac{1}{\lim\limits_{n \to \infty}(1 + \dfrac{1}{n})^n} = \dfrac{1}{e}$, $\lim\limits_{n \to \infty}(1 + \dfrac{1}{n^3})^5 = \left(\lim\limits_{n \to \infty}(1 + \dfrac{1}{n^3}) \right)^5 = 1^5 = 1$,

$\lim\limits_{n \to \infty}(1 - \dfrac{2}{\sqrt[3]{n}})^4 = 1^4 = 1$ und $\lim\limits_{n \to \infty}(2 + \dfrac{1}{\sqrt[7]{n}} + \dfrac{1}{3^n}) = 2$ folgt, dass

$$\lim_{n \to \infty} \frac{(1 - \dfrac{2}{\sqrt[3]{n}})^4 + (1 + \dfrac{1}{n^3})^5 \cdot (1 + \dfrac{1}{n})^{-n}}{2 + \dfrac{1}{\sqrt[7]{n}} + \dfrac{1}{3^n}} = \frac{1 + \dfrac{1}{e}}{2}.$$

Lösung zu 15.:

$\left(\dfrac{x}{7x-7} = \dfrac{x}{7x+7} \quad \text{und} \quad x \neq 1 \quad \text{und} \quad x \neq -1 \right) \Leftrightarrow$

$\Leftrightarrow (14x = 0 \quad \text{und} \quad x \neq 1 \quad \text{und} \quad x \neq -1) \Leftrightarrow x = 0.$ $x = 0$ ist also die einzige Zahl, welche die gestellten Bedingungen erfüllt.

Lösung zu 16:

a) $\sum\limits_{k=1}^{n} k := (1+2+...+n) = \dfrac{n \cdot (n+1)}{1 \cdot 2}$ ist offensichtlich für n=1 richtig. Unter der

Annahme, dass die Formel für n gilt, folgt, dass sie auch für n+1 stimmt. Dies macht man sich folgendermaßen klar:

$$\sum\limits_{k=1}^{n+1} k = \sum\limits_{k=1}^{n} k + (n+1) = \dfrac{n \cdot (n+1)}{1 \cdot 2} + (n+1) = \dfrac{n^2 + 3n + 2}{1 \cdot 2} = \dfrac{(n+1) \cdot (n+2)}{1 \cdot 2}.$$

Auf Grund des Prinzips der vollständigen Induktion gilt die Formel also für alle $n \in \mathbb{N}$.

b) $\sum\limits_{k=1}^{n} \dfrac{k \cdot (k+1)}{1 \cdot 2} = \dfrac{n(n+1)(n+2)}{1 \cdot 2 \cdot 3}$ stimmt offensichtlich für n=1. Dass die

Gültigkeit der Formel für n+1 aus der für n folgt, sieht man so:

$$\sum\limits_{k=1}^{n+1} \dfrac{k \cdot (k+1)}{1 \cdot 2} = \left(\sum\limits_{k=1}^{n} \dfrac{k \cdot (k+1)}{1 \cdot 2} \right) + \dfrac{(n+1) \cdot (n+2)}{1 \cdot 2} = \dfrac{n(n+1)(n+2)}{1 \cdot 2 \cdot 3} + \dfrac{(n+1) \cdot (n+2)}{1 \cdot 2} =$$

$$= \dfrac{n^3 + 6n^2 + 11n + 6}{6} = \dfrac{(n+1)(n+2)(n+3)}{1 \cdot 2 \cdot 3}.$$

c) $\sum\limits_{k=1}^{n} k^2 = \dfrac{n^3}{3} + \dfrac{n^2}{2} + \dfrac{n}{6}$ ist offensichtlich für n=1 richtig. Unter der Annahme,

dass die Formel für n gilt, folgt, dass sie auch für n+1 stimmt. Dies macht man sich folgendermaßen klar:

$$\sum\limits_{k=1}^{n+1} k^2 = \left(\sum\limits_{k=1}^{n} k^2 \right) + (n+1)^2 = \dfrac{n^3}{3} + \dfrac{n^2}{2} + \dfrac{n}{6} + (n+1)^2 = \dfrac{(n+1)^3}{3} + \dfrac{(n+1)^2}{2} + \dfrac{(n+1)}{6}.$$

Lösung zu 17.:

a) $\dfrac{m \cdot (m-1) \cdot ... \cdot (m-(k-1))}{m^k} = \dfrac{(m-1) \cdot ... \cdot (m-(k-1))}{m^{k-1}} =$

$= \dfrac{(m-1)}{m} \cdot \dfrac{(m-2)}{m} \cdot ... \cdot \dfrac{(m-(k-1))}{m} = (1 - \dfrac{1}{m}) \cdot (1 - \dfrac{2}{m}) \cdot ... \cdot (1 - \dfrac{(k-1)}{m}).$

b) Für $m \ge n \ge 2$ gilt $\left(1 + \dfrac{1}{m} \right)^m = \sum\limits_{k=0}^{m} \binom{m}{k} \cdot \dfrac{1}{m^k} \ge \sum\limits_{k=0}^{n} \binom{m}{k} \cdot \dfrac{1}{m^k} = 2 + \sum\limits_{k=2}^{n} \binom{m}{k} \cdot \dfrac{1}{m^k} =$

$= 2 + \sum\limits_{k=2}^{n} \dfrac{m \cdot (m-1) \cdot ... \cdot (m-(k-1))}{k!} \cdot \dfrac{1}{m^k} = 2 + \sum\limits_{k=2}^{n} \dfrac{1}{k!} \dfrac{m \cdot (m-1) \cdot ... \cdot (m-(k-1))}{m^k} =$

$= 2 + \sum\limits_{k=2}^{n} \dfrac{1}{k!} [(1 - \dfrac{1}{m}) \cdot (1 - \dfrac{2}{m}) \cdot ... \cdot (1 - \dfrac{(k-1)}{m})]$.

c) Aus b) folgt für jedes $n \ge 2$, dass $e = \lim\limits_{m \to \infty} \left(1 + \dfrac{1}{m} \right)^m \ge$

$\ge 2 + \lim\limits_{m \to \infty} \sum\limits_{k=2}^{n} \dfrac{1}{k!} [(1 - \dfrac{1}{m}) \cdot (1 - \dfrac{2}{m}) \cdot ... \cdot (1 - \dfrac{(k-1)}{m})] = 2 + \sum\limits_{k=2}^{n} \dfrac{1}{k!} = \sum\limits_{k=0}^{n} \dfrac{1}{k!}.$

Lösung zu 18.:

a) Um im folgenden die Bernoullische Ungleichung auf einen Ausdruck der

Form $[1 - \dfrac{x}{n^2 + nx + n + x}]^{n+1}$ anwenden zu können, muss die Relation

$\dfrac{-x}{n^2 + nx + n + x} > -1$ nachgewiesen werden. Hierzu macht man sich klar, dass

$(n + x) > 0$ und $(n + x) > x$ und damit $n^2 + nx + n + x = (n+1) \cdot (n+x) > \max(0, x)$

für schließlich alle n gilt, also dass die natürlichen Zahlen $n > n_0$ der

Ungleichung $\dfrac{x}{n^2 + nx + n + x} < 1$ und damit $\dfrac{-x}{n^2 + nx + n + x} > -1$ genügen;

wobei n_0 eine geeignete natürliche Zahl ist. Nun zur Abschätzung von $\dfrac{c_{n+1}}{c_n}$:

Es ist

$$\frac{c_{n+1}}{c_n} = \frac{(1 + \frac{x}{n+1})^{n+1}}{(1 + \frac{x}{n})^n} = \frac{(\frac{n+1+x}{n+1})^{n+1}}{(\frac{n+x}{n})^n} = \frac{(n+1+x)^{n+1} \cdot n^n}{(n+1)^{n+1}(n+x)^n} = \frac{n+x}{n} \cdot [\frac{(n+1+x)^{n+1} \cdot n^n}{(n+1)^{n+1}(n+x)^{n+1}}] =$$

$$= \frac{n+x}{n} \cdot [\frac{(n+1+x) \cdot n}{(n+1) \cdot (n+x)}]^{n+1} = \frac{n+x}{n} \cdot [\frac{(n^2+n+xn+x) - x}{(n^2+nx+n+x)}]^{n+1} =$$

$$= \frac{n+x}{n} \cdot [1 + \frac{-x}{(n^2+nx+n+x)}]^{n+1}. \text{ Wie oben gezeigt, gilt } \frac{-x}{n^2+nx+n+x} > -1 \text{ für}$$

genügend große n, und deswegen auf Grund der Bernoullischen Ungleichung
auch die folgende Abschätzung :

$$\frac{c_{n+1}}{c_n} = \frac{n+x}{n} \cdot [1 + \frac{-x}{(n^2+nx+n+x)}]^{n+1} \geq \frac{n+x}{n} \cdot [1 + \frac{-(n+1) \cdot x}{(n^2+nx+n+x)}] =$$

$$= \frac{n+x}{n} \cdot [1 + \frac{-(n+1) \cdot x}{(n+1)(n+x)}] = \frac{n+x}{n} \cdot [\frac{n}{(n+x)}] = 1 .$$

b) $c_n = \left(1 + \dfrac{x}{n}\right)^n = \sum_{k=0}^{n} \binom{n}{k} \cdot \dfrac{x^k}{n^k} = \sum_{k=0}^{n} \dfrac{n \cdot (n-1) \cdot \ldots \cdot (n-(k-1))}{k!} \cdot \dfrac{x^k}{n^k} =$

$$\sum_{k=0}^{n} \underbrace{\frac{n \cdot (n-1) \cdot \ldots \cdot (n-(k-1))}{n^k}}_{\leq 1} \cdot \frac{x^k}{k!} \leq \sum_{k=0}^{n} \frac{x^k}{k!} \leq \sum_{k=0}^{\infty} \frac{x^k}{k!} .$$

c) Es sei $n \in \mathbb{N}$, $n > 2$ und $x > 0$. Dann gilt für alle $m > n$:

$$\left(1 + \frac{x}{m}\right)^m = \sum_{k=0}^{m} \binom{m}{k} \cdot \frac{x^k}{m^k} \geq$$

$$\geq \sum_{k=0}^{n} \frac{m \cdot (m-1) \cdot \ldots \cdot (m-(k-1))}{m^k} \cdot \frac{x^k}{k!} = \sum_{k=0}^{n} [(1 - \frac{1}{m}) \cdot (1 - \frac{2}{m}) \cdot \ldots (1 - \frac{(k-1)}{m})] \cdot \frac{x^k}{k!} .$$

Daraus folgt dann, dass

$$\lim_{m \to \infty} \left(1 + \frac{x}{m}\right)^m \geq \sum_{k=0}^{n} \lim_{m \to \infty} [(1 - \frac{1}{m}) \cdot (1 - \frac{2}{m}) \cdot \ldots (1 - \frac{(k-1)}{m})] \cdot \frac{x^k}{k!} = \sum_{k=0}^{n} \frac{x^k}{k!} \text{ für alle } n > 2 .$$

Also gilt $\displaystyle\sum_{k=0}^{\infty} \frac{x^k}{k!} = \lim_{n\to\infty} \sum_{k=0}^{n} \frac{x^k}{k!} \leq \lim_{m\to\infty}\left(1+\frac{x}{m}\right)^m$.

Lösung zu 19.:

Für die durch den Graphen der Funktion $y = 1 - x^2$ gegebene Parabel liegen die Punkte $A := (-1,0)$, $B := (1,0)$ und $C := (0,1)$ auf der Parabel, und das Dreieck ABC hat die Fläche 1. Beim ersten Schritt kommen die zwei schraffierten Dreiecke auf der linken Seite der Parabelachse dazu. Die Dreiecke mit der gemeinsamen Grundlinie **g**

haben beide die gleiche

Fläche $g \cdot h / 2$,

also

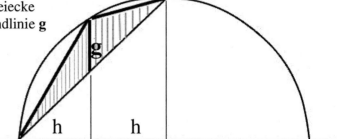

$$g \cdot h / 2 = \underbrace{[(1-(1/2)^2)-(1/2)]}_{=g} \cdot h/2 = (1/4)\cdot h/2 = (1/8)\cdot h = (1/8)\cdot(1/2) = 1/16.$$

Also beträgt beim ersten Schritt der Gesamtflächenzuwachs $4 \cdot (1/16) = 1/4$.

Die Konstruktion, die beim ersten Schritt über einem Intervall der Länge $1 = 2^0$ erfolgte, wird bei den nächsten Schritten nun jeweils über einem Intervall der Länge 2^k mit $k \geq 1$ ausgeführt. Diese Intervalle haben die Form $[\frac{m}{2^k}, \frac{m+1}{2^k}]$.

Die Fläche der über dem Intervall hinzukommenden Dreiecke berechnet sich wieder gemäß der gleichen Idee wie beim ersten Schritt:

Also ist der Flächenzuwachs über $[\frac{m}{2^k}, \frac{m+1}{2^k}]$

gleich $2 \cdot g \cdot h / 2 = g \cdot h = g \cdot (\frac{1}{2^{k+1}})$ mit

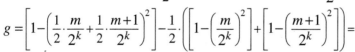

$$g = \left[1 - \left(\frac{1}{2}\cdot\frac{m}{2^k} + \frac{1}{2}\cdot\frac{m+1}{2^k}\right)^2\right] - \frac{1}{2}\cdot\left(\left[1-\left(\frac{m}{2^k}\right)^2\right] + \left[1-\left(\frac{m+1}{2^k}\right)^2\right]\right) =$$

$= \dfrac{1}{2^{2k+2}}$. Also ist der Flächenzuwachs über $[\frac{m}{2^k}, \frac{m+1}{2^k}]$ gleich $\dfrac{1}{2^{3(k+1)}}$ und

damit nicht abhängig von der Intervallposition.

Da der Flächenzuwachs beim (k-1)-ten Schritt auf dem gleichen Bereich gleich $\dfrac{1}{2}\cdot\dfrac{1}{2^{3k}} = \dfrac{1}{2^{3k+1}}$ ist erhält man also, dass

$$\frac{\text{Flächen-Zuwachs beim k-ten Schritt}}{\text{Fl.-Zuwachs beim (k-1)-ten Schritt auf dem gleichen Bereich}} = \frac{\dfrac{1}{2^{3(k+1)}}}{\dfrac{1}{2^{3k+1}}} =$$

$$= 2^{-3(k+1)+3k+1} = 2^{-2} = \frac{1}{4}.$$ Da dies für alle betroffenen Intervalle gilt, folgt die

Behauptung.

Lösung zu 20:

Zu jedem $\varepsilon > 0$ gibt es ein $n(\varepsilon) \in \mathbb{N}$ derart, dass $|c_n - c| < \dfrac{\varepsilon}{2}$ und $|d_n - d| < \dfrac{\varepsilon}{2}$ für

alle $n \geq n(\varepsilon)$ mit folgender Konsequenz: Zu jedem $\varepsilon > 0$ gibt es ein $n(\varepsilon) \in \mathbb{N}$

derart, dass $\quad |(c_n \pm d_n) - (c \pm d)| = |(c_n - c) \pm (d_n - d)| \leq |(c_n - c)| + |(d_n - d)| \leq$

$\leq \dfrac{\varepsilon}{2} + \dfrac{\varepsilon}{2} = \varepsilon$ für alle $n \geq n(\varepsilon)$. Aus $\lim\limits_{n \to \infty} (\dfrac{c_n}{d_n} - \dfrac{c}{d}) = \lim\limits_{n \to \infty} (\dfrac{c_n d - c d_n}{d_n d_n}) =$

$= \dfrac{\lim\limits_{n \to \infty} c_n d - \lim\limits_{n \to \infty} c d_n}{\lim\limits_{n \to \infty} d_n \lim\limits_{n \to \infty} d_n} = \dfrac{cd - cd}{d^2} = 0$ folgt schließlich die zweite Behauptung.

Lösung zu 21:

Wenn $\lim\limits_{N \to \infty} \sum\limits_{k=0}^{N} a_k = A$, dann gilbt es zu jedem $\varepsilon > 0$ ein $N(\varepsilon) \in \mathbb{N}$ derart, dass

$\left| \left(\sum\limits_{k=0}^{N} a_k \right) - A \right| < \varepsilon$ für alle $N \geq N(\varepsilon)$, also auch derart, dass $\left| \left(\sum\limits_{k=0}^{2N} a_k \right) - A \right| < \varepsilon$

für $N \geq N(\varepsilon)$. Also folgt, dass $\lim\limits_{N \to \infty} \sum\limits_{k=0}^{2N} a_k = A$.

Lösung zu 22:

a) $\left[\sqrt[q]{x} \cdot \sqrt[q]{y} \right]^q = \left[\sqrt[q]{x} \right]^q \cdot \left[\sqrt[q]{y} \right]^q = x \cdot y$, also $\sqrt[q]{x \cdot y} = \sqrt[q]{x} \cdot \sqrt[q]{y}$.

$\left(\dfrac{1}{\sqrt[q]{x}} \right)^q = \dfrac{1}{(\sqrt[q]{x})^q} = \dfrac{1}{x}$, also $\sqrt[q]{\dfrac{1}{x}} = \dfrac{1}{\sqrt[q]{x}}$.

b) $\left(\sqrt[q]{x} \right)^p \underset{\substack{\text{wegena)}}{=} \sqrt[q]{x^p}$, $(x \cdot y)^{\frac{p}{q}} = \left(\sqrt[q]{x \cdot y} \right)^p \underset{\substack{\text{wegena)}}{=} \left(\sqrt[q]{x} \cdot \sqrt[q]{y} \right)^p = \left(\sqrt[q]{x} \right)^p \cdot \left(\sqrt[q]{y} \right)^p =$

$= (x)^{\frac{p}{q}} \cdot (y)^{\frac{p}{q}}$. Aus a) folgt $\sqrt[q]{\dfrac{1}{x}} = \dfrac{1}{\sqrt[q]{x}}$ und damit $\left(\dfrac{1}{x} \right)^{\frac{p}{q}} = \left(\sqrt[q]{\dfrac{1}{x}} \right)^p = \left(\dfrac{1}{\sqrt[q]{x}} \right)^p =$

$= \dfrac{1}{\left(\sqrt[q]{x} \right)^p} = \dfrac{1}{(x)^{\frac{p}{q}}}$.

c) $\left((x)^{\frac{p}{q}}\right)^{q\cdot m} = \left(\left(\sqrt[q]{x}\right)^{p}\right)^{q\cdot m} = \left(\left(\sqrt[q]{x}\right)^{q}\right)^{p\cdot m} = x^{pm}$, also $(x)^{\frac{p}{q}} = x^{\frac{pm}{qm}}$.

d) $(x)^{\frac{p}{q}+\frac{\tilde{p}}{\tilde{q}}} = x^{\frac{p\tilde{q}+\tilde{p}q}{q\tilde{q}}} = \sqrt[q\tilde{q}]{x^{p\tilde{q}+\tilde{p}q}} = \sqrt[q\tilde{q}]{x^{p\tilde{q}}} \cdot \sqrt[q\tilde{q}]{x^{\tilde{p}q}} = (x)^{\frac{p}{q}} \cdot (x)^{\frac{\tilde{p}}{\tilde{q}}}$.

e) $x^{\frac{p}{q}} \cdot \sqrt[q]{\left(\frac{1}{x}\right)^{p}} = \sqrt[q]{x^{p}} \cdot \sqrt[q]{\left(\frac{1}{x}\right)^{p}} \overset{a)}{=} \sqrt[q]{x^{p} \cdot \left(\frac{1}{x^{p}}\right)} = 1$.

f) $\left(\sqrt[\tilde{q}]{\sqrt[q]{x}}\right)^{q\cdot\tilde{q}} = \left(\left(\sqrt[\tilde{q}]{\sqrt[q]{x}}\right)^{\tilde{q}}\right)^{q} = \left(\sqrt[q]{x}\right)^{q} = x$, also $x^{\frac{1}{q\tilde{q}}} = \sqrt[q\tilde{q}]{x} = \sqrt[\tilde{q}]{\sqrt[q]{x}} = \left(x^{\frac{1}{q}}\right)^{\frac{1}{\tilde{q}}}$.

g) Betrachten wir zunächst die Gleichung $\left(x^{r}\right)^{s} = x^{r\cdot s}$:

1.Fall: $r=\frac{p}{q}$, $s=\frac{\tilde{p}}{\tilde{q}}$: Wegen b) und f) gilt

$$\left(x^{r}\right)^{s} = \left(x^{\frac{p}{q}}\right)^{\frac{\tilde{p}}{\tilde{q}}} = \left(\left(x^{p}\right)^{\frac{1}{q}}\right)^{\tilde{p}}\right)^{\frac{1}{\tilde{q}}} \overset{b)}{=} \left(\left(x^{p\cdot\tilde{p}}\right)^{\frac{1}{q}}\right)^{\frac{1}{\tilde{q}}} \overset{f)}{=} \left(x^{p\cdot\tilde{p}}\right)^{\frac{1}{q\tilde{q}}} = x^{\frac{p\cdot\tilde{p}}{q\cdot\tilde{q}}} = x^{r\cdot s}.$$

2.Fall: $r=-\frac{p}{q}$, $s=\frac{\tilde{p}}{\tilde{q}}$:

$$\left(x^{r}\right)^{s} = \left(x^{-\frac{p}{q}}\right)^{\frac{\tilde{p}}{\tilde{q}}} \overset{e)}{=} \left(\left(\left(\frac{1}{x^{p}}\right)^{\frac{1}{q}}\right)^{\tilde{p}}\right)^{\frac{1}{\tilde{q}}} \overset{b)}{=} \left(\left(\frac{1}{x^{p\cdot\tilde{p}}}\right)^{\frac{1}{q}}\right)^{\frac{1}{\tilde{q}}} = \left(\left(\frac{1}{x}\right)^{p\cdot\tilde{p}}\right)^{\frac{1}{q\tilde{q}}} = \left(\frac{1}{x}\right)^{\frac{p\cdot\tilde{p}}{q\cdot\tilde{q}}} =$$

$$= (x)^{-\frac{p\cdot\tilde{p}}{q\cdot\tilde{q}}} = x^{r\cdot s}.$$

3.Fall: $r=-\frac{p}{q}$, $s=-\frac{\tilde{p}}{\tilde{q}}$: $\left(x^{r}\right)^{s} = \left(x^{-\frac{p}{q}}\right)^{-\frac{\tilde{p}}{\tilde{q}}} = \dfrac{1}{\left(\dfrac{1}{x^{\frac{p}{q}}}\right)^{\frac{\tilde{p}}{\tilde{q}}}} = (x)^{\frac{p\cdot\tilde{p}}{q\cdot\tilde{q}}} = x^{r\cdot s}$.

Nun zur Gleichung $\left(x\cdot y\right)^{r} = x^{r}\cdot y^{r}$: Für positives r folgt sie aus b), und für

negatives r gilt: $\left(x\cdot y\right)^{r} = (x\cdot y)^{-\frac{p}{q}} = \dfrac{1}{(x\cdot y)^{\frac{p}{q}}} = \dfrac{1}{x^{\frac{p}{q}}\cdot y^{\frac{p}{q}}} = x^{r}\cdot y^{r}$.

Es bleibt der Nachweis der Gleichung $(x)^{r+s} = x^r \cdot x^s$:

Im Fall $r, s > 0$ folgt sie aus d).

Für $r < 0$ und $s > 0$ gilt $r = -|r|$ mit $|r| \in \mathbb{Q}$, also

$$x^{r+s} = x^{s-|r|} = x^{\frac{p}{q} - \frac{\tilde{p}}{\tilde{q}}} = x^{\frac{p\tilde{q} - \tilde{p}q}{q\tilde{q}}} = \sqrt[q\tilde{q}]{x^{p\tilde{q} - \tilde{p}q}} = \sqrt[q\tilde{q}]{x^{p\tilde{q}} \cdot \left(\frac{1}{x}\right)^{\tilde{p}q}} \overset{a)}{=}$$

$$= \sqrt[q\tilde{q}]{x^{p\tilde{q}}} \cdot \sqrt[q\tilde{q}]{\left(\frac{1}{x}\right)^{\tilde{p}q}} = x^{\frac{p\tilde{q}}{q\tilde{q}}} \cdot x^{\frac{-\tilde{p}q}{q\tilde{q}}} = x^r \cdot x^s. \text{ Die anderen Fälle können ganz ent-}$$

sprechend behandelt werden.

h) Die Äquivalenz $x > y \Leftrightarrow x^p > y^p$ zeigt man leicht durch vollständige In-

duktion; denn aus $x > y$ (bzw. $x \leq y$) und $x^p > y^p$ (bzw. $x^p \leq y^p$) folgt

$x^{p+1} = x \cdot x^p > y \cdot x^p > y \cdot y^p = y^{p+1}$ (bzw. $x \cdot x^p \leq y \cdot x^p \leq y \cdot y^p = y^{p+1}$).

Die Äquivalenz $x > y \Leftrightarrow x^{\frac{p}{q}} > y^{\frac{p}{q}}$ erhält man aus der vorangegangenen, indem

man $x^{\frac{p}{q}}$ und $y^{\frac{p}{q}}$ an Stelle von x und y in die Äquivalenz $x > y \Leftrightarrow x^q > y^q$

einsetzt: $x^{\frac{p}{q}} > y^{\frac{p}{q}} \Leftrightarrow \left(x^{\frac{p}{q}}\right)^q > \left(y^{\frac{p}{q}}\right)^q \Leftrightarrow x^p > y^p \Leftrightarrow x > y$. Daraus ergibt sich

die dritte Äquivalenz folgendermaßen: $\qquad x^{-\frac{p}{q}} < y^{-\frac{p}{q}} \Leftrightarrow \dfrac{1}{x^{\frac{p}{q}}} < \dfrac{1}{y^{\frac{p}{q}}} \Leftrightarrow$

$\Leftrightarrow y^{\frac{p}{q}} < x^{\frac{p}{q}} \Leftrightarrow y < x$.

i) Aus $\dfrac{p}{q} < \dfrac{\tilde{p}}{\tilde{q}}$ folgt $\dfrac{\tilde{p}}{\tilde{q}} - \dfrac{p}{q} > 0$.   Die Anwendung von h) ergibt dann, dass

$x > 1 \Leftrightarrow x^{\frac{\tilde{p}}{\tilde{q}} - \frac{p}{q}} > 1^{\frac{\tilde{p}}{\tilde{q}} - \frac{p}{q}} \Leftrightarrow x^{\frac{\tilde{p}}{\tilde{q}} - \frac{p}{q}} > 1 \Leftrightarrow x^{\frac{\tilde{p}}{\tilde{q}}} > x^{\frac{p}{q}}$ und weiter:

$1 > x \Leftrightarrow 1^{\frac{\tilde{p}}{\tilde{q}} - \frac{p}{q}} > x^{\frac{\tilde{p}}{\tilde{q}} - \frac{p}{q}} \Leftrightarrow 1 > x^{\frac{\tilde{p}}{\tilde{q}} - \frac{p}{q}} \Leftrightarrow x^{\frac{p}{q}} > x^{\frac{\tilde{p}}{\tilde{q}}}$.

j) Aus $x > 1$ und $\dfrac{1}{n+1} < \dfrac{1}{n}$ folgt wegen i), dass $x^{\frac{1}{n}} > x^{\frac{1}{n+1}}$. Die Folge $\left(x^{\frac{1}{n}}\right)_{n \geq 1}$

ist also monoton fallend. Da außerdem $x^{\frac{1}{n}} > 1^{\frac{1}{n}} = 1$ für alle n gilt, ist

$\left(x^{\frac{1}{n}}\right)_{n \geq 1}$ nach unten beschränkt und damit konvergent mit $\displaystyle\lim_{n \to \infty} x^{\frac{1}{n}} \geq 1$.

Aus $\sqrt{\lim\limits_{n\to\infty} x^{\frac{1}{n}}} = \lim\limits_{n\to\infty}\sqrt{x^{\frac{1}{n}}} = \lim\limits_{n\to\infty} x^{\frac{1}{2n}} = \lim\limits_{n\to\infty} x^{\frac{1}{n}} = \sqrt{\lim\limits_{n\to\infty} x^{\frac{1}{n}}}\cdot\sqrt{\lim\limits_{n\to\infty} x^{\frac{1}{n}}}$ folgt

dann, dass $\lim\limits_{n\to\infty} x^{\frac{1}{n}} = 1$.

k) Wegen a) ist $\sqrt[n]{\frac{1}{x}} = \frac{1}{\sqrt[n]{x}}$. Aus $0 < x < 1$ folgt, dass $\frac{1}{x} > 1$ und damit folgt

wegen j), dass $\lim\limits_{n\to\infty}(x)^{\frac{1}{n}} = \lim\limits_{n\to\infty}\dfrac{1}{\left(\frac{1}{x}\right)^{\frac{1}{n}}} = \dfrac{1}{\lim\limits_{n\to\infty}\left(\frac{1}{x}\right)^{\frac{1}{n}}} = 1$. Die Gleichung

$\lim\limits_{n\to\infty}(x)^{-\frac{1}{n}} = \lim\limits_{n\to\infty}\dfrac{1}{(x)^{\frac{1}{n}}} = \dfrac{1}{\lim\limits_{n\to\infty}(x)^{\frac{1}{n}}} = 1$ gilt demzufolge für alle $x > 0$.

l) Für jedes $m \in \mathbb{N}$ gilt: Schließlich alle r_n genügen der Relation

$-\frac{1}{m} < r_n < \frac{1}{m}$, aus der $x^{-\frac{1}{m}} < x^{r_n} < x^{\frac{1}{m}}$ (im Fall x>1) oder $x^{-\frac{1}{m}} > x^{r_n} > x^{\frac{1}{m}}$ (im

Fall x<1) folgt. Wegen $\lim\limits_{m\to\infty}(x)^{-\frac{1}{m}} = \lim\limits_{m\to\infty}(x)^{\frac{1}{m}} = 1$ gilt also auch

$\lim\limits_{m\to\infty}(x)^{r_m} = 1$.

Lösung 23:

a) Es sei R eine rationale Zahl mit $\rho < R$. Im Falle $x > 1$ gilt dann für alle n,

dass $x^{r_n} < x^{r_{n+1}} < x^R$, während im Falle $x < 1$ für alle n die Relation

$x^{r_n} > x^{r_{n+1}} > x^R$ gilt. In jedem Falle ist also $\left(x^{r_n}\right)_{n\geq 0}$ monoton fallend bzw.

steigend und beschränkt und damit konvergent.

b) Wegen $\lim\limits_{n\to\infty}(r_n - \tilde{r}_n) = 0$ und Aufg.22, l) folgt $\lim\limits_{n\to\infty} x^{(r_n - \tilde{r}_n)} = 1$. Aus

$x^{\tilde{r}_n} = x^{r_n - (r_n - \tilde{r}_n)} = x^{r_n}\cdot x^{(r_n - \tilde{r}_n)}$ ergibt sich dann die Konvergenz von

$\left(x^{\tilde{r}_n}\right)_{n\geq 0}$ und weiter die Gleichung $\lim\limits_{n\to\infty} x^{\tilde{r}_n} = (\lim\limits_{n\to\infty} x^{r_n})\cdot\lim\limits_{n\to\infty} x^{(r_n - \tilde{r}_n)} =$

$= (\lim\limits_{n\to\infty} x^{r_n})\cdot 1 = \lim\limits_{n\to\infty} x^{r_n}$.

c) Wegen $\lim\limits_{n\to\infty}(\rho - r_n) = 0$ und Aufg.22, l) folgt $\lim\limits_{n\to\infty} x^{(r_n - \rho)} = 1$. Also hat

$x^{r_n} = x^{\rho + (r_n - \rho)} = x^\rho \cdot x^{(r_n - \rho)}$ die Gleichung $\lim\limits_{n\to\infty} x^{r_n} = x^\rho \cdot \lim\limits_{n\to\infty} x^{(r_n - \rho)} =$

$= x^\rho \cdot 1 = x^\rho$ zur Folge.

d) Es seien $(r_n)_{n\geq 0}$ und $(\tilde{r}_n)_{n\geq 0}$ gegen ρ bzw. gegen $\tilde{\rho}$ konvergente Folgen rationaler Zahlen. Dann gilt:

$$(x \cdot y)^{\rho} = (x \cdot y)n^{\lim_{n \to \infty} r_n} = \lim_{n \to \infty} (x \cdot y)^{r_n} = \lim_{n \to \infty} (x^{r_n} \cdot y^{r_n}) =$$

$$= \lim_{n \to \infty} (x^{r_n}) \cdot \lim_{n \to \infty} (y^{r_n}) = x^{\rho} \cdot x^{\tilde{\rho}} \quad \text{und weiter:} \quad (x)^{r+\tilde{r}} = (x)n^{\lim_{n \to \infty}(r_n + \tilde{r}_n)} =$$

$$= \lim_{n \to \infty} x^{(r_n + \tilde{r}_n)} = \lim_{n \to \infty} (x^{r_n} \cdot x^{\tilde{r}_n}) = \lim_{n \to \infty} (x^{r_n}) \cdot \lim_{n \to \infty} (x^{\tilde{r}_n}) = x^{\rho} \cdot x^{\tilde{\rho}}.$$

e) Wegen d) ist $1 = x^0 = x^{(\rho + (-\rho))} = x^{\rho} \cdot x^{-\rho}$, woraus folgt, dass

$$x^{\rho} > 0 \quad \text{und} \quad x^{-\rho} = \frac{1}{x^{\rho}} = \frac{1}{\lim_{n \to \infty} x^{r_n}} = \lim_{n \to \infty} (\frac{1}{x^{r_n}}) = \lim_{n \to \infty} (\frac{1}{x})^{r_n} = \left(\frac{1}{x}\right)^{\rho}.$$

f) 1.Fall: $x > 1$: Wenn $\rho < \tilde{\rho}$, dann gibt es zwei Folgen $(r_n)_{n \geq 0}$ und $(\tilde{r}_n)_{n \geq 0}$

in $\mathbb{Q}$ mit $r_n < \tilde{r}_n$, $\lim_{n \to \infty} r_n = \rho$ und $\lim_{n \to \infty} \tilde{r}_n = \tilde{\rho}$. Daraus folgt nun $x^{r_n} < x^{\tilde{r}_n}$

und weiter: $x^{\rho} = \lim_{n \to \infty} x^{r_n} \leq \lim_{n \to \infty} x^{\tilde{r}_n} = x^{\tilde{\rho}}$. Den zweiten Fall bearbeitet man

ganz entsprechend.

g) Für jedes $m \in \mathbb{N}$ gilt: Schließlich alle ρ_n genügen der Relation

$$-\frac{1}{m} < \rho_n < \frac{1}{m}, \text{ aus der } x^{-\frac{1}{m}} < x^{\rho_n} < x^{\frac{1}{m}} \text{ (im Fall } x > 1\text{) oder } x^{-\frac{1}{m}} > x^{\rho_n} > x^{\frac{1}{m}}$$

(im Fall $x < 1$) folgt. Wegen $\lim_{m \to \infty} (x)^{-\frac{1}{m}} = \lim_{m \to \infty} (x)^{\frac{1}{m}} = 1$ gilt also auch

$\lim_{m \to \infty} x^{\rho_m} = 1$.

h) Als Konsequenz aus g) und d) erhält man, dass

$$\lim_{n \to \infty} x^{\rho_n} = \lim_{n \to \infty} (x^{\rho} \cdot x^{(\rho_n - \rho)}) = x^{\rho} \cdot \lim_{n \to \infty} x^{(\rho_n - \rho)} = x^{\rho} \cdot 1 = x^{\rho}.$$

i) Es gilt $\left(x^{\rho}\right)^{\tilde{\rho}} = \lim_{n \to \infty} (x^{\rho})^{\tilde{r}_n} = \lim_{n \to \infty} (\lim_{m \to \infty} x^{r_m})^{\tilde{r}_n} =$

$$= \lim_{n \to \infty} (\lim_{m \to \infty} (x^{r_m})^{\tilde{r}_n}) = \lim_{n \to \infty} (x^{\rho \cdot \tilde{r}_n}) = x^{\rho \cdot \tilde{\rho}}. \text{ Dabei wurde in der 3ten Glei-}$$

chung die in 2.5.1. Beispiel 4 bewiesene Stetigkeit von $x \to x^{r_n}$ verwendet.

j) Aus $x^{\rho} = y^{\rho}$ und $\rho \neq 0$ folgt wegen i), dass $x = \left(x^{\rho}\right)^{\frac{1}{\rho}} = \left(y^{\rho}\right)^{\frac{1}{\rho}} = y$.

k) Die Behauptung ergibt sich sofort aus f) und j).

l) Wegen Aufg.22, h) erhält man folgendes Ergebnis: $x < y$ impliziert $x^{\rho} \leq y^{\rho}$, wenn $\rho > 0$; und $x < y$ impliziert $x^{\rho} \geq y^{\rho}$, wenn $\rho < 0$. Da der Fall

$x^{\rho} = y^{\rho}$ wegen j) hier nicht vorkommen kann, ergibt sich daraus sofort Behauptung l).

Lösung zu 24:

Ist $x \in \mathbb{R} \setminus \{0\}$ und $x > -1$, so gilt für $n = 2$ die Ungleichung $(1+x)^n = 1 + 2x + x^2$ $> 1 + 2x = 1 + n \cdot x$. Außerdem kann man aus der Annahme, dass $(1+x)^n > 1 + n \cdot x$ für irgendein $n \geq 2$ gilt, die Ungleichung $(1+x)^{n+1} = (1+x)^n \cdot (1+x) > (1 + (n+1)x)$ ableiten. Damit ist der Nachweis durch Induktion erbracht.

Lösung zu 25:

Für $c := \lim\limits_{n\to\infty} y_n$ gilt: $c = \lim\limits_{n\to\infty} y_{n+1} = (1/k) \cdot (k-1) \cdot \lim\limits_{n\to\infty} y_n +$

$+ (1/k) \cdot \dfrac{a}{\lim\limits_{n\to\infty} (y_n)^{k-1}} = \dfrac{(k-1)}{k} \cdot c + \dfrac{a}{k \cdot c^{k-1}}$, also $c = \dfrac{a}{c^{k-1}}$ und damit $c^k = a$.

Lösung zu 26:

Alle $\left| x_i \right|$ liegen unterhalb eines geeigneten $b > 0$, sodass zu vorgegebenem

$\varepsilon > 0$ ein $N(\varepsilon)$ derart existiert, dass $\left| \sum\limits_{n=N(\varepsilon)}^{\infty} \dfrac{x^n}{n!} \right| \leq \sum\limits_{n=N(\varepsilon)}^{\infty} \dfrac{|x|^n}{n!} \leq \sum\limits_{n=N(\varepsilon)}^{\infty} \dfrac{b^n}{n!} < \varepsilon$

für alle $x \leq b$. Außerdem gilt wegen der Summen- und Produkt-regel für die Grenzwertbildung (siehe Kap.II, Anfang von 2.5.1.), dass

$\left| \sum\limits_{n=0}^{N(\varepsilon)-1} \dfrac{(x_m)^n}{n!} - \sum\limits_{n=0}^{N(\varepsilon)-1} \dfrac{(x_0)^n}{n!} \right| < \varepsilon$ für schließlich alle x_m; weshalb dann auch

die Abschätzung $\left| \sum\limits_{n=0}^{\infty} \dfrac{(x_m)^n}{n!} - \sum\limits_{n=0}^{\infty} \dfrac{(x_0)^n}{n!} \right| \leq$

$\leq \left| \sum\limits_{n=0}^{N(\varepsilon)-1} \dfrac{(x_m)^n}{n!} - \sum\limits_{n=0}^{N(\varepsilon)-1} \dfrac{(x_0)^n}{n!} - [\sum\limits_{n=N(\varepsilon)}^{\infty} \dfrac{(x_0)^n}{n!} - \sum\limits_{n=N(\varepsilon)}^{\infty} \dfrac{(x_m)^n}{n!}] \right| \leq$

$\leq \underbrace{\left| \sum\limits_{n=0}^{N(\varepsilon)-1} \dfrac{(x_m)^n}{n!} - \sum\limits_{n=0}^{N(\varepsilon)-1} \dfrac{(x_0)^n}{n!} \right|}_{\leq \varepsilon} + \underbrace{\left| \sum\limits_{n=N(\varepsilon)}^{\infty} \dfrac{(x_m)^n}{n!} - \sum\limits_{n=N(\varepsilon)}^{\infty} \dfrac{(x_0)^n}{n!} \right|}_{\leq 2\varepsilon} \leq 3\varepsilon$ für

schließlich alle x_m gilt.

Lösungen zu Aufgaben von Kap.III

Lösung zu 1:

Als Formel für $f^{-1}(y)$ kommt nur

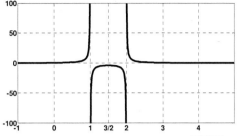

$f^{-1}(y) = \dfrac{3}{2} - \sqrt{\dfrac{1}{y} + \dfrac{1}{4}}$ in Frage. Jedes

$y > 0$ und jedes $y \leq -4$ ist also

Funktionswert von f, sodass

$f^{-1} : \ ]-\infty, -4] \cup \ ]0, \infty[\ \rightarrow \ \left]-\infty, \dfrac{3}{2}\right] \backslash \{1\}$ definiert ist durch $f^{-1}(y) = \dfrac{3}{2} - \sqrt{\dfrac{1}{y} + \dfrac{1}{4}}$.

Die Argumentation für g erfolgt ganz entsprechend.

Lösung zu 2:

$$p(x) = 3 \cdot p_1(x) - p_2(x) + p_3(x) \text{ mit } p_1(x) := \frac{(x-5)(x-6)}{(3-5)(3-6)}, \quad p_2(x) := \frac{(x-3)(x-6)}{(5-3)(5-6)}$$

und $p_3(x) := \dfrac{(x-3)(x-5)}{(6-3)(6-5)}$, also $p(x) = \dfrac{4}{3}x^2 - \dfrac{38}{3}x + 29$.

Lösung zu 3:

Für jedes x und jede Folge $(x_n)_{n \geq 1}$ aus dem Definitionsbereich mit $\lim\limits_{n \to \infty} x_n = x$

gilt $\lim\limits_{n \to \infty} (f + g)(x_n) = \lim\limits_{n \to \infty} (f(x_n) + g(x_n)) = \lim\limits_{n \to \infty} (f(x_n)) + \lim\limits_{n \to \infty} (g(x_n)) =$

$= f(x) + g(x) = (f + g)(x)$, $\qquad \lim\limits_{n \to \infty} (f \cdot g)(x_n) = \lim\limits_{n \to \infty} (f(x_n) \cdot g(x_n)) =$

$= \lim\limits_{n \to \infty} (f(x_n)) \cdot \lim\limits_{n \to \infty} (g(x_n)) = f(x) \cdot g(x) = (f \cdot g)(x)$ und

$\lim\limits_{n \to \infty} (f \circ g)(x_n) = \lim\limits_{n \to \infty} f(g(x_n)) = f(\lim\limits_{n \to \infty} g(x_n)) = f(g(x)) = (f \circ g)(x)$.

Lösung zu 4:

Der Umkehrsatz aus III.1.4. liefert die Stetigkeit von $y \to y^{\frac{1}{q}}$. Da außerdem

$x \to x^p$ stetig ist, ist auch die Hintereinanderschaltung $x \to x^p \to \left(x^p\right)^{\frac{1}{q}}$ stetig.

Lösung zu 5:

a) Auf Grund des Umkehrsatzes aus III.1.4. und der Stetigkeit und Monotonie der Exponentialfunktion folgen für die log-Funktion die entsprechenden Monotonie-und Stetigkeits-Aussagen.

b) $\log(x \cdot y) = \log(x) + \log(y)$ gilt, weil $a^{\log(x)+\log(y)} = a^{\log(x)} \cdot a^{\log(y)} = x \cdot y$

c) $\log(x^y) = y \cdot \log(x)$ gilt, weil $a^{\log(x) \cdot y} = \left(a^{\log(x)}\right)^y = x^y$.

d) $\log(1) = 0$ wegen $a^0 = 1$ e) $\log(a) = 1$ wegen $a^1 = a$

g) $\log\left(\dfrac{x}{y}\right) = \log(x) - \log(y)$ gilt wegen $a^{\log(x)-\log(y)} = \dfrac{a^{\log(x)}}{a^{\log(y)}} = \dfrac{x}{y}$.

h) $\log\left(\sqrt[p]{x}\right) = \dfrac{1}{p} \cdot \log(x)$ gilt wegen $a^{\log(x) \cdot \frac{1}{p}} = \left(a^{\log(x)}\right)^{\frac{1}{p}} = x^{\frac{1}{p}} = \sqrt[p]{x}$.

Lösung zu 6:

Das Monotonieverhalten der Potenzfunktion $g_\zeta : \,]0,\infty[\,\to\,]0,\infty[$ folgt aus den

Ergebnissen von Aufgabe 5 $x \to x^\zeta$

und der Relation $x^\zeta = a^{\log(x) \cdot \zeta}$.

Außerdem gilt wegen Aufgabe 23d) aus Kap.II, dass $g_\zeta(x \cdot y) = g_\zeta(x) \cdot g_\zeta(y)$.

Die Stetigkeit der Potenzfunktion ergibt sich aus der Stetigkeit der Funktionen

$y \to a^y$ und $x \to \zeta \cdot \log(x)$, da sie als deren Hintereinanderschaltung dargestellt

werden kann; denn $x^\zeta = a^{\log(x) \cdot \zeta}$.

Lösung zu 7:

a) $\cos(\varphi) = \cos\left(\dfrac{\varphi}{2} + \dfrac{\varphi}{2}\right) = \cos(\dfrac{\varphi}{2})\cos(\dfrac{\varphi}{2}) - \sin(\dfrac{\varphi}{2})\sin(\dfrac{\varphi}{2}) = \cos^2(\dfrac{\varphi}{2}) - \underbrace{\sin^2(\dfrac{\varphi}{2})}_{=1-\cos^2(\frac{\varphi}{2})} \ =$

$= 2\cos^2(\dfrac{\varphi}{2}) - 1$.

b) $\sin(\varphi) = \sin\left(\dfrac{\varphi}{2} + \dfrac{\varphi}{2}\right) = \sin(\dfrac{\varphi}{2})\cos(\dfrac{\varphi}{2}) + \cos(\dfrac{\varphi}{2})\sin(\dfrac{\varphi}{2}) = 2\sin(\dfrac{\varphi}{2})\cos(\dfrac{\varphi}{2})$.

c) Aus $\sin(\varphi) = \sin\left(\dfrac{\varphi+\psi}{2} + \dfrac{\varphi-\psi}{2}\right) =$

$= \sin(\dfrac{\varphi+\psi}{2}) \cdot \cos(\dfrac{\varphi-\psi}{2}) + \cos(\dfrac{\varphi+\psi}{2}) \cdot \sin(\dfrac{\varphi-\psi}{2})$ und

$\sin(\psi) = \sin(\dfrac{\varphi+\psi}{2} - \dfrac{\varphi-\psi}{2}) = \sin(\dfrac{\varphi+\psi}{2}) \cdot \cos(\dfrac{\varphi-\psi}{2}) - \cos(\dfrac{\varphi+\psi}{2}) \cdot \sin(\dfrac{\varphi-\psi}{2})$

folgt: $\sin(\varphi) + \sin(\psi) = 2\sin(\dfrac{\varphi+\psi}{2}) \cdot \cos(\dfrac{\varphi-\psi}{2})$.

Lösung zu 8: $f : \left] -\dfrac{3}{7}, \infty \right[\to \mathbb{R}$ ist umkehrbar mit $f^{-1}(y) = \dfrac{1}{7} \cdot e^y - \dfrac{3}{7}$.

$$f(x) := \ln(7x+3)$$

Lösung zu 9: Für $x > 0$ gilt: $x^{\sqrt{2}} = \left[e^{\ln(x)}\right]^{\sqrt{2}} = e^{\sqrt{2}\cdot\ln(x)}$.

Lösung zu 10: $f : \left[-\dfrac{\pi}{2}, \dfrac{\pi}{2}\right] \to \left[\dfrac{1}{e}, e\right]$ mit $f(x) := e^{\sin(x)}$ ist umkehrbar und

$f^{-1}(y) = \arcsin(\ln(y))$.

Lösung zu 11:

a) Durchmultiplizieren mit $x^2 - 9$ ergibt, dass nur $x = 3$ in Frage kommt. Da für $x = 3$ die linke Seite der Gleichung keinen Sinn macht, gibt es kein reelles x, welches der Gleichung genügt.

b) Für $y := e^x$ gilt $y^2 + y - 2 = 0$, weshalb für y nur die Werte 1 und –2 in Frage kommen. Also muss $x = 0$ gelten.

c) $|5 - 3x| < 2 \Leftrightarrow \big[(5 - 3x \geq 0 \text{ und } 5 - 3x < 2) \text{ oder } (5 - 3x < 0 \text{ und } -5 + 3x < 2) \big] \Leftrightarrow$

$\Leftrightarrow \left[\left(x \leq \dfrac{5}{3} \text{ und } x > 1 \right) \text{ oder } \left(x > \dfrac{5}{3} \text{ und } x < \dfrac{7}{3} \right) \right] \Leftrightarrow$

$\Leftrightarrow \left[x \in \left]1, \dfrac{5}{3}\right] \text{ oder } x \in \left]\dfrac{5}{3}, \dfrac{7}{3}\right[\right] \Leftrightarrow x \in \left]1, \dfrac{7}{3}\right[$.

Lösung zu 12:

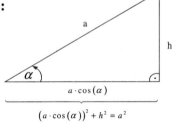

$$a^2 \cdot (\cos(\alpha))^2 + h^2 = a^2$$
$$c^2 - 2a \cdot c \cdot \cos(\alpha) + a^2 (\cos(\alpha))^2 + h^2 = b^2$$

$$\overline{}$$

$-c^2 + 2a \cdot c \cdot \cos(\alpha) = a^2 - b^2$, also $-c^2 + 2a \cdot c \cdot \cos(\alpha) = a^2 - b^2$.

Lösung zu 13:

a) $(\text{Nullstellenmenge von f}) = \left\{ \dfrac{1}{8} + k \cdot \dfrac{\pi}{8} \,\middle|\, k \in \mathbb{Z} \right\}$

b) $(\text{Nullstellenmenge von g}) = \left\{ e^{k \cdot \pi} \,\middle|\, k \in \mathbb{Z} \right\}$

c)$\left(\text{Nullstellenmenge von h}\right)=\left\{\sqrt{n}\cdot\sqrt{\pi}\,\middle|\,n\in\mathbb{N}_0\right\}\cup\left\{-\sqrt{n}\cdot\sqrt{\pi}\,\middle|\,n\in\mathbb{N}_0\right\}$

Lösung zu 14: $\quad r(x)=\dfrac{(x-2)}{(x-1)(x-3)(x-5)}$

Lösung zu 15: Anwendung des Gaußverfahrens führt auf

$$\left.\begin{matrix} 3 & p & 1 \\ 0 & -\frac{5}{3}p & \frac{1}{3} \\ 0 & 0 & 0 \end{matrix}\,\right|\begin{matrix} 0 \\ 0 \\ 0 \end{matrix}$$

Im Fall $p\neq 0$ ist die Lösungsmenge nicht einpunktig;

Im Fall $p=0$ ist die Lösungsmenge ebenfalls nicht einpunktig.

Also: Für kein p existiert genau eine Lösung.

Lösung zu 16:

Die Koordinaten von N ergeben sich aus der Lage von $\overline{A_1 N}$ mit

$N=\begin{pmatrix} a \\ 0 \end{pmatrix}-\begin{pmatrix} 2b\cos(\varphi) \\ 2b\sin(\varphi) \end{pmatrix}$. Dementsprechend gilt

$M=\dfrac{1}{2}A_2+\dfrac{1}{2}N=\dfrac{1}{2}\begin{pmatrix} -a \\ 0 \end{pmatrix}+\dfrac{1}{2}\begin{pmatrix} a \\ 0 \end{pmatrix}-\begin{pmatrix} b\cos(\varphi) \\ b\sin(\varphi) \end{pmatrix}=$

$=-\begin{pmatrix} b\cos(\varphi) \\ b\sin(\varphi) \end{pmatrix}$

und

$\overline{A_2 N}=N-A_2=\begin{pmatrix} a \\ 0 \end{pmatrix}-\begin{pmatrix} 2b\cos(\varphi) \\ 2b\sin(\varphi) \end{pmatrix}-\begin{pmatrix} -a \\ 0 \end{pmatrix}=\begin{pmatrix} 2a-2b\cos(\varphi) \\ -2b\sin(\varphi) \end{pmatrix}.$

Natürlich ist dann $\begin{pmatrix} 2b\sin(\varphi) \\ 2a-2b\cos(\varphi) \end{pmatrix}$ orthogonal zu $\overline{A_2 N}$ und hat die gleiche

Länge wie $\overline{A_2 N}$. Wegen $\left|\overline{MB_2}\right|=\left|\overline{A_2 M}\right|\cdot cotg(\vartheta)=\dfrac{\left|\overline{A_2 N}\right|}{2}\cdot cotg(\vartheta)$ gilt also:

$B_2=M+\dfrac{\left|\overline{A_2 N}\right|}{2}\cdot cotg(\vartheta)\cdot\begin{pmatrix} 2b\sin(\varphi) \\ 2a-2b\cos(\varphi) \end{pmatrix}\cdot\dfrac{1}{\left|\overline{A_2 N}\right|}=M+\begin{pmatrix} b\sin(\varphi)\cdot cotg(\vartheta) \\ (a-b\cos(\varphi))\cdot cotg(\vartheta) \end{pmatrix}=$

$=\begin{pmatrix} -b\cos(\varphi)+b\sin(\varphi)\cdot cotg(\vartheta) \\ -b\sin(\varphi)+(a-b\cos(\varphi))\cdot cotg(\vartheta) \end{pmatrix}.$ Also: $D=B_2+b\cdot\begin{pmatrix} \cos(\varphi) \\ \sin(\varphi) \end{pmatrix}=$

$=\begin{pmatrix} b\sin(\varphi)cotg(\vartheta) \\ (a-b\cos(\varphi))cotg(\vartheta) \end{pmatrix}$; weshalb $C=\begin{pmatrix} b\sin(\varphi)cotg(\vartheta) \\ (a-b\cos(\varphi))cotg(\vartheta) \end{pmatrix}+\begin{pmatrix} c\sin(\varphi) \\ -c\cos(\varphi) \end{pmatrix}.$

Für die Koordinaten x und y von C gilt demnach: $x=(b\cdot cotg(\vartheta)+c)\cdot\sin(\varphi)$ und $y=a\cdot cotg(\vartheta)-(b\cdot cotg(\vartheta)+c)\cdot\cos(\varphi)$. Wegen des Cosinussatzes (siehe Aufg.12), angewandt auf das Dreieck $A_2 MO$, gilt:

$a^2 + b^2 - 2ab\cos(\varphi) = r^2\sin^2(\vartheta)$, also

$\cos(\varphi) = \dfrac{1}{2ab} \cdot \left[a^2 + b^2 - r^2 \cdot \sin^2(\vartheta) \right]$ und $\sin(\varphi) = \sqrt{1 - \cos^2(\varphi)} =$

$= \sqrt{1 - \dfrac{1}{4a^2b^2} \cdot \left[a^2 + b^2 - r^2 \cdot \sin^2(\vartheta) \right]^2} = \dfrac{1}{2ab} \cdot \sqrt{4a^2b^2 - \left[a^2 + b^2 - r^2 \cdot \sin^2(\vartheta) \right]^2}$

Damit kann φ aus den Formeln für x und y eliminiert werden, und zwar mit folgendem Ergebnis:

$$x(\vartheta) = \frac{b \cdot ctg(\vartheta) + c}{2ab} \sqrt{4a^2b^2 - (a^2 + b^2 - r^2\sin^2(\vartheta))^2}$$

$$y(\vartheta) = a \cdot ctg(\vartheta) - \frac{b \cdot ctg(\vartheta) + c}{2ab} \cdot (a^2 + b^2 - r^2\sin^2(\vartheta)).$$

Lösung zu 17:

a) ergibt sich aus folgenden Gleichungen: $f(n) = f(1 + 1 + \ldots + 1) = n \cdot f(1)$ ($n \in \mathbb{N}$), $f(0) = f(0) + f(0)$, also $f(0) = 0$, $f(-n) + f(n) = f(-n + n) = f(0) = 0$, also $f(-n) = -f(n) = -n \cdot f(1)$.

b) Aus $f(1) = f(q \cdot \dfrac{1}{q}) = f(\dfrac{1}{q} + \dfrac{1}{q} + \ldots + \dfrac{1}{q}) = q \cdot f(\dfrac{1}{q})$ folgt $f(\dfrac{1}{q}) = f(1) \cdot \dfrac{1}{q}$ und

weiter $f(p \cdot \dfrac{1}{q}) = f(\dfrac{1}{q} + \dfrac{1}{q} + \ldots + \dfrac{1}{q}) = p \cdot f(\dfrac{1}{q}) = p \cdot f(1) \cdot \dfrac{1}{q} = \dfrac{p}{q} \cdot f(1)$.

c) Zu $r \in \mathbb{R}$ existiert eine Folge $\left(\dfrac{p_n}{q_n} \right)_{n \geq 1}$ mit $\lim\limits_{n \to \infty} \left(\dfrac{p_n}{q_n} \right) = r$. Die für f voraus-

gesetzte Stetigkeit erlaubt dann die Schlussfolgerung $f(r) = f(\lim\limits_{n \to \infty} \left(\dfrac{p_n}{q_n} \right)) =$

$= \lim\limits_{n \to \infty} f(\left(\dfrac{p_n}{q_n} \right)) = \lim\limits_{n \to \infty} f(1) \cdot \dfrac{p_n}{q_n} = f(1) \cdot \lim\limits_{n \to \infty} \dfrac{p_n}{q_n} = f(1) \cdot r$.

Lösung zu 18:

$\tilde{f} : \mathbb{R} \to \mathbb{R}$ mit $\tilde{f}(x) := \log_a(f(x))$ ist stetig und genügt der Funktional-gleichung

$\tilde{f}(x + y) = \log_a(f(x + y)) = \log_a(f(x) \cdot f(y)) = \log_a(f(x)) + \log_a(f(y)) =$

$= \tilde{f}(x) + \tilde{f}(y)$; weshalb wegen 17c) $\tilde{f}(x) = \underbrace{\tilde{f}(1)}_{= \log_a(f(1)) = \log_a(a) = 1} \cdot x = x$

und damit $f(x) = a^{\log_a(f(x))} = a^{\tilde{f}(x)} = a^x$ für alle $x \in \mathbb{R}$ gilt.

Bemerkung: Im Sonderfall a=1 ist $\log_a$ nicht definiert, aber in diesem Fall ist $f(1) = a = 1$ und auch $f(0) = 1$ - wegen $f(0) = f(0 + 0) = f(0) \cdot f(0)$ -, also

$$f(n) = f(1) \cdot f(1) \cdot \ldots \cdot f(1) = 1 \text{ und weiter } 1 = f(n\tfrac{1}{n}) = \left(f(\tfrac{1}{n})\right)^n, \text{ woraus } f(\tfrac{1}{n}) = 1$$

$$\text{und } f(\tfrac{m}{n}) = \left(f(\tfrac{1}{n})\right)^m = (1)^m = 1 = f(0) = f(\tfrac{m}{n} + (-\tfrac{m}{n})) = \underbrace{f(\tfrac{m}{n}) \cdot f(-\tfrac{m}{n})}_{=1} = f(-\tfrac{m}{n})$$

folgen. Somit ist $f(r) = 1$ für alle rationalen, also – wegen der Stetigkeit von f – auch für alle reellen r gezeigt mit der Konsequenz, dass $f(x) = 1$ für alle $x > 0$.

Lösung zu 19:

Aus der Stetigkeit von $\tilde{f}$ und der Relation $\tilde{f}(x+y) = f(a^{x+y}) = f(a^x \cdot a^y) =$
$= f(a^x) + f(a^y) = \tilde{f}(x) + \tilde{f}(y)$ folgt mit Hilfe von 17c), dass $f(a^x) = \tilde{f}(x) =$
$= \tilde{f}(1) \cdot x = f(a) \cdot x = x$, also $f(y) = f(a^{\log_a(y)}) = \log_a(y)$ für alle $y > 0$.

Lösung zu 20:

Wegen $\tilde{f}(x+y) = \log_a(f(a^{x+y})) = \log_a(f(a^x \cdot a^y)) = \log_a(f(a^x) \cdot f(a^y)) =$
$= \log_a(f(a^x)) + \log_a(f(a^y)) = \tilde{f}(x) + \tilde{f}(y)$ und Aufgabe 17c) folgt, dass

$$\log_a(f(a^x)) = \tilde{f}(x) = \underbrace{\tilde{f}(1)}_{=:\xi} \cdot x, \quad \text{also } f(a^x) = a^{\xi x}; \text{ weshalb dann für jedes } y > 0$$

die Relation $f(y) = f(a^{\log_a(y)}) = a^{\xi \cdot \log_a(y)} = \left(a^{\log_a(y)}\right)^{\xi} = y^{\xi}$ gilt.

Lösung zu 21:

Für $\varphi := \arctan(x)$, $b := \sin(\varphi)$ und $a := \cos(\varphi)$ ist $\varphi \in \left]-\tfrac{\pi}{2}, \tfrac{\pi}{2}\right[$ und

$$x = \tan(\varphi) = \frac{b}{a} = \begin{cases} \dfrac{\sqrt{1-a^2}}{a} = \sqrt{\dfrac{1}{a^2} - 1} & \Leftarrow b \geq 0 \\[2mm] \dfrac{-\sqrt{1-a^2}}{a} = -\sqrt{\dfrac{1}{a^2} - 1} & \Leftarrow b < 0 \end{cases} \quad . \text{ In jedem Falle gilt demzufolge,}$$

dass $x^2 = \dfrac{1}{a^2} - 1$, also $x^2 + 1 = \dfrac{1}{a^2} = \dfrac{1}{\cos^2(\varphi)} = \dfrac{1}{\cos^2(\arctan(x))}$.

Lösung zu 22:

Für $\varphi := \operatorname{arc\,cotan}(x)$, $b := \sin(\varphi)$ und $a := \cos(\varphi)$ ist $\varphi \in]0, \pi[$ und

$$x = co\tan(\varphi) = \frac{a}{b} = \begin{cases} \dfrac{\sqrt{1-b^2}}{b} = \sqrt{\dfrac{1}{b^2}-1} & \Leftarrow a \geq 0 \\[3mm] \dfrac{-\sqrt{1-b^2}}{b} = -\sqrt{\dfrac{1}{b^2}-1} & \Leftarrow a < 0 \end{cases}$$. In jedem Falle gilt demzu-

folge, dass $x^2 = \dfrac{1}{b^2} - 1$, also $x^2 + 1 = \dfrac{1}{b^2} = \dfrac{1}{\sin^2(\varphi)} = \dfrac{1}{\sin^2(\arccos\tan(x))}$.

Lösung zu 23:

Wegen $s(t) = v_0 \cdot t - \dfrac{1}{2} \cdot g \cdot t^2 = -\dfrac{1}{2} \cdot g \cdot (t^2 - 2 \cdot \dfrac{v_0}{g} \cdot t) = -\dfrac{1}{2} \cdot g \cdot (t^2 - 2 \cdot \dfrac{v_0}{g} \cdot t +$

$(v_0/g)^2 - (v_0/g)^2) = -\dfrac{1}{2} \cdot g \cdot ((t - \dfrac{v_0}{g})^2 - \left(\dfrac{v_0}{g}\right)^2) = -\dfrac{1}{2} \cdot g \cdot (t - \dfrac{v_0}{g})^2 + \dfrac{v_0^2}{2 \cdot g}$ ist der

Graph von s eine nach unten geöffnete Parabel mit $(\dfrac{v_0}{g}, \dfrac{v_0^2}{2g})$ als Scheitelpunkt.

$t_0 := \dfrac{v_0}{g}$ und $s_0 := \dfrac{v_0^2}{2g}$ sind also die gesuchten Werte.

Lösung zu 24:

a) $\dfrac{1+3i}{1-3i} = -\dfrac{8}{10} + \dfrac{6}{10}i$

b) 1. Alternative: $1+3i = |1+3i| \cdot e^{i\arctan\left(\frac{3}{1}\right)}$, $1-3i = |1-3i| \cdot e^{-i\arctan\left(\frac{3}{1}\right)}$

also $\dfrac{1+3i}{1-3i} = \dfrac{|1+3i|}{|1-3i|} \dfrac{e^{i\arctan(3)}}{e^{-i\arctan(3)}} = e^{i \cdot 2 \cdot \arctan(3)}$.

2. Alternative: Da $\dfrac{1+3i}{1-3i} = -\dfrac{8}{10} + \dfrac{6}{10}i$ im zweiten Quadranten liegt und da

$\left|\dfrac{1+3i}{1-3i}\right| = 1$, gilt $\dfrac{1+3i}{1-3i} = \exp(i\left(\dfrac{\pi}{2} + \arctan\left(\dfrac{\frac{8}{10}}{\frac{6}{10}}\right)\right)) = e^{i\left(\frac{\pi}{2} + \arctan\left(\frac{4}{3}\right)\right)}$.

3. Alternative: $\dfrac{1+3i}{1-3i} = e^{i\left(-\pi - \arctan\left(\frac{3}{4}\right)\right)}$.

Lösung zu 25: $\underline{Z}_1 = e^{i\frac{\pi}{4}}$, $\underline{Z}_2 = e^{i\left(\frac{5}{4}\pi - \frac{\pi}{2}\right)} = e^{i\frac{5}{4}\pi} \cdot (-i)$,   also

$$\underline{Z}_1 = \cos\left(\frac{\pi}{4}\right) + i\sin\left(\frac{\pi}{4}\right), \ \underline{Z}_2 = \sin\left(\frac{5}{4}\pi\right) - i\cos\left(\frac{5}{4}\pi\right) \text{ und damit } \underline{Z}_1 + \underline{Z}_2 =$$

$$= \left[\cos\left(\frac{\pi}{4}\right) + \sin\left(\frac{5}{4}\pi\right)\right] + i\left(\sin\left(\frac{\pi}{4}\right) - \cos\left(\frac{5}{4}\pi\right)\right) = \left(\frac{1}{\sqrt{2}} - \frac{1}{\sqrt{2}}\right) + i\left(\frac{1}{\sqrt{2}} - \left(-\frac{1}{\sqrt{2}}\right)\right) =$$

$$= i\sqrt{2}. \quad \text{Wegen} \quad A = |\underline{Z}_1 + \underline{Z}_2| = \sqrt{2} \quad \text{und} \quad \sphericalangle(\underline{Z}_1 + \underline{Z}_2) = \sphericalangle(i\sqrt{2}) = \frac{\pi}{2} \quad \text{erhält man}$$

demzufolge: $\cos\left(\omega t + \frac{\pi}{4}\right) + \sin\left(\omega t + \frac{5}{4}\pi\right) = \sqrt{2} \cdot \cos\left(\omega t + \frac{\pi}{2}\right)$.

Lösung zu 26:

$$e^{i\cdot\frac{\pi}{4}} - e^{i\cdot\frac{3}{4}\pi} = e^{i\cdot\frac{\pi}{4}} + e^{i\pi} \cdot e^{i\cdot\frac{3}{4}\pi} = e^{i\cdot\frac{\pi}{4}} + e^{i\left(\frac{3}{4}\pi + \pi\right)} =$$

$$= e^{i\cdot\frac{\pi}{4}} + e^{i\left(2\pi - \frac{\pi}{4}\right)} = e^{i\cdot\frac{\pi}{4}} + e^{i\cdot 2\pi} \cdot e^{\left(-i\frac{\pi}{4}\right)} =$$

$$= e^{i\cdot\frac{\pi}{4}} + e^{-i\frac{\pi}{4}} = 2\cos\left(\frac{\pi}{4}\right) = \frac{2}{\sqrt{2}} = \sqrt{2}e^{i\cdot 0}.$$

Also $A = \sqrt{2}$, $\varphi = 0$.

Lösung zu 27:

a) $2 \cdot \cos(3t - 2) + \sin(3t) = 2 \cdot \cos(3t - 2) + \cos\left(3t - \frac{\pi}{2}\right)$

$$\underline{Z}_1 = 2 \cdot e^{-i\cdot 2}, \ \underline{Z}_2 = e^{-i\frac{\pi}{2}} = -i \Rightarrow \underline{Z}_1 + \underline{Z}_2 = 2\cos(2) - i(2\sin(2) + 1). \text{ Also}$$

$$A = |\underline{Z}_1 + \underline{Z}_2| = \sqrt{(2\cos(2))^2 + (1 + 2\sin(2))^2} = \sqrt{4\cos^2(2) + 1 + 4\sin(2) + 4\sin^2(2)} =$$

$$= \sqrt{1 + 4 \cdot \sin(2) + 4\underbrace{(\sin^2(2) + \cos^2(2))}_{=1}} = \sqrt{5 + 4 \cdot \sin(2)} \approx 2{,}94 \text{ und}$$

$$\varphi = \sphericalangle(\underline{Z}_1 + \underline{Z}_2) = \sphericalangle\left(\underbrace{2\cos(2)}_{<0} - i\underbrace{(2\sin(2) + 1)}_{>0}\right) = \pi + \arctan\left(\frac{2\sin(2) + 1}{|2 \cdot \cos(2)|}\right) \approx$$

$$\approx \pi + \arctan(1{,}61) \approx \pi + 1{,}02.$$

b) $\sin(3t + 1) - \sin(3t) = \cos\left((3t + 1) - \frac{\pi}{2}\right) + \cos\left(3t + \frac{\pi}{2}\right) =$

$$= \cos\left(3t + \left(1 - \frac{\pi}{2}\right)\right) + \cos\left(3t + \frac{\pi}{2}\right). \ \underline{Z}_1 = e^{i\left(1 - \frac{\pi}{2}\right)} = \cos\left(1 - \frac{\pi}{2}\right) + i\sin\left(1 - \frac{\pi}{2}\right),$$

$\underline{Z}_2 = e^{i\frac{\pi}{2}} = i$, also $\underline{Z}_1 + \underline{Z}_2 = \cos\left(1 - \frac{\pi}{2}\right) + i\left(1 + \sin\left(1 - \frac{\pi}{2}\right)\right) =$

$= \sin(1) + i\left(1 - \cos(1)\right) \approx 0,84 + i \cdot 0,46, \qquad A = \left|\underline{Z}_1 + \underline{Z}_2\right| \approx \sqrt{\left(0,84\right)^2 + \left(0,46\right)^2} \approx 0,96$

und $\varphi = \sphericalangle\left(\underline{Z}_1 + \underline{Z}_2\right) = \sphericalangle\left(0,84 + i \cdot 0,46\right) = \arctan\left(\frac{0,46}{0,84}\right) \approx 0,5 \approx 28,65°$.

c) $3 \cdot \sin(3t + 2) + \cos(3t + \pi) = 3 \cdot \cos\left((3t + 2) - \frac{\pi}{2}\right) + \cos(3t + \pi)$

$\underline{Z}_1 + \underline{Z}_2 = 3 \cdot e^{i\left(2 - \frac{\pi}{2}\right)} + \underbrace{e^{i\pi}}_{=-1} = 3 \cdot e^{i2} \cdot \underbrace{e^{-i\frac{\pi}{2}}}_{-i} - 1 =$

$-3i \cdot \left(\cos(2) + i\sin(2)\right) - 1 = \left[3\sin(2) - 1\right] - i \cdot 3 \cdot \cos(2) \approx 1,73 - i \cdot (-1,25) =$

$= 1,73 + i1,25$. Also $A = \left|1,73 + i1,25\right| = \sqrt{\left(1,73\right)^2 + \left(1,25\right)^2} \approx 2,13$ und

$\varphi \approx \sphericalangle\left(1,73 + i1,25\right) = \arctan\left(\frac{1,25}{1,73}\right) \approx 0,63 \approx 36°$.

Lösung zu 28: $\dfrac{4x^2 - 7x - 1}{\left(x - 1\right)^2 \left(x - 2\right)} = \dfrac{3}{x - 1} + \dfrac{4}{\left(x - 1\right)^2} + \dfrac{1}{\left(x - 2\right)}$.

Lösung zu 29:

a) $\displaystyle\sum_{n=0}^{\infty} \left|\left(\frac{1}{2} \cdot \sin(n)\right)^n\right| \leq \sum_{n=0}^{\infty} \frac{1}{2^n} = \sum_{n=0}^{\infty} \left(\frac{1}{2}\right)^n$ Die geometrische Reihe $\displaystyle\sum_{n=0}^{\infty} \left(\frac{1}{2}\right)^n$ ist

konvergent, und damit auch also die Reihe $\displaystyle\sum_{n=0}^{\infty} \left(\frac{1}{2} \cdot \sin(n)\right)^n$ wegen des Majoran

tenkriteriums. Außerdem gilt $\displaystyle\sum_{n=0}^{\infty} \frac{e^{n \cdot i}}{n!} = \sum_{n=0}^{\infty} \frac{\left(e^i\right)^n}{n!} = \exp\left(e^i\right)$.

b) Wegen $\displaystyle\sum_{n=1}^{\infty} \left|\left(\frac{x^n}{n^n} \cdot \cos(n \cdot x)\right)\right| \leq \sum_{n=1}^{\infty} \frac{|x|^n}{n!} \leq e^{|x|}$ und dem Majorantenkriterium ist

die Reihe $\displaystyle\sum_{n=1}^{\infty} \frac{x^n}{n^n} \cdot \cos(n \cdot x)$ konvergent.

Lösung zu 30:

$\dfrac{x^2 + 1}{\left(x + 1\right)\left(x - 2\right)\left(x + 3\right)} = \dfrac{A_1}{\left(x + 1\right)} + \dfrac{A_2}{\left(x - 2\right)} + \dfrac{A_3}{\left(x + 3\right)}$

1. $\dfrac{x^2+1}{(x-2)(x+3)}=A_1\ \Big|_{x=-1}\ :\quad \dfrac{2}{-6}=\boxed{-\dfrac{1}{3}=A_1}$

2. $\dfrac{x^2+1}{(x+1)(x+3)}=A_2\ \Big|_{x=2}\ :\quad \dfrac{5}{15}=\boxed{\dfrac{1}{3}=A_2}$

3. $\dfrac{x^2+1}{(x+1)(x-2)}=A_3\ \Big|_{x=-3}\ :\quad \dfrac{10}{10}=\boxed{1=A_3}$

Lösung zu 31:

a) $2-2i=2(1-i)=2\sqrt{2}\cdot e^{-i\frac{\pi}{4}}$.   b) $\dfrac{1-i}{1+i}=\dfrac{(1-i)\cdot(1-i)}{(1+i)\cdot(1-i)}=\dfrac{-2i}{2}=-i$. Also

Realteil($\dfrac{1-i}{1+i}$)=0 und Imaginärteil($\dfrac{1-i}{1+i}$)=-1.

Lösung zu 32: $3-4i=\sqrt{25}\cdot e^{-i\cdot atan(\frac{4}{3})}$.

Lösung zu 33:

a) $x_1=4$, $x_2=-2$.

b) $x^2-2x>8\Leftrightarrow x^2-2x-8>0\Leftrightarrow (x-4)\cdot(x+2)>0\Leftrightarrow$

$\Leftrightarrow \Big[\big((x-4)>0$ und $(x+2)>0\big)$ oder $\big((x-4)<0$ und $(x+2)<0\big)\Big]$

Also: $\{x|x^2-2x>8\}=\ ]4,\infty[\ \cup\ ]-\infty,-2[$.

Lösung zu 34:

$\dfrac{3-4i}{1+i}=\dfrac{(3-4i)\cdot(1-i)}{(1+i)\cdot(1-i)}=\dfrac{-1-7i}{2}$ also Realteil $=-\dfrac{1}{2}$ und Imaginärteil $=-\dfrac{7}{2}$,

$Re(e^{i\frac{3}{2}\pi})=\cos(\frac{3}{2}\pi)=0,\ \ Im(e^{i\frac{3}{2}\pi})=\sin(\frac{3}{2}\pi)=-1.$

Lösung zu 35:

a) $\dfrac{3+2i}{2+3i}=\dfrac{(3+2i)\cdot(2-3i)}{(2+3i)\cdot(2-3i)}=\dfrac{12-5i}{13}$, also Realt.$=\dfrac{12}{13}$ und Imaginärt.$=-\dfrac{5}{13}$.

$(1+i)\cdot e^{i\frac{\pi}{2}}=(1+i)\cdot i=i-1$, also Realt.=-1 und Imaginärt.=1.

$e^{e^{-i\frac{\pi}{2}}}=e^{-i}=\cos(1)-j\sin(1)$, also Realt.=cos(1) und Imaginärt.=-sin(1).

b) $\dfrac{12-5i}{13}=\sqrt{\left(\dfrac{12}{13}\right)^2+\left(\dfrac{5}{13}\right)^2}\cdot e^{-i\cdot atan(\frac{5}{12})}$,

$-1+i=\sqrt{2}\cdot e^{i(\frac{\pi}{2}+\frac{\pi}{4})}=\sqrt{2}\cdot e^{i(\frac{3\pi}{4})}$, $\cos(1)-i\sin(1)=e^{-i}$

c) $\lim\limits_{n\to\infty} \dfrac{3+n\cdot i}{2+n\cdot i} = \lim\limits_{n\to\infty} \dfrac{\frac{3}{n}+i}{\frac{2}{n}+i} = \dfrac{i}{i} = 1$,

$\lim\limits_{n\to\infty} e^{(-\frac{n}{2}+i\cos(n-\pi))} = \lim\limits_{n\to\infty} e^{-\frac{n}{2}}\cdot e^{i\cos(n-\pi)} = 0$.

d) $e^{i\varphi} = \sum\limits_{n=0}^{\infty} \dfrac{(i\cdot\varphi)^n}{n!} \approx 1+i\cdot\varphi - \dfrac{\varphi^2}{2} - i\dfrac{\varphi^3}{6}$, also $c_0 = 1$, $c_1 = i$, $c_2 = -\dfrac{1}{2}$, $c_3 = -\dfrac{i}{6}$.

Lösung zu 36:

Zunächst zum Mittelpunkt des Dreiecks $(Z_0(t), Z_1(t), Z_2(t))$: Er ist gegeben

durch $M(t) := \dfrac{1}{3}(Z_0(t)+Z_1(t)+Z_2(t)) = \dfrac{1}{3}\cdot 3\cdot i\cdot(m-1)\cdot a\cdot e^{it} +$

$+i\cdot b\cdot e^{i(1-m)t}\cdot \dfrac{1}{3}\cdot \underbrace{\left[1 + e^{i2\pi m} + e^{i4\pi m}\right]}_{=0} = i\cdot(m-1)\cdot a\cdot e^{it}$, beschreibt also eine

Kreisbewegung um 0. Dass $\left[1 + e^{i2\pi m} + e^{i4\pi m}\right] = 0$, macht man sich folgen-

dermaßen klar: $1 + e^{i2\pi m} + e^{i4\pi m} =$

$= 1 + \underbrace{\cos(2\pi m)}_{=\cos(\frac{4\pi}{3})=-\frac{1}{2}} + i\underbrace{\sin(2\pi m)}_{=\sin(\frac{4\pi}{3})=-\frac{\sqrt{3}}{2}} + \underbrace{\cos(4\pi m)}_{=\cos(\frac{8\pi}{3})=-\frac{1}{2}} + i\underbrace{\sin(4\pi m)}_{=\sin(\frac{8\pi}{3})=\frac{\sqrt{3}}{2}} = 0$.

Man prüft nun leicht nach, dass $Z_0(t)-M(t) = (i\cdot e^{i(1-m)t})\cdot b$,

$Z_1(t)-M(t) = (i\cdot e^{i(1-m)t})\cdot b\cdot e^{i2\pi m}$ und $Z_2(t)-M(t) = (i\cdot e^{i(1-m)t})\cdot b\cdot e^{i4\pi m}$.

Die Differenzvektoren $Z_0(t)-M(t)$, $Z_1(t)-M(t)$, $Z_2(t)-M(t)$ bilden also ein

Dreieck, welches durch Drehung aus dem von b , $b\cdot e^{i2\pi m}$ und $b\cdot e^{i4\pi m}$

gebildeten Dreieck hervorgehen.

Lösung zu 37:

Offensichtlich gilt für n=5

$e^{int} = \left(e^{it}\right)^n = \left(\cos(t)+i\sin(t)\right)^n = \sum\limits_{k=0}^{n}\binom{n}{k}\cdot(\cos(t))^{n-k}\cdot i^k\cdot(\sin(t))^k =$

$= \binom{n}{0}\cdot(\cos(t))^n + \binom{n}{1}\cdot(\cos(t))^{n-1}\cdot i\cdot\sin(t) + \binom{n}{2}\cdot(\cos(t))^{n-2}\cdot i^2\cdot\sin^2(t) +$

$+ \binom{n}{3}\cdot(\cos(t))^{n-3}\cdot i^3\cdot\sin^3(t) + \binom{n}{4}\cdot(\cos(t))^{n-4}\cdot i^4\cdot\sin^4(t) + \binom{n}{n}\cdot i^5\cdot(\sin(t))^n$;

woraus folgt, dass

$$\cos(nt) = \mathrm{Re}(e^{jnt}) = \sum_{k=0}^{n} \binom{n}{k} \cdot (\cos(t))^{n-k} \cdot \mathrm{Re}(i^k) \cdot (\sin(t))^k =$$

$$= (\cos(t))^5 - \binom{n}{2}(\cos(t))^3 \cdot (\sin(t))^2 + \binom{n}{4}(\cos(t)) \cdot (\sin(t))^4.$$

Lösung zu 38:

Offensichtlich ist $M = \{x \in [a,b] \mid x_n > x$ für höchstens endlich viele $n\}$ nicht leer, da zum Beispiel $b \in M$. $h := \inf(M)$ leistet dann das Verlangte; denn wäre z.B. für $\varepsilon_0 > 0$ die Aussage $x_n \in \,]h-\varepsilon_0, h+\varepsilon_0[$ für nur endlich viele n richtig, so gäbe es genau zwei Alternativen: Entweder wäre $x_n \geq h+\varepsilon_0$ für unendlich viele n richtig oder für nur endlich viele. Im ersten Fall müsste jedes $x \in M$ oberhalb $h+\varepsilon_0$ liegen im Widerspruch zur Definition von h. Im zweiten Fall wäre $(h-\varepsilon_0) \in M$, was ebenfalls im Widerspruch zur Definition von h steht.

Lösung zu 39:

Wäre f z.B. nicht nach oben beschränkt, so gäbe es für jedes $n \in \mathbb{N}$ ein $x_n \in [a,b]$ mit $f(x_n) \geq n$. Wegen des Resultats von Bolzano-Weierstrass aus Aufgabe 38 gibt es dann ein $h \in [a,b]$ mit folgender Eigenschaft: Für jedes $m \in \mathbb{N}$ gilt $x_n \in \,]h-\frac{1}{m}, h+\frac{1}{m}[$ für unendlich viele n. Indem man nun $n_m \in \mathbb{N}$ jeweils so wählt, dass $x_{n_m} \in \,]h-\frac{1}{m}, h+\frac{1}{m}[$ und $n_m > \max\{n_0, n_1, \ldots n_{m-1}\}$, erhält man $\lim_{m \to \infty} x_{n_m} = h$ und – auf Grund der Stetigkeit von f – $\lim_{m \to \infty} f(x_{n_m}) = f(h) \in \mathbb{R}$ im Widerspruch zur Wahl der x_{n_m} mit $f(x_{n_m}) \geq n_m$. $\{f(x) \mid x \in [a,b]\}$ muss demnach nach oben beschränkt sein, sodass wir $s := \sup\{f(x) \mid x \in [a,b]\}$ setzen können. Indem man nun eine Folge $(x_n)_{n \geq 0}$ so wählt, dass $f(x_n) \geq s - \frac{1}{n}$ und wieder wie oben verfährt, erhält man ein $h \in [a,b]$ mit $\sup\{f(x) \mid x \in [a,b]\} = s = \lim_{m \to \infty} f(x_{n_m}) = f(h)$. Was die untere Schranke angeht, kann man ganz entsprechend verfahren.

Lösung zu 40:

Angenommen, die Funktion ist nicht gleichmäßig stetig. Dann muss es ein $\varepsilon_0 > 0$ mit folgender Eigenschaft geben: Zu jedem $n \in \mathbb{N}$ existiert ein Zahlenpaar (x_n, y_n) in $[a,b]$ mit $|x_n - y_n| \leq \frac{1}{n}$ und $|f(x_n) - f(y_n)| > \varepsilon_0$. Wegen Aufgabe 38 existieren dann $h \in [a,b]$ und eine aufsteigende Folge $(m_n)_{n \geq 0}$ derart, dass $\lim\limits_{n \to \infty} x_{m_n} = h$ und damit $\lim\limits_{n \to \infty} y_{m_n} = h$. Auf Grund der Stetigkeit von f gilt dann $\lim\limits_{n \to \infty} (f(x_{m_n}) - f(y_{m_n})) = f(h) - f(h) = 0$, was im Widerspruch zu $\left| f(x_{m_n}) - f(y_{m_n}) \right| > \varepsilon_0$ steht.

Lösungen zu Aufgaben von Kapitel IV

Lösung zu 1:

Benötigte Zeit $=$ Weglänge/c $= (|AX| + |XB|) \cdot \dfrac{1}{c} =$

$$= \left(\left| \begin{pmatrix} x \\ 0 \end{pmatrix} - \begin{pmatrix} a1 \\ a2 \end{pmatrix} \right| + \left| \begin{pmatrix} b1 \\ b2 \end{pmatrix} - \begin{pmatrix} x \\ 0 \end{pmatrix} \right| \right) \cdot \frac{1}{c} = \left(\sqrt{(x-a1)^2 + (a2)^2} + \sqrt{(b1-x)^2 + (b2)^2} \right) \cdot \frac{1}{c} =$$

$$=: Z(x). \quad Z'(x) = \left(\frac{2(x-a1)}{2\sqrt{(x-a1)^2 + (a2)^2}} + \frac{-2(b1-x)}{2\sqrt{(b1-x)^2 + (b2)^2}} \right) \cdot \frac{1}{c}. \quad \text{Nullsetzen}$$

ergibt als Kandidaten für eine mögliche Extremstelle x_0 die folgende Glei-

chung: $\dfrac{(x-a1)}{\sqrt{(x-a1)^2 + (a2)^2}} = \dfrac{(b1-x)}{\sqrt{(b1-x)^2 + (b2)^2}}$, also $\dfrac{(x-a1)}{|AX|} = \dfrac{(b1-x)}{|BX|}$ und

damit $\sin(\alpha) = \sin(\beta)$ für Einfalls- und Ausfalls-Winkel α und β. Da sie beide aus physikalischen Gründen zwischen 0 und $\pi/2$ liegen, folgt, dass die Bedingung $\alpha = \beta$ (Einfallswinkel=Ausfallswinkel) erfüllt sein muss.

Lösung zu 2:

Benötigte Zeit $= |AX| \dfrac{1}{c1} + |XB| \dfrac{1}{c2} =$

$$= \left| \begin{pmatrix} x \\ 0 \end{pmatrix} - \begin{pmatrix} a1 \\ a2 \end{pmatrix} \right| \cdot \frac{1}{c1} + \left| \begin{pmatrix} b1 \\ b2 \end{pmatrix} - \begin{pmatrix} x \\ 0 \end{pmatrix} \right| \cdot \frac{1}{c2} = \frac{1}{c1} \sqrt{(x-a1)^2 + (a2)^2} + \frac{1}{c2} \sqrt{(b1-x)^2 + (b2)^2} =$$

$$=: \tilde{Z}(x). \quad \tilde{Z}'(x) = \frac{1}{c1} \cdot \frac{2(x-a1)}{2\sqrt{(x-a1)^2 + (a2)^2}} + \frac{1}{c2} \cdot \frac{-2(b1-x)}{2\sqrt{(b1-x)^2 + (b2)^2}}.$$

Nullsetzen ergibt als Kandidaten für eine mögliche Extremstelle x_0 die folgende

Gleichung: $\dfrac{(x-a1)}{c1 \cdot \sqrt{(x-a1)^2 + (a2)^2}} = \dfrac{(b1-x)}{c2 \cdot \sqrt{(b1-x)^2 + (b2)^2}}$, also

$\dfrac{(x-a1)}{c1 \cdot |AX|} = \dfrac{(b1-x)}{c2 \cdot |BX|}$ und damit $\dfrac{1}{c1} \cdot \sin(\alpha) = \dfrac{1}{c2} \cdot \sin(\beta)$, woraus die Gleichung

$\dfrac{\sin(\alpha)}{\sin(\beta)} = \dfrac{c1}{c2}$ zum so genannten Brechungsgesetz folgt.

Lösung zu 3:

1.Schritt: Die Bestimmung der Ableitung f' auf $]-r, r[$ ergibt:

$$f'(x) = 2 \cdot \sqrt{r^2 - x^2} - 2 \frac{x^2}{\sqrt{r^2 - x^2}} - 8 \cdot x.$$

2. Schritt: Bestimmung derjenigen $x_0 \in]-r, r[$, die als mögliche Extremwertstellen in $]-r, r[$ in Frage kommen: Es muss für diese x_0 die Gleichung

$$0 = f'(x_0) = 2 \cdot \sqrt{r^2 - x_0^2} - 2 \frac{x_0^2}{\sqrt{r^2 - x_0^2}} - 8 \text{, also - nach Ausmultiplizieren mit}$$

$\sqrt{r^2 - x_0^2}$ - die Gleichung $0 = 2 \cdot (r^2 - x_0^2) - 2x_0^2 - 8x_0\sqrt{r^2 - x_0^2}$ gelten und

damit $(r^2 - 2x_0^2) = 4x_0 \cdot \sqrt{r^2 - x_0^2}$. Quadrieren ergibt dann $(r^2 - 2x_0^2)^2 =$

$$= 16x_0^2 \cdot (r^2 - x_0^2) \text{ , woraus die Bestimmungsgleichung } x_0^4 - x_0^2 r^2 + \frac{r^4}{20} = 0$$

folgt und damit für $\tilde{x}_0 := x_0^2$ die etwas einfachere Gleichung $\tilde{x}_0^2 - \tilde{x}_0 r^2 +$

$+\frac{r^4}{20} = 0$. Für $\tilde{x}_0$, bzw. x_0 erhalten wir demzufolge, dass

$$\tilde{x}_0 = \frac{r^2}{2} \pm \sqrt{\frac{r^4}{4} - \frac{r^4}{20}} = \frac{r^2}{2} \pm \sqrt{r^4 \frac{4}{20}} = \frac{r^2}{2} \pm r^2 \frac{1}{\sqrt{5}} = \begin{cases} r^2(\frac{1}{2} + \frac{1}{\sqrt{5}}) \\ r^2(\frac{1}{2} - \frac{1}{\sqrt{5}}) \end{cases} \text{ also, dass}$$

$$x_0^2 = \begin{cases} r^2(\frac{1}{2} + \frac{1}{\sqrt{5}}) > 0 \\ r^2(\frac{1}{2} - \frac{1}{\sqrt{5}}) > 0 \end{cases} \text{ und damit } x_0 = \begin{cases} \pm r\sqrt{\frac{1}{2} + \frac{1}{\sqrt{5}}} \\ \pm r\sqrt{\frac{1}{2} - \frac{1}{\sqrt{5}}} \end{cases} . \text{ Hiermit ist nun gezeigt,}$$

dass die gesuchten Nullstellen von f' unter den 4 Zahlen $\pm r\sqrt{\frac{1}{2} + \frac{1}{\sqrt{5}}}$ und

$\pm r\sqrt{\frac{1}{2} - \frac{1}{\sqrt{5}}}$ zu finden sein müssen. Eine kurze Überprüfung ergibt, dass

$f'(r\sqrt{\frac{1}{2} + \frac{1}{\sqrt{5}}}) \neq 0$, $f'(-r\sqrt{\frac{1}{2} + \frac{1}{\sqrt{5}}}) = 0$, $f'(r\sqrt{\frac{1}{2} - \frac{1}{\sqrt{5}}}) = 0$ und

$f'(-r\sqrt{\frac{1}{2} - \frac{1}{\sqrt{5}}}) \neq 0$, dass demnach nur die zwei Zahlen $x_{01} = -r\sqrt{\frac{1}{2} + \frac{1}{\sqrt{5}}}$ und

$x_{02} = r\sqrt{\frac{1}{2} - \frac{1}{\sqrt{5}}}$ als Extremalstellen von f in $]-r, r[$ in Frage kommen.

3. Schritt: Bestimmung der zweiten Ableitung f'' auf $]-r, r[$ ergibt $f''(x) =$

$$= -8 - \frac{6x}{\sqrt{r^2 - x^2}} - 2 \cdot \frac{x^3}{\sqrt{(r^2 - x^2)^3}} \text{ ; weshalb } f''(x_{01}) > 0 \text{ und } f''(x_{02}) < 0. \text{ Also}$$

besitzt f an der Stelle $x_{01} = -r\sqrt{\dfrac{1}{2}+\dfrac{1}{\sqrt{5}}} \approx -0.9732\cdot r$ ein lokales Minimum

und an der Stelle $x_{02} = r\sqrt{\dfrac{1}{2}-\dfrac{1}{\sqrt{5}}} \approx 0.2298\cdot r$ ein lokales Maximum.

4. Schritt: Nach einem Blick auf den für den Fall $r=1$ unten dargestellten Graph von $f:[-r,r]\to\mathbb{R}$ ist dann zumindest plausibel, dass es sich bei $x_{02} =$

$= r\sqrt{\dfrac{1}{2}-\dfrac{1}{\sqrt{5}}} \approx 0.2298\cdot r$ sogar um ein globales Maximum handelt, und dass die

Randpunkte $-r$ und r zusätzliche lokale Extremalstellen sind.

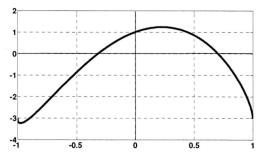

Lösung zu 4:

Offensichtlich ist Kreuzfläche$= y^2 + 4xy$. Außerdem liefert die Anwendung des Satzes von Pythagoras den folgenden Zusammenhang zwischen x und y :

$(\dfrac{y}{2}+x)^2+(\dfrac{y}{2})^2=r^2$, also $y^2+2xy+(2x^2-r^2)=0$. Nach Anwendung der

Mitternachtsformel ergeben sich dann die Möglichkeiten $y_{1/2}=-x\pm\sqrt{r^2-x^2}$,

von denen uns aus physikalischer Sicht nur die erste, nämlich

$y_1 = -x+\sqrt{r^2-x^2}$ interessiert. Ebenfalls aus physikalischer Sicht interessieren

uns nur solche x und y, für welche die Relationen $0<x<r$ und $0<y$, also

$0<x<\sqrt{r^2-x^2}$ gelten und damit offensichtlich die Relation $x^2<r^2-x^2$, also

$x<\dfrac{r}{\sqrt{2}}$. Die Kreuzfläche hängt demnach folgendermaßen von x ab: Kreuzflä-

che $= y^2+4xy = (-x+\sqrt{r^2-x^2})^2+4x(-x+\sqrt{r^2-x^2})=2x\sqrt{r^2-x^2}+$

$+r^2-4x^2$. Wir brauchen also nur noch überprüfen, ob die Funktion

$f(x):=2\cdot x\cdot\sqrt{r^2-x^2}+r^2-4x^2$ auf dem Bereich $\left]0,\dfrac{r}{\sqrt{2}}\right[$ ($\dfrac{1}{\sqrt{2}}\approx 0,7$) ein

globales Maximum besitzt. Ein Blick auf die Ergebnisse von Aufgabe 3 zeigt

dann, dass die Kreuzfläche für $x_{02} = r\sqrt{\dfrac{1}{2}-\dfrac{1}{\sqrt{5}}} \approx 0.2298\cdot r$

(und $\quad y = -x_{02} + \sqrt{r^2 - x_{02}^2} \approx 0.7435 \cdot r$) $\qquad$ maximal ist.

Lösung zu 5:

a) Auf Grund der Stetigkeit von $f : [a,b] \to \mathbb{R}$ liefert Aufgabe 39 aus Kapitel III die Beschränktheit von $\{f(x) | x \in [a,b]\}$. Entweder ist nun f konstant gleich 0 oder mindestens eine der Ungleichungen $\sup(\{f(x) | x \in [a,b]\}) > 0$ und $\inf(\{f(x) | x \in [a,b]\}) < 0$ gilt. Wenn f konstant ist, dann ist die Aussage des Mittelwertsatzes natürlich richtig. Es reicht nun, sich nur noch auf den Fall $\sup(\{f(x) | x \in [a,b]\}) > 0$ zu konzentrieren: Wegen Aufgabe 39 aus Kapitel III muss es ein $x_0 \in [a,b]$ geben mit $f(x_0) = \sup(\{f(x) | x \in [a,b]\}) > 0$. Da außerdem $f(a) = f(b) = 0$, muss sogar $x_0 \in]a,b[$ gelten und damit $f'(x_0) = 0$ wegen des Fermat'schen Extremalkriteriums.

b) Die Bedingung $\dfrac{f(b) - f(a)}{b-a} = f'(x_0)$ ist natürlich äquivalent zu

$f'(x_0) - \dfrac{f(b) - f(a)}{b-a} = 0$. Es liegt deshalb nahe, für g eine Stammfunktion von

$f'(x) - \dfrac{f(b) - f(a)}{b-a}$ zu wählen, also zum Beispiel $g(x) := f(x) - x \cdot \dfrac{f(b) - f(a)}{b-a} +$

$+c$. Um zu erzwingen, dass $g(a) = g(b) = 0$, setzen wir $c := -\dfrac{b \cdot f(a) - a \cdot f(b)}{b-a}$.

Offensichtlich gilt dann für ein geeignetes x_0, dass $0 = g'(x_0) = \dfrac{g(b) - g(a)}{b-a}$,

also $0 = g'(x_0) = f'(x_0) - \dfrac{f(b) - f(a)}{b-a}$, also $f'(x_0) = \dfrac{f(b) - f(a)}{b-a}$.

c) Man stellt zunächst fest, dass $g(b) \neq g(a)$ gelten muss, denn sonst gäbe es im Widerspruch zur Voraussetzung ein $\xi \in]a,b[$ mit $g'(\xi) = 0$.

Für $h(x) := f(x) - g(x) \cdot \dfrac{f(b) - f(a)}{g(b) - g(a)}$ erhält man dann $h(a) = h(b)$ und damit die

Existenz eines $x_0 \in]a,b[$ mit $h'(x_0) = 0$, also mit $\dfrac{f(b) - f(a)}{g(b) - g(a)} = \dfrac{f'(x_0)}{g'(x_0)}$.

Lösung zu 6:

a) $\left(\dfrac{1 + k \cdot 2 \cdot \pi \cdot \Delta}{k \cdot 2 \cdot \pi} \right)^2 \cdot a < k \cdot 2 \cdot \pi \cdot \Delta^2$ ist äquivalent zu folgenden Ungleichungen:

$$\left(\frac{1+k\cdot 2\cdot \pi\cdot \Delta}{k\cdot 2\cdot \pi}\right)^2\cdot \frac{1}{6}\cdot \left(\frac{(k\cdot 2\cdot \pi)^2\cdot \Delta}{1+k\cdot 2\cdot \pi\cdot \Delta}\right)^3 < k\cdot 2\cdot \pi\cdot \Delta^2,$$

$$\left(\frac{1+k\cdot 2\cdot \pi\cdot \Delta}{k\cdot 2\cdot \pi}\right)^2\cdot \left(\frac{(k\cdot 2\cdot \pi)^2\cdot \Delta}{1+k\cdot 2\cdot \pi\cdot \Delta}\right)^3\cdot \frac{1}{\Delta^2} < 6\cdot k\cdot 2\cdot \pi,$$

$$\frac{(1+k\cdot 2\cdot \pi\cdot \Delta)^2\cdot (k\cdot 2\cdot \pi)^6\cdot \Delta^3}{(k\cdot 2\cdot \pi)^2\cdot (1+k\cdot 2\cdot \pi\cdot \Delta)^3\cdot \Delta^2} < 6\cdot k\cdot 2\cdot \pi, \qquad \frac{(k\cdot 2\cdot \pi)^4\cdot \Delta}{(1+k\cdot 2\cdot \pi\cdot \Delta)} < 6\cdot k\cdot 2\cdot \pi.$$

Wegen $\lim\limits_{\Delta\downarrow 0}\dfrac{(k\cdot 2\cdot \pi)^4\cdot \Delta}{(1+k\cdot 2\cdot \pi\cdot \Delta)}=0$ ist die letzte Ungleichung – und damit auch die

erste – für genügend kleines $\Delta > 0$ erfüllt.

b) Es wird nun gezeigt, dass für vorgegebenes $k\in \mathbb{N}\setminus\{0\}$ das Zahlenpaar

$(x_1,x_2):=\left(\dfrac{1}{k\cdot 2\pi},\dfrac{1}{k\cdot 2\pi}+\Delta\right)$ die Bedingungen $x_1,x_2\in \left]0,\dfrac{1}{k}\right[$, $x_1<x_2$ und

$f(x_1)>f(x_2)$ erfüllt. Δ sei dabei so klein gewählt, dass $\dfrac{1}{k\cdot 2\pi}+\Delta<\dfrac{1}{k}$ und die

Bedingung aus a) erfüllt ist. Dann bleibt natürlich nur noch die Ungleichung

$f(x_1)>f(x_2)$ zu überprüfen, also die Ungleichung

$$0>f(\frac{1}{k\cdot 2\pi}+\Delta)-f(\frac{1}{k\cdot 2\pi})=$$

$$=\frac{1}{k\cdot 2\pi}+\Delta+\left(\frac{1}{k\cdot 2\pi}+\Delta\right)^2\cdot \sin(1/(\frac{1}{k\cdot 2\pi}+\Delta))-\frac{1}{k\cdot 2\pi}-\underbrace{\left(\frac{1}{k\cdot 2\pi}\right)^2\cdot \sin(1/(\frac{1}{k\cdot 2\pi}))}_{=0}=$$

$$=\Delta+\left(\frac{1}{k\cdot 2\pi}+\Delta\right)^2\cdot \sin(1/(\frac{1}{k\cdot 2\pi}+\Delta)-k\cdot 2\pi)=$$

$$=\Delta+\left(\frac{1+k\cdot 2\pi\cdot \Delta}{k\cdot 2\pi}\right)^2\cdot \sin(-\frac{(k\cdot 2\pi)^2\cdot \Delta}{1+k\cdot 2\pi\cdot \Delta})=\Delta-\left(\frac{1+k\cdot 2\pi\cdot \Delta}{k\cdot 2\pi}\right)^2\cdot \sin(\frac{(k\cdot 2\pi)^2\cdot \Delta}{1+k\cdot 2\pi\cdot \Delta}). \text{ Um}$$

zu bestätigen, dass der letzte Ausdruck wirklich kleiner 0 ist, kann man

$\sin(\dfrac{(k\cdot 2\pi)^2\cdot \Delta}{1+k\cdot 2\pi\cdot \Delta})$ ersetzen durch $\dfrac{(k\cdot 2\pi)^2\cdot \Delta}{1+k\cdot 2\pi\cdot \Delta}+\delta$ mit $|\delta|<\dfrac{1}{6}\cdot \left(\dfrac{(k\cdot 2\pi)^2\cdot \Delta}{1+k\cdot 2\pi\cdot \Delta}\right)^3=:a.$

Es bleibt demnach zu zeigen, dass $\Delta-\left(\dfrac{1+k\cdot 2\pi\cdot \Delta}{k\cdot 2\pi}\right)^2\cdot \left[\dfrac{(k\cdot 2\pi)^2\cdot \Delta}{1+k\cdot 2\pi\cdot \Delta}+\delta\right]<0$, also

$-k\cdot 2\pi\cdot \Delta^2-\delta\left(\dfrac{1+k\cdot 2\pi\cdot \Delta}{k\cdot 2\pi}\right)^2<0$. Da δ schlimmsten Falls den Wert $-a$ annehmen kann, bleibt die Frage, ob $-k\cdot 2\pi\cdot\Delta^2 + a\left(\dfrac{1+k\cdot 2\pi\cdot\Delta}{k\cdot 2\pi}\right)^2 < 0$. Dies ist aber

der Fall, da Δ – im Einklang mit a) - gerade so gewählt war.

Lösung zu 7:

Auf Grund der Kettenregel sind $\tilde{f}$ und $\tilde{g}$ differenzierbar und $\lim\limits_{y\to 0}\tilde{f}(y) = 0 =$

$$= \lim_{y\to 0}\tilde{g}(y),\ \text{sodass}\quad \lim_{x\to\infty}\frac{f(x)}{g(x)} = \lim_{y\to 0}\frac{\tilde{f}(y)}{\tilde{g}(y)} = \lim_{y\to 0}\frac{\tilde{f}'(y)}{\tilde{g}'(y)} =$$

$$= \lim_{y\to 0}\frac{f'(1/y)\cdot(-1/y^2)}{g'(1/y)\cdot(-1/y^2)} = \lim_{y\to 0}\frac{f'(1/y)}{g'(1/y)} = \lim_{x\to\infty}\frac{f'(x)}{g'(x)}.$$

Lösung zu 8:

Es sei $\varepsilon > 0$. Dann existiert wegen $\lim\limits_{x\to b}\dfrac{f'(x)}{g'(x)} = c$ ein $x(\varepsilon)$ der Art, dass

$\dfrac{f'(x)}{g'(x)} \in\ ]c-\varepsilon, c+\varepsilon[$ für alle $x\in\ ]x(\varepsilon), b[$, also wegen Aufg.5c) $\dfrac{f(x)-f(x(\varepsilon))}{g(x)-g(x(\varepsilon))} =$

$$= \frac{f'(\xi(x))}{g'(\xi(x))} = c+\delta(x)\ \text{mit}\ |\delta(x)| < \varepsilon,\quad f(x)-f(x(\varepsilon)) = c\cdot\big(g(x)-g(x(\varepsilon))\big)+$$

$+\delta\cdot\big(g(x)-g(x(\varepsilon))\big),\quad \dfrac{f(x)}{g(x)} - \dfrac{f(x(\varepsilon))}{g(x)} = c - \dfrac{g(x(\varepsilon))}{g(x)}(c+\delta(x))\quad (x\in\ ]x(\varepsilon), b[)$.

Wegen $\lim\limits_{x\to b}g(x) = \infty$ gibt es ein geeignetes $x_1(\varepsilon)\in\ ]x(\varepsilon), b[$ der Art, dass

$\left|\dfrac{f(x(\varepsilon))}{g(x)}\right| < \varepsilon,\quad \left|\dfrac{g(x(\varepsilon))}{g(x)}(c+\delta(x))\right| < \varepsilon$, also $\left|\dfrac{f(x)}{g(x)} - c\right| \le 3\cdot\varepsilon$ für alle $x\in\ ]x_1(\varepsilon), b[$.

Demzufolge gilt $\lim\limits_{x\to b}\dfrac{f(x)}{g(x)} = c = \lim\limits_{x\to b}\dfrac{f'(x)}{g'(x)}$.

Lösung zu 9:

Ohne Beschränkung der Allgemeinheit darf angenommen werden, dass f

monoton wachsend ist. Für die durch $x_k := a + \dfrac{k-1}{n}\cdot(b-a)$ bestimmte Zerlegung

$a = x_0 < x_1 < ... < x_n = b$ definieren wir entsprechende Treppenfunktionen φ_u^n

und φ_o^n, indem wir auf $\left[x_{k-1}, x_k\right[$ $\quad\varphi_u^n(x) := f(x_{k-1})$ und $\varphi_o^n(x) := f(x_k)$

setzen ($k = 1,...,n$). Offensichtlich gilt dann $\varphi_u^n \le f \le \varphi_o^n$; weshalb $\displaystyle\int_a^{b*} f(x)dx \le$

$$\le \int_a^b \varphi_o^n(x)dx = \sum_{k=1}^n f(x_k)\cdot\big(x_k - x_{k-1}\big)\quad\text{und}\quad \int_a^b {}_*f(x)dx \ge \sum_{k=1}^n f(x_{k-1})\cdot\big(x_k - x_{k-1}\big).$$

für alle $n \in \mathbb{N}$. Also $\int_a^{b*} f(x)dx \leq \sum_{k=1}^{n} f(x_k) \cdot (x_k - x_{k-1}) =$

$$= \sum_{k=1}^{n} f(x_{k-1}) \cdot (x_k - x_{k-1}) + \sum_{k=1}^{n} [f(x_k) - f(x_{k-1})] \cdot (x_k - x_{k-1}) \leq$$

$$\leq \sum_{k=1}^{n} f(x_{k-1}) \cdot (x_k - x_{k-1}) + [f(b) - f(a)] \cdot \frac{(b-a)}{n} \leq$$

$$\leq \int_{a*}^{b} f(x)dx + [f(b) - f(a)] \cdot \frac{(b-a)}{n}. \text{ Für beliebiges } \varepsilon > 0 \text{ ist also } \int_a^{b*} f(x)dx \leq$$

$$\leq \int_{a*}^{b} f(x)dx + \varepsilon, \text{ woraus dann } \int_a^{b*} f(x)dx \leq \int_{a*}^{b} f(x)dx \text{ und damit die Integrier-}$$

barkeit von f folgt.

Lösung zu 10:

Offensichtlich gilt wegen der Gleichungen $R_k(x_0) = 0$, ..., $S_k^{(k)}(x_0) = 0$ und

wegen des verallgemeinerten Mittelwertsatzes, dass $\dfrac{R_k(x)}{S_k(x)} = \dfrac{R_k(x) - R_k(x_0)}{S_k(x) - S_k(x_0)} =$

$$= \frac{R_k^{(1)}(\xi_1)}{S_k^{(1)}(\xi_1)} = \frac{R_k^{(1)}(\xi_1) - R_k^{(1)}(x_0)}{S_k^{(1)}(\xi_1) - S_k^{(1)}(x_0)} = \frac{R_k^{(2)}(\xi_2)}{S_k^{(2)}(\xi_2)} = \cdots = \frac{R_k^{(k+1)}(\xi_{k+1})}{S_k^{(k+1)}(\xi_{k+1})} = \frac{f^{(k+1)}(\xi_{k+1})}{1},$$

also $R_k(x) = S_k(x) f^{(k+1)}(\xi_{k+1})$.

Lösung zu 11:

a) Es gilt $\dfrac{g(x_n) - \overbrace{g(\xi)}^{=0}}{x_n - \xi} = g'(\alpha)$ für $\alpha \in \,]\xi, x_n[$, also $|x_n - \xi| = \dfrac{g(x_n)}{g'(\alpha)} \leq \dfrac{g(x_n)}{g'(\xi)}$.

b) Einsetzen von x_n in die Taylorformel $g(x) = g(x_{n-1}) + g'(x_{n-1}) \cdot (x - x_{n-1}) +$

$+ \dfrac{g''(\varsigma)}{2} \cdot (x - x_{n-1})^2$ ergibt wegen $x_n = x_{n-1} - \dfrac{g(x_{n-1})}{g'(x_{n-1})}$, dass

$$g(x_n) = \underbrace{g(x_{n-1}) + g'(x_{n-1}) \cdot (x_n - x_{n-1})}_{=0} + \frac{g''(\varsigma)}{2} \cdot (x_n - x_{n-1})^2 \leq \frac{K}{2} \cdot (x_n - x_{n-1})^2.$$

Lösung zu 12:

$$f'(x) = 3 \cdot [\tan(4x)]^2 \cdot \tan'(4x) \cdot 4 = \frac{12 \cdot [\tan(4x)]^2}{\cos^2(4x)} = \frac{12 \cdot [\sin(4x)]^2}{\cos^4(4x)},$$

$$g'(x) = -\sin\left(5 \cdot x^3\right) \cdot 5 \cdot 3 \cdot x^2.$$

Lösung zu 13:

a) $f'(x) = -\dfrac{3}{2}$, $\left(f^{-1}\right)'(x) = -\dfrac{2}{3}$, $D = \mathbb{R}$, $W = \mathbb{R}$

b) $f'(x) = 2 \cdot (x-3)$, $\left(f^{-1}\right)'(y) = \dfrac{1}{2\sqrt{y}}$, $D = [3,\infty[$, $W = [0,\infty[$

c) $f'(x) = \dfrac{-4x}{\left(x^2-1\right)^2}$, $\left(f^{-1}\right)'(y) = -\dfrac{1}{\sqrt{\dfrac{y+1}{y-1}}(y-1)^2}$, $D = W =]1,\infty[$

d) $f'(x) = \dfrac{x}{\sqrt{x^2-3}}$, $\left(f^{-1}\right)'(y) = \dfrac{y}{\sqrt{y^2+3}}$, $D = \left[\sqrt{3},\infty\right[$, $W = [0,\infty[$

e) $f'(x) = 3 \cdot \cos(4x) \cdot 4$, $\left(f^{-1}\right)'(y) = \dfrac{1}{12 \cdot \sqrt{1-\left(\dfrac{y}{3}\right)^2}}$, $D = \left[-\dfrac{\pi}{8},\dfrac{\pi}{8}\right]$, $W = [-1,1]$

f) $f'(x) = 3 \cdot \cos(3x+2)$, $\left(f^{-1}\right)'(y) = \dfrac{\dfrac{1}{3}}{\sqrt{1-y^2}}$, $D = \left[-\dfrac{2}{3}-\dfrac{\pi}{6}, -\dfrac{2}{3}+\dfrac{\pi}{6}\right]$, $W = [-1,1]$.

Lösung zu 14:

$$\int_1^2 \frac{x}{1+x}dx = \int_2^3 \frac{z-1}{z}dx = \qquad \begin{aligned} z &:= x+1 \\ \frac{dz}{dx} &= 1 \end{aligned}$$

$$= \int_2^3 \left(1-\frac{1}{z}\right)dz = 1 - \left[\ln(z)\right]_2^3 = 1 - \ln(3) + \ln(2).$$

Lösung zu 15:

$$f'(x) = \frac{-3}{\left[\ln\left(\sqrt{2x^2+1}\right)\right]^2} \cdot \frac{1}{\sqrt{2x^2+1}} \cdot \frac{1}{2} \cdot \frac{4 \cdot x}{\sqrt{2x^2+1}}$$

Lösung zu 16:

$$\int_6^7 \frac{2x}{(x-1)\left(x^2-5x+6\right)}dx = \int_6^7 \frac{1}{x-1} - \frac{4}{x-2} + \frac{3}{x-3}dx = \left[\ln(x-1)\right]_{x=6}^{x=7} -$$

$$-4\left[\ln(x-2)\right]_{x=6}^{x=7}+3\left[\ln(x-3)\right]_{x=6}^{x=7}=\ln(6)-\ln(5)-4\ln(5)+4\ln(4)+3\ln(4)-$$

$$-3\ln(3)=\ln(6)-\ln(5)-\ln\left(5^4\right)+\ln\left(4^4\right)+\ln\left(4^3\right)-\ln\left(3^3\right)=\ln\left(\frac{6\cdot4^7}{5^5\cdot3^3}\right)=$$

$$=\ln\left(\frac{2\cdot4^7}{5^5\cdot3^2}\right).$$

Lösung zu 17:

$$\int\sin^2(\omega\cdot t)dt=\int\overbrace{\sin(\omega\cdot t)}^{u}\cdot\overbrace{\sin(\omega\cdot t)}^{v'}dt=-\frac{\sin(\omega\cdot t)\cdot\cos(\omega\cdot t)}{\omega}+$$

$$+\int\omega\cdot\frac{\cos(\omega\cdot t)\cdot\cos(\omega\cdot t)}{\omega}dt=-\frac{\sin(\omega\cdot t)\cdot\cos(\omega\cdot t)}{\omega}+\int\cos^2(\omega\cdot t)dt=$$

$$=-\frac{\sin(\omega\cdot t)\cdot\cos(\omega\cdot t)}{\omega}+\int\left(1-\sin^2(\omega\cdot t)\right)dt. \quad\text{Also}\quad 2\cdot\int_0^{\frac{2\pi}{\omega}}\sin^2(\omega\cdot t)dt=$$

$$=-\frac{\sin(\omega\cdot t)\cdot\cos(\omega\cdot t)}{\omega}\Bigg|_0^{\frac{2\pi}{\omega}}+\int_0^{\frac{2\pi}{\omega}}1dt=\frac{2\pi}{\omega},\text{ und damit }\int_0^{\frac{2\pi}{\omega}}\sin^2(\omega\cdot t)dt=\frac{\pi}{\omega}=\frac{T}{2}.$$

Lösung zu 18:

Durch die Substitution $y=e^x-1$ erhält man: $\int_1^2\frac{1}{e^x-1}dx=\int_{e-1}^{e^2-1}\frac{1}{y\cdot(y+1)}dy=$

$$=\int_{e-1}^{e^2-1}\frac{1}{y}-\frac{1}{y+1}dy=\ln(e^2-1)-\ln(e^2)-\ln(e-1)+\ln(e)=\ln(e^2-1)-\ln(e-1)-\ln(e)$$

Lösung zu 19:

Die Substitution $y:=x^2$ ergibt: $\int_{\sqrt{\pi}}^{\sqrt{2\pi}}x\cdot\sin(x^2)dx=\frac{1}{2}\cdot\int_{\pi}^{2\pi}\sin(y)dx=-1.$

Lösung zu 20:

Die Substitution $z=x^2-2x+1$ ergibt: $\int_2^3\frac{x-1}{x^2-2x+1}dx=\frac{1}{2}\cdot\int_1^4\frac{dz}{z}=\frac{\ln(4)}{2}.$

Die Substitution $x=t^2$ ergibt: $\int_0^{\sqrt{\pi}}t\cdot\sin(t^2)dt=\frac{1}{2}\cdot\int_0^{\pi}\sin(x)dx=1.$

Lösung zu 21:

a) Da x-1>0 für schließlich alle x, gilt $\displaystyle\lim_{x\to\infty}\frac{|x-1|}{x}=\lim_{x\to\infty}\frac{x-1}{x}=\lim_{x\to\infty}\frac{1-\dfrac{1}{x}}{1}=1$

b) $\displaystyle\lim_{x\to\infty}\frac{x^5-3x^2}{x^5+3x^3}=\lim_{x\to\infty}\frac{1-3x^{-3}}{1+3x^{-2}}=1$

c) $\displaystyle\lim_{x\to\infty}x\cdot\sin(\frac{1}{x})=\lim_{x\to\infty}\frac{\sin(\frac{1}{x})}{\frac{1}{x}}=\lim_{x\to\infty}\frac{-\cos(\frac{1}{x})\cdot x^{-2}}{-x^{-2}}=1.$

Lösung zu 22: $f'(x)=2x\sin(\sqrt{x}+\pi)+x^2\cos(\sqrt{x}+\pi)\dfrac{1}{2\sqrt{x}}$, also $f'(\pi^2)=\dfrac{\pi^3}{2}$.

Lösung zu 23:

Die Substitution $y:=\sqrt{x}$ ergibt: $\displaystyle\int_{\frac{\pi^2}{4}}^{\pi^2}\frac{\sin(\sqrt{x}+\pi)}{3\sqrt{x}}dx=\frac{2}{3}\int_{\frac{\pi}{2}}^{\pi}\sin(y+\pi)dy=-\frac{2}{3}.$

Lösung zu 24:

a) Indem man $\omega_1:=k_1\cdot\dfrac{2\pi}{T}+k_2\cdot\dfrac{2\pi}{T}$, $\omega_2:=k_1\dfrac{2\pi}{T}-k_2\cdot\dfrac{2\pi}{T}$ und $\varphi_2=0$ setzt,

erhält man $\omega=\dfrac{\omega_1+\omega_2}{2}=k_1\dfrac{2\pi}{T}$, $\overline{\omega}=\dfrac{\omega_1-\omega_2}{2}=k_2\dfrac{2\pi}{T}$ und damit

$$\cos\left(k_1\cdot\frac{2\pi}{T}\cdot t\right)\cdot\cos\left(k_2\cdot\frac{2\pi}{T}\cdot t\right)=\frac{1}{2}\cos\left((k_1+k_2)\cdot\frac{2\pi}{T}\cdot t\right)+\frac{1}{2}\cos\left((k_1-k_2)\cdot\frac{2\pi}{T}\cdot t\right),$$

also $\displaystyle\int_0^T\cos\left(k_1\cdot\frac{2\pi}{T}\cdot t\right)\cdot\cos\left(k_2\cdot\frac{2\pi}{T}\cdot t\right)dt=\frac{1}{2}\int_0^T\cos\left((k_1+k_2)\cdot\frac{2\pi}{T}\cdot t\right)dt$ +

$+\ \dfrac{1}{2}\displaystyle\int_0^T\cos\left((k_1-k_2)\cdot\frac{2\pi}{T}\cdot t\right)dt=\begin{cases}0+0\Leftarrow k_1\neq k_2\\[2mm]0+\dfrac{T}{2}\Leftarrow k_1=k_2\end{cases}=\begin{cases}0\Leftarrow k_1\neq k_2\\[2mm]\dfrac{T}{2}\Leftarrow k_1=k_2\end{cases}.$

Indem man ω_1 und ω_2 wie in a) wählt und $\varphi_2=-\pi$ setzt, erhält man

$$-\sin\left(k_1\cdot\frac{2\pi}{T}\cdot t\right)\cdot\sin\left(k_2\cdot\frac{2\pi}{T}\cdot t\right)=\cos\left(k_1\cdot\frac{2\pi}{T}\cdot t+\frac{\pi}{2}\right)\cdot\cos\left(k_2\cdot\frac{2\pi}{T}\cdot t-\frac{\pi}{2}\right)=$$

$$=\frac{1}{2}\cos\left((k_1+k_2)\cdot\frac{2\pi}{T}\cdot t\right)+\frac{1}{2}\cos\left((k_1-k_2)\cdot\frac{2\pi}{T}\cdot t-\pi\right)=$$

$$=\frac{1}{2}\cos\left((k_1+k_2)\cdot\frac{2\pi}{T}\cdot t\right)-\frac{1}{2}\cos\left((k_1-k_2)\cdot\frac{2\pi}{T}\cdot t\right),\text{ also}$$

$$-\int_0^T \sin\left(k_1\cdot\frac{2\pi}{T}\cdot t\right)\cdot\sin\left(k_2\cdot\frac{2\pi}{T}\cdot t\right)\,dt = \frac{1}{2}\int_0^T \cos\left((k_1+k_2)\cdot\frac{2\pi}{T}\cdot t\right)\,dt \; -$$

$$-\;\frac{1}{2}\int_0^T \cos\left((k_1-k_2)\cdot\frac{2\pi}{T}\cdot t\right)\,dt = \begin{cases}0-0\Leftarrow k_1\neq k_2\\[2mm]0-\dfrac{T}{2}\Leftarrow k_1=k_2\end{cases} = \begin{cases}0\Leftarrow k_1\neq k_2\\[2mm]-\dfrac{T}{2}\Leftarrow k_1=k_2\end{cases}.$$

b) Das Additionstheorem liefert: $\displaystyle\int_0^T \sin\left(k_1\cdot\frac{2\pi}{T}\cdot t\right)\cdot\cos\left(k_2\cdot\frac{2\pi}{T}\cdot t\right)\,dt =$

$$=\frac{1}{2}\int_0^T \sin\left((k_1+k_2)\cdot\frac{2\pi}{T}\cdot t\right)dt + \frac{1}{2}\int_0^T \sin\left((k_1-k_2)\cdot\frac{2\pi}{T}\cdot t\right)\,dt = 0.$$

Lösung zu 25:

$$D:=\left]3,3+\frac{\pi}{2}\right[\;,\;\; W:=\,]0,1[\;,\;\; \left(f^{-1}\right)'(y)=\frac{1}{2\sqrt{y}\sqrt{1-y}}.$$

Lösung zu 26:

a) Die Substitution $\;\;„s=\varphi-\dfrac{\pi}{2}"\;$ leistet das Verlangte.

b) $\displaystyle f'(x)=\frac{d}{dx}\left[\frac{1}{\pi}\cdot\int_{-\frac{\pi}{2}}^{\frac{\pi}{2}}\cos(x\cdot\cos(s))\,ds\right]=\frac{1}{\pi}\cdot\int_{-\frac{\pi}{2}}^{\frac{\pi}{2}}\frac{d}{dx}\cos(x\cdot\cos(s))\,ds=$

$$=-\frac{1}{\pi}\cdot\int_{-\frac{\pi}{2}}^{\frac{\pi}{2}}\sin(x\cdot\cos(s))\cdot\cos(s)\,ds,$$

$$f''(x)=\frac{d}{dx}\left[-\frac{1}{\pi}\cdot\int_{-\frac{\pi}{2}}^{\frac{\pi}{2}}\sin(x\cdot\cos(s))\cdot\cos(s)\,ds\right]=$$

$$=-\frac{1}{\pi}\cdot\int_{-\frac{\pi}{2}}^{\frac{\pi}{2}}\cos(x\cdot\cos(s))\cdot\cos^2(s)\,ds=-\frac{1}{\pi}\cdot\int_{-\frac{\pi}{2}}^{\frac{\pi}{2}}\cos(x\cdot\cos(s))\cdot\left(1-\sin^2(s)\right)\,ds=$$

$$=-f(x)+\frac{1}{\pi}\cdot\int_{-\frac{\pi}{2}}^{\frac{\pi}{2}}\cos(x\cdot\cos(s))\cdot\sin^2(s)\,ds.$$

$$g'(x) = \frac{d}{dx}\left[\frac{1}{\pi} \cdot \int_{-\frac{\pi}{2}}^{\frac{\pi}{2}} \sin(x \cdot \cos(s)) \cdot \cos(s) \, ds\right] =$$

$$= \frac{1}{\pi} \cdot \int_{-\frac{\pi}{2}}^{\frac{\pi}{2}} \frac{d}{dx}[\sin(x \cdot \cos(s)) \cdot \cos(s)] \, ds = \frac{1}{\pi} \cdot \int_{-\frac{\pi}{2}}^{\frac{\pi}{2}} \cos(x \cdot \cos(s)) \cdot \cos^2(s) \, ds,$$

$$g''(x) = -\frac{1}{\pi} \cdot \int_{-\frac{\pi}{2}}^{\frac{\pi}{2}} \sin(x \cdot \cos(s)) \cdot \cos(s) \cdot \cos^2(s) \, ds =$$

$$= -\frac{1}{\pi} \cdot \int_{-\frac{\pi}{2}}^{\frac{\pi}{2}} \sin(x \cdot \cos(s)) \cdot \cos(s) \cdot (1 - \sin^2(s)) \, ds =$$

$$= -g(x) + \frac{1}{\pi} \cdot \int_{-\frac{\pi}{2}}^{\frac{\pi}{2}} \sin(x \cdot \cos(s)) \cdot \cos(s) \cdot \sin^2(s) \, ds \, .$$

c)

$$x^2 \cdot f''(x) + x \cdot f'(x) + x^2 \cdot f(x) = x^2 \cdot \left(-f(x) + \frac{1}{\pi} \cdot \int_{-\frac{\pi}{2}}^{\frac{\pi}{2}} \cos(x \cdot \cos(s)) \cdot \sin^2(s) \, ds\right) +$$

$$+ x \cdot \left(-\frac{1}{\pi} \cdot \int_{-\frac{\pi}{2}}^{\frac{\pi}{2}} \sin(x \cdot \cos(s)) \cdot \cos(s) \, ds\right) + x^2 \cdot f(x) =$$

$$= x^2 \cdot \frac{1}{\pi} \cdot \int_{-\frac{\pi}{2}}^{\frac{\pi}{2}} \cos(x \cdot \cos(s)) \cdot \sin^2(s) \, ds - x \cdot \frac{1}{\pi} \cdot \int_{-\frac{\pi}{2}}^{\frac{\pi}{2}} \sin(x \cdot \cos(s)) \cdot \cos(s) \, ds =$$

$$= -x \cdot \frac{1}{\pi} \cdot \int_{-\frac{\pi}{2}}^{\frac{\pi}{2}} \left[\frac{d}{ds}(\sin(x \cdot \cos(s)))\right] \cdot \sin(s) \, ds - x \cdot \frac{1}{\pi} \cdot \int_{-\frac{\pi}{2}}^{\frac{\pi}{2}} \sin(x \cdot \cos(s)) \cdot \left[\frac{d}{ds}\sin(s)\right] \, ds$$

$$= -\left[\sin(x \cdot \cos(s)) \cdot \sin(s)\right]_{s=-\frac{\pi}{2}}^{s=\frac{\pi}{2}} = 0 \text{ (wobei im letzten Schritt partielle Integra-}$$

tion zu Hilfe gezogen wurde), und weiter $x^2 \cdot g''(x) + x \cdot g'(x) + x^2 \cdot g(x) - g(x) =$

$$= x^2 \cdot \left(-g(x) + \frac{1}{\pi} \cdot \int_{-\frac{\pi}{2}}^{\frac{\pi}{2}} \sin(x \cdot \cos(s)) \cdot \cos(s) \cdot \sin^2(s) \, ds \right) +$$

$$+ x \cdot \left(\frac{1}{\pi} \cdot \int_{-\frac{\pi}{2}}^{\frac{\pi}{2}} \cos(x \cdot \cos(s)) \cdot \cos^2(s) \, ds \right) + x^2 \cdot g(x) - g(x) =$$

$$= x^2 \cdot \frac{1}{\pi} \cdot \int_{-\frac{\pi}{2}}^{\frac{\pi}{2}} \sin(x \cdot \cos(s)) \cdot \cos(s) \cdot \sin^2(s) \, ds +$$

$$+ x \cdot \left(\frac{1}{\pi} \cdot \int_{-\frac{\pi}{2}}^{\frac{\pi}{2}} \cos(x \cdot \cos(s)) \cdot \cos^2(s) \, ds \right) - g(x) =$$

$$= x \cdot \frac{1}{\pi} \cdot \int_{-\frac{\pi}{2}}^{\frac{\pi}{2}} \left[\frac{d}{ds} \cos(x \cdot \cos(s)) \right] \cdot \cos(s) \cdot \sin(s) \, ds +$$

$$+ x \cdot \left(\frac{1}{\pi} \cdot \int_{-\frac{\pi}{2}}^{\frac{\pi}{2}} \cos(x \cdot \cos(s)) \cdot \cos^2(s) \, ds \right) - g(x) =$$

$$= x \cdot \frac{1}{\pi} \cdot \underbrace{\left[\cos(x \cdot \cos(s)) \cdot \cos(s) \cdot \sin(s) \right]_{s=-\frac{\pi}{2}}^{s=\frac{\pi}{2}}}_{=0}$$

$$- x \cdot \frac{1}{\pi} \cdot \int_{-\frac{\pi}{2}}^{\frac{\pi}{2}} \cos(x \cdot \cos(s)) \cdot \underbrace{\left[\frac{d}{ds}(\cos(s) \cdot \sin(s)) \right]}_{=-\sin^2(s)+\cos^2(s)} \, ds +$$

$$+ x \cdot \left(\frac{1}{\pi} \cdot \int_{-\frac{\pi}{2}}^{\frac{\pi}{2}} \cos(x \cdot \cos(s)) \cdot \cos^2(s) \, ds \right) - g(x) =$$

$$= x \cdot \frac{1}{\pi} \cdot \int_{-\frac{\pi}{2}}^{\frac{\pi}{2}} \cos(x \cdot \cos(s)) \cdot \sin^2(s) \, ds - g(x) =$$

$$= -\frac{1}{\pi} \cdot \int_{-\frac{\pi}{2}}^{\frac{\pi}{2}} \left[\frac{d}{ds} \sin(x \cdot \cos(s)) \right] \cdot \sin(s) \, ds - \frac{1}{\pi} \cdot \int_{-\frac{\pi}{2}}^{\frac{\pi}{2}} \sin(x \cdot \cos(s)) \cdot \cos(s) \, ds$$

$$= -\frac{1}{\pi} \cdot \underbrace{\left[\sin(x \cdot \cos(s)) \cdot \sin(s)\right]_{s=-\frac{\pi}{2}}^{s=\frac{\pi}{2}}}_{=0} + \frac{1}{\pi} \cdot \int_{-\frac{\pi}{2}}^{\frac{\pi}{2}} \left[\sin(x \cdot \cos(s))\right] \cdot \cos(s)\, ds -$$

$$-\frac{1}{\pi} \cdot \int_{-\frac{\pi}{2}}^{\frac{\pi}{2}} \sin(x \cdot \cos(s)) \cdot \cos(s)\, ds = 0.$$

Lösung zu 27:

Wegen $f'(x) = -2\sin(2x) - 2\sin(x) = -2 \cdot [2 \cdot \sin(x) \cdot \cos(x) + \sin(x)] =$

$= -2 \cdot \sin(x) \cdot [2\cos(x) + 1]$ liegt an der Stelle x eine horizontale Tangente genau

dann vor, wenn $\sin(x) = 0$ oder $2\cos(x) + 1 = 0$, also genau dann, wenn $x = 0$

oder $x = \pi$ oder $x = 2\pi$ oder $x = \arccos\left(-\frac{1}{2}\right)$ oder $x = 2\pi - \arccos\left(-\frac{1}{2}\right)$. Die

gesuchten Punkte des Graphen sind also: $(0,3)$, $(\pi,-1)$, $(2\pi,3)$,

$\left(\arccos\left(-\frac{1}{2}\right), -\frac{3}{2}\right)$ und $\left(2\pi - \arccos\left(-\frac{1}{2}\right), -\frac{3}{2}\right)$. (Berechnung des Funktions-

werts an der Stelle $\arccos\left(-\frac{1}{2}\right)$: Durch mehrfache Anwendung des Additions-

theorems erhält man, dass $f(x) = \cos(2x) + 2\cos(x) =$

$= \left(\cos^2(x) - \sin^2(x)\right) + 2\cos(x) = \cos^2(x) - \left(1 - \cos^2(x)\right) + 2\cos(x) = 2\cos^2(x) -$

$-1 + 2\cos(x)$, also, dass $f\left(\arccos\left(-\frac{1}{2}\right)\right) = 2 \cdot \left(-\frac{1}{2}\right)^2 - 1 + 2 \cdot \left(-\frac{1}{2}\right) = -\frac{3}{2}$.

Lösung zu 28:

Rechteckfläche: $a \cdot b = a \cdot \sqrt{(2r)^2 - a^2}$. Deswegen Definition von $F : {]}0, 2r{[} \to \mathbb{R}$

durch $F(a) := a \cdot \sqrt{(2r)^2 - a^2}$. Konsequenz: $F'(a) = 0 \Leftrightarrow 2a^2 = (2r)^2$. Also

kommt nur $a = \frac{2r}{\sqrt{2}}$ in Frage. Wegen $F'\left(\frac{2r}{\sqrt{2}}\right) < 0$ liegt tatsächlich ein

Maximum vor.

Lösung zu 29: $f(x) = 6 + 11 \cdot (x-2) + 6 \cdot (x-2)^2 + (x-2)^3$.

Lösung zu 30: a) $f(x) = \sum_{k=0}^{4} \frac{f^{(k)}(1)}{k!}(x-1)^k = e + \frac{e}{1!} \cdot (x-1) + \frac{e}{2!} \cdot (x-1)^2 +$

$$+\frac{e}{3!}\cdot(x-1)^3+\frac{e}{4!}\cdot(x-1)^4 .$$

b) $p(1)=1$, $p'(x)=12x^2-18x+8$, $p'(1)=2$, $p''(x)=24x-18$, $p''(1)=6$
$p'''(x)=24$, $p''''(x)=0$.   Also:

$$p(x)=1+\frac{p'(1)}{1!}\cdot(x-1)+\frac{p''(1)}{2!}\cdot(x-1)^2+\frac{p'''(1)}{3!}\cdot(x-1)^3+\frac{p''''(\xi)}{4!}\cdot(x-1)^4=$$

$$=1+2\cdot(x-1)+3\cdot(x-1)^2+4\cdot(x-1)^3+0 .$$

Lösung zu 31:

$$f(x)=x^2\cdot e^x , \quad f'(x)=2x\cdot e^x+x^2\cdot e^x=\left(2x+x^2\right)\cdot e^x$$

$$f''(x)=(2+2x)\cdot e^x+\left(2x+x^2\right)\cdot e^x=\left(2+4x+x^2\right)\cdot e^x$$

$$f'(x)=0\Leftrightarrow 2x+x^2=0\Leftrightarrow(x=0 \text{ oder } x=-2)$$

$$f''(0)=2>0 , \quad f''(-2)=-2\cdot e^{-2}<0$$

$$f'(x)\geq 0\Leftrightarrow(2+x)x\geq 0\Leftrightarrow((x\geq 0 \text{ und } x\geq -2), \text{ oder } (x\leq 0 \text{ und } x\leq -2))\Leftrightarrow$$

$$(x\in[0,\infty[\text{ oder } x\in]-\infty,-2])$$

$$f'(x)\leq 0\Leftrightarrow((x\leq 0 \text{ und } (2+x)\geq 0) \text{ oder } (x\geq 0 \text{ und } (2+x)\leq 0))\Leftrightarrow x\in[-2,0]$$

f ist also monoton steigend auf $[0,\infty[$ und $]-\infty,-2]$ und monoton fallend auf $[-2,0]$. In 0 liegt ein lokales Minimum vor, in –2 ein lokales Maximum.

Lösung zu 32:

a) $f'(x)=-\dfrac{1}{2}\cdot(\cos(x^2)+2)^{-\frac{3}{2}}\cdot(-\sin(x^2)\cdot 2x)=\dfrac{\sin(x^2)\cdot x}{(\cos(x^2)+2)^{\frac{3}{2}}}.$

b) $f(x)=\dfrac{1}{\sqrt{3}}+Restgl .$

Lösung zu 33:
a) $2\cdot 1+3\cdot 1-1=4\neq 1.$

b) Für E und die zu E orthogonale Gerade g durch $((111)^T$ gilt:

$$g=\left\{\begin{pmatrix}1\\1\\1\end{pmatrix}+\lambda\cdot\begin{pmatrix}2\\3\\-1\end{pmatrix} \mid \lambda\in\mathbb{R}\right\} \text{ und } E=\left\{\begin{pmatrix}1\\0\\1\end{pmatrix}+\lambda\cdot\begin{pmatrix}1\\0\\2\end{pmatrix}+\mu\cdot\begin{pmatrix}0\\1\\3\end{pmatrix} \mid \lambda,\mu\in\mathbb{R}\right\},$$

weshalb dann $E \cap g = \left\{ \frac{1}{14} \cdot \begin{pmatrix} 8 \\ 5 \\ 17 \end{pmatrix} \right\}$. $\frac{1}{14} \cdot \begin{pmatrix} 8 \\ 5 \\ 17 \end{pmatrix}$ ist also der gesuchte Lotfußpunkt.

Lösung zu 34:

$f'(t) = e^{\sin(t)} \cdot \cos(t)$, $f''(t) = e^{\sin(t)} \cdot \cos^2(t) - e^{\sin(t)} \cdot \sin(t)$, also:

$f(t) = 1 + t + \dfrac{t^2}{2} + Restgl.$

Lösung zu 35:

$g'(x) = -\cos(\dfrac{1}{x}) \dfrac{1}{x^2} \ln(x) + \sin(\dfrac{1}{x}) \dfrac{1}{x}$, also $g(x) = \pi^2 \ln(\dfrac{1}{\pi})(x - \dfrac{1}{\pi}) + Restgl.$

Lösung zu 36:

a) Aus $0 < a - c \le a + c\cos(\vartheta) \le a + c$ folgt $a + c = \dfrac{a^2 - c^2}{a - c} = \dfrac{b^2}{a - c} \ge$

$\ge \underbrace{\dfrac{b^2}{a + c\cos(\vartheta)}}_{r(\vartheta)} \ge \dfrac{b^2}{a + c} = \dfrac{a^2 - c^2}{a + c} = a - c$. Außerdem gilt $r(0) = \dfrac{b^2}{a + c} = \dfrac{a^2 - c^2}{a + c} =$

$= a - c$.

b) Aus der Annahme, dass $c < \left| a - \dfrac{b^2}{r} \right|$ folgt , dass $c < a - \dfrac{b^2}{r}$ oder $c < \dfrac{b^2}{r} - a$,

also $r > \dfrac{b^2}{a - c}$ oder $\dfrac{b^2}{r} > a + c$, also $r > \dfrac{a^2 - c^2}{a - c} = a + c$ oder $r < \dfrac{b^2}{a + c} = \dfrac{a^2 - c^2}{a + c} =$

$= a - c$ im Widerspruch zur Voraussetzung.

c) $\dfrac{dr}{d\vartheta}(\vartheta) = -b^2 \cdot [a + c\cos(\vartheta)]^{-2} \cdot c \cdot (-\sin(\vartheta)) = \dfrac{c \cdot b^2 \cdot \sin(\vartheta)}{[a + c\cos(\vartheta)]^2} = b^2 \cdot \dfrac{c \cdot \sin(\vartheta)}{\left[\dfrac{b^2}{r(\vartheta)} \right]^2} =$

$= \dfrac{r^2(\vartheta)}{b^2} \cdot c \cdot \sin(\vartheta) = \dfrac{r^2(\vartheta)}{b^2} \cdot c \cdot \begin{cases} \sqrt{1 - \cos^2(\vartheta)} \Leftarrow \vartheta \in [0, \pi] \\ -\sqrt{1 - \cos^2(\vartheta)} \Leftarrow \vartheta \in [\pi, 2\pi] \end{cases} =$

$= \dfrac{r^2(\vartheta)}{b^2} \cdot \begin{cases} \sqrt{c^2 - (\dfrac{b^2}{r(\vartheta)} - a)^2} \Leftarrow \vartheta \in [0, \pi] \\ -\sqrt{c^2 - (\dfrac{b^2}{r(\vartheta)} - a)^2} \Leftarrow \vartheta \in [\pi, 2\pi]. \end{cases}$

d)Wegen $\dfrac{dr}{d\vartheta}(\vartheta)=\dfrac{r^2(\vartheta)}{b^2}\cdot c\cdot\sin(\vartheta)=0\Leftrightarrow\vartheta=k\pi$, $\qquad\qquad \dfrac{d^2r}{d\vartheta^2}(k\cdot2\pi)=$

$$=2\frac{r(k\cdot2\pi)}{b^2}\cdot\frac{dr}{d\vartheta}(k\cdot2\pi)\cdot c\cdot\sin(k2\pi)+\frac{r^2(k2\pi)}{b^2}\cdot c\cdot\cos(k2\pi)=\frac{r^2(k2\pi)}{b^2}\cdot c>0$$

und

$$\frac{d^2r}{d\vartheta^2}(\pi+k\cdot2\pi)=2\frac{r(\pi+k\cdot2\pi)}{b^2}\cdot\frac{dr}{d\vartheta}(\pi+k\cdot2\pi)\cdot c\cdot\sin(\pi+k2\pi)+$$

$$+\frac{r^2(\pi+k2\pi)}{b^2}\cdot c\cdot\cos(\pi+k2\pi)=-\frac{r^2(\pi+k2\pi)}{b^2}\cdot c<0 \text{ folgt die Behauptung aus}$$

folgender Äquivalenz: $\begin{cases} r(\hat\vartheta)=a-c \;\Leftrightarrow\; \hat\vartheta=k\cdot2\pi\;(k\in\mathbb{Z}) \\ r(\hat\vartheta)=a+c \;\Leftrightarrow\; \hat\vartheta=\pi+k\cdot2\pi\;(k\in\mathbb{Z}) \end{cases}$

e) Aus $r(0)=a+c$ und (*) folgt die Existenz eines Intervalls $]0,\vartheta_1[$, auf dem

$$\frac{dr}{d\vartheta}=-\frac{r^2}{b^2}\cdot\sqrt{c^2-(a-\frac{b^2}{r})^2}\,,$$

$$\varepsilon-\vartheta=-\int_\varepsilon^\vartheta \tau d\tau=b^2\cdot\int_{r(\varepsilon)}^{r(\vartheta)}\frac{dr}{r^2\sqrt{c^2-(a-\frac{b^2}{r})^2}}\,, \qquad\qquad ar\cos\left(\frac{b^2}{c\cdot r(\vartheta)}-\frac{a}{c}\right)-$$

$$-ar\cos\underbrace{\left(\frac{b^2}{c\cdot r(0)}-\frac{a}{c}\right)}_{=\pi}=-\vartheta,\quad\text{also}\quad \frac{b^2}{c\cdot r(\vartheta)}-\frac{a}{c}=\cos(-\vartheta+\pi)=\cos(\vartheta-\pi)\text{ und damit}$$

$$r(\vartheta)=\frac{b^2}{a+c\cdot\cos(\vartheta-\pi)}=\tilde r(\vartheta-\pi)\text{ auf }]0,\vartheta_1[=]0,\pi[.\text{ Fährt man fort nach die-}$$

sem Schema, so erhält man das behauptete Resultat.

f) Es muss zunächst geklärt werden, dass $\left|\dfrac{b^2}{cr_0}-\dfrac{a}{c}\right|\le1$, was aber sofort aus der

Äquivalenz der Ungleichungen $\dfrac{1}{a+c}\le\dfrac{1}{r}\le\dfrac{1}{a-c}$,

$$\frac{b^2}{a+c}\le\frac{b^2}{r}\le\frac{b^2}{a-c}\,,\quad \frac{a^2-c^2}{a+c}\le\frac{b^2}{r}\le\frac{a^2-c^2}{a-c}\,,\quad a-c\le\frac{b^2}{r}\le a+c,\;\left|a-\frac{b^2}{r}\right|\le c$$

folgt. Es ist dann klar, dass mit $\tilde r(\vartheta):=\dfrac{b^2}{a+c\cdot\cos(\vartheta\pm\tilde\vartheta)}$ Lösungen des gegebenen Anfangswertproblems vorliegen, sodass nur noch der Nachweis der Eindeutigkeit fehlt. Zu diesem Zweck werde angenommen, dass $r(\vartheta)$ irgendeine Lösung ist, die den angegebenen Zusatzbedingungen genügt. Dann gibt es zwei

Möglichkeiten: Entweder $\dfrac{dr}{d\vartheta}>0$ oder $\dfrac{dr}{d\vartheta}<0$, also $\dfrac{dr}{d\vartheta}=\dfrac{r^2}{b^2}\cdot\sqrt{c^2-(a-\dfrac{b^2}{r})^2}$

oder $\dfrac{dr}{d\vartheta}=-\dfrac{r^2}{b^2}\cdot\sqrt{c^2-(a-\dfrac{b^2}{r})^2}$ auf einem Intervall $]0,\vartheta_1[$;	die weitere

Argumentation braucht jetzt nur noch skizziert werden:	Im ersten Fall folgt

$$b^2\cdot\int_{r(\varepsilon)}^{r(\vartheta)}\frac{dr}{r^2\sqrt{c^2-(a-\dfrac{b^2}{r})^2}}=\int_{\varepsilon}^{\vartheta}\tau d\tau=\vartheta-\varepsilon,\quad ar\cos\left(\frac{b^2}{c\cdot r(\vartheta)}-\frac{a}{c}\right)-\underbrace{ar\cos\left(\frac{b^2}{cr_0}-\frac{a}{c}\right)}_{=\tilde{\vartheta}}=$$

$=\vartheta$,	also	$\dfrac{b^2}{c\cdot r(\vartheta)}-\dfrac{a}{c}=\cos(\vartheta+\tilde{\vartheta})$	und	damit	$r(\vartheta)=\dfrac{b^2}{a+c\cdot\cos(\vartheta+\tilde{\vartheta})}$	für

$\vartheta\in\;]0,\vartheta_1[$ mit $\vartheta_1=\pi-\tilde{\vartheta}$ und $r(\vartheta_1)=a+c$, also $\dfrac{dr}{d\vartheta}=-\dfrac{r^2}{b^2}\cdot\sqrt{c^2-(a-\dfrac{b^2}{r})^2}$ für

ein weiteres Intervall $]\vartheta_1,\vartheta_2[$, auf dem dann	$b^2\cdot\displaystyle\int_{r(\vartheta_1+\varepsilon)}^{r(\vartheta)}\frac{dr}{r^2\sqrt{c^2-(a-\dfrac{b^2}{r})^2}}=$

$=-\displaystyle\int_{\vartheta_1+\varepsilon}^{\vartheta}\tau d\tau=\vartheta_1+\varepsilon-\vartheta$ mit folgenden Konsequenzen:	$ar\cos\left(\dfrac{b^2}{c\cdot r(\vartheta)}-\dfrac{a}{c}\right)-$

$\underbrace{-ar\cos\left(\dfrac{b^2}{c\cdot r(\vartheta_1)}-\dfrac{a}{c}\right)}_{=\pi}=\vartheta_1-\vartheta=\pi-\tilde{\vartheta}-\vartheta,\quad\dfrac{b^2}{c\cdot r(\vartheta)}-\dfrac{a}{c}=\cos(-\vartheta-\tilde{\vartheta}+2\pi)=$

$=\cos(\vartheta+\tilde{\vartheta})$ und damit wieder $r(\vartheta)=\dfrac{b^2}{a+c\cdot\cos(\vartheta+\tilde{\vartheta})}$ für $\vartheta\in\;]\vartheta_1,\vartheta_2[$ usw..

Nun zum zweiten Fall:	$\dfrac{dr}{d\vartheta}=-\dfrac{r^2}{b^2}\cdot\sqrt{c^2-(a-\dfrac{b^2}{r})^2}$ auf $]0,\vartheta_1[$,

$$b^2\cdot\int_{r(\varepsilon)}^{r(\vartheta)}\frac{dr}{r^2\sqrt{c^2-(a-\dfrac{b^2}{r})^2}}=-\int_{\varepsilon}^{\vartheta}\tau d\tau=-\vartheta+\varepsilon,\quad ar\cos\left(\frac{b^2}{c\cdot r(\vartheta)}-\frac{a}{c}\right)-$$

$\underbrace{-ar\cos\left(\dfrac{b^2}{cr_0}-\dfrac{a}{c}\right)}_{=\tilde{\vartheta}}=-\vartheta$, also $\dfrac{b^2}{c\cdot r(\vartheta)}-\dfrac{a}{c}=\cos(\vartheta-\tilde{\vartheta})$ und damit

$$r(\vartheta) = \frac{b^2}{a + c \cdot \cos(\vartheta - \tilde{\vartheta})} \quad \text{auf } \left]0, \vartheta_1\right[, \text{ usw..}$$

Lösung zu 37:

Die Eindeutigkeit der Lösung macht man sich folgendermaßen klar:
Ist $\vartheta(t)$ irgendeine Lösung, so gilt gemäß 5.2.1., dass

$$(***) \qquad \frac{1}{2}\left(\dot{\vartheta}\right)^2 = E - \tilde{F}(\vartheta) \quad \text{mit} \quad \tilde{F}(\vartheta) = \frac{g}{l} \cdot \frac{\vartheta^2}{2} \qquad \text{und}$$

$E = \frac{1}{2}\left(\dot{\vartheta}(0)\right)^2 + \tilde{F}\left(\vartheta(0)\right) = \frac{\left(\dot{\vartheta}(0)\right)^2}{2} + \frac{g}{l} \cdot \frac{\vartheta_0^2}{2}$. Natürlich kommen nur Lösungswerte

$\vartheta(t)$ in Frage, welche der Gleichung (***) und damit der Relation $E - \tilde{F}(\vartheta) \geq 0$

genügen, also nur Werte aus dem Intervall $\left[-\vartheta_{max}, \vartheta_{max}\right]$ mit

$$\vartheta_{max} := \sqrt{\frac{l \cdot (\dot{\vartheta}(0))^2}{g} + \left(\vartheta(0)\right)^2} \quad .$$

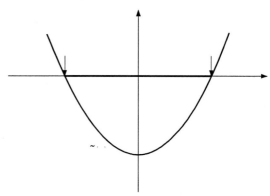

Die Lösung für (***) muss auf dem Bereich $\{\dot{\vartheta} > 0\}$ der Gleichung

$\frac{d\vartheta}{dt} = \sqrt{2\left(E - \tilde{F}(\vartheta)\right)}$ genügen. Separation der Variablen ergibt dann, dass

$$-\int_{\vartheta_0}^{\vartheta(t)} \frac{d\tilde{\vartheta}}{\sqrt{2\left(E - \tilde{F}(\tilde{\vartheta})\right)}} = \int_0^t d\tilde{t} = t, \quad \text{also weiter dass} \quad -\frac{1}{\sqrt{2E}} \cdot \int_{\vartheta_0}^{\vartheta(t)} \frac{d\tilde{\vartheta}}{\sqrt{1 - \left(\sqrt{\frac{g}{2lE}} \cdot \tilde{\vartheta}\right)^2}} = t \quad .$$

Mit der Substitution $s := \sqrt{\frac{g}{2lE}} \cdot \tilde{\vartheta}$ erhält man dann, dass

$$-\sqrt{\frac{l}{g}}\cdot\int_{\vartheta(0)\cdot\alpha}^{\vartheta(t)\cdot\alpha}\frac{ds}{\sqrt{1-s^2}}=t \text{ mit } \alpha:=\sqrt{\frac{g}{2lE}}, \text{ also } \left[\underbrace{-ar\cos\left(\vartheta_0\cdot\alpha\right)}_{\varphi}+ar\cos\left(\vartheta(t)\cdot\alpha\right)\right]=$$

$$=\sqrt{\frac{g}{l}}\cdot t \text{ und damit } \vartheta(t)=\sqrt{\frac{2lE}{g}}\cdot\cos(\sqrt{\frac{g}{l}}\cdot t+\varphi), \text{ woraus dann folgt, dass } \vartheta(t)$$

stets von der Form $\vartheta(t)=A\cdot\sin(\sqrt{\frac{g}{l}}\cdot t)+B\cdot\cos(\sqrt{\frac{g}{l}}\cdot t)$ ist.

Lösung zu 38:

a) $(\frac{b^2}{r^2}-\frac{2a}{r}=0$ und $r>0)\Rightarrow r=\frac{b^2}{2a}$

b) $\tilde{F}'(r)=\frac{2a}{r^2}-\frac{2b^2}{r^3}$ und $\tilde{F}'(\frac{b^2}{a})=0$.

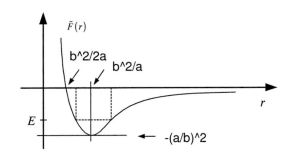

$$\tilde{F}'(r)=0\Rightarrow\frac{2a}{\cancel{r^2}}=\frac{2b^2}{\cancel{r^3}}\Rightarrow r=\frac{b^2}{a}.$$

c) folgt aus der Gleichung $-\tilde{F}'(r)=\frac{2b^2}{r^3}-\frac{2a}{r^2}$.

d) Aus c) folgt, dass $\tilde{F}''(\frac{b^2}{a})>0$. Wegen b) muss also $r=\frac{b^2}{a}$ Minimalstelle von $\tilde{F}$ sein.

　　Außerdem gilt: $\tilde{F}(\frac{b^2}{a})=-\frac{a^2}{b^2}$.

e) und f) $r_{1/2}=\frac{-a}{E}\pm\sqrt{\frac{a^2}{E^2}+\frac{b^2}{E}}$.

Lösungen zu Aufgaben von Kapitel V

Lösung zu 1: Man macht sie sich klar, indem man a in der Form $a = \pi l + \Delta$ mit $\Delta < \pi$ darstellt und das vorliegende Integral folgendermaßen umformt:

$$\int_a^{a+\pi} \frac{d\vartheta}{\sqrt{1-k^2\cdot\sin^2(\vartheta)}} = \int_{a-\pi l}^{a-\pi l+\pi} \frac{ds}{\sqrt{1-k^2\cdot\sin^2(s+\pi l)}} = \int_\Delta^{\Delta+\pi} \frac{ds}{\sqrt{1-k^2\cdot\sin^2(s+\pi l)}} =$$

$$= \int_0^\pi \frac{ds}{\sqrt{1-k^2\cdot\sin^2(s)}} \underbrace{- \int_0^\Delta \frac{ds}{\sqrt{1-k^2\cdot\sin^2(s)}} + \int_\pi^{\pi+\Delta} \frac{ds}{\sqrt{1-k^2\cdot\sin^2(s)}}}_{=0 \text{ wegen } \pi\text{-Periodizität von } \sin^2} .$$

Lösung zu 2: Natürlich ist die Gleichung $am(\frac{T}{2}) = \pi$ nichts anderes als eine

Umformulierung der Definition $T(k) := 2\cdot \int_0^\pi \frac{d\vartheta}{\sqrt{1-k^2\cdot\sin^2(\vartheta)}}$, und $am(\frac{T}{4}) = \frac{\pi}{2}$

geht aus der Umformung $\quad \dfrac{T}{2} = \int_0^\pi \frac{d\vartheta}{\sqrt{1-k^2\cdot\sin^2(\vartheta)}} = \int_0^{\frac{\pi}{2}} \frac{d\vartheta}{\sqrt{1-k^2\cdot\sin^2(\vartheta)}} +$

$$+ \int_{\frac{\pi}{2}}^\pi \frac{d\vartheta}{\sqrt{1-k^2\cdot\sin^2(\vartheta)}} = \int_0^{\frac{\pi}{2}} \frac{d\vartheta}{\sqrt{1-k^2\cdot\sin^2(\vartheta)}} + \int_{-\frac{\pi}{2}}^0 \frac{d\vartheta}{\sqrt{1-k^2\cdot\sin^2(\vartheta)}} =$$

$$= \int_0^{\frac{\pi}{2}} \frac{d\vartheta}{\sqrt{1-k^2\cdot\sin^2(\vartheta)}} + \int_0^{\frac{\pi}{2}} \frac{d\vartheta}{\sqrt{1-k^2\cdot\sin^2(\vartheta)}} = 2\cdot \int_0^{\frac{\pi}{2}} \frac{d\vartheta}{\sqrt{1-k^2\cdot\sin^2(\vartheta)}} \quad \text{hervor; wobei}$$

in den vorletzten zwei Schritten die π-Periodizität von $\sin^2(\vartheta)$ ausgenutzt wurde und die Relation $\sin^2(-\vartheta) = \sin^2(\vartheta)$.

Lösung zu 3: a) Man braucht sich nur die logische Äquivalenz folgender Aussagen klarmachen:

(1) $\left\| \begin{pmatrix} x \\ y \end{pmatrix} - \begin{pmatrix} -c \\ 0 \end{pmatrix} \right\| + \left\| \begin{pmatrix} x \\ y \end{pmatrix} - \begin{pmatrix} c \\ 0 \end{pmatrix} \right\| = l$

(2) $(x+c)^2 + y^2 + 2\sqrt{(x+c)^2 + y^2}\sqrt{(x-c)^2 + y^2} + (x-c)^2 + y^2 = l^2$

(3) $\sqrt{(x+c)^2 + y^2}\sqrt{(x-c)^2 + y^2} = \dfrac{l^2}{2} - x^2 - y^2 - c^2$

(4) $\left(x^2 + 2xc + c^2 + y^2 \right)\left(x^2 - 2xc + c^2 + y^2 \right) = \left[\left(\dfrac{l^2}{2} - c^2 \right) - \left(x^2 + y^2 \right) \right]^2$

(5) $-2x^2c^2+2c^2y^2+c^4=\dfrac{l^4}{4}-l^2c^2+c^4-l^2x^2-l^2y^2+2c^2x^2+2c^2y^2$

(6) $x^2\cdot\dfrac{4}{l^2}+y^2\cdot\dfrac{4}{l^2-4c^2}=1$

(7) $\dfrac{x^2}{a^2}+\dfrac{y^2}{b^2}=1$

b) Dies folgt aus der logischen Äquivalenz folgender Aussagen:

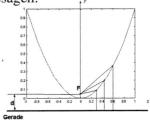
Gerade

(1) $\sqrt{x^2+(y-F)^2}=\left|y-(F-d)\right|$

(2) $x^2+y^2-2yF+F^2=y^2-2y(F-d)+(F-d)^2$

(3) $y=\dfrac{x^2}{2d}+\left(F-\dfrac{d}{2}\right)$

Lösung zu 4: Variante A

x	0	1	2	3	4	5
$\Phi(x)$	0	2	4	1	3	0

a) Φ ist offensichtlich eine eindeutige Zuordnung, also eine Abbildung.
b) Φ ist nicht injektiv; denn $\Phi(0)=\Phi(5)$ und $0\neq 5$.
c) Φ ist nicht surjektiv, da 5 kein Bildwert ist.

Variante B

x	0	1	2	3	4	5
$\Phi(x)$	0	2	4	1	3	5

a) Φ ist offensichtlich eine eindeutige Zuordnung, also eine Abbildung.
b) Φ ist injektiv, da kein Bildwert in der Tabelle zweimal vorkommt.
c) Φ ist surjektiv, da jeder Wert aus $\{0,\ldots,5\}$ Bildwert ist.

Lösung zu 5:

x	0	1	2	3	4	5
$\psi(x)$	0	2	4	1	3	0

a) ψ ist offensichtlich eindeutig definierte Zuordnung, also eine Abbildung.
ψ ist nicht injektiv, da $\psi(0)=\psi(5)$ und $0\neq 5$.

b) ψ ist surjektiv, da jedes Element aus $\{0,...,4\}$ Bildwert ist.

Lösung zu 6:

x	0	1	2	3	4
$\chi(x)$	0	2	4	1	3

χ ist offensichtlich injektiv und surjektiv. Für $\chi^{-1}:\{0,1,2,3,4\} \to \{0,1,2,3,4\}$ gilt:

y	0	1	2	3	4
$\chi^{-1}(y)$	0	3	1	4	2

Lösung zu 7:

a) Injektivität:

$\Phi((n_1,n_2,n_3)) = \Phi((\tilde{n}_1,\tilde{n}_2,\tilde{n}_3)) \Rightarrow (n_3,n_2,n_1) = (\tilde{n}_3,\tilde{n}_2,\tilde{n}_1) \Rightarrow (n_1,n_2,n_3) = (\tilde{n}_1,\tilde{n}_2,\tilde{n}_3)$

b) Surjektivität: Wenn $(m_1,m_2,m_3) \in \mathbb{N}^3$, dann ist (m_1,m_2,m_3) Φ-Bild von (m_3,m_2,m_1) (; denn $\Phi((m_3,m_2,m_1)) = (m_1,m_2,m_3)$). Also: $\Phi^{-1}((m_1,m_2,m_3)) = (m_3,m_2,m_1)$ und damit $\Phi^{-1} = \Phi$.

Lösung zu 8: $\tilde{\Phi}$ ist nicht injektiv; denn $\tilde{\Phi}((1,2,3)) = \tilde{\Phi}((2,2,3))$ und $(1,2,3) \neq (2,2,3)$.

Lösung zu 9: Zunächst macht man sich klar, dass $h(x_1)$ und $h(x_2)$ - und damit auch x_1 und x_2 - gleiches Vorzeichen haben, wenn $h(x_1) = h(x_2)$. Aus $h(x_1) = h(x_2)$ folgt dann also, dass $\dfrac{x_1}{1-x_1} = h(x_1) = h(x_2) = \dfrac{x_2}{1-x_2}$ oder $\dfrac{x_1}{1+x_1} = h(x_1) = h(x_2) = \dfrac{x_2}{1+x_2}$, also dass $x_1 = x_2$. Damit ist die Injektivität von h schon mal nachgewiesen.

Nun zur Surjektivität: Offensichtlich ist $y = h(\dfrac{y}{1-y})$, wenn $y < 0$, $\quad y = h(y)$, wenn $y = 0$ und $y = h(\dfrac{y}{1+y})$, wenn $y > 0$. In jedem Falle ist also y Bildwert von h; womit auch die Surjektivität von h gezeigt ist.

Lösung zu 10: $\left(\dfrac{x}{7x-7} = \dfrac{x}{7x+7} \quad \text{und} \quad x \neq 1 \quad \text{und} \quad x \neq -1\right) \Leftrightarrow$

$\Leftrightarrow \left(\dfrac{14x}{49(x^2-1)}=0 \text{ und } x\neq 1 \text{ und } x\neq -1 \right) \Leftrightarrow x=0.$ x=0 ist also die einzige

Zahl, welche die gestellten Bedingungen erfüllt.

Lösung zu 11:

$x(x^2-1)>0 \Leftrightarrow \left(\left[x>0 \text{ und } x^2>1 \right] \text{ oder } \left[x<0 \text{ und } x^2<1 \right] \right) \Leftrightarrow$

$\Leftrightarrow \left[x>1 \text{ oder } -1<x<0 \right]$; also $M = \,]1,\infty[\,\cup\,]-1,0[$.

Lösung zu 12:

a) Für jedes $x\in \mathbb{R}$ gilt: $(x+2\geq 2x+3)\Leftrightarrow(2\geq x+3)\Leftrightarrow(0\geq x+1)\Leftrightarrow(x\leq -1)$.

Daraus folgt dann, dass $\{x\in \mathbb{R}\,|\,x+2\geq 2x+3\}=\{x\in \mathbb{R}\,|\,x\leq -1\}=\,]-\infty,-1]$.

b) Wegen $x^2-5x+6=(x-2)(x-3)$ gilt:

$\left(x^2-5x+6\geq 0 \right) \Leftrightarrow ((x-2)(x-3)\geq 0) \Leftrightarrow$

$\Leftrightarrow \left[((x-2)\geq 0 \text{ und } (x-3)\geq 0) \text{ oder } ((x-2)\leq 0 \text{ und } (x-3)\leq 0) \right] \Leftrightarrow$

$\Leftrightarrow \left[(x\geq 2 \text{ und } x\geq 3) \text{ oder } (x\leq 2 \text{ und } x\leq 3) \right] \Leftrightarrow \left[(x\geq 3) \text{ oder } (x\leq 2) \right]$.

Also: $\left\{ x\in \mathbb{R}\,|\,x^2-5x+6\geq 0 \right\}=\{x\in \mathbb{R}\,|\,x\geq 3 \text{ oder } x\leq 2\}=$

$=\{x\in \mathbb{R}\,|\,x\geq 3\}\cup\{x\in \mathbb{R}\,|\,x\leq 2\}=\,]-\infty,2]\cup[3,\infty[$.

c) Wenn $x+1\neq 0$, dann ist $(x+1)<0$ oder $(x+1)>0$.

1. Fall: $(x+1)<0$: Unter dieser Voraussetzung gilt:

$\dfrac{3}{x+1}\leq 1\Leftrightarrow 3\geq x+1\Leftrightarrow x\leq 2$.

2. Fall: $(x+1)>0$: Unter dieser Voraussetzung gilt:

$\dfrac{3}{x+1}\leq 1\Leftrightarrow 3\leq x+1\Leftrightarrow x\geq 2$.   Also:

Lösungsmenge von $(\dfrac{3}{x+1}\leq 1)$ $\left\{ x\in \mathbb{R}\,\Big|\,x\neq -1 \text{ und } \dfrac{3}{x+1}\leq 1 \right\}=$

$=\left\{ x\in \mathbb{R}\,\Big|\,[x+1<0 \text{ und } \dfrac{3}{x+1}\leq 1] \text{ oder } [x+1>0 \text{ und } \dfrac{3}{x+1}\leq 1] \right\}=$

$=\left\{ x\in \mathbb{R}\,\Big|\,[x+1<0 \text{ und } \dfrac{3}{x+1}\leq 1] \right\}\cup\left\{ x\in \mathbb{R}\,\Big|\,[x+1>0 \text{ und } \dfrac{3}{x+1}\leq 1] \right\}=$

$=\{x\in \mathbb{R}\,|\,x+1<0 \text{ und } x\leq 2\}\cup\{x\in \mathbb{R}\,|\,x+1>0 \text{ und } x\geq 2\}=$

$=\{x\in \mathbb{R}\,|\,x<-1\}\cup\{x\in \mathbb{R}\,|\,x\geq 2\}=\,]-\infty,-1[\,\cup[2,\infty[$.

d) $\dfrac{x}{x-1}+\dfrac{1}{x+2}-\dfrac{9}{3x-2}=\dfrac{3x^3-2x^2-18x+20}{(x-1)\cdot(x+2)\cdot(3x-2)}$. Der Zähler soll nun in Linear-

faktoren zerlegt werden: Durch Probieren findet man, dass $x=2$ Nullstelle des

Zählers ist, also dass $x^3-2x-18x+20=(x-2)\cdot\left[\alpha x^2+\beta x+\gamma\right]$. Das quadra-

tische Polynom $\alpha x^2+\beta x+\gamma$ erhält man durch Polynomdivision:

$\left(3x^3-2x^2-18x+20\right):(x-2)=3x^2+4x-10$

$\underline{-\left(3x^3-6x^2\right)}$

$4x^2-18x+20$

$-\left(4x^2-8x\right)$

$-10x+20$

$\underline{-(-10x+20)=0}.$ Also $\left(3x^3-2x-18x+20\right)=(x-2)\cdot\left(3x^2+4x-10\right)=$

$=\left(x-x_1\right)\cdot 3\cdot\left(x-x_2\right)\cdot\left(x-x_3\right)$ mit $x_1:=2$, $x_2:=-\dfrac{2}{3}-\dfrac{\sqrt{34}}{3}\approx-2,61$ und

$x_3:=-\dfrac{2}{3}+\dfrac{\sqrt{34}}{3}\approx 1,28$. Die gesuchte Lösungsmenge L hat also folgende Form:

$L=\left\{x\in\mathbb{R}\left|\,\dfrac{x}{x-1}+\dfrac{1}{x+2}-\dfrac{9}{3x-2}<0\right.\right\}=$

$=\left\{x\in\mathbb{R}\left|\,\dfrac{3\cdot\left(x-x_1\right)\cdot\left(x-x_2\right)\cdot\left(x-x_3\right)}{(x-1)\cdot(x+2)\cdot(3x-2)}<0\right.\right\}=$

$\left\{x\in\mathbb{R}\left|\,\text{sig }[\underbrace{\left(x-x_1\right)\cdot\left(x-x_2\right)\cdot\left(x-x_3\right)}_{=:Z(x)}]\neq\text{sig }[\underbrace{(x-1)\cdot(x+2)\cdot(3x-2)}_{=:N(x)}]\right.\right\}$. Auf Grund

folgender Vorzeichentabelle gilt also $L=\left]x_2,-2\right[\cup\left]\dfrac{2}{3},1\right[\cup\left]x_3,2\right[$.

$x\in$	$]-\infty,x_2]$	$]x_2,-2]$	$]-2,2/3]$	$]2/3,1]$	$]1,x_3]$	$]x_3,x_1]$	$]x_1,\infty[$
$(x-1)$	-	-	-	-	+	+	+
$(x+2)$	-	-	+	+	+	+	+
$(3x-2)$	-	-	-	+	+	+	+
$(x-x_1)$	-	-	-	-	-	-	+
$(x-x_2)$	-	+	+	+	+	+	+

$(x-x_3)$	-	-	-	-	-	+	+
Vorzeichen von $Z(x)$ und $N(x)$	gleich	**Verschieden**	Gleich	**Verschieden**	Gleich	**Verschieden**	Gleich

Lösung zu 13: $\begin{pmatrix} x_1 \\ x_2 \end{pmatrix}$ liegt genau dann auf der oberen (unteren) Begrenzungs-

geraden von S, wenn $x_2 = x_1 +1$ bzw. $x_2 = x_1 -1$. $\begin{pmatrix} x_1 \\ x_2 \end{pmatrix}$ liegt also genau dann in

S, wenn $x_1 -1 \le x_2 \le x_1 +1$. Konsequenz: $S = \left\{ \begin{pmatrix} x_1 \\ x_2 \end{pmatrix} \in \mathbb{R}^2 \middle| x_1 -1 \le x_2 \le x_1 +1 \right\}$.

Lösung zu 14:

$\begin{pmatrix} x_1 \\ x_2 \end{pmatrix} \in (g \cap S) \Leftrightarrow \left[\left(\begin{matrix} x_1 = 1-3\lambda \\ x_2 = 2+4\lambda \end{matrix} \text{ für geeignetes } \lambda \right) \text{ und } \left(x_1 -1 \le x_2 \le x_1 +1 \right) \right] \Leftrightarrow$

$\left[\left(\begin{matrix} x_1 = 1-3\lambda \\ x_2 = 2+4\lambda \end{matrix} \text{ für geeignetes } \lambda \right) \text{ und } (1-3\lambda -1 \le 2+4\lambda \le 1-3\lambda +1) \right] \Leftrightarrow$

$\left[\left(\begin{matrix} x_1 = 1-3\lambda \\ x_2 = 2+4\lambda \end{matrix} \text{ für geeignetes } \lambda \right) \text{ und } (-2 \le 7\lambda \le 0) \right] \Leftrightarrow$

$\left[\left(\begin{matrix} x_1 = 1-3\lambda \\ x_2 = 2+4\lambda \end{matrix} \text{ für geeignetes } \lambda \right) \text{ und } \left(-\frac{2}{7} \le \lambda \le 0 \right) \right].$　　Also $(g \cap S) =$

$= \left\{ \begin{pmatrix} x_1 \\ x_2 \end{pmatrix} \middle| x_1 = 1-3\lambda, x_2 = 2+4\lambda \text{ und } -\frac{2}{7} \le \lambda \le 0 \right\} = \left\{ \begin{pmatrix} 1 \\ 2 \end{pmatrix} + \lambda \begin{pmatrix} -3 \\ 4 \end{pmatrix} \middle| -\frac{2}{7} \le \lambda \le 0 \right\}.$

Lösung zu 15;

a) $x^2 = 2y^2 \Leftrightarrow \sqrt{x^2} = \sqrt{2} \cdot \sqrt{y^2} \Leftrightarrow |x| = \sqrt{2} \cdot |y| \Leftrightarrow |y| = \frac{1}{\sqrt{2}} |x|$

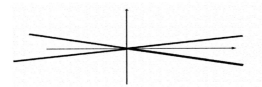

b)   c)

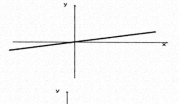

d)   e)

Lösung zu 16:

a) $(f \circ g)(x) = f(g(x)) = (x^2 - 10)^2$, $(g \circ f)(x) = g(f(x)) = x^4 - 10$

b) $(f \circ g)(x) = f(g(x)) = (5 - 3x)^4$, $(g \circ f)(x) = g(f(x)) = 5 - 3x^4$

c) $(f \circ g)(x) = f(g(x)) = (3 + 5x^3)^4$, $(g \circ f)(x) = g(f(x)) = 3 + 5x^{12}$

d) $(f \circ g)(x) = f(g(x)) = (3x + 6x^2 - 9)^4$, $(g \circ f)(x) = g(f(x)) = 3x^4 + 6x^8 - 9$

Lösung zu 17: $\binom{6}{5} = \dfrac{6!}{(6-5)! \, 5!} = 6$.

Lösung zu 18:
a) $D := \mathbb{R}$, $W := \mathbb{R}$

Injektivität: $f(x_1) = f(x_2) \Rightarrow -\dfrac{3}{2} x_1 + 1 = -\dfrac{3}{2} x_2 + 1 \Rightarrow x_1 = x_2$.

Surjektivität: $y \in W \Rightarrow \left(-\dfrac{2}{3} y + \dfrac{2}{3} \in D \text{ und } f\left(-\dfrac{2}{3} y + \dfrac{2}{3}\right) = y\right)$. Also: $f^{-1}(y) = -\dfrac{2}{3} y + \dfrac{2}{3}$

b) $D := [3, \infty[$, $W := [0, \infty[$

Injektivität: $(x_1, x_2 \in [3, \infty[\text{ und } f(x_1) = f(x_2)) \Rightarrow (x_1, x_2 \geq 3 \text{ und } (x_1 - 3)^2 = (x_2 - 3)^2)$

$\Rightarrow ((x_1 - 3) \geq 0, (x_2 - 3) \geq 0 \text{ und } (x_1 - 3)^2 = (x_2 - 3)^2) \Rightarrow x_1 - 3 = x_2 - 3 \Rightarrow x_1 = x_2$.

Surjektivität: $y \in W \Rightarrow y \geq 0 \Rightarrow \sqrt{y} + 3 \geq 3$. Außerdem gilt: $f(\sqrt{y} + 3) = y$.

Also: $f^{-1}(y) = \sqrt{y} + 3$.

c)
1. Vorschlag: $D :=]-\infty, -1[$, $W :=]1, \infty[$

2. Vorschlag: $D :=]-1, 0]$, $W :=]-\infty, -1]$

3. Vorschlag: $D := [0,1[$, $W :=]-\infty, -1]$

4. Vorschlag: $D :=]1, \infty[$, $W :=]1, \infty[$

Begründung zu c): Da aus $y = \dfrac{x^2 + 1}{x^2 - 1}$ folgt ‚dass $yx^2 - y = x^2 + 1$, also dass $x^2 = \dfrac{y+1}{y-1}$

kommt für $f^{-1}(y)$ nur $\pm \sqrt{\dfrac{y+1}{y-1}}$ in Frage. Die Injektivität sieht man in allen vier

Fällen so: $\left(x_1, x_2 \in D \text{ und } f(x_1) = f(x_2) \right) \Rightarrow$

$[x_1$ und x_2 haben gleiches Vorzeichen und $\dfrac{(x_1)^2 + 1}{(x_1)^2 - 1} = \dfrac{(x_2)^2 + 1}{(x_2)^2 - 1}] \Rightarrow$

$\left(x_1 \text{ und } x_2 \text{ haben gleiches Vorzeichen und } (x_1)^2 = (x_2)^2 \right) \Rightarrow x_1 = x_2$.

Nun zur Surjektivität im

1. Fall: $y \in W \Rightarrow y > 1 \Rightarrow 0 < y - 1 < y + 1 \Rightarrow 1 < \dfrac{y+1}{y-1} \Rightarrow \sqrt{\dfrac{y+1}{y-1}} > 1$

$\Rightarrow -\sqrt{\dfrac{y+1}{y-1}} < -1 \Rightarrow -\sqrt{\dfrac{y+1}{y-1}} \in D : f^{-1}(y) = -\sqrt{\dfrac{y+1}{y-1}}$.

2. Fall: $y \in W \Rightarrow y \leq -1 \Rightarrow 0 \geq 1 + y > y - 1 \Rightarrow 0 \leq \dfrac{1+y}{y-1} < 1 \Rightarrow 0 \leq \sqrt{\dfrac{y+1}{y-1}} < 1$

$\Rightarrow -1 < -\sqrt{\dfrac{y+1}{y-1}} \leq 0 \Rightarrow -\sqrt{\dfrac{y+1}{y-1}} \in D : f^{-1}(y) = -\sqrt{\dfrac{y+1}{y-1}}$.

3. Fall: $y \in W \Rightarrow y \leq -1 \Rightarrow y - 1 < y + 1 \leq 0 \Rightarrow 1 > \dfrac{y+1}{y-1} \geq 0 \Rightarrow 1 > \sqrt{\dfrac{y+1}{y-1}} \geq 0$

$\Rightarrow \sqrt{\dfrac{y+1}{y-1}} \in D : f^{-1}(y) = \sqrt{\dfrac{y+1}{y-1}}$

4. Fall: $y \in W \Rightarrow y > 1 \Rightarrow 0 < y - 1 < y + 1 \Rightarrow \dfrac{y+1}{y-1} > 1 \Rightarrow \sqrt{\dfrac{y+1}{y-1}} > 1 \Rightarrow \sqrt{\dfrac{y+1}{y-1}} \in D$

$f^{-1}(y) = \sqrt{\dfrac{y+1}{y-1}}$.

d) z.B. $D := [\sqrt{3}, \infty[$, $W := [0, \infty[$

Injektivität: $(x_1, x_2 \in D \text{ und } f(x_1) = f(x_2)) \Rightarrow$

$\left(x_1 \text{ und } x_2 \text{ haben gleiches Vorzeichen und } \sqrt{(x_1)^2 - 3} = \sqrt{(x_2)^2 - 3} \right) \Rightarrow x_1 = x_2$

Surjektivität: $y \in W \Rightarrow y \geq 0 \Rightarrow y^2 + 3 \geq 3 \Rightarrow \sqrt{y^2 + 3} \geq \sqrt{3} \Rightarrow \sqrt{y^2 + 3} \in D$.

$f\left(\sqrt{y^2+3}\right)=y$, also: $f^{-1}(y)=\left(\sqrt{y^2+3}\right)$.

e) z.B. $D:=\left[-\dfrac{\pi}{8},\dfrac{\pi}{8}\right]$, $W:=[-3,3]$

Injetivität: $\left(x_1,x_2\in D \text{ und} f(x_1)=f(x_2)\right)\Rightarrow$

$\left(4x_1,4x_2\in\left[-\dfrac{\pi}{2},\dfrac{\pi}{2}\right]\text{ und } \sin(4x_1)=\sin(4x_2)\right)\Rightarrow \cancel{4}x_1=\cancel{4}x_2.$

Surjektivität: $y\in W\Rightarrow -3\le y\le 3\Rightarrow -1\le\dfrac{y}{3}\le 1$

$\Rightarrow -\dfrac{\pi}{2}\le\arcsin\left(\dfrac{y}{3}\right)\le\dfrac{\pi}{2}\Rightarrow -\dfrac{\pi}{8}\le\dfrac{1}{4}\arcsin\left(\dfrac{y}{3}\right)\le\dfrac{\pi}{8}\Rightarrow \dfrac{1}{4}\cdot\arcsin\left(\dfrac{y}{3}\right)\in D.$

Wegen $f\left(\dfrac{1}{4}\cdot\arcsin\left(\dfrac{y}{3}\right)\right)=y$ gilt also: $f^{-1}(y)=\dfrac{1}{4}\cdot\arcsin\left(\dfrac{y}{3}\right).$

f) z.B. $D:=\left[-\dfrac{\pi}{6}-\dfrac{2}{3},\dfrac{\pi}{6}-\dfrac{2}{3}\right]$, $W:=[-1,1]$

Injetivität: $\left(x_1,x_2\in D \text{ und} f(x_1)=f(x_2)\right)\Rightarrow$

$\left(-\dfrac{\pi}{2}\le 3x_{1/2}+2\le\dfrac{\pi}{2}\text{ und } \sin(3x_1+2)=\sin(3x_2+2)\right)\Rightarrow 3x_1+2=3x_2+2\Rightarrow x_1=x_2$

Surjektivität: $y\in W\Rightarrow -1\le y\le 1\Rightarrow -\dfrac{\pi}{2}\le\arcsin(y)\le\dfrac{\pi}{2}\Rightarrow$

$-\dfrac{\pi}{6}\le\dfrac{1}{3}\arcsin(y)\le\dfrac{\pi}{6}\Rightarrow \dfrac{1}{3}\arcsin(y)-\dfrac{2}{3}\in D.$ Wegen $f\left(\dfrac{1}{3}\cdot\arcsin(y)-\dfrac{2}{3}\right)=y$ gilt dann:

$f^{-1}(y)=\dfrac{1}{3}\cdot\arcsin(y)-\dfrac{2}{3}.$

g) $D:=\mathbb{R}$, $W:=\,]-1,1[$

Injetivität: $f(x_1)=f(x_2)\Rightarrow\dfrac{x_1}{1+|x_1|}=\dfrac{x_2}{1+|x_2|}\Rightarrow$

$\left(x_1\text{ und }x_2\text{ haben gleiches Vorzeichen und }x_1+x_1|x_2|=x_2+x_2|x_1|\right)\Rightarrow x_1=x_2.$

Surjektivität: $y\in W\Rightarrow -1<y<1\Rightarrow\dfrac{y}{1-|y|}\in D.$ Wegen

$f\left(\dfrac{y}{1-|y|}\right)=\dfrac{\dfrac{y}{1-|y|}}{1+\left|\dfrac{y}{1-|y|}\right|}=\dfrac{\dfrac{y}{1-|y|}}{1+\dfrac{|y|}{\left|1-|y|\right|}}=\dfrac{\dfrac{y}{1-|y|}}{\dfrac{1-|y|+|y|}{1-|y|}}=\dfrac{y}{1-|y|+|y|}=y$ folgt   dann   die

Surjektivität und, dass $f^{-1}(y)=\dfrac{y}{1-|y|}.$

Lösung zu 19:

Man kann sich das vorliegende Ergebnis klar machen, indem man die Relationen $x = r \cdot \cos(\vartheta)$ und $y = r \cdot \sin(\vartheta)$ in die Gleichung $\dfrac{(x+c)^2}{a^2} + \dfrac{y^2}{b^2} = 1$ einsetzt und anschließend nach r auflöst. Unter Verwendung von $c^2 = a^2 - b^2$ ergibt dies der Reihe nach folgende Gleichungen:

$$\frac{(r \cdot \cos(\vartheta)+c)^2}{a^2} + \frac{r^2 \cdot \sin^2(\vartheta)}{b^2} = 1,$$

$$r^2\left[b^2\cos^2(\vartheta)+a^2\sin^2(\vartheta)\right] + r\left(2b^2\cos(\vartheta)c\right) + \underbrace{\left[b^2c^2 - a^2b^2\right]}_{\substack{=b^2(c^2-a^2)\\=-b^4}} = 0 \;,$$

$$r^2\left[b^2\cos^2(\vartheta)+a^2-a^2\cos^2(\vartheta)\right] + r\left(2b^2 \cdot c\cos(\vartheta)\right) - b^4 = 0 \;,$$

$$r^2\left[a^2 - c^2\cos^2(\vartheta)\right] + r\left(2b^2c \cdot \cos(\vartheta)\right) - b^4 = 0 \;,$$

$$r^2 + 2r\frac{b^2c \cdot \cos(\vartheta)}{a^2 - c^2\cos^2(\vartheta)} - \frac{b^4}{a^2 - c^2\cos^2(\vartheta)} = 0 \;,$$

$$r = -\frac{b^2c \cdot \cos(\vartheta)}{a^2 - c^2\cos^2(\vartheta)} + \sqrt{\frac{b^4c^2 \cdot \cos^2(\vartheta)}{\left(a^2 - c^2\cos^2(\vartheta)\right)^2} + \frac{b^4}{a^2 - c^2\cos^2(\vartheta)}} \;,$$

$$r = -\frac{b^2c \cdot \cos(\vartheta)}{a^2 - c^2\cos^2(\vartheta)} + \sqrt{\frac{b^4a^2 - b^4c^2\cos^2(\vartheta) + b^4c^2\cos^2(\vartheta)}{\left(a^2 - c^2\cos^2(\vartheta)\right)^2}} \;,$$

$$r = -\frac{b^2 \cdot c \cdot \cos(\vartheta)}{a^2 - c^2\cos^2(\vartheta)} + \frac{b^2a}{a^2 - c^2\cos^2(\vartheta)} = \frac{b^2 \cdot (a - c \cdot \cos(\vartheta))}{(a - c \cdot \cos(\vartheta))(a + c \cdot \cos(\vartheta))} =$$

$$= \frac{b^2}{a + c \cdot \cos(\vartheta)} \;.$$

Lösungen zu Aufgaben von Kapitel VI

Lösung zu 1:

a) Man kann davon ausgehen, dass eine Ellipse $E = \left\{ \begin{pmatrix} x \\ y \end{pmatrix} \in \mathbb{R}^2 \,\middle|\, \dfrac{x^2}{a^2} + \dfrac{y^2}{b^2} = 1 \right\}$ wie

in Beisp. j) aus V.2.1. beschrieben vorliegt und zwar mit $F_1 = (-c, 0)$ und $F_2 = (c, 0)$. Durch eine Differenziation lässt sich leicht für die Tangente durch

(x_0, y_0) der Richtungsvektor $r = \begin{pmatrix} -a^2 \cdot y_0 \\ b^2 \cdot x_0 \end{pmatrix}$ bestimmen (siehe Beispiel 1 aus

VI.2.1.). Natürlich braucht dann nur noch gezeigt werden, dass die Winkel

$\sphericalangle(r, \overline{PF_i})$ des Richtungsvektors $r = \begin{pmatrix} -a^2 \cdot y_0 \\ b^2 \cdot x_0 \end{pmatrix}$ der Tangente mit $\overline{PF_1} =$

$= \begin{pmatrix} -c - x_0 \\ -y_0 \end{pmatrix}$ bzw. $-\overline{PF_2} = \begin{pmatrix} c - x_0 \\ -y_0 \end{pmatrix}$ gleich sind. Da davon ausgegangen werden

kann, dass beide Winkel kleiner als 90° sind, ihr Cosinus also jeweils positiv ist,

reicht es, die Gleichung $\cos^2\left(\sphericalangle(r, \overline{PF_1})\right) = \cos^2\left(\sphericalangle(r, \overline{PF_2})\right)$ zu überprüfen.

Indem man aus der linearen Algebra übernimmt, dass $\cos(\sphericalangle(r, \overline{PF_i}))$ mit Hilfe

des Skalarprodukts $\langle r, \overline{PF_i} \rangle$ durch die Relation $\cos(\sphericalangle(r, \overline{PF_i})) = \dfrac{\langle r, \overline{PF_i} \rangle}{|r| \cdot |\overline{PF_i}|}$

ausgedrückt werden kann, reduziert man das Problem auf die Überprüfung der folgenden Gleichung:

$$\frac{\left(\left\langle \begin{pmatrix} -a^2 y_0 \\ b^2 x_0 \end{pmatrix}, \begin{pmatrix} -c - x_0 \\ -y_0 \end{pmatrix} \right\rangle\right)^2}{|r|^2 \cdot \left((c + x_0)^2 + y_0^2\right)} = \frac{\left(\left\langle \begin{pmatrix} -a^2 y_0 \\ b^2 x_0 \end{pmatrix}, \begin{pmatrix} c - x_0 \\ -y_0 \end{pmatrix} \right\rangle\right)^2}{|r|^2 \cdot \left((c - x_0)^2 + y_0^2\right)}$$

. Nach (etwas unangeneh-

men, aber einfachen) Termumformungen und unter Ausnutzung der Gleichun-

gen $c^2 = a^2 - b^2$ und $y_0^2 = b^2 - \dfrac{b^2}{a^2} x_0^2$ stellt sie sich schließlich als richtig

heraus.

Lösung zu 2:
Natürlich darf hier angenommen werden, dass die Parabel Graph einer

Funktion $y = ax^2 + b$ ist mit $b = F - \dfrac{d}{2}$ und $a = \dfrac{1}{2d}$ (siehe Beispiel k) aus

V.2.1.). Durch Ableiten dieser Funktion an der Stelle x_0 erhält man, dass die

[Richtung der Normalen in $\begin{pmatrix} x_0 \\ y_0 \end{pmatrix}$] $= \begin{pmatrix} -2ax_0 \\ 1 \end{pmatrix}$.   Es sind also die folgenden

zwei Cosinus-Werte auf Gleichheit zu überprüfen:

$$\cos(\alpha) = \frac{\left\langle \begin{pmatrix} -2ax_0 \\ 1 \end{pmatrix}, \begin{pmatrix} 0 \\ 1 \end{pmatrix} \right\rangle}{\left\| \begin{pmatrix} -2ax_0 \\ 1 \end{pmatrix} \right\| \cdot \left\| \begin{pmatrix} 0 \\ 1 \end{pmatrix} \right\|} = \frac{1}{\left\| \begin{pmatrix} -2ax_0 \\ 1 \end{pmatrix} \right\|} \quad \text{und} \quad \cos(\beta) = \frac{\left\langle \begin{pmatrix} -2ax_0 \\ 1 \end{pmatrix}, \begin{pmatrix} -x_0 \\ F - y_0 \end{pmatrix} \right\rangle}{\left\| \begin{pmatrix} -2ax_0 \\ 1 \end{pmatrix} \right\| \cdot \left\| \begin{pmatrix} -x_0 \\ F - y_0 \end{pmatrix} \right\|}.$$

Wegen $\left(\dfrac{\cos(\beta)}{\cos(\alpha)} \right)^2 = \dfrac{\left\langle \begin{pmatrix} -2ax_0 \\ 1 \end{pmatrix}, \begin{pmatrix} -x_0 \\ F - y_0 \end{pmatrix} \right\rangle \cdot \left\| \begin{pmatrix} -2ax_0 \\ 1 \end{pmatrix} \right\|}{\left\| \begin{pmatrix} -2ax_0 \\ 1 \end{pmatrix} \right\| \cdot \left\| \begin{pmatrix} -x_0 \\ F - y_0 \end{pmatrix} \right\|} = \dfrac{\left[\dfrac{x_0^2}{a} + F - ax_0^2 - b \right]^2}{\sqrt{x_0^2 + (F - y_0)^2}}$

und $F - ax_0^2 - b = F - ax_0^2 - \left(F - \dfrac{d}{2} \right) = \dfrac{x_0^2}{2d} + \dfrac{d}{2}$ folgt dann, dass

$$\left(\frac{\cos(\beta)}{\cos(\alpha)} \right)^2 = \frac{\left[\dfrac{x_0^2}{2d} + \dfrac{d}{2} \right]^2}{\dfrac{x_0^4}{4d^2} + \dfrac{x_0^2}{2} + \dfrac{d^2}{4}} = 1, \quad \text{also } \cos(\beta) = \cos(\alpha) \text{ und damit } \alpha = \beta,$$

da α und β in $\left[0, \dfrac{\pi}{2} \right[$.

Lösung zu 3:

$\dfrac{d}{dt}[\dot{z}(t)y(t) - z(t)\dot{y}(t)] = \ddot{z}(t)y(t) + \dot{z}(t)\dot{y}(t) - \dot{z}(t)\dot{y}(t) - z(t)\ddot{y}(t) =$

$\qquad\qquad\qquad = \lambda(t)z(t)y(t) - z(t)\lambda(t)y(t) = 0 \qquad$ usw..

Orthogonalität liegt vor
,da $x(t)[\dot{z}(t)y(t) - z(t)\dot{y}(t)] + y(t)[\dot{x}(t)z(t) - \dot{z}(t)x(t)] + z(t)[\dot{y}(t)x(t) - \dot{x}(t)y(t)] = 0$.

Lösung zu 4:
Einsetzen von $x(t) = r(t) \cdot \cos(\vartheta(t))$, $\quad y(t) = r(t) \cdot \sin(\vartheta(t))$,

$\dot{x}(t) = \dot{r}(t) \cdot \cos(\vartheta(t)) - r(t)\sin(\vartheta(t))\dot{\vartheta}(t)$, $\quad \dot{y}(t) = \dot{r}(t) \cdot \sin(\vartheta(t)) + r(t)\cos(\vartheta(t))\dot{\vartheta}(t)$,

$\ddot{x}(t) = \ddot{r}(t) \cdot \cos(\vartheta(t)) - 2\dot{r}(t)\sin(\vartheta(t))\dot{\vartheta}(t) - r(t) \cdot \cos(\vartheta(t))\left(\dot{\vartheta}(t)\right)^2 - r(t)\sin(\vartheta(t))\ddot{\vartheta}(t)$,

$\ddot{y}(t) = \ddot{r}(t) \cdot \sin(\vartheta(t)) + 2\dot{r}(t)\cos(\vartheta(t))\dot{\vartheta}(t) - r(t) \cdot \sin(\vartheta(t))\left(\dot{\vartheta}(t)\right)^2 + r(t)\cos(\vartheta(t))\ddot{\vartheta}(t)$

in die Gleichung $\begin{pmatrix} \ddot{x}(t) \\ \ddot{y}(t) \end{pmatrix} = \dfrac{-k}{r^3(t)} \cdot \begin{pmatrix} x(t) \\ y(t) \end{pmatrix}$ und anschließende Zusammenfassung

aller $\sin(\vartheta)-$ bzw. $\sin(\vartheta)-$ führt zu folgendem Ergebnis :

$$\cos(\vartheta) \cdot \left[\ddot{r} - r\left(\dot{\vartheta}\right)^2 \right] - \sin(\vartheta) \cdot \left[2\dot{r}\dot{\vartheta} + r\ddot{\vartheta} \right] = -\frac{k}{r^2}\cos(\vartheta)$$

$$\cos(\vartheta) \cdot \left[2\dot{r}\dot{\vartheta} + r\ddot{\vartheta} \right] + \sin(\vartheta) \cdot \left[\ddot{r} - r\left(\dot{\vartheta}\right)^2 \right] = -\frac{k}{r^2}\sin(\vartheta).$$

Multiplikation mit $\cos(\vartheta)$ bzw. $\sin(\vartheta)$ ergibt dann der Reihe nach:

a) $\cos^2(\vartheta) \cdot \left[\ddot{r} - r \cdot \left(\dot{\vartheta}\right)^2 \right] - \cos(\vartheta) \cdot \sin(\vartheta) \cdot \left[2 \cdot \dot{r} \cdot \dot{\vartheta} + r \cdot \ddot{\vartheta} \right] = -\frac{k}{r^2} \cdot \cos^2(\vartheta)$

b) $\sin(\vartheta) \cdot \cos(\vartheta) \cdot \left[2 \cdot \dot{r} \cdot \dot{\vartheta} + r \cdot \ddot{\vartheta} \right] + \sin^2(\vartheta) \cdot \left[\ddot{r} - r \cdot \left(\dot{\vartheta}\right)^2 \right] = -\frac{k}{r^2} \cdot \sin^2(\vartheta)$

c) $\sin(\vartheta) \cdot \cos(\vartheta) \cdot \left[\ddot{r} - r \cdot \left(\dot{\vartheta}\right)^2 \right] - \sin^2(\vartheta) \cdot \left[2 \cdot \dot{r} \cdot \dot{\vartheta} + r \cdot \ddot{\vartheta} \right] = -\frac{k}{r^2} \cdot \cos(\vartheta) \cdot \sin(\vartheta)$

d) $\cos^2(\vartheta) \cdot \left[2 \cdot \dot{r} \cdot \dot{\vartheta} + r \cdot \ddot{\vartheta} \right] + \sin(\vartheta) \cdot \cos(\vartheta) \cdot \left[\ddot{r} - r \cdot \left(\dot{\vartheta}\right)^2 \right] = -\frac{k}{r^2} \cdot \cos(\vartheta) \cdot \sin(\vartheta),$

woraus sich durch Addition von a) und b) bzw. Differenzbildung von c) und d) die folgenden Gleichungen ergeben:

(I) $\ddot{r}(t) - r(t) \cdot \left(\dot{\vartheta}(t)\right)^2 = -\dfrac{k}{r^2(t)}$,   (II) $r(t) \cdot \ddot{\vartheta}(t) + 2\dot{r}(t) \cdot \dot{\vartheta}(t) = 0.$

Lösung zu 5:
Siehe Beispiel 12 aus IV.2.2. .

Lösung zu 6:

Für den Ortsvektor des punktförmigen Körpers gilt $\underline{x}(t) = \begin{pmatrix} R \cdot \cos(\frac{2\pi}{T} \cdot t) \\ R \cdot \sin(\frac{2\pi}{T} \cdot t) \end{pmatrix}$, also

$$\left| \underline{\ddot{x}}(t) \right| = \left\| \begin{pmatrix} -R \cdot (\frac{2\pi}{T})^2 \cdot \cos(\frac{2\pi}{T} \cdot t) \\ R \cdot (\frac{2\pi}{T})^2 \cdot \sin(\frac{2\pi}{T} \cdot t) \end{pmatrix} \right\| = (\frac{2\pi}{T})^2 \cdot R \cdot \sqrt{\cos^2(\frac{2\pi}{T} \cdot t) + \sin^2(\frac{2\pi}{T} \cdot t)} =$$

$$= (\frac{2\pi}{T})^2 \cdot R = \frac{(2\pi)^2}{T^2} \cdot R = \frac{(2\pi)^2}{A \cdot R^3} \cdot R = \frac{(2\pi)^2}{A} \cdot \frac{1}{R^2}.$$

Lösung zu 7:

Unter den gegebenen Voraussetzungen ist die Zeitabhängigkeit $f : t \rightarrow \vartheta(t)$ eine strikt aufsteigende und damit umkehrbare Funktion von $[0,\infty[$ auf $[0,\infty[$.

Für die entsprechende Umkehrfunktion $f^{-1} : [0,\infty[\rightarrow [0,\infty[$ gilt dann:

$$\frac{df^{-1}}{d\vartheta}(\vartheta) = \frac{1}{f'(f^{-1}(\vartheta))} = \frac{1}{\dot{\vartheta}(f^{-1}(\vartheta))} = \frac{r^2(f^{-1}(\vartheta))}{C}. \quad \text{Für jeden Winkel } \vartheta \text{ sei}$$

$\underline{v}(\vartheta) := \underline{\dot{x}}(f^{-1}(\vartheta))$ der zu ϑ gehörende Geschwindigkeitsvektor. Für die so

definierte Funktion $\underline{v}$ gilt dann, dass $\dfrac{d\underline{v}}{d\vartheta}(\vartheta_0) = \dfrac{d\underline{\dot{x}}}{dt}(f^{-1}(\vartheta_0)) \cdot \dfrac{df^{-1}}{d\vartheta}(\vartheta_0) =$

$$= \underline{\ddot{x}}(f^{-1}(\vartheta_0)) \cdot \underbrace{\frac{df^{-1}}{d\vartheta}(\vartheta_0)}_{=\frac{r^2(f^{-1}(\vartheta))}{C}} \underset{\substack{\text{Gravitationsgesetz} \\ =-\frac{k}{r^3}\underline{x}}}{=} \underline{\ddot{x}}(f^{-1}(\vartheta_0)) \cdot \frac{r^2(f^{-1}(\vartheta_0))}{C} =$$

$$= -\frac{k}{r^3(f^{-1}(\vartheta_0))} \cdot \underline{x}(f^{-1}(\vartheta_0)) \frac{r^2(f^{-1}(\vartheta_0))}{C} = -\frac{k}{C} \cdot \frac{1}{r(f^{-1}(\vartheta_0))} \cdot \underline{x}(f^{-1}(\vartheta_0)) =$$

$$= -\frac{k}{C} \cdot \begin{pmatrix} \cos(\vartheta_0) \\ \sin(\vartheta_0) \end{pmatrix}, \quad \text{also dass } \frac{d\underline{v}}{d\vartheta}(\vartheta) = -\frac{k}{C} \cdot \begin{pmatrix} \cos(\vartheta) \\ \sin(\vartheta) \end{pmatrix}.$$

Daraus folgt dann natürlich, dass $\quad \underline{v}(\vartheta) = -\dfrac{k}{C} \cdot \begin{pmatrix} \sin(\vartheta) + c_1 \\ -\cos(\vartheta) + c_2 \end{pmatrix} =$

$$= \frac{k}{C} \cdot \begin{pmatrix} -\sin(\vartheta) \\ \cos(\vartheta) \end{pmatrix} + \begin{pmatrix} \tilde{c}_1 \\ \tilde{c}_2 \end{pmatrix} \text{ für alle } \vartheta \text{ gilt.} \quad \text{Also ist } \{\underline{v}(\vartheta) | \vartheta \geq 0\} =$$

$$= \left\{ \frac{k}{C} \cdot \begin{pmatrix} -\sin(\vartheta) \\ \cos(\vartheta) \end{pmatrix} + \begin{pmatrix} \tilde{c}_1 \\ \tilde{c}_2 \end{pmatrix} \middle| \vartheta \geq 0 \right\} \text{ ein Kreis um } \underline{M} := \begin{pmatrix} \tilde{c}_1 \\ \tilde{c}_2 \end{pmatrix} \text{ mit Radius } \frac{k}{C}.$$

Lösung zu 8:

a) Offensichtlich ist $r \cdot \cos(\vartheta(\varepsilon)) = a \cdot \cos(\varepsilon) - c$. Indem man nun r durch

$$\frac{p}{1 + \tilde{e} \cdot \cos(\vartheta)} \text{ ersetzt und beachtet, dass } a \cdot (1 - \tilde{e}^2) = a - a \cdot \frac{c^2}{a^2} = a - \frac{c^2}{a} =$$

$$= \frac{a^2 - c^2}{a} = \frac{b^2}{a} = p, \text{ leitet man aus } r \cdot \cos(\vartheta(\varepsilon)) = a \cdot \cos(\varepsilon) - c \text{ die folgenden}$$

Gleichungen ab: $\dfrac{p}{1 + \tilde{e} \cdot \cos(\vartheta)} \cdot \cos(\vartheta) = a \cdot \cos(\varepsilon) - \underset{a \cdot \tilde{e}}{\underline{c}} = a \cdot (\cos(\varepsilon) - \tilde{e})$,

$$\frac{a\cdot(1-\tilde{e}^2)}{1+\tilde{e}\cdot\cos(\vartheta)}\cdot\cos(\vartheta)=a\cdot\cos(\varepsilon)-\underbrace{c}_{a\cdot\tilde{e}}=a\cdot(\cos(\varepsilon)-\tilde{e})\ ,$$

$$(1-\tilde{e}^2)\cdot\cos(\vartheta)=\cos(\varepsilon)-\tilde{e}+\tilde{e}\cdot\cos(\vartheta)\cdot\cos(\varepsilon)-\tilde{e}^2\cdot\cos(\vartheta)\ \text{und}$$

$(1-\tilde{e}\cdot\cos(\varepsilon))\cdot\cos(\vartheta)=\cos(\varepsilon)-\tilde{e}$, woraus dann $\cos(\vartheta(\varepsilon))=\dfrac{\cos(\varepsilon)-e}{(1-\tilde{e}\cdot\cos(\varepsilon))}$ folgt

und weiter: $\dfrac{d}{d\varepsilon}\cos(\vartheta(\varepsilon))=\dfrac{-\sin(\varepsilon)}{1-\tilde{e}\cdot\cos(\varepsilon)}-\dfrac{\sin(\varepsilon)\cdot\tilde{e}\cdot(\cos(\varepsilon)-\tilde{e})}{(1-\tilde{e}\cdot\cos(\varepsilon))^2}=$

$=\dfrac{-\sin(\varepsilon)+\tilde{e}^2\cdot\sin(\varepsilon)}{(1-\tilde{e}\cdot\cos(\varepsilon))^2}=\dfrac{-\sin(\varepsilon)\cdot(1-\tilde{e}^2)}{(1-\tilde{e}\cdot\cos(\varepsilon))^2}$. Daraus und aus $\dfrac{d}{d\varepsilon}\cos(\vartheta(\varepsilon))=$

$=-\sin(\vartheta(\varepsilon))\cdot\dfrac{d\vartheta(\varepsilon)}{d\varepsilon}$ ergibt sich dann, dass $-\sin(\vartheta(\varepsilon))\cdot\dfrac{d\vartheta(\varepsilon)}{d\varepsilon}=$

$=\dfrac{-\sin(\varepsilon)\cdot(1-\tilde{e}^2)}{(1-\tilde{e}\cdot\cos(\varepsilon))^2}$. Da nun $\sin(\vartheta(\varepsilon))=\pm\sqrt{1-\cos^2(\vartheta(\varepsilon))}=$

$=\pm\sqrt{1-\dfrac{(\cos(\varepsilon)-\tilde{e})^2}{(1-\tilde{e}\cdot\cos(\varepsilon))^2}}=\pm\sqrt{\dfrac{(1-\cos^2(\varepsilon))\cdot(1-\tilde{e}^2)}{(1-\tilde{e}\cdot\cos(\varepsilon))^2}}$ und $\sin(\varepsilon)=\pm\sqrt{(1-\cos^2(\varepsilon))}$,

je nachdem ob $0\le\vartheta(\varepsilon)\le\pi$ oder $\pi<\vartheta(\varepsilon)\le2\pi$ (äquivalent zu $0\le\varepsilon\le\pi$ bzw. $\pi<\varepsilon\le2\pi$), folgt also in beiden Fällen , dass

$$\frac{d\vartheta(\varepsilon)}{d\varepsilon}=\frac{\sin(\varepsilon)\cdot(1-\tilde{e}^2)\cdot(1-\tilde{e}\cdot\cos(\varepsilon))}{(1-\tilde{e}\cdot\cos(\varepsilon))^2\cdot(\pm\sqrt{(1-\cos^2(\varepsilon))})\cdot\sqrt{(1-\tilde{e}^2)}}=\frac{\sqrt{(1-\tilde{e}^2)}}{(1-\tilde{e}\cdot\cos(\varepsilon))}.$$

b)

$$C\cdot(t-t_0)=\int_{\vartheta(t_0)}^{\vartheta(t)}\frac{p^2}{(1+\tilde{e}\cdot\cos(\vartheta))^2}d\vartheta=\int_{\varepsilon(t_0)}^{\varepsilon(t)}\frac{p^2\cdot\sqrt{1-\tilde{e}^2}}{(1+\tilde{e}\cdot\frac{\cos(\varepsilon)-\tilde{e}}{1-\tilde{e}\cos(\varepsilon)})^2\cdot(1-\tilde{e}\cdot\cos(\varepsilon))}d\varepsilon=$$

$$=\int_{\varepsilon(t_0)}^{\varepsilon(t)}\frac{p^2\cdot\sqrt{1-\tilde{e}^2}\cdot(1-\tilde{e}\cdot\cos(\varepsilon))}{(1+\tilde{e}\cdot\frac{\cos(\varepsilon)-\tilde{e}}{1-\tilde{e}\cos(\varepsilon)})^2\cdot(1-\tilde{e}\cdot\cos(\varepsilon))^2}d\varepsilon=$$

$$=\int_{\varepsilon(t_0)}^{\varepsilon(t)}\frac{p^2\cdot\sqrt{1-\tilde{e}^2}\cdot(1-\tilde{e}\cdot\cos(\varepsilon))}{(1-\tilde{e}\cdot\cos(\varepsilon)+\tilde{e}\cdot\cos(\varepsilon)-\tilde{e}^2)^2}d\varepsilon=\frac{p^2}{(1-\tilde{e}^2)^{\frac{3}{2}}}\cdot\int_{\varepsilon(t_0)}^{\varepsilon(t)}1-\tilde{e}\cdot\cos(\varepsilon)\ d\varepsilon=$$

$$=\frac{p^2}{(1-\tilde{e}^2)^{\frac{3}{2}}}\cdot\left[(\varepsilon(t)-\tilde{e}\cdot\sin(\varepsilon(t)))-\underbrace{(\varepsilon(t_0)-\tilde{e}\cdot\sin(\varepsilon(t_0)))}_{=0}\right].$$

Also $C \cdot (t - t_0) = \dfrac{p^2}{(1 - \tilde{e}^2)^{\frac{3}{2}}} \cdot (\varepsilon(t) - \tilde{e} \cdot \sin(\varepsilon(t)))$.

Lösung zu 9:

a) $(e + \omega^2) \geq (e + \omega^2) - 2 \cdot \omega^2 \cdot \sin^2(\varphi/2) = (e + \omega^2 \cdot \cos(\varphi)) > 0$.

b) $\displaystyle\int_a^b \frac{d\varphi}{\sqrt{2 \cdot (e + \omega^2 \cdot \cos(\varphi))}} = \frac{1}{\sqrt{2}} \cdot \int_a^b \frac{d\varphi}{\sqrt{(e + \omega^2 \cdot \cos(\varphi))}} =$

$\displaystyle = \frac{1}{\sqrt{2}} \cdot \int_a^b \frac{d\varphi}{\sqrt{(e + \omega^2) - 2 \cdot \omega^2 \cdot \sin^2(\varphi/2)}}$.　Substitution $\chi = \varphi/2$ ergibt dann, dass

$\displaystyle\int_a^b \frac{d\varphi}{\sqrt{2 \cdot (e + \omega^2 \cdot \cos(\varphi))}} \underset{\chi = \varphi/2}{=} \frac{2}{\sqrt{2}} \cdot \int_{a/2}^{b/2} \frac{d\chi}{\sqrt{(e + \omega^2) - 2 \cdot \omega^2 \cdot \sin^2(\chi)}} =$

$\displaystyle = \frac{\sqrt{2}}{\sqrt{(e + \omega^2)}} \cdot \int_{a/2}^{b/2} \frac{d\chi}{\sqrt{1 - \dfrac{2 \cdot \omega^2}{(e + \omega^2)} \cdot \sin^2(\chi)}} = \frac{k}{\omega} \cdot \int_{a/2}^{b/2} \frac{d\chi}{\sqrt{1 - k^2 \cdot \sin^2(\chi)}}$.

Lösung zu 10:

Zu a) $\vartheta(t + \dfrac{T}{\omega}) = 2\arcsin(\dfrac{1}{k}\operatorname{sn}(\omega \cdot (t + \dfrac{T}{\omega}), \dfrac{1}{k})) = 2\arcsin(\dfrac{1}{k}\operatorname{sn}(\omega \cdot t + T, \dfrac{1}{k})) =$

$\displaystyle = 2\arcsin(\dfrac{1}{k}\operatorname{sn}(\omega \cdot t, \dfrac{1}{k})) = \vartheta(t)$

Zu　　　　　　　　　　　　　　　　　　　　　　　　　　　　　　　　　　　　　　b)

$\vartheta(n \cdot \dfrac{T}{2\omega} + \dfrac{T}{4\omega}) = 2\arcsin(\dfrac{1}{k}\operatorname{sn}(\omega \cdot (n \cdot \dfrac{T}{2\omega} + \dfrac{T}{4\omega}), \dfrac{1}{k})) =$

$\displaystyle = 2\arcsin(\dfrac{1}{k}\underbrace{\operatorname{sn}((n \cdot \dfrac{T}{2} + \dfrac{T}{4}), \dfrac{1}{k})}_{(-1)^n}) = (-1)^n \cdot 2 \cdot \arcsin(\dfrac{1}{k}) = (-1)^n \cdot 2 \cdot \overbrace{(\vartheta_{ex}/2)}^{\text{wegen (B1)}} = (-1)^n \cdot \vartheta_{ex}$

Lösung zu 11:

In (B2) wurde dies schon für das Intervall $\left[0, \dfrac{T}{4\omega}\right]$ gezeigt. Die entsprechende

Argumentation lässt sich auch auf die anderen Intervalle $[a, b]$ mit

$a = n \cdot \dfrac{T}{2\omega} - \dfrac{T}{4\omega}$ und $b = n \cdot \dfrac{T}{2\omega} + \dfrac{T}{4\omega}$ und $n = 1, 2, 3, \ldots$ ausdehnen, und zwar durch

vollständige Induktion: Hierzu setzen wir voraus, dass die Eindeutigkeit auf dem

Intervall $I_n = [n \cdot \dfrac{T}{2\omega} - \dfrac{T}{4\omega}, n \cdot \dfrac{T}{2\omega} + \dfrac{T}{4\omega}]$ bereits bewiesen ist. Dann gilt wegen

(B4) und (B5), dass $\vartheta'(t) = (-1)^n \cdot \sqrt{2 \cdot (e + u(\vartheta(t)))}$ auf I_n, $\vartheta(n \cdot \dfrac{T}{2\omega} + \dfrac{T}{4\omega}) =$

$= (-1)^n \cdot \vartheta_{ex}$ und dass es in $n \cdot \dfrac{T}{2\omega} + \dfrac{T}{4\omega}$ zu einem Vorzeichenwechsel von $\vartheta'(t)$

kommt. Deshalb muss auf einem geeigneten Intervall $\left[n \cdot \dfrac{T}{2\omega} + \dfrac{T}{4\omega}, T_2 \right[$ die Glei-

chung $\vartheta'(t) = (-1)^{n+1} \cdot \sqrt{2 \cdot (e + u(\vartheta(t)))}$ gelten und damit für $n \cdot \dfrac{T}{2\omega} + \dfrac{T}{4\omega} \leq t \leq T_2$

$$t - (n \cdot \frac{T}{2\omega} + \frac{T}{4\omega}) = (-1)^{n+1} \cdot \int\limits_{(-1)^n \cdot \vartheta_{ex}}^{\vartheta(t)} \frac{d\varphi}{\sqrt{2 \cdot (e + \omega^2 \cdot \cos(\varphi))}} =$$

$$(-1)^{n+1} \cdot \int\limits_{0}^{\vartheta(t)} \frac{d\varphi}{\sqrt{2 \cdot (e + \omega^2 \cdot \cos(\varphi))}} + (-1)^n \cdot \int\limits_{0}^{(-1)^n \cdot \vartheta_{ex}} \frac{d\varphi}{\sqrt{2 \cdot (e + \omega^2 \cdot \cos(\varphi))}} =$$

$$= (-1)^{n+1} \cdot \frac{k}{\omega} \int\limits_{0}^{\vartheta(t)/2} \frac{d\chi}{\sqrt{1 - k^2 \cdot \sin^2(\chi)}} + (-1)^n \cdot \frac{k}{\omega} \int\limits_{0}^{(-1)^n \cdot \vartheta_{ex}/2} \frac{d\chi}{\sqrt{1 - k^2 \cdot \sin^2(\chi)}}$$

$$= (-1)^{n+1} \cdot \frac{1}{\omega} \cdot \int\limits_{0}^{\arcsin(k \cdot \sin(\vartheta(t)/2))} \frac{d\psi}{\sqrt{1 - \dfrac{1}{k^2} \cdot \sin^2(\psi)}} +$$

$$+ (-1)^n \cdot \frac{1}{\omega} \cdot \int\limits_{0}^{\overbrace{(-1)^n \arcsin(k \cdot \sin(\vartheta_{ex}/2))}^{=1}} \frac{d\psi}{\sqrt{1 - \dfrac{1}{k^2} \cdot \sin^2(\psi)}} =$$

$$= (-1)^{n+1} \cdot \frac{1}{\omega} \cdot \int\limits_{0}^{\arcsin(k \cdot \sin(\vartheta(t)/2))} \frac{d\psi}{\sqrt{1 - \dfrac{1}{k^2} \cdot \sin^2(\psi)}} +$$

$$+ (-1)^n \cdot \frac{1}{\omega} \cdot \int\limits_{0}^{\frac{\pi}{2} \cdot (-1)^n} \frac{d\psi}{\sqrt{1 - \dfrac{1}{k^2} \cdot \sin^2(\psi)}} =$$

$$= (-1)^{n+1} \cdot \frac{1}{\omega} \cdot \int_0^{\arcsin(k \cdot \sin(\vartheta(t)/2))} \frac{d\psi}{\sqrt{1 - \frac{1}{k^2} \cdot \sin^2(\psi)}} + \frac{T}{4\omega}; \quad \text{denn wegen V.1.3.1.}$$

und der Symmetrie der sinus-Funktion bezüglich $\pi/2$ ist $\dfrac{T}{2} = \int_0^\pi \dfrac{d\vartheta}{\sqrt{1 - \frac{1}{k^2} \cdot \sin^2(\vartheta)}}$

$$= 2 \cdot \int_0^{\pi/2} \frac{d\vartheta}{\sqrt{1 - \frac{1}{k^2} \cdot \sin^2(\vartheta)}}. \quad \text{Für } t \in \left[n \cdot \frac{T}{2\omega} + \frac{T}{4\omega}, T_2 \right[\text{ erhält man also, dass}$$

$$(-1)^{n+1} \cdot [\omega \cdot t - (n \cdot \frac{T}{2} + \frac{T}{4}) - \frac{T}{4}] = \int_0^{\arcsin(k \cdot \sin(\vartheta(t)/2))} \frac{d\psi}{\sqrt{1 - \frac{1}{k^2} \cdot \sin^2(\psi)}} =$$

$$= \int_0^{am((-1)^{n+1} \cdot [\omega t - (n+1) \cdot \frac{T}{2})])} \frac{d\psi}{\sqrt{1 - \frac{1}{k^2} \cdot \sin^2(\psi)}} \quad \text{und daraus der Reihe nach die}$$

folgenden Konsequenzen:

$$am((-1)^{n+1} \cdot [\omega t - (n+1) \cdot \frac{T}{2}]) = \arcsin(k \cdot \sin(\vartheta(t)/2)),$$

$$sn((-1)^{n+1} \cdot [\omega t - (n+1) \cdot \frac{T}{2}]) = k \cdot \sin(\vartheta(t)/2), \quad sn(\omega t) = k \cdot \sin(\vartheta(t)/2) \text{ und}$$

$$\vartheta(t) = 2 \cdot arc \sin(\frac{1}{k} \cdot sn(\omega t, \frac{1}{k})).$$

Lösung zu 12:

$$U_{n+1} = U_n - \frac{E - U_n - R \cdot I_s \cdot \left(e^{\frac{U_n}{U_T}} - 1 \right)}{-1 - I_s \cdot (R/U_T) \cdot e^{\frac{U_n}{U_T}}}$$

Lösung zu 13:

$$\dot{x}(t) = -r \cdot \sin(t) \cdot [1 + \frac{r}{l} \cdot \frac{\cos(t)}{\sqrt{1 - \frac{r^2}{l^2} \cdot \sin^2(t)}}] \quad ,$$

$$\ddot{x}(t) = -r\cdot\cos(t) - \frac{r^2}{l}\cdot\left(\frac{\cos^2(t)-\sin^2(t)}{\sqrt{1-\frac{r^2}{l^2}\cdot\sin^2(t)}}\right) - \frac{r^4}{l^3}\cdot\frac{\sin^2(t)\cdot\cos^2(t)}{\sqrt{1-\frac{r^2}{l^2}\cdot\sin^2(t)}^3}\cdot$$

Lösung zu 14:

Geht man davon aus, dass y(x) nicht überall gleich Null ist, so muss es ein x_m

mit $y(x_m) = \max\limits_{x\in[0,L]} y(x) > 0$ oder mit $y(x_m) = \min\limits_{x\in[0,L]} y(x) < 0$ geben. Da dann

$y''(x_m) < 0$ bzw. $y''(x_m) > 0$, also in jedem Falle $\dfrac{y''(x_m)}{y(x_m)} < 0$, folgt aus

Gleichung (*) mit $\lambda := -\dfrac{y''(x_m)\cdot T_0}{y(x_m)\cdot\rho}$, dass $g''(t) + \lambda\cdot g(t) = 0$.

Literaturverzeichnis

[1] E. Bellone: Galileo Galilei, Spektrum der Wissenschaft, 2002

[2] P. Butzer, F.Jongmans: P.L.Chebyshev, Journal of approximation theory 96, p.111-138, 1999

[3] R. Dankwerts, Dankwart Vogel: Analysis verständlich unterrichten, Spektrum, 2005

[4] R. Dedekind: Was sind und was sollen die Zahlen? Vieweg, 1969

[5] O. Deiser: Einführung in die Mengenlehre, Springer-Verlag, 2004

[6] O. Deiser: Reelle Zahlen, Springer-Verlag, 2008

[7] N. Delaunay: Die Tschebyscheff'schen Arbeiten in der Theorie der Gelenk-mechanismen, Hist.lit.Abt.d.Zeitschr.f. Math. U. Physik, 44. Band, 1889

[8] R.L. Devaney: An introduction to chaotic dynamical systems, Addison-Wesley, 1989

[9] O. Forster: Analysis 1, Vieweg, 1982

[10] P.L. Goodstein, J.R. Goodstein: Feynmans verschollene Vorlesung, Piper, 2000.

[11] A. Guthmann: Einführung in die Himmelsmechanik und Ephemeridenrechnung, Hochschultaschenbuch, Spektrum, 2000

[12] N. Guicciardini: Reading the principia, University Press, 1999

[13] E. Hairer, G. Wanner: Analysis by its history, Springer-Verlag, 2000.

[14] H. Heuser: Lehrbuch der Analysis, Teil 1, Teubner, 1984

[15] M. Hirsch,S. Smale, R. Devaney: Differential equations, dynamical systems, introduction to chaos, Elsevier, 2004

[16] E. Lojacono: Descartes, Spektrum der Wissenschaft, 2001

[17] A.M. Lombardi: Kepler, Spektrum der Wissenschaft, 2000

[18] R.M. May: Simple mathematical models with very complicated dynamics, Nature, vol. 261, p. 459, 1976

[19] J.E. Meggitt:Pseudodivision and pseudo multiplication processesIBM Journal, April 1962

[20] A. Motte: Translation of 'The mathematical principles of natural sciences'

[21] J.M. Muller: Elemetary Functions, Birkhäuser, 2005

[22] R. Penrose: Computerdenken, Spektrum der Wissenschaft, 1991

[23] H.O. Peitgen, H. Jürgens, D.Saupe: Fractals for the classroom I, II , Springer-Verlag, 1992

[24] W. Rautenberg: Elementare Grundlagen der Analysis, BI-Wiss.-Verlag 1993

[25] C.W. Schelin: Calculator function approximation, American Math.Monthly, vol.90, pp. 317-325

[26] W. Shea: Kopernikus, Spektrum der Wissenschaft, 2003

[27] D. Sobel: Längengrad, btb-Taschenbuch, Goldmann-Verlag, 1998

[28] A. Talbot: A miss is better than a mile, inaugural lecture at University of Lancester, 1970

[29] J. Teichmann: Wandel des Weltbildes, Teubner, 1999

[30] J.E. Volder: The birth of Cordic, Journal of VLSI signal processing 25, 101-105, 2000

[31] M. Wehr: Der Schmetterlingsdefekt, Klett-Cotta, 2002

[32] E.P. Wigner: The unreasonable effectiveness of mathematics in the natural sciences, Communications of pure and applied mathematics, vol. 13, No.1, NewYork, 1960

[33] W. Wunderlich: Ebene Kinematik, Hochschultaschenbücher, 1968

[34] W. Wunderlich: Zur angenäherten Geradführung durch symmetrische Gelenkvierecke, Z. angew. Math.Mech., Bd. 36, Nr. 3,4

Namens- und Sachverzeichnis